21 世纪全国高职高专资源环境类规划教材

工程水文与水资源评价管理

高建峰 主 编

丁 峰 朱岐武 副主编

储成流 张升堂 鲁业宏 参 编

陶月赞 主 审

内 容 简 介

本书为水文水资源专业、水利工程专业、农业水利专业、环境工程专业和道路桥梁专业的通用教材，全书共分12章，主要讲述了水文学基础、水文测验、水文计算、设计洪水计算、水资源评价、建设项目水资源论证和水资源管理等内容。本教材一方面充分反映工程水文和水资源评价的新理论和新方法，另一方面加强了实践性内容，注重培养学生独立分析和解决实际问题的能力。

本书适合高职高专教学使用，也可供上述相关专业的师生和工程技术人员实际工作和学习中参考。

图书在版编目（CIP）数据

工程水文与水资源评价管理/高建峰主编．—北京：北京大学出版社，2006.9
（21世纪全国高职高专资源环境类规划教材）
ISBN 7-301-09955-X

I．工… II．高… III．①水文分析—高等学校：技术学校—教材 ②水文计算—高等学校：技术学校－教材 IV．P333

中国版本图书馆CIP数据核字（2006）第132701号

书　　名：工程水文与水资源评价管理
著作责任者：高建峰　主编
责 任 编 辑：袁玉明　胡伟晔
标 准 书 号：ISBN 7-301-09955-X/TV・0001
出　版　者：北京大学出版社
地　　址：北京市海淀区成府路205号 100871
电　　话：邮购部62752015　发行部62750672　编辑部62765126　出版部62754962
网　　址：http://www.pup.cn
电 子 信 箱：xxjs@pup.pku.edu.cn
印　刷　者：三河市博文印刷有限公司
发　行　者：北京大学出版社
经　销　者：新华书店
787毫米×980毫米　16开本　19.75印张　410千字
2006年9月第1版　2016年7月第2次印刷
定　　价：42.00元

前　　言

本教材是根据教育部《关于加强高职高专人才培养工作意见》和《面向 21 世纪教育振兴行动计划》等有关文件精神，遵循高职高专的教学特点而组织编写的。编写过程中注重教材内容的实用性，重点突出应用能力的培养，做到深入浅出、难易结合，同时也反映了近年来水文水资源专业的新技术、新方法和新内容。

全书共分 12 章，内容包括：绪论、河川径流的基本知识、水信息资料的收集、水文统计基础、年径流和多年平均输沙量的计算、设计洪水的分析计算、水资源区划、地表水资源计算与评价、地下水资源计算与评价、水资源总量计算及供需平衡分析、建设项目水资源论证、水资源管理概述。并选编了大量的实例和习题。

本教材在吸收有关教材精华的基础上，一方面充分反映工程水文和水资源评价的新理论和新方法；另一方面加强了实践性的内容。本教材符合高职高专教学特点，突出高职高专教育教学的特色。注重培养学生独立分析和解决实际问题的能力。

全书由高建峰担任主编，丁峰、朱岐武担任副主编。第 7 章、第 12 章由安徽水利水电职业技术学院储成流老师编写，第 2 章、第 3 章由山东科技大学张升堂老师编写，第 9 章、第 10 章由安徽水利水电职业技术学院鲁业宏老师编写，第 4 章、第 5 章由黄河水利职业技术学院朱岐武老师编写，第 8 章、第 11 章由安徽省水文局丁峰高级工程师编写，第 1 章、第 6 章由安徽水利水电职业技术学院高建峰老师编写。全书由高建峰负责修改和统稿，合肥工业大学陶月赞教授担任主审。

本教材在编写过程中还参考并引用了有关院校编写的教材和生产科研单位的技术文献资料，除部分已经列出外，其余未能一一注明，特此一并致谢。

我们恳切地希望各院校师生及水资源工程技术读者在使用过程中对本教材存在的缺点和错误随时提出批评和指正。

编　者

2006 年 7 月

目　录

第 1 章　绪论 1
1.1　人类面临的主要水问题 1
1.2　水资源概述 3
1.2.1　水资源的概念 3
1.2.2　世界水资源概况 4
1.2.3　我国水资源概况 5
1.2.4　我国水资源问题 6
1.3　水资源开发利用的工程措施 10
1.3.1　水利水电工程项目建设程序 10
1.3.2　工程水文在水利水电工程建设中的应用 13
1.4　水资源计算的任务与内容 15
1.4.1　水资源计算与评价的任务与内容 15
1.4.2　水资源计算与评价的基本方法 16
1.5　习题与思考题 17
第 2 章　河川径流的基本知识 18
2.1　水文循环及水量平衡 18
2.1.1　水文循环 18
2.1.2　水量平衡 19
2.2　河流与流域 21
2.2.1　河流及其特征 21
2.2.2　流域及其特征 23
2.3　降水 26
2.3.1　降雨的成因与分类 26
2.3.2　降雨资料的分析方法 28
2.4　蒸发与下渗 33
2.4.1　蒸发 33
2.4.2　下渗 34
2.5　径流 36
2.5.1　径流的形成过程 36

2.5.2 径流的表示方法和度量单位 38
2.6 习题与思考题 39
第3章 水信息资料的收集 40
3.1 水文站及水文站网 40
3.1.1 水文测站的任务和分类 40
3.1.2 水文测站的设立 40
3.1.3 水文站网及规划 41
3.1.4 水文站日常工作内容 42
3.2 降水与蒸发量的观测 42
3.2.1 降水量的观测 42
3.2.2 蒸发量的观测 43
3.3 水位观测与资料整理 45
3.3.1 水位观测 46
3.3.2 水位资料的整理 47
3.4 流量测验与资料整编 49
3.4.1 流量测验 49
3.4.2 流量资料的整编 53
3.5 泥沙测验与资料整理 56
3.5.1 泥沙的分类 57
3.5.2 泥沙的测验 57
3.5.3 泥沙资料的分析整理 60
3.6 水文调查和水文资料的收集 61
3.6.1 水文调查 61
3.6.2 水文资料的收集 62
3.7 习题与思考题 64
第4章 水文统计基础 65
4.1 概述 65
4.1.1 水文现象的统计规律 65
4.1.2 水文统计及其任务 65
4.2 概率的基本概念 66
4.2.1 概率 66
4.2.2 频率 67
4.3 随机变量及其概率分布 68
4.3.1 随机变量 68
4.3.2 随机变量的概率分布 69

4.3.3 几种常见的概率分布 71
4.4 统计参数的估算 74
4.4.1 样本估计总体 74
4.4.2 抽样误差 78
4.5 水文频率计算的适线法 79
4.5.1 经验频率 79
4.5.2 重现期 81
4.5.3 三个统计参数（$\bar{x}$、C_V、C_s）对P—Ⅲ型曲线的影响 82
4.5.4 适线法 84
4.6 相关分析 86
4.6.1 相关分析法的基本概念 86
4.6.2 相关的种类 87
4.6.3 简单直线相关的计算 87
4.7 习题与思考题 95
第5章 年径流和多年平均输沙量的计算 96
5.1 概述 96
5.1.1 年径流及其特征 96
5.1.2 影响年径流的因素 96
5.1.3 设计年径流计算的目的及任务 97
5.2 具有实测径流资料时设计年径流的分析计算 98
5.2.1 年径流资料的审查 98
5.2.2 设计的长期年、月径流量系列 99
5.2.3 设计代表年的年、月径流量计算 99
5.2.4 实际代表年的年、月径流量选取 103
5.3 缺乏实测径流资料时设计年径流量的分析计算 103
5.3.1 设计年径流量的推求 103
5.3.2 设计年径流年内分配的计算 106
5.4 枯水径流分析计算 106
5.4.1 概述 106
5.4.2 枯水径流的频率计算 107
5.4.3 缺乏实测径流资料时设计枯水径流的估算 109
5.4.4 日平均流量（或水位）历时曲线 110
5.5 河流多年平均输沙量的分析计算 111
5.5.1 影响河流输沙量的因素 111
5.5.2 多年平均年输沙量计算 112

5.6 习题与思考题......114
第6章 设计洪水的分析计算......116
6.1 设计洪水概述......116
6.1.1 洪水与设计洪水......116
6.1.2 设计标准......116
6.1.3 设计洪水计算的内容和途径......119
6.2 流量资料推求设计洪水......120
6.2.1 洪水资料的选样与审查......120
6.2.2 设计洪峰流量和洪量系列的频率计算......121
6.2.3 设计洪水流量过程线......129
6.3 由暴雨资料推求设计洪水......132
6.3.1 概述......132
6.3.2 设计暴雨的计算......133
6.3.3 设计净雨的推求......136
6.3.4 设计洪水过程线......141
6.4 小流域设计洪水估算......148
6.4.1 小流域设计洪水的特点......148
6.4.2 推理公式法计算设计洪峰流量......148
6.4.3 经验公式法......152
6.4.4 调查洪水法推求设计洪峰流量......153
6.5 设计洪水的其他问题......154
6.5.1 可能最大暴雨与可能最大洪水简介......154
6.5.2 经验单位线的分析推求......155
6.5.3 设计洪水的地区组成......158
6.5.4 分期设计洪水问题......160
6.6 习题与思考题......160
第7章 水资源区划......163
7.1 概述......163
7.2 水资源区划的原则与指标......163
7.2.1 水资源区划的原则......164
7.2.2 水资源区划的指标......164
7.3 水资源区划的方法......165
7.3.1 综合法......165
7.3.2 谱系群分析法......166

7.4 习题与思考题 171
第 8 章 地表水资源计算与评价 173
8.1 降水 173
8.1.1 降水量资料的代表性审查 173
8.1.2 降水量的分析计算 175
8.2 蒸发与干旱指数 178
8.2.1 水面蒸发资料的审查与分析 178
8.2.2 水面蒸发的分析计算 178
8.2.3 陆面蒸发量分析计算 179
8.2.4 干旱指数分析 179
8.3 地表水资源计算与评价 180
8.3.1 径流资料的处理和修正 180
8.3.2 地表水资源时空分布特征分析 180
8.3.3 入海及出入境水量分析 183
8.3.4 地表径流量的分析计算和评价 183
8.4 习题与思考题 183
第 9 章 地下水资源计算与评价 184
9.1 概述 184
9.1.1 地下水理化性质及其赋存 184
9.1.2 不同埋藏条件下的地下水 191
9.1.3 不同介质中的地下水 193
9.1.4 水资源计算评价需详细调查统计的基础资料 194
9.2 水文地质参数 194
9.2.1 给水度 μ 194
9.2.2 降雨入渗补给系数 α 的确定 196
9.2.3 灌溉入渗补给系数 β、灌溉回归系数 β' 的确定 198
9.2.4 潜水蒸发系数 C 199
9.2.5 渠系渗漏补给系数 m 值 200
9.2.6 渗透系数 K 值 201
9.2.7 导水系数、弹性释水系数、压力传导系数及越流系数 201
9.2.8 缺乏有关资料地区水文地质参数的确定 201
9.3 平原区地下水资源量计算 202
9.3.1 补给量计算 202
9.3.2 地下水资源量 205
9.3.3 排泄量计算 206

9.3.4 浅层地下水蓄变量的计算方法 207
9.3.5 总补给量与总排泄量的平衡分析 208
9.4 山丘区地下水资源量计算 208
9.4.1 河川基流量计算 208
9.4.2 山前泉水出流量计算 210
9.4.3 山前侧向流出量计算 210
9.4.4 河床潜流量计算 211
9.4.5 浅层地下水实际开采量 211
9.4.6 潜水蒸发量计算 211
9.4.7 山丘区地下水资源量计算 211
9.5 北方地区多年平均地下水资源量的计算方法 212
9.6 南方地区地下水资源量的计算方法 212
9.6.1 平原区多年平均地下水资源量及潜水蒸发量的计算方法 212
9.6.2 山丘区地下水资源量的计算方法 213
9.7 地下水可开采量的计算 214
9.7.1 平原区浅层地下水可开采量的计算方法 214
9.7.2 部分山丘区多年平均地下水可开采量的计算方法 216
9.8 习题与思考题 217
第10章 水资源总量计算及供需平衡分析 218
10.1 水资源总量概述 218
10.2 多年平均及不同代表年的水资源总量计算 219
10.2.1 多年平均水资源总量计算 219
10.2.2 不同代表年水资源总量计算 223
10.2.3 地下水开采条件下的水资源总量计算 223
10.3 水资源可利用量 224
10.3.1 地表水资源可利用量 224
10.3.2 水资源可利用总量 226
10.4 供需平衡分析概述 226
10.4.1 概述 226
10.4.2 供需平衡分析所需统一的分析背景 227
10.4.3 水资源供需平衡分析的主要内容及程序 231
10.5 水资源开发利用情况调查评价 232
10.5.1 供水现状调查分析 232
10.5.2 需（用）水现状调查分析 233

10.6 需（用）水预测 234
10.6.1 生活用水的预测方法 235
10.6.2 工业用水的预测方法 235
10.6.3 农业需水量预测 236
10.7 水资源供给预测 236
10.8 现状条件下供需平衡分析 237
10.9 习题与思考题 238
第11章 建设项目水资源论证 240
11.1 概述 240
11.2 水资源论证的基本方法和步骤 241
11.2.1 准备阶段 242
11.2.2 工作大纲编制 242
11.2.3 报告书编制 244
11.3 建设项目水资源论证举例 256
11.3.1 论证报告的主要内容 256
11.3.2 论证报告部分内容节选 260
11.4 习题与思考题 263
第12章 水资源管理概述 264
12.1 水资源管理的重要性 264
12.1.1 水资源管理的重要性 264
12.1.2 水资源面临的诸多问题，要求加强水资源管理 265
12.2 水资源管理体制 266
12.2.1 水资源管理体制 266
12.2.2 强化水资源的统一管理 268
12.2.3 水资源的流域管理 270
12.3 我国水资源开发利用的思路 272
12.3.1 水资源的数量 272
12.3.2 我国水资源面临的主要问题 273
12.3.3 解决我国水资源问题的主要思路 274
12.4 水法与水行政 275
12.4.1 水法制体系 275
12.4.2 水法规体系 275
12.4.3 有关水法律简介 276
12.4.4 《中华人民共和国水土保持法》 276
12.4.5 《中华人民共和国水土保持法实施条例》（以下简称《条例》） 277

12.3.6 《中华人民共和国水污染防治法》 277
12.4.7 《中华人民共和国防洪法》(以下简称《防洪法》) 278
12.4.8 《取水许可制度实施办法》(以下简称《办法》) 278
12.4.9 《水利产业政策》 279
12.4.10 水行政 279
12.5 习题与思考题 284
附录 285
参考文献 300

第1章　绪　　论

1.1　人类面临的主要水问题

水是人类最早接触到的自然物质之一。水作为一种自然物质，主要具有下列自然属性。

（1）水借助于大气运动和蒸发、降水、径流等现象，在由岩石圈、水圈、大气圈和生物圈组成的地球系统中作周而复始的水文循环运动。地球上总水量虽大体不变，但每年的时空分布有所不同，甚至形成一些地方的洪水或干旱。

（2）水是良好的溶剂，许多物质都容易溶解于水。水流是重要的载体，坡面土壤的侵蚀与搬运、河流泥沙运动、水污染物质的迁移扩散都是在水流作用下进行的。没有水流，就不可能有坡面土壤流失、河道冲淤变化和水污染物质的迁移传播。

（3）水具有势能、动能、压力能和化学能等，这是驱使水发生流动、溶解物质、携带泥沙和其他物质的动力。如果将水具有的能量设法集中起来，就可成为一种可再生的清洁能源即水能。

水与人类息息相关。水作为人类生存和社会、经济发展不可缺少的自然资源，具有如下属性。

（1）水是维持生命的不可替代的物质，是生命之源，是地球系统的"血液"。水文循环就是地球系统的"血液循环"。水文循环导致的水的时空分布是地球上具有丰富多彩生态系统和美妙自然景色的根本原因之一。

（2）水少可能引起缺水，甚至发生旱灾或水荒；水多可能引起洪涝，发生水灾；水污染可能引起环境恶化，有水不能用。旱灾、水灾和水污染是人类生活和生产对水的需求与水的自然属性不协调的结果。

（3）水资源虽可再生，但有时空变化。因此，人类开发利用水资源一般需要一定条件。这是水资源有价值和价值规律的主要原因。

（4）如果处理不好水资源，"争水"、"排洪"或"污染水体"可能引发河流上、下游之间、地区之间，甚至国家之间的尖锐矛盾，成为社会不稳定的一个因素。

人类社会经济的发展，从一定意义上说，意味着人类向自然进行索取，如果这种索取不适当，则迟早会带来不良后果。人类面临的下列水问题就是这种不良后果的一些具体表现。

（1）水、旱灾害是人类面临的主要自然灾害。人类与水、旱灾害作斗争已有几千年历史，但时至今日，水、旱灾害造成的损失仍位居诸自然灾害之首。据统计，在世界范围内每年因水、旱灾害造成的损失占各种自然灾害总损失的比例达 55%，其中水灾为40%，旱灾为 15%。地球上的自然灾害主要分布在环太平洋和北纬 20º C～50º C 两个带状区域内，全球 95%的火山、95%的地震、70%的海啸都发生在这里，大部分水、旱灾害也集中在这里。中国大部分地区位于这两个灾害带内，每年因水、旱灾害造成的损失占各种自然灾害总损失的比例大于 55%。中国目前受旱耕地超过 0.2 亿 hm^2，农田灌溉年缺水达 300 亿 m^3；中国 620 座城市中约有 300 座城市缺水，年缺水量约 58 亿 m^3，缺水已成为中国工农业生产发展的重要障碍之一。近半个世纪以来，中国江河大洪水和特大洪水的出现发生了一些值得注意的倾向：一是长江、淮河及其以南地区和东北的松花江、辽河流域，大洪水和特大洪水发生频次增加；二是“小流量高水位”现象时有出现；三是有些地方，同样的降雨量和降雨过程产生的洪水比过去更大。长江、黄河的洪涝灾害仍是中华民族的心腹之患。

（2）全球气候变暖增加了解决水问题的难度。人口的增加，工业的发展，导致二氧化碳等温室气体大量向大气排放，“温室效应”加剧，全球气候变暖，海平面上升，水文循环发生了一些变化。全球气候变暖已对中国产生比较明显的影响：一是使中国一些地区降水量减少，如山西省汾河流域多年平均降水量已由过去的 558mm 减少到现在的 449mm，减少近 20%；二是使海平面明显上升，据分析，近百年来中国海平面平均每年上升了 0.14cm，其中天津、江苏、上海和广东沿海近百年海平面上升超过了 20cm。降水量减少加重了一些地区的干旱缺水，海平面上升加重了沿海地区和感潮河段的水灾。

（3）水污染加剧的势头还未得到有效的控制。有很长一段时间，人们对保护水环境意识淡薄，走了一条“先发展经济，后治理环境”的路子，留下了许多环境方面的后遗症。目前仍有一些国家或地区水污染呈加剧趋势。中国工业企业的废污水排放量很大，而且约有 80%以上未经处理就直接排入江河湖库等水体，已使得不少支流小河变成了排污沟；有的大江大河也出现了岸边污染带。水污染的加剧，不仅带来了严重的生态与环境问题，而且也增加了一些缺水地区和缺水城市的缺水程度，甚至出现缺乏安全饮用水的危机。

（4）不合理的工程措施和管理产生了负面影响。盲目砍伐森林，不合理的筑坝拦水、围垦、跨流域调水、引水灌溉和开采地下水等，都有可能带来负面影响。对森林的乱砍滥伐，致使水土流失严重，恶化了当地生态与环境，造成了河道淤积，加之不合理的围垦，减少了水体的调蓄能力和输水能力，从而降低了江河防洪标准。过量地开采地下水，会出现区域性地下水漏斗，引发地面沉降和海水入侵，不利于防洪，污染了地下水。不合理的引水灌溉，可能造成灌区次生盐碱化，也可能引起河流盐化。流域大量修建蓄水工程，或不合理使用河川径流，或不合理跨流域调水，可能使河川径流不合理地减少，甚至断流，导致下游河道淤积萎缩，防洪能力降低，湿地缩小，河口水环境恶化，生物多样性减少。

1.2　水资源概述

水资源是一种宝贵的自然资源，是人类赖以生存和社会生产必不可少、又无法替代的重要物质资源。自然界的水资源尽管能够循环，而且可以逐年得到补充和恢复，但对于某一时段、某一区域来说，可供人们日常生活和生产使用的水量是有限的，不少国家和地区历史上已多次发生水荒。近些年来，由于生产的发展，生活水平的提高，用水量逐年增大，加之用水浪费和污染，水资源已成为各国倍加关注的重大问题。为了人类生存和保持世界经济可持续发展，对现有水资源进行综合开发利用、科学管理是摆在世界各国面前的一项长远而又艰巨的历史重任。

1.2.1　水资源的概念

天然水资源即地球上所有的气态、液态或固态的天然水。人类可利用的水资源，主要指某一地区逐年可以恢复和更新的淡水资源，即通常所说的水资源。从更替周期的角度出发，地球上的水可分为两大类：一类是永久储量，它的更替周期长，更新缓慢，如深层地下水；另一类是年内可以恢复储量，它积极参与全球水循环，逐年得到更新，在较长时间内保持动态平衡。只有年内可恢复的水资源可以为人类所利用。

从水质的角度出发，地球上的水又有淡水、咸水之分。海洋水、矿化地下水以及地表咸水湖泊中的水都是咸水，不能为人类所利用。这一类水占地球水储量的绝大部分。地球上可被人类利用的淡水只有 0.35 亿 km^3，占总储量的 2.5%。

水是生命之源，是人类赖以生存和社会、经济发展的重要物质资源。水的用途十分广泛，不仅用于农业灌溉、工业生产、城乡生活，而且还可用于发电、航运、生产养殖、旅游娱乐、改善生态环境等。水在人类生活中占有特殊重要的地位。

水资源的主要特点归纳为以下几点。

（1）水资源的再生性和重复利用性。全球淡水资源只有 0.35 亿 km^3，但经长期的天然消耗和人类的取用，并不见减少，原因就在于淡水体处于水的循环系统中，不断得到大气降水的补给，即水资源具有循环性再生的特点。

水资源与其他资源的区别在于其具有一定的重复利用性。发电用过的水并不影响工农业生产和生活应用，航运用水仍可用于其他方面。水资源量虽然有限，只要合理规划、科学管理，就可以充分发挥其效益。

（2）水资源时空分布不均匀性。从时程分布上看，水资源年际、年内分配都不均匀。以北京气象站资料为例，丰水年与枯水年降雨量相差达 6 倍以上；在年内，85%以上的水量集中在 6、7、8 和 9 月（汛期），其他月份（枯水期）则降雨量很少。

空间分布是指区域性分布情况。水资源的区域性变差很大，纬度 40° C～60° C 范围内降雨量明显高于其他地区，沿海地区也高于内陆地区。

（3）地表水和地下水的相互转化性。地表水和地下水是水资源的统一体，它们之间存在密切联系并可相互转化。河川径流中包括一部分地下水的排泄水量；而地下水又承受地表水的入渗补给。地下水过分开采，必然导致河川径流和泉水的减少。

（4）水资源经济上的两重性。一个地区降雨量适时适量，自然是风调雨顺的丰收年。水量过多或过少的时间和地点，往往会出现洪、涝、旱、碱等自然灾害。而水资源开发利用不当，也会引起人为灾害，如垮坝事故、土壤次生盐碱、水质污染、环境恶化、地面下沉和地震等，从而造成经济上的损失。因此，在水资源开发利用和管理中，应达到兴利和除害的双重目的。

1.2.2 世界水资源概况

地球上水的总量约有 13.86 亿 km^3，其中海水 13.38 亿 km^3，占 96.5%；陆地上的水有 0.48 亿 km^3，占总水量的 3.5%。

在陆地水量中，扣除地下矿化水和地表湖泊咸水，由表 1-1 可以看出，地球上的淡水只有 0.35 亿 km^3，仅占总量的 2.53%。在淡水中占很大比重的是处于两极地带的冰盖和高山冰川中，永久性积雪、冻土中的水量，目前还难以被开发利用，仅有 0.35%是在河流、湖泊、土壤中，人类可以利用。

表 1-1 地球上的水体分布

项 目	总水量（10^6km^3）	占总水量百分比（%）	淡 水 量（10^6km^3）	占总水量百分比（%）
总水量	1 385.984 61	100	35.029 21	100
海洋水	1 338.0	96.5		
地下水	23.4	1.7	10.53	30.06
土壤水	0.016 5	0.001	0.016 5	0.05
冰雪总量	24.064 1	1.74	24.064 1	68.7
其中：南极	21.6	1.56	21.6	61.7
格陵兰岛	2.34	0.17	2.34	6.68
北极	0.083 5	0.006	0.083 5	0.24
山岳	0.040 6	0.003	0.040 6	0.12
冰土地下水	0.3	0.022	0.3	0.86
地表水	0.189 99	0.014	0.104 59	0.3
其中：湖泊	0.176 4	0.013	0.091	0.26
沼泽	0.011 47	0.000 8	0.011 47	0.03
河川	0.002 12	0.000 2	0.002 12	0.006
大气中水	0.012 9	0.001	0.012 9	0.04
生物内水	0.001 12	0.000 1	0.001 12	0.003

可见，地球上水的总量虽多，但是能被人类容易利用的淡水资源却十分有限。水资源主要靠降雨补充。世界上大气降水在地域和时空的分布很不均匀，在北半球范围，随着纬度的增高，降水量明显减小；南半球降水量也有随着纬度的增高而减小的趋势，但在 40～60℃范围内的降雨量明显增大。此外，沿海区域与内陆也有显著的差异，沿海地区明显高于内陆地区，少则几倍，多则十几倍，所以各大洲水资源量相差很大。大洋洲的一些岛屿，如新西兰、伊里安、塔斯马尼亚等，年降雨量几乎高达 3 000 mm，淡水资源最为丰富；南美洲水资源也比较丰富，年平均降雨量约为 1 600 mm；而非洲一些国家和地区，由于干旱少雨，有 2/3 的国土面积为无永久性河流的荒漠、半荒漠，年降水量不足 200 mm。世界各大洲陆面水资源分布情况详见表 1-2。

表 1-2　世界各大洲陆面水资源分布

大陆（连同岛屿）	径流量		占径流总量的百分比（%）	产水量			
	mm	km^3		面积/10^4km^2	径流模数/（L/s/km^2）	人口（百万）	每人平均径流量/10^3km^3
欧洲	306	3 210	7	10 500	9.7	654	4.9
亚洲	332	14 410	31	43 475	10.5	2 161	6.7
非洲	151	4 570	10	30 120	4.8	290	15.8
北美洲	339	8 200	17	24 200	10.7	327	25.1
南美洲	661	11 760	25	17 800	21.0	185	63.6
澳洲	453	348	1	7 683	1.44	12.7	27.4
大洋洲	1 610	2 040	4	1 267	51.1	7.1	287
南极洲	156	2 310	5	13 980	5.2		
总陆面	314	46 800	100	14 900	10.0	3 637	12.9

注：引自联合国水会议论文，《世界水平衡和地球水资源》1977 年 3 月。

人类的生活和各种生产活动离不开水，同时水又是人类赖以生存的地球环境的基本要素，这样一种自然资源一旦缺乏，必将严重影响经济及人类社会活动，危害人类生存。

据统计，全世界 1975 年工农业生产和城市生活用水量约 3 000 km^3，其中农业用水为 2 100km^3，占 70%；工业用水为 600km^3，占 21%；城市生活用水 150 km^3，占 5%，水面蒸发占 4%。用水总量较大的国家有美国、印度、前苏联、中国等，年用水量在 330～470km^3。以 1975 年的世界人口统计资料，世界人均年用水量为 744 m^3，美国和前苏联人均用水量较高，分别为 2 190 m^3 和 1 304 m^3；日本和印度接近世界平均值，分别为 792 m^3 和 691m^3；中国为 491m^3。

1.2.3　我国水资源概况

我国疆域辽阔，国土面积 960 万 km^2，由于位置处于季风气候区域，每年夏季来自热带及太平洋低纬度上的温暖而潮湿气团，随着强盛的东南季风侵入我国东南地区，引起大量降雨。从西南的印度洋和东北的鄂霍次克送来的水汽，对我国西南和东北地区所获充足雨量，亦起重要作用。这些水汽引起丰沛的降雨和径流，使我国成为世界上水资源比较丰富的国家之一。

水利部门在20世纪80年代的水资源评价工作中，对水资源估算结果为：全国多年平均河川径流量为27 115亿m^3，地下水资源量为8 288亿m^3；扣除重复计算量后，全国多年平均年水资源总量为28 124亿m^3。

需要说明的是：地下水资源中仅包括积极参与水循环的浅层地下水；深层地下水为永久储量，不予计入；鉴于浅层地下水与河川径流有互相转化补给的复杂关系，因而其间有重复的计算水量，必须予以扣除。

如果将全国水资源按流域分为11个分区，则各分区的计算面积、年降水总量、年地下水资源总量、年水资源总量见表1-3。

表1-3 全国分区年降水、年河川径流、年地下水、年水资源总量表

分区	计算面积/km^2	年降水		年河川径流		年地下水资源/亿m^3	年水资源总量/亿m^3
		总量/亿m^3	深/mm	总量/亿m^3	深/mm		
黑龙江流域片	903 418	4 476	496	1 166	129	431	1 352
辽河流域片	345 072	1 901	551	487	141	194	577
海滦河流域片	318 161	1 781	560	288	91	265	421
黄河流域片	794 712	3 691	464	661	83	406	744
淮河流域片	329 211	2 830	360	741	225	393	961
长江流域片	1 808 500	19 360	1 071	9 513	526	2 464	9 613
珠江流域片	580 641	8 967	1 544	4 685	807	1 115	4 708
浙闽台诸河片	239 803	4 216	1 758	2 557	1 066	623	2 592
西南诸河片	851 406	9 346	1 098	5 853	688	1 544	5 853
内陆诸河片	3 321 713	5 113	154	1 064	32	820	1 200
额尔齐斯河	52 730	208	395	100	190	43	103
全国	9 545 322	61 889	648	27 115	284	8 288	28 124

注：引自中国水利电力部水力局，《中国水资源评价》水利电力出版社，1987年12月。

1.2.4 我国水资源问题

1. 我国水资源特点

（1）我国水资源的人均、亩均占有量并不丰富。我国国土面积占世界陆地面积的6%，居世界第三位，在960万km^2的国土上却养育着占世界22%的人民。我国平均每年降水深

为 648 mm（平均降水总量为 6.2 万亿 m^3），小于全球陆面平均降水深 800 mm，也小于亚洲陆面平均降水深 740mm。单位耕地面积水资源量约为世界的 3/4；人均水资源量约为世界人均水资源量的 1/4，是美国人均水资源量的 1/5，是印尼人均水资源量的 1/7，是加拿大人均水资源量的 1/50，是日本人均水资源量的 1/2。我国水资源十分珍贵，尤其是人均占有水资源量极不丰富。表 1-4 所显示的数据，不能不引起我们的足够重视。

表 1-4　我国年径流总量、人均、亩均水量与国外比较

国家名称	年径流总量 /10^8m^3	年径流深 /mm	人口/亿	人均水量/（m^3/人）	耕地/10^8m^3	亩均水量/（m^3/亩）
巴　西	51 912	609	1.23	42 200	4.85	10 701
苏　联	47 140	211	2.64	17 860	34.00	1 385
加拿大	31 220	313	0.24	130 080	6.54	4 771
美　国	29 702	317	2.20	13 500	28.40	1 046
印　尼	28 113	1 476	1.48	19 000	2.13	13 200
中　国	27 115	284	11.73	2 310	15.06	1 800
印　度	17 800	514	6.78	2 625	24.70	721
日　本	5 470	1 470	1.16	4 716	0.65	8 462
全世界	468 000	314	43.35	10 800	198.90	2 353

注：外国人口是联合国1979年的统计数；我国人口是1993年普查人口数；我国人口、水量、耕地均包括台湾地区。

（2）水资源地区分布不均。我国季风气候特别明显，夏、秋季节，太平洋的东南风带来大量雨水，由东南向西北方向移动；冬、春季节，受西伯利亚的内陆气候影响，干旱少雨，由西北向东南方向移动，形成我国水资源分布为东南多、西北少的特点：年平均降水深从东南的 1 600～1 800 mm，向西北逐渐减少到 200mm 以下，致使西北和华北地区约有 45%的面积处于干旱、半干旱地带，水资源明显稀少。我国各行政区水资源分布不均匀。

（3）水资源在年内、年际分布不均。我国南方各省的汛期，一般在 5～8 月份，降雨量占全年的 60%～70%；北方各省的汛期，一般在 6～9 月份；不少省的降雨量集中在 7～8 月份，占全年降雨量的 70%～80%；冬、春季节作物需水时，却干旱少雨，致使我国北方作物受到威胁。丰水年与枯水年的水资源量变化也很大，南方河流一般相差 2～3 倍。河流愈小，相差愈大；北方河流丰、枯水年的水资源量一般相差 4～6 倍，高的可达 10～20 倍，致使我国洪涝、干旱灾害频繁。

（4）水资源分布与人口、耕地的分布不协调。我国南方四片（长江、华南、东南、西南）耕地面积占全国的36%，人口占54%，水资源总量占全国的81%；人均水资源量为4 180m^3，为全国人均水资源量的1.6倍；每平方米耕地面积水资源量为6.19m^3，为全国的2.3倍。其中西南诸河流域片水资源尤其丰富，人烟稀少，耕地少，人均水资源量达3 8400 m^3，为全国人均水资源量的15倍；每平方米耕地面积水资源量达32.68m^3，为全国的12倍。

（5）水资源分布具有热雨同期性。我国水资源在时间分布上具有热雨同期的突出优点：每年5月以后，气温持续上升，6～8月大部分农作物进入高温生长期，此时雨季来临，为作物生长提供了热和水两个重要条件，使我国劳动人民在有限的土地上适时耕耘，为获取农业丰收奠定了基础。

2. 我国水资源开发利用存在的问题

建国后，水利事业进入新的发展时期：战胜了建国以来的历次大洪水，黄河防洪实现了 50 年安澜；兴建水库 8.5 万座，总库容为 4 924 亿 m^3，初步控制大江大河的常遇洪水，增加了枯水期的蓄水量；兴建加固江、河堤防 25.8 万 km，建设滞洪区 3.45 万 km^2，总蓄水能力为 970.7 亿 m^3，主要江河都得到了不同程度的治理，扭转了黄河过去经常决口的险恶局面；基本改变了淮河的“大雨大灾、小雨小灾，无雨旱灾”的多灾现象；减轻了海河过去的洪、涝、旱、碱灾害的严重威胁；全国 1 000.5 亿 m^2 低洼易涝耕地，有 2/3 进行了初步治理；盐碱耕地也有半数以上进行了不同程度的改良；建成万亩以上灌区 5 611 处，有效灌溉面积从 2.4 亿亩扩大到近 8 亿亩，节水灌溉面积已发展到 2.28 亿亩，开发了许多大型灌区，出现了许多宏伟的农水工程（抽引 400 m^3/s 流量的江苏江都排灌站；泵径 5.7m 的江苏皂河泵站；总扬程高达 700m 以上的甘肃省景泰川抽水站；兴建了规模巨大的引滦济津、引黄济青等调水工程，水利工程供水能力达到 5 600 亿 m^3）；内河航道里程已达 10.78 万 km，货运量比解放初提高了 10 倍以上，累计治理水土流失面积 78 万 km^2。水利作为国民经济基础产业，水电作为基本能源之一，已发挥了显著的作用。

近 20 年来，我国在大、中城市相继建成投产了一批规模较大、设施先进的污水处理厂，对改善和提高污水排放标准起到了积极作用，使有限的水资源得到重复利用，自然资源得到保护。但我国水资源开发利用仍存在不少问题，大体可归纳为以下几个方面。

（1）防洪标准低，洪灾仍威胁国民经济的发展和社会稳定。目前我国主要江河的防洪标准一般是 10～20 年一遇，有的只相当于 5～10 年一遇，与所保护地区的重要性很不相称。20 世纪 90 年代以来，我国几大江河已发生了 5 次比较大的洪水，损失近 9 000 亿元。1991 年江苏持续数月普降大雨，与长江洪峰相遇，内涝、外洪，淹没了苏南、苏北，同时安徽、湖北等省区也遭受了洪涝灾害的威胁。特别是 1998 年秋季，受强厄尔尼诺现象影响，长江、松花江和嫩江流域相继遭受特大洪水灾害，暴雨洪涝范围大、持续时间长。在党中央的直接领导下，百万军民经过两个多月的奋力抗洪，才保证了沿江各大中城市和重要的交通干线安全度汛，尽管如此，仍使国家和人民的财产受到严重的损失，据统计共造成直接经济损失达 2 551 多亿元，充分暴露了我国江河堤防薄弱、湖泊调蓄能力较低等问题。

（2）干旱缺水严重。沿海城市及北方部分区域的农业、工业以及城市都普遍存在缺水问题。20 世纪 70 年代全国农业平均受旱面积 1.7 亿亩，到 20 世纪 90 年代增加到 4 亿亩。农村还有 3 000 多万人饮水困难，全国 600 多个城市中，有 400 多个城市供水不足。干旱缺水已成为我国社会经济，尤其是农业稳定发展的主要制约因素之一。

（3）水生态环境恶化。据资料统计，全国水蚀、风蚀等土壤侵蚀面积为 367 万 km^2，占国土面积的 38%；北方河流干枯断流情况愈来愈严重，进入 20 世纪 90 年代黄河年年断流，平均达 107 天。此外，河湖萎缩，森林、草原退化，土地沙化，部分地区地下水超量开采等问题，严重影响了水环境。

随着人口增加和社会经济发展，我国水的问题将更加突出。仅从水资源的供需来看，在充分考虑节约用水的前提下，2010 年全国总需水量将达 6 400～6 700 亿 m^3；2030 年人口开始进入高峰期，将达到 16 亿人，需水量将达 8 000 亿 m^3 左右，需要在现有供水能力的基础上新增 2 400 亿 m^3。保护开发利用水资源的任务十分艰巨。

（4）水能资源开发利用程度较低。如前所述，我国水能资源蕴藏量大，资源丰富，居世界首位。但到目前为止，我国对水能资源开发利用程度仍然偏低，即使按建国 50 周年成就展所公布的最新资料，开发程度仅占可开发总量的 1/10，其发展速度落后于国民经济的发展。

（5）水污染日益严重。据环保部门统计，全国废水排放量呈逐年增长趋势：1970 年为 150 亿 m^3；1980 年为 310 亿 m^3；1985 年为 342 亿 m^3；1988 年为 369 亿 m^3；1997 年废水排放量最大，高达 416 亿 m^3；1998 年略有减少，排放量为 395 亿 m^3，但水体仍处于较高的污染水平，水体主要污染物指标是氨氮、高锰酸盐指数和挥发酚等，95%以上未经处理直接排入江河或渗入地下。城市水环境状况也不容乐观，1998 年在监测的 176 条城市河段中，绝大多数河段受到不同程度的污染，52%的河段污染较重，其中 V 类水质为 16%，劣 V 类水质为 36%，主要分布在辽河、海河、淮河和长江流域，其结果不仅加剧了水资源的供需矛盾，而且恶化了环境，造成了一定的经济损失。

（6）水土流失严重。由于忽视了生物措施，植被遭受破坏，水土流失面积已扩大到 150 万 km^2。黄河平均每年泥沙流失量高达 16 亿 t；近几年，长江流域土壤冲失量年平均高达 24 亿 t，每年有 4.3 亿 m^3 泥沙汇入长江，长江流域水土流失面积达 36 万 km^2，为流域面积的 1/5，入海泥沙量近 5 亿 t。造成水土流失的根本原因是森林、草地覆盖率低，据全国第四次森林资源调查，全国林业用地面积为 2.6 亿 hm^2，其中森林面积 1.3 亿 hm^2，全国森林覆盖率仅为 13.92%。我国虽是草地资源大国，拥有各类天然草地 3.9 亿 hm^2，但由于近些年来对草地的掠夺式开发，乱开滥垦，过度樵采和长期超采放牧，草地面积逐年缩小，草地质量逐年下降。由于草地植被覆盖率降低，涵养水源、保持水土的能力减弱，目前，90%以上的草地已经或正在退化，其中中度退化程度以上（包括沙化、碱化）的草地达 1.3 亿 hm^2。

1998 年，国务院批准并颁布了《全国生态环境建设规划》，并发出紧急通知，要求坚决制止毁林开垦和乱占林地的行为，禁止砍伐天然林，启动了国家天然林保护工程，实施了草地建设和保护工程项目。这些措施无疑会对保护生态环境，防止水土流失起到了积极作用。

（7）过度开采地下水，形成多处水位降落漏斗。地下水的开采，也是水资源的利用方式之一。地下水的流量和蕴藏量是有限度的，若开采量合理，能与自然补给量保持平衡，就可取之不尽；反之，若过量开采，则会导致水源枯竭，引起地面下沉，造成人为灾害。这类现象在世界各国都曾发生。

1.3 水资源开发利用的工程措施

为了合理地开发和利用保护水资源，防治水旱灾害，必须采取兴修水利水电工程，对河流及流域进行控制和改造，以达到兴利除害的目的。除害主要是防治洪、涝、渍和旱灾；兴利则是多方面的利用水资源为民造福，主要包括：防洪、排涝、水力发电、城乡供水、农田水利和水产养殖及航运工程等。利用水利水电工程可以达到兴利除害的目的，也可以充分利用水资源并对其合理的开发和利用，为国民经济服务。为此，我们很有必要了解水利水电工程的建设程序和水文学在工程建设过程中所发挥的作用。

1.3.1 水利水电工程项目建设程序

我国水利水电建设项目正向着高参数、大容量的方向发展，具有投资大、工期长、技术复杂的特征，它是由若干单位工程组成的统一整体，需要统一指挥、统一核算。因此水利水电工程项目建设要求执行严格的建设程序，详见图 1-1。

由图 1-1 可知，水利水电工程项目建设程序基本上和一般工程的建设程序相同，都是由项目决策阶段、项目设计阶段、施工阶段、竣工验收交付生产阶段组成，但各阶段的工作内容比一般工程项目要广泛得多，要求严格得多。

工程项目建设程序各阶段的工作内容如下。

（1）项目建议书阶段。根据国民经济和社会发展的长远规划、行业规划、地区规划，经过研究和预测分析后，提出项目建议书。有些项目还增加初步可行性研究工作，项目建议书内容有简有繁，一般有如下内容：

① 建设项目提出的必要性和依据；

② 产品方案、拟建规模、建设地点的初步设想；

③ 资源情况、建设条件、协作关系等的初步分析；

④ 投资估算和资金筹措设想；

⑤ 经济效益和社会效益的估计。

项目建议书编制完成后，按照建设总规模和限额划分审批权限报批，对大中型或限额以上项目，首先报送行业主管部门初审，通过后再报国家计委，由国家计委委托有资格的工程咨询单位评估后审批。

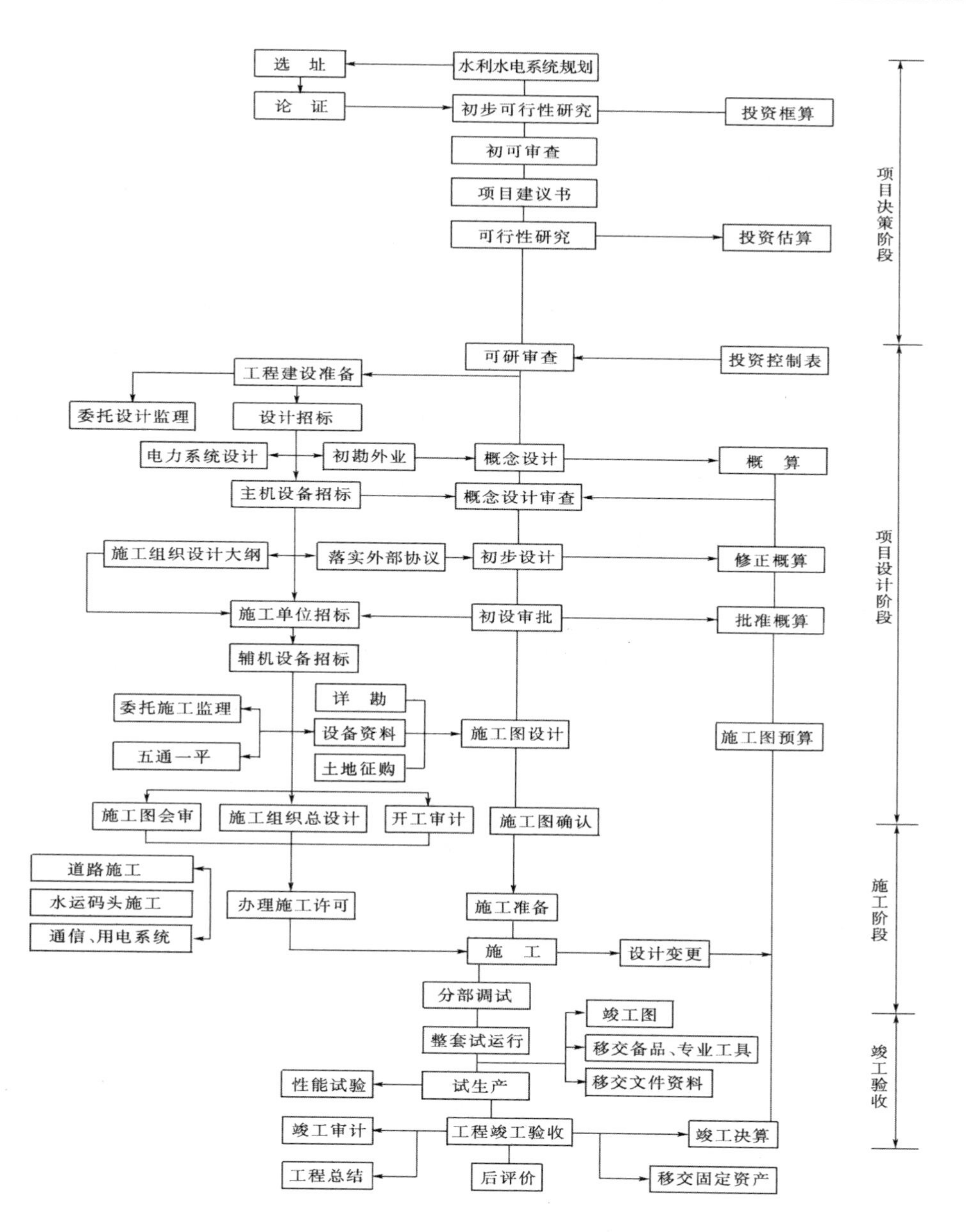

图 1-1　水利水电工程项目建设程序框图

（2）可行性研究报告阶段。大中型项目可行性研究的基本内容：

① 根据经济预测、市场预测确定的建设规模、产品方案；

② 技术工艺、主要设备选型和相应的技术经济指标；

③ 资源、原材料、动力、运输、供水等协作配合条件；

④ 施工条件（工程地质、水文地质等自然条件是否可靠；电、运输条件是否落实；人员的生活环境和生产环境是否有依托）。

设计单位在编制可行性研究报告之前，必须完成环境评价工作。首先编制环境评价大纲，通过审查后进行环境测试，再编制环境影响报告书，报环保部门审查。在通过环保审查后再进行组织可行性研究报告的审查。

凡属于中央投资、中央和地方合资的大中型和限额以上项目，报送国家计委审批，审批过程中要征求行业归口主管部门和国家专业投资公司的意见，同时委托有资格的工程咨询公司进行评估。

（3）设计工作阶段。一般工程需分初步设计和施工图设计两个阶段，重大项目和技术复杂的项目可增加技术设计阶段。

初步设计的主要内容包括：

① 设计依据和设计指导思想；

② 建设规模；

③ 工艺流程、主要设备选型和配置；

④ 主要建筑物、构筑物、公用辅助设施和生活区的建设；

⑤ 占地面积和土地使用情况；

⑥ 总体运输；

⑦ 外部协作配合条件；

⑧ 综合利用、环境保护和抗震措施；

⑨ 生产组织、劳动定员和各项技术经济指标；

⑩ 总概算。

（4）建设准备阶段。项目在开工之前的准备工作内容如下：

① 征地、拆迁及场地平整；

② 完成施工用水、电、路、通讯等工程；

③ 组织设备材料订货，按建设进展编制设备材料供应计划；

④ 按施工进度需要，准备施工图纸；

⑤ 组织施工招投标工作，择优选定施工单位；

⑥ 办理开工许可证。

（5）建设实施阶段。开工时间的规定是指：建设项目按设计文件任何一个永久性工程第一次破土开槽的日期，或者对不需开槽的工程以正式打桩为正式开工；对于大量土石方工程以开始进行土方、石方工程为正式开工；五通一平不算开工，水电建设工程以主厂房浇注第一罐混凝土为正式开工。建设实施阶段还包括设备调试、试运行、交付生产进行试生产。

（6）生产准备阶段。项目建设实施阶段就应进行生产准备工作，其主要内容：

① 招收和培训人员；
② 生产组织准备（机构设置、管理制度、人员配备）；
③ 生产技术准备（设计资料、开工方案、操作规程）；
④ 生产物资准备（原材料、水、电、气等来源，协作条件，备品备件）。

（7）竣工验收及管理运行阶段。竣工验收是工程建设过程的最后一个环节，是全面考核基本建设成果、检验设计和工程质量的重要步骤，也是基本建设转入生产或使用的标志。通过竣工验收，一是检验设计和工程质量，保证项目按设计要求的技术经济指标正常生产；二是有关部门和单位可以总结经验教训；三是建设单位对经验收合格的项目可以及时移交固定资产，使其由基建系统转入生产系统或投入使用。

1.3.2 工程水文在水利水电工程建设中的应用

1. 工程水文学的研究对象

水文学是研究地球上各种水体的一门科学。它研究各种水体的存在、循环和分布，探讨水体的物理和化学特性，以及它们对环境的作用，包括它们对生物的关系。水体是指以一定形态存在于自然界一定空间中的水，如大气中的水汽，河流、湖泊、沼泽、海洋里的水和地下水。各种水体都有自己的特性和变化规律，因此，水文学可按其研究的对象分为水文气象学、河流水文学、湖泊水文学、沼泽水文学、冰川水文学、海洋水文学和地下水文学等。

各种天然水体中，河流与人类生活的关系最为密切。因此，河流水文学与其他水体水文学相比，发展得最早最快，目前已成为内容比较丰富的一门学科。正是由于这个原因，一般所说的水文学指的就是河流水文学。河流水文学按其研究的任务的不同，可划分为下列几门主要分支学科。

（1）水文测验学及水文调查。它是通过适当的水文测验手段、资料整编方法、实验研究方法、水文调查方法等，收集和整理各种水文资料。

（2）水文预报。它是在研究水文规律的基础上，预报未来短时期的水文情势，为防汛抗旱服务。

（3）水文分析与计算。它是在研究水文规律的基础上，预估未来长时期的水文情势，为水资源开发利用措施的规划、设计、施工和运用提供水文数据，并在水文分析与计算的基础上，综合研究水文情势、用水需要、调节方法对水利工程的规模和工作情况，提出经济合理的决策。

2. 工程水文在水利水电建设中的作用

水资源开发利用的各种工程措施，都必须是在充分掌握水体的水文变化规律的基础上制定和实施的。其中每一项工程在实施过程中，都可以划分为可行性研究及规划设计、建设实施、管理运用3个阶段。每一个阶段都需要进行水文水利计算，而每个阶段水文水利计算的任务又是各不相同的。

（1）在可行性研究及规划设计阶段，主要是通过对比不同方案的投资和效益，选定最优方案。而工程水文及水利计算是计算工程投资和效益的基础。例如，设计水库和水电站时，若把河流水量估算偏大，据此设计的水库容积和水电站的装机容量就会过大，不能充分发挥工程效益，造成资金的浪费；反之，天然来水估算偏小或水利计算失误，使工程设计偏小，水资源就不能得到充分利用。特别是对河流洪水量的估算，关系到工程本身的安全和下游人民生命财产的安全。因此，在工程规划设计阶段，水文计算的任务是为工程设计提供未来的水文数据，如设计年径流和输沙量、设计洪水等。水利计算的任务是根据上述水文数据，通过调节计算，选择工程的参变数（如死库容与死水位、兴利库容与正常蓄水位、调洪库容与设计洪水位、水电站的保证出力和多年平均年发电量等），并确定主要建筑物尺寸（如坝高、溢洪道尺寸、引水渠道尺寸、装机容量等）。然后再详细计算各项水利经济指标，进行技术经济论证，确定最后的设计方案。

（2）在工程实施阶段，为了修建临时性水工建筑物，如围堰、导流隧洞等，需计算施工期设计洪水。施工期设计洪水的大小关系到施工建筑物的造价与安全。

（3）在管理运用阶段，需要知道未来时期的来水情况，以便据此编制水量调度计划。如有防洪任务的水库，需要进行洪水预报，以便提前腾空库容或及时拦蓄洪水。另外在工程建成以后，还要不断复核和修改设计阶段的水文计算成果，对工程进行改造。

总之，为开发利用水资源以及防治水害而兴建并管理好各种水利工程，都必须应用工程水文这门学科，预估河流未来的水文情势，确定工程的规模和效益。

3. 水文现象的基本规律及工程水文学的研究方法

（1）水文现象的基本规律。水文现象作为一种自然现象，它具有3种基本规律。

① 水文现象的确定性规律。水文现象同其他自然现象一样，具有必然性和偶然性两个方面。在水文学中通常按数学的习惯称必然性为确定性，偶然性为随机性。众所周知，河流每年都有洪水期和枯水期的周期性交替。冰雪水源河流具有以日为周期的水量变化。产生这些现象的基本原因是地球的公转和自转。在一个河流流域上降落一场暴雨，这条河流就会出现一次洪水。如果暴雨强度大、历时长、笼罩面积大，河道中的洪水就大。显然，暴雨与洪水之间存在着因果关系。这就说明，水文现象都有其客观发生的原因和具体形成的条件，它是服从确定性规律的。

② 水文现象的随机性规律。河流断面洪水期出现的最大洪峰流量、枯水期的最小流量或年径流量的数值，每年都是不重复的，具有随机性的特点。但是，通过长期观测，可以发现，特大的洪水流量和特小的枯水流量出现的机会较少，中等洪水和中等枯水出现的机会较多，而多年平均年径流量却是一个趋近稳定的数量。水文现象的这种随机性规律需要

由大量资料统计出来，所以，通常又称为统计规律。

③ 水文现象的地区性规律。水文现象受气候因素（如降水、蒸发、气温等）和地理因素所制约，而这些气候因素和地理因素是有地区性规律的，所以水文现象也在一定程度上具有地区性规律。

（2）工程水文学的研究方法。根据水文现象上述的基本规律，水文学的研究方法相应地可分为以下3类。

① 成因分析法。如上所述，水文现象与影响因素之间存在着确定关系。通过对观测资料或实验资料的分析，可以建立某一水文要素与其影响因素的定量关系。这样，就可以根据当前影响因素的状况，预测未来的水文状况。这种利用水文现象确定性规律来解决水文问题的办法，称为成因分析法。这种方法能够求出比较确切的结果，在水文现象分析和水文预报中得到广泛的应用。

② 数理统计法。根据水文现象的随机性，以概率理论为基础，运用频率计算方法，可以求得某水文要素的频率分布，从而得出工程规划设计所需要的水文特征值。利用两个或多个变量之间关系的随机性，进行相关分析，可以展延水文系列或做水文预测。

③ 地区综合法。根据气候要素及其他地理要素的地区性规律，可以按地区分析受其影响的某些水文特征值的地区分布规律。这些分析可以用等值线图或地区经验公式表示，如多年平均年径流深等值线图、洪水地区经验公式等。利用这些等值线图或经验公式，可以求出观测资料短缺地区的水文特征值，这就是地区综合法。

工程水文学的上述3种基本方法，在实际工作中常常交叉使用，相辅相成，互为补充。

1.4 水资源计算的任务与内容

1.4.1 水资源计算与评价的任务与内容

依据《中华人民共和国水法》，为查明水资源状况以及为制定区域国民经济和社会发展计划提供基本依据，必须进行水资源估算与评价。其任务是研究特定区域内的降水、蒸发、径流诸要素的变化规律和转化关系，阐明地表水、地下水资源及水资源总量、质量及其时空分布特点，开展需（用）水量调查、供用水效率分析和可供水量的计算，进行水资源供需分析，对水资源时空分布特征、利用状况及与社会经济发展的协调程度进行综合评价，核算水资源价值，为工农业生产及其他国民经济部门提供服务。

水资源评价的内容包括水资源区划、水资源数量评价、水资源质量评价和水资源利用评价及综合评价，其具体工作内容如下。

（1）水资源区划。水资源评价应分区进行。在水资源诸要素分析计算的基础上，充分考虑自然条件和水资源的特点，把特定区域划分为若干个水资源条件有着明显差异的地区，为分区制定合理的水资源开发利用方案提供科学依据。

（2）水资源量的评价。搜集区域水文气象、流域特性、社会经济、水利工程、需水量等基本资料，进行还原计算、插补延长、代表性分析等方面的审查分析。计算不同地貌类型区的地表、地下水资源量，并进行区域内水资源总量的计算以及不同代表年水资源总量和年内分配的推求。分析不同类型区“三水”转化的机理，建立降水量与地表径流、地下径流、潜水蒸发、地表蒸散发等分量的平衡关系和水资源计算模型。

（3）水资源质量评价。根据需水水质要求，就水的物理、化学、生物性质，对水的质量作出评价。其目的是查明区域地表水的泥沙、天然水化学特性和水资源污染状况，为水资源保护和污染治理提供依据。

（4）水资源开发利用及其影响评价。在社会经济及供水基础设施现状调查分析以及供用水现状调查统计分析的基础上，进行现状供用水效率分析，找出现状供用水存在的问题。分析水资源开发利用现状对环境的影响。遵循生态良性循环、资源永续利用、经济可持续发展的原则，对水资源时空分布特征、利用状况及与社会经济发展的协调程度进行综合分析。按水源、水资源用途、水资源质量，分类核算水资源的数量和单位水资源量的价值。

1.4.2 水资源计算与评价的基本方法

直到20世纪80年代初，我国才提出把水作为国土资源的一个重要内容加以研究。1980年3月，正式开始了有史以来的第一次全国水资源调查、评价和水利区划工作。1983年审定并刊印了《中国水资源初步评价》一书。1999年颁布了《中华人民共和国水资源评价导则》。由于我国水资源评价工作起步晚，水资源评价的某些理论和方法还处在探讨阶段。目前，水资源评价的基本方法可概括如下。

（1）基于水量平衡的水资源评价方法。基于水量平衡的水资源评价方法是最基本的方法。水量平衡是研究水资源的基础，通过水量平衡可揭示水资源的形成、转化的物理机制和规律，以及所表露出来的种种特性和本质。在生产实践中，在相当大的程度上有赖于用水量平衡方法对水资源做定量计算以及对分析成果进行合理性分析和可靠性分析等。

（2）基于水文学基础上的水资源评价方法。在水资源的评价中，基于水文学基础，阐明特定区域内降水、蒸发、径流诸要素的变化规律及其相互关系，研究地表、地下水资源的数量、质量及其时空分布特点等。在这种评价方法中，把水文分析计算的理论、方法融合在一起。

（3）其他方法。随着科技水平的提高，为适应国民经济的需要，水资源评价的理论和方法不断发展。例如，采用模糊评判和层次分析等方法，建立多目标群决策人机交互系统，对分区水资源与社会经济发展协调程度进行综合评判和排序等。

在水资源估算与评价中，对于不同的评价内容采用不同的评价方法，但是，上述评价方法并不是相互独立的，而是相互联系、相互依存，甚至有时是交织在一起的。

1.5　习题与思考题

1．什么是水资源？我国水资源有什么特点？
2．为什么说我国是一个贫水国？
3．我国水利水电工程的建设程序有哪些？
4．工程水文学的学习目的、任务是什么？
5．为什么要进行区域的水资源计算和评价？
6．试举例分析水文现象的基本特点。

第 2 章　河川径流的基本知识

2.1　水文循环及水量平衡

2.1.1　水文循环

地球表面的各种水体，在太阳的辐射作用下，从海洋和陆地表面蒸发上升到空中，并随空气流动，在一定的条件下，冷却凝结形成降水又回到地面。降水的一部分经地面、地下形成径流并通过江河流回海洋；一部分又重新蒸发到空中，继续上述过程。这种水分不断交替转移的现象称为水分循环，也叫水文循环，简称水循环。

水分循环按其范围大小可分为大循环和小循环。大循环是指海洋与陆地之间的水分交换过程；而小循环是指海洋或陆地上的局部水分交换过程，比如海洋上蒸发的水汽在上升过程中冷却凝结形成降水回到海面，或者在陆地上发生类似情况，都属于小循环。大循环是包含有许多小循环的复杂过程。地球上水分循环示意图如图 2-1 所示。

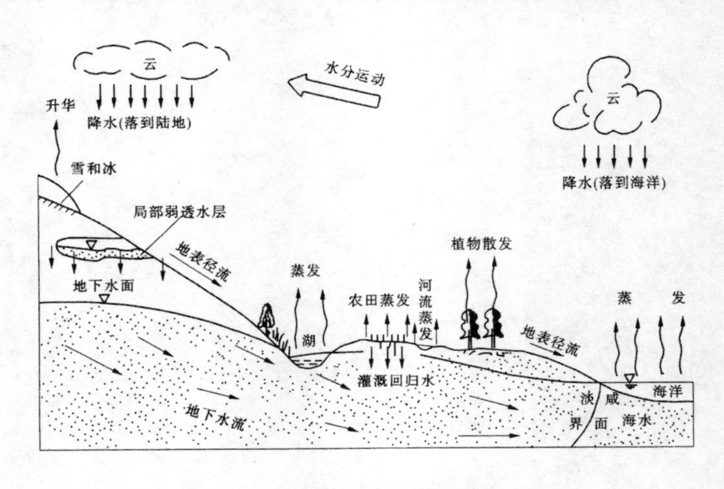

图 2-1　地球上水分循环示意图

形成水分循环的原因可分为内因和外因两个方面。内因是水有固、液、汽 3 种状态，且在一定条件下可相互转换。外因是太阳的辐射作用和地心引力。太阳辐射为水分蒸发提供热量，促使液、固态的水变成水汽，并引起空气流动。地心引力使空中的水汽又以降水方式回到地面，并且促使地面、地下水汇归入海。另外陆地的地形、地质、土壤、植被等条件，对水分循环也有一定的影响。

水分循环是地球上最重要、最活跃的物质循环之一，它对地球环境的形成、演化和人类生存都有着重大的作用和影响。正是由于存在水分循环，才使得人类生产和生活中不可缺少的水资源具有可恢复性和时空分布不均匀性，产生了江河湖泊等地表和地下水资源，同时也造成了旱涝灾害，给水资源的开发利用增加了难度。

我国位于欧亚大陆的东部、太平洋的西岸，处于西伯利亚干冷气团和太平洋暖湿气团的交绥带。因此，水汽主要来自太平洋，由东南季风和热带风暴将大量水汽输向内陆形成降水，雨量自东南沿海向西北内陆递减，而相应的大多数河流则自西向东注入太平洋，例如长江、黄河、珠江等。其次是印度洋水汽随西南季风进入我国西南、中南、华北以至河套地区，成为夏秋季降水的主要源泉之一。径流的一部分自西南一些河流注入印度洋，如雅鲁藏布江、怒江等；另一部分流入太平洋。大西洋的少量水汽随盛行的西风环流东移，也能参加我国内陆腹地的水分循环。北冰洋水汽借强盛的北风经西伯利亚和蒙古进入我国西北，风力大而稳定时，可越过两湖盆地直至珠江三角洲，但水汽含量少，引起的降水并不多，小部分经由额尔齐斯河注入北冰洋，大部分回归太平洋。鄂霍茨克海和日本海的水汽随东北季风进入我国，对东北地区春夏季降水起着相当大的作用，径流注入太平洋。

我国河流与海洋相通的外流区域占全国总面积的 64%，河水不注入海洋而消失于内陆沙漠、沼泽和汇入内陆湖泊的内流区域占 36%。最大的内陆河是新疆的塔里木河。

据资料估算，地球上每年参与水分交换和循环的水量约 577 万亿 m^3。从海洋水蒸发到空中的水汽，每年达 505 万亿 m^3，海洋每年总降水量约 458 万亿 m^3，两者差值为 47 万亿 m^3，则被气流输送到陆地的上空。陆地上每年降雨量约 119 万亿 m^3，比陆地上每年蒸发量 72 万亿 m^3 多 47 万亿 m^3，多余的水量通过江河又回流到海洋。

2.1.2　水量平衡

根据自然界的水分循环，地球水圈的不同水体在周而复始地循环运动着，从而产生一系列的水文现象。在这些复杂的水文过程中，水分运动遵循质量守恒定律，即水量平衡原理。具体而言，就是对任一区域在给定时段内，输入区域的各种水量的总和与输出区域的各种水量的总和的差值，应等于区域内时段蓄水量的变化量。据此原理，可列出一般的水量平衡方程：

$$I-O=W_2-W_1=\triangle W \tag{2-1}$$

式中，I——时段内输入区域的各种水量之和；

O——时段内输出区域的各种水量之和；

W_1——时段初区域内的蓄水量；

W_2——时段末区域内的蓄水量；

ΔW——时段内区域蓄水量的变化量。$\Delta W>0$，表示时段内区域蓄水量增加；相

反 $\Delta W<0$，表示时段内区域蓄水量减少。

水量平衡原理是水文学中最基本的原理之一。它在降雨径流过程分析、水利计算、水资源评价等问题中应用非常广泛。

根据水量平衡原理，对任一区域，一定时段内输入区域的水量有：时段内区域平均降水量；时段内区域水汽凝结量（E_1）；地面径流流入量（Y_1）；地下径流流入量（U_1）。时段内从区域输出的水量包括：时段内区域总蒸散发量（E_2）；地面径流流出量（Y_2）；地下径流流出量（U_2）；区域内用水量（q）。时段初、末区域内蓄水量分别为 W_1，W_2，差值为 $\Delta W=W_2-W_1$，代入水量平衡方程得：

$$(H+E_1+Y_1+U_1)-(E_2+Y_2+U_2+q)=W_2-W_1 \tag{2-2}$$

或

$$H+E_1+Y_1+U_1+W_1=E_2+Y_2+U_2+q+W_2$$

若令 $E=E_2-E_1$，称为净蒸散发量，则上式为：

$$(H+Y_1+U_1)-(E+Y_2+U_2+q)=W_2-W_1 \tag{2-3}$$

对于地球，以大陆作为研究对象，则某一时段的水量平衡方程式为：

$$E_{陆}=H_{陆}-Y+\Delta W_{陆} \tag{2-4}$$

同理，若以全球海洋为研究对象，则：

$$E_{海}=H_{海}+Y+\Delta W_{海} \tag{2-5}$$

式中，$E_{陆}$、$E_{海}$——陆地和海洋上的蒸发量；

$H_{陆}$、$H_{海}$——陆地和海洋上的降水量；

Y——入海径流量（包括地面径流和地下径流）；

$\Delta W_{陆}$、$\Delta W_{海}$——陆地和海洋在研究时段内的蓄水量变化量。

在短时期内，时段蓄水量的变化量 $\Delta W_{陆}$、$\Delta W_{海}$数值有正有负，但在多年情况下，正负可以互相抵消，即：

$$\sum \Delta W_{陆}=0$$

$$\sum \Delta W_{海}=0$$

因此多年平均情况下陆地水量平衡方程式：

$$E_{陆0}=H_{陆0}-Y_0 \tag{2-6}$$

$$E_{海0}=H_{海0}+Y_0 \tag{2-7}$$

式中，$E_{陆0}$、$E_{海0}$——陆地、海洋上的多年平均蒸发量；

$H_{陆0}$、$H_{海0}$——陆地、海洋上的多年平均降水量；

Y_0——多年平均入海径流量。

将（2-6）和（2-7）两式相加可得全球多年平均水量平衡方程式为：

$$E_{陆0}+E_{海0}=H_{陆0}+H_{海0}$$

即

$$E_{全球0}=H_{全球0} \tag{2-8}$$

式（2-8）说明，就长期而言，地球上的总蒸发量等于总降水量，符合物质不灭和质量守恒定律。

2.2　河流与流域

2.2.1　河流及其特征

1. 河流

河流是水分循环的一个重要环节，是汇集一定区域地表水和地下水的泄水通道。由流动的水体和容纳水体的河槽两个部分构成。水流在重力作用下由高处向低处沿地表面的线形凹地流动，这个线形凹地便是河槽。河槽也称河床，含有立体概念，当仅指其平面位置时，称为河道。枯水期水流所占河床称为基本河床或主槽；汛期洪水泛滥所及部位，称为洪水河床或滩地。从更大范围讲，凡是地形低凹可以排泄水流的谷地称为河谷，河槽就是被水流所占据的河谷底部。流动的水体称为广义的径流，其中包含清水径流和固体径流。固体径流是指水流所挟带的泥沙；通常所说径流一般是指清水径流。虽然在地球上的各种水体中，河流的水面面积和水量都很小，但它与人类的关系却最为密切，因此，河流是水（指的是与海洋、冰川、地下水相比）文学研究的主要对象。

一条河流按其流经区域的自然地理和水文特点划分为河源、上游、中游、下游及河口 5 段。河源是河流的发源地，可以是泉水、溪涧、湖泊、沼泽或冰川。多数河流发源于山地或高原，也有发源于平原的。确定较大河流的河源，要首先确定干流。一般是把长度最长或水量最大的叫做干流，有时也按习惯确定，如把大渡河看作岷江的支流就是一个实例。汇入干流的支流叫一级支流；汇入一级支流的称为二级支流；其余以此类推。由干流与其各级支流所构成脉络相通的泄水系统称为水系、河系或河网。水系常以干流命名，如长江水系、黄河水系等。但是干流和支流是相对的。根据干支流的分布状况，一般将水系分为扇形水系、羽状水系、平行状水系和混合型水系，其中前 3 种为基本类型，如图 2-2 所示。

扇形

羽状

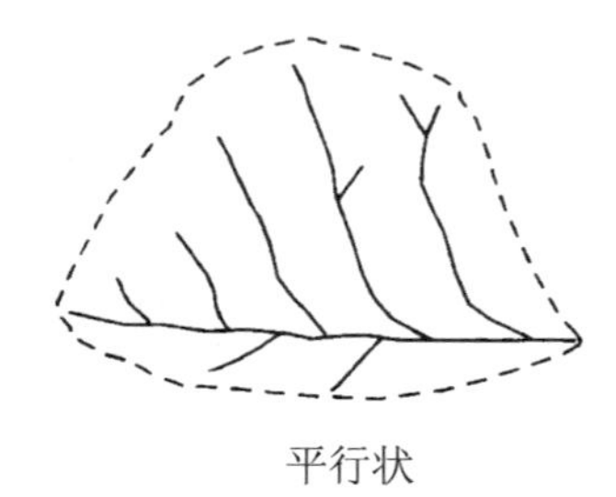
平行状

图 2-2　水系形状示意图

在划分河流上、中、下游时，有的依据地貌特征来划分，有的依据水文特征来划分。上游直接连接河源，一般落差大，流速急，水流的下切能力强，多急流、险滩和瀑布。中游段坡降变缓，下切力减弱，侵蚀力加强，河道有弯曲，河床较为稳定，并有滩地出现。

下游段一般进入平原，坡降更为平缓，水流缓慢，泥沙淤积，常有浅滩出现，河流多汊。河口是河流注入海洋、湖泊或其他河流的地段。内陆地区有些河流最终消失在沙漠之中，没有河口，称为内陆河。

2. 河流的特征

（1）河流的纵横断面。河段某处垂直于水流方向的断面称为横断面，又称过水断面。当水流涨落变化时，过水断面的形状和面积也随着变化。河槽横断面有单式断面和复式断面两种基本形状，如图 2-3 所示。

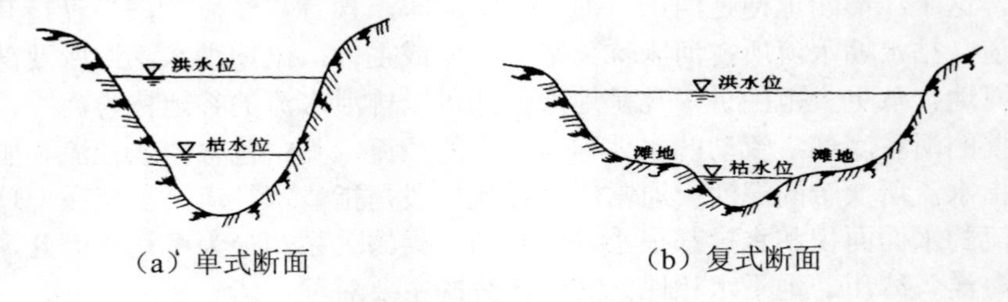

（a）单式断面　　（b）复式断面

图 2-3　河槽横断面示意图

河流各个横断面最深点的连线叫河流中泓线或溪线。假想将河流从河口到河源沿中泓线切开并投影到平面上所得的剖面叫河槽纵断面。实际工作中常以河槽底部转折点的高程为纵坐标，以河流水平投影长度为横坐标绘出河槽纵断面图，如图 2-4 所示。

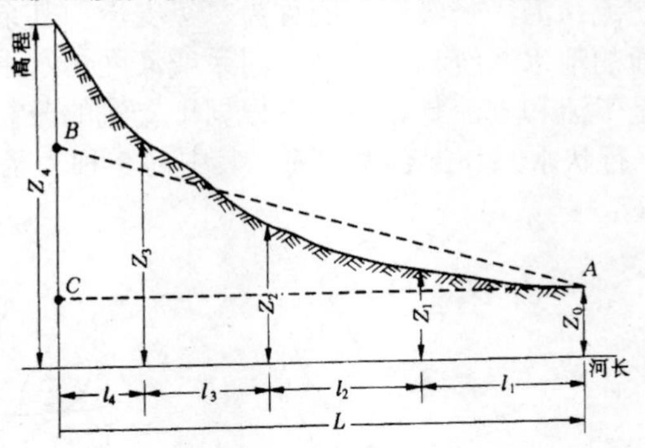

图 2-4　河槽纵断面

（2）河流长度。河流由河口到河源沿中泓线量计的平面曲线长度称为河长。一般在大比例尺（如万分之一或五万分之一等）地形图上用分规或曲线仪量计；在数字化地形图上可以应用有关专业软件量计。

（3）河道纵比降。河段两端的河底高程之差称为河床落差，河源与河口的河底高程之差为河床总落差。单位河长的河床落差称为河道纵比降，通常以千分数或小数表示。当河段纵断面近似为直线时，比降可按下式计算：

$$J=\frac{Z_{上}-Z_{下}}{l}=\frac{\Delta Z}{l} \tag{2-9}$$

式中，J——河段的总比降；

$Z_{上}$、$Z_{下}$——河段上、下断面河底高程；

l——河段的长度。

当河段的纵断面为折线时，可用面积包围法计算河段的平均纵比降。具体做法是：在河段纵断面图上，通过下游端断面河底处向上游作一条斜线，使得斜线以下的面积与原河底线以下的面积相等，此斜线的坡度即为河道的平均纵比降，如图 2-4 所示。计算公式为：

$$J=\frac{(Z_0+Z_1)l_1+(Z_1+Z_2)l_2+\cdots+(Z_{n-1}+Z_n)l_n-2Z_0L}{L^2} \tag{2-10}$$

式中，$Z_0,Z_1,\cdots,Z_n$——河段自下而上沿程各转折点的河底高程，m；

$l_1,l_2,\cdots,l_n$——相邻两转折点之间的距离，m；

L——河段总长度，km。

2.2.2　流域及其特征

1. 流域、分水线

河流某一断面以上的集水区域称为河流在该断面的流域。当不指明断面时，流域是对河口断面而言的。流域的边界为分水线，即实际分水岭山脊的连线，如秦岭是长江与黄河的分水岭，降落在分水岭两侧的水量将分别流入不同的河流，秦岭脊线便是这两大流域的分水线。但并不是所有的分水线都是山脊的连线，如在平原地区，分水线可能是河堤或者湖泊等，像黄河下游大堤，便是黄河流域与淮河流域的分水岭。

由于河流是汇集并排泄地表水和地下水的通道，因此分水线有地面与地下之分。当地面分水线与地下分水线完全重合时，该流域称为闭合流域；否则称为非闭合流域。非闭合流域在相邻流域间有水量交换，如图 2-5 所示。

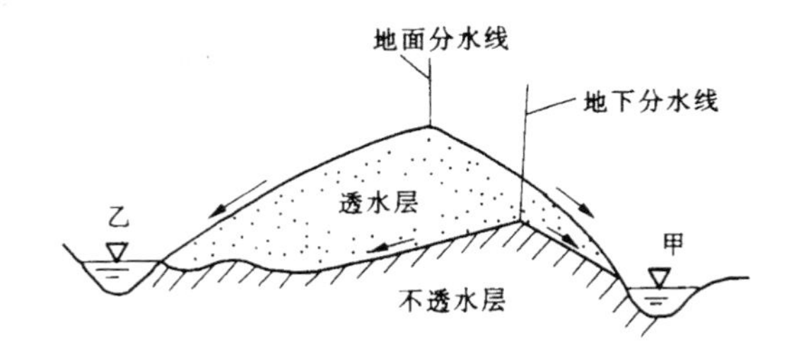

图 2-5　地面与地下分水线示意图

实际当中很少有严格的闭合流域，只要当地面分水线和地下分水线不一致所引起的水量误差相对不大时，一般可按闭合流域对待。通常工程上认为，除岩溶地区外，一般大中流域均可看成是闭合流域。

2. 流域特征

流域特征包括几何特征、地形特征和自然地理特征 3 个方面。

（1）流域几何特征。流域的几何特征包括流域面积（或集水面积）、流域长度、流域宽度和流域形状系数等。

① 流域面积是指河流某一横断面以上，由地面分水线所包围不规则图形的面积，如图 2-6 所示。若不强调断面，则是指流域出口断面以上的面积，以 km^2 为计。一般可在适当比例尺的地形图上先勾绘出流域分水线，然后用求积仪或数方格的方法量出其面积（在数字化地形图上也可以用有关专业软件量计）。

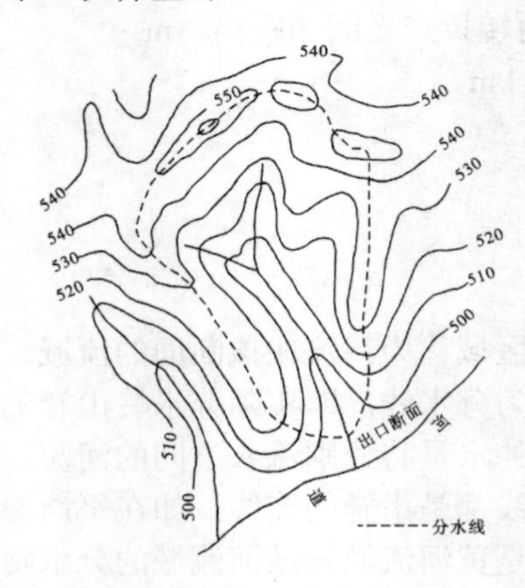

图 2-6　流域分水线和流域集水面积示意图

② 流域长度是指流域几何中心轴的长度。对于大致对称的规则流域，其流域长度可用河口至河源的直线长度来计算；对于不对称流域，可以流域出口为中心作若干个同心圆，求得各同心圆圆周与流域分水线相交的若干圆弧割线中点，这些割线中点的连线长度，即为流域长度。

③ 流域平均宽度是指流域面积与流域长度的比值，以 B 表示，由下式计算：

$$B=\frac{F}{L_f} \tag{2-11}$$

式中，F——流域面积，km^2；

L_f——流域长度，km。

集水面积近似相等的两个流域，L_f 愈长，B 愈窄小；L_f 愈短，B 愈宽。前者径流难以集中，后者则易于集中。

流域的形状系数，以 K_f 表示。

$$K_f=\frac{B}{L_f}=\frac{F}{L_f^2} \tag{2-12}$$

K_f 是一个无单位的系数。当 $K_f \approx 1$ 时，流域形状近似为方形；$K_f<1$ 时，流域为狭长形；$K_f>1$ 时，流域为扁形。流域形状不同，对降雨径流的影响也不同。

（2）流域地形特征。流域地形特征可用流域平均高度和流域平均坡度来反映。

① 流域平均高度：流域平均高度的计算可用网格法和求积仪法。网格法较粗略，具体做法是将流域地形图分为 100 个以上网格如图 2-7 所示，内插确定出每个格点的高程，各网格点高程的算术平均值即为流域平均高度；求积仪法是在地形图上，用求积仪分别量出分水线内各相邻等高线间的面积（f_i），用相邻两等高线的平均高程（z_i），按下式计算得流域平均高度。

$$z_0=\frac{f_1 z_1+f_2 z_2+\cdots+f_n z_n}{f_1+f_2+\cdots f_n}=\frac{1}{F}\sum_{i=1}^{n} f_i z_i \tag{2-13}$$

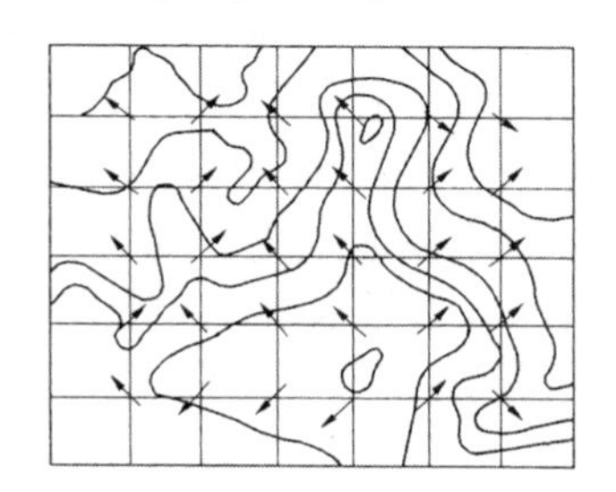

图 2-7　网格法计算流域平均高度、平均坡度示意图

② 流域平均坡度：流域的平均坡度是指流域表面坡度的平均情况，以 J_f 表示。也可用网格法计算，即从每个网格点作直线与较低的等高线正交，如图 2-7 中的箭头所示，由高差和距离计算各箭头方向的坡度，作为各网格点的坡度，再将各网格点的坡度取算术平均值，即流域的平均坡度。另外还可以量计出流域范围内各等高线的长度，用 l_0，l_1，l_2，…，l_n 表示，相邻两条等高线的高差用 Δz 表示，按下式计算流域平均坡度。

$$J_f=\frac{\Delta z(0.5l_0+l_1+l_2+\cdots+0.5l_n)}{F} \tag{2-14}$$

（3）流域的自然地理特征。流域的自然地理特征包括流域的地理位置、气候条件、地形特征、地质构造、土壤性质、植被、湖泊、沼泽等。

① 地理位置：主要指流域所处的经纬度以及距离海洋的远近。一般是低纬度和近海地区雨水多，高纬度地区和内陆地区降水少。如我国的东南沿海一带雨水就多，而华北、西北地区降水就少，尤其是新疆的沙漠地区更少。

② 气候条件：主要包括降水、蒸发、温度、风等，其中对径流作用最大的是降水和蒸发。

③ 地形特征：流域的地形可分为高山、高原、丘陵、盆地和平原等，其特征可用流域平均高度和流域平均坡度来反映。同一地理区，不同的地形特征将对降雨径流产生不同的影响。

④ 地质与土壤特性：流域地质构造、岩石和土壤的类型以及水理性质等都将对降水形成的河川径流产生影响，同时也影响到流域的水土流失和河流泥沙。

⑤ 植被覆盖：流域内植被可以增大地面糙率，延长地面径流的汇流时间，同时加大下渗量，从而使地下径流增多，洪水过程变得平缓。另外植被还能阻抗水土流失，减少河流泥沙含量，涵养水源；大面积的植被还可以调节流域小气候，改善生态环境等。植被的覆盖程度一般用植被面积与流域面积之比的植被率表示。

⑥ 湖泊、沼泽、塘库：流域内的大面积水体对河川径流起调节作用，使径流在时间上的变化趋于均匀；同时还能增大水面蒸发量，增强局部小循环，改善流域小气候。通常用湖沼塘库的水面面积与流域面积之比的湖沼率来表示。

以上流域各种特征因素，除气候因素外，都反映了流域的物理性质，它们承受降水并形成径流，直接影响河川径流的数量和变化，所以水文上习惯称为流域下垫面因素。当然，人类活动对流域的下垫面影响也愈来愈大，如人类在改造自然的活动中修建了水库、塘堰、梯田，以及植树造林、城市化等，大规模地改变了流域的下垫面自然状态，因而使河川径流发生相应变化，影响到河川径流的水量与水质。人类活动的影响有有益的一面，如灌溉、发电、提高径流水量的利用率，产生社会经济效益；也有不利的一面，如造成水土流失、水质污染以及河流断流等。

2.3 降　水

降水是水文循环的一个重要环节，是陆地水资源的主要补给来源，因此降水是最为重要的气象因素。降水是指以液态或固态形式从大气到达地面的各种水分的总称。通常表现为雨、雪、雹、霜、露等，其中最主要的形式是雨和雪。在我国绝大部分地区影响河流水情变化的是降雨，因此降雨是水文研究的重要内容。

2.3.1 降雨的成因与分类

地球周围的大气层由于所处的位置不同，各处的温度和湿度分布也不均匀，大气压力也不同，使得空气由高压区向低压区流动，处在不断地运动之中，这便产生了刮风等一系列的天气现象。在气象上把水平方向物理性质（温度、湿度、气压等）比较均匀的大块空气叫气团。气团按照温度的高低又可分为暖气团和冷气团，一般暖气团主要在低纬度的热带或副热带洋面上形成，冷气团则在高纬度寒冷的陆地上产生。当带有水汽的气团上升时，由于大气的气压下降，上升的空气体积不断膨胀，消耗内能，使空气在上升过程中冷却（称为动力冷却）降温，空气中的水汽随着气温的降低而凝结。凝结的内核是空气中的微尘、烟粒等。水汽分子凝结成小水滴后聚集成云。小水滴继续吸附水汽，并受气流涡动作用，相互碰撞而结合成大水滴，直到其重量超过气流上升顶托力时则下降成雨。因此，降雨的形成必须要有两个基本条件：一是空气中要有一定量的水汽；二是空气要有动力上升冷却。故按照空气上升冷却的发展形成，将降雨分为锋面雨、地形雨、对流雨和台风雨 4 种类型。

（1）锋面雨。当冷气团与暖气团在运动过程中相遇时，其交界面（实际上为一过渡带）叫锋面，锋面与地面的相交地带叫锋。一般地面锋区的宽度有几十公里，高空锋区的宽度可达几百公里。锋面雨便是在锋面上产生的降雨。按照冷暖气团的相对运动方向将锋面雨分为冷锋雨和暖锋雨。

① 冷锋雨：当冷气团向暖气团一方移动，两者相遇，因冷空气较重而楔入暖气团下方，迫使暖气团上升，形成冷锋而致雨，就是冷锋雨，如图 2-8（a）所示。冷锋雨一般强度大，历时短、雨区范围小。

② 暖锋雨：若冷气团相对静止，暖气团势力较强，向冷气团一方推进，两者相遇，暖气团将沿界面爬升于冷气团之上形成降雨叫暖锋雨，如图 2-8（b）所示。暖锋雨的特点是强度小、历时长，雨区范围大。

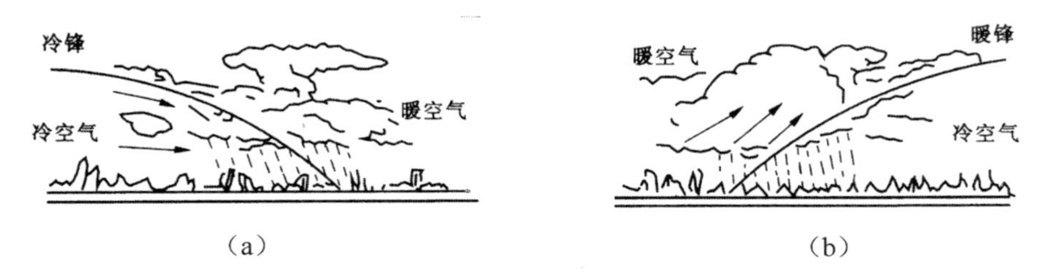

图 2-8　锋面雨示意图

（2）地形雨。当暖湿气团在运移途中，遇到山脉、高原等阻碍，被迫上升冷却而形成的降雨，叫地形雨，如图 2-9（a）所示。地形雨多发生在山的迎风坡，由于水汽大部分已在迎风坡凝结降落，而且空气过山后下沉时温度增高，因此背风坡雨量锐减。地形雨一般随高程的增加而增大，其降雨历时较短，雨区范围也不大。

（3）对流雨。在盛夏季节当暖湿气团笼罩一个地区时，由于太阳的强烈辐射作用，局部地区因受热不均衡而与上层冷空气发生对流作用，使暖湿空气上升冷却而降雨，叫对流雨，如图 2-9（b）所示。这种雨常发生在夏季酷热的午后，其特点是强度大、历时短、降雨面积分布小，常伴有雷电，故又称为雷阵雨。

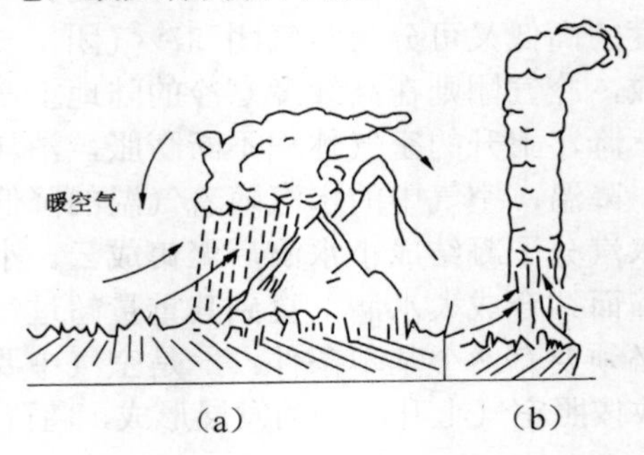

图 2-9 地形雨和对流雨示意图

（4）台风雨。台风雨是由热带海洋风暴带到大陆上来的狂风暴雨。影响我国的热带风暴主要发生在 6～10 月，以 7、8、9 三个月最多。它们主要形成于菲律宾以东的太平洋洋面（约在北纬 20°，东经 130° 附近)，向西或向西北方向移动影响东南沿海和华南地区各地，若势力很强则可影响到燕山、太行山、大巴山一线。台风雨是一种极易形成洪涝灾害的降雨，降雨伴随狂风，破坏性极强。如 1975 年 8 月，由该年第三号台风登陆后，深入到河南省泌阳县林庄一带，造成非常罕见的大暴雨，中心最大 24 小时降雨量为 1 060.3 mm，最大 3 日降雨量达 1 605.3 mm，在淮河流域形成大洪水，给人民生命财产造成巨大损失。

在以上 4 种降雨类型中，锋面雨和台风雨对我国河流洪水影响较大。其中锋面雨对大部分地区影响显著，各地全年锋面雨都在 60%以上，华中和华北地区超过 80%，是我国大多数河流洪水的主要来源。台风雨在东南沿海诸省和地区，如广东、海南、福建、台湾地区、浙江等省和地区发生机会较多，由台风造成的雨量占全年总雨量的 20%～30%，且极易造成洪水灾害。

此外，根据我国气象部门的规定，按照 1 小时或 24 小时的降雨量将降雨分为小雨、中雨、大雨及暴雨等级别。

（1）小雨：是指 1 小时的雨量≤2.5 mm 或 24 小时的雨量＜10 mm。

（2）中雨：是指 1 小时的雨量为 2.6 mm～8.0 mm 或 24 小时的雨量为 10.0 mm～24.9 mm。

（3）大雨：是指 1 小时的雨量 8.1 mm～15.9 mm 或 24 小时的雨量为 25.0 mm～49.9 mm。

（4）暴雨：是指 1 小时的雨量≥16 mm 或 24 小时的雨量≥50 mm。

2.3.2 降雨资料的分析方法

1. 点降雨特性与图示方法

所谓点降雨量通常是指一个雨量观测站承雨器（口径为 20 cm）所在地点的降雨。点降雨的特性可用降雨量、降雨历时和降雨强度等特征量以及降雨量，降雨强度在时程上的变化来反映。

（1）点降雨特性。

① 降雨量：是指一定时段内降落在单位水平面积上的雨水深度，用 mm 表示，计至 0.1mm。在标明降雨量时一定要指明时段，常用的降雨时段有分、时、日、月、年等，相应的雨量称为时段雨量、日雨量、月雨量、年雨量。

② 降雨历时：是指一场降雨从开始到结束所经历的时间，常以小时为单位。与降雨历时相应的还有降雨时段，它是人为规定的。对某一场降雨而言，为了比较各地的降雨量大小，可以人为指定某一时段降雨量作标准。如最大 1h 降雨量、6h 降雨量、24h 降雨量等。这里的 1h、6h、24h 即为降雨时段。但在降雨时段内，降雨并不一定连续。

③ 降雨强度：指单位时间内的降雨量，以 mm/min 或 mm/h 计。

（2）点降雨特性的分析方法。

① 降雨量过程线：是表示降雨量随时间变化的特性。常用降雨量柱状图和降雨量累计曲线表示，如图 2-10 所示。雨量柱状图（或称雨量直方图）是以时段雨量为纵坐标，时段次序为横坐标绘制而成，时段可根据需要选择分、时、日、月、年等。它显示降雨量随时间的变化特性。雨量累积曲线是以逐时段累积雨量为纵坐标，时间为横坐标而绘制。它不仅可以反映降雨量在时间上的变化，而且还可以反映时段平均雨强随时间的变化 $\bar{i}=\Delta h/\Delta t$。

② 强度历时曲线：是记录一场降雨过程，选择不同历时，统计不同历时内的最大平均降雨强度，并以平均雨强为纵坐标，历时为横坐标点绘曲线，即平均雨强历时曲线，如图 2-11 所示。

③ 短历时暴雨公式：由图 2-11 的雨强历时曲线可以看出，降雨强度是随降雨历时的增长而递减。通常把降雨历时小于 24h 的暴雨称为短历时暴雨。其降雨强度历时曲线用数学方程来表示，即为短历时暴雨公式。目前水利部门广泛采用的公式为：

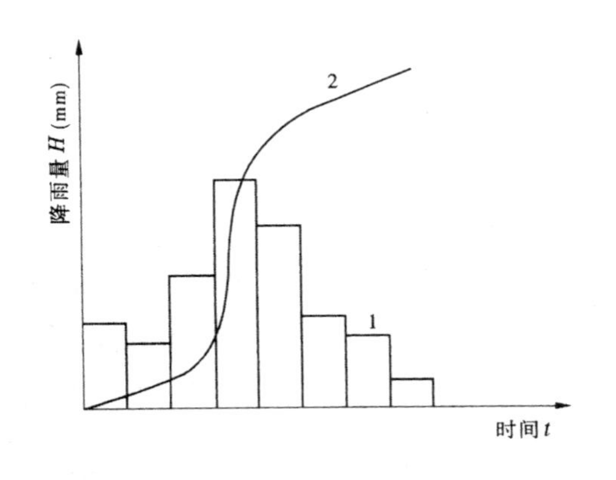

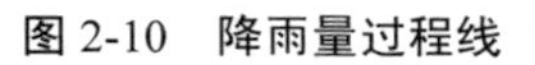
图 2-10　降雨量过程线

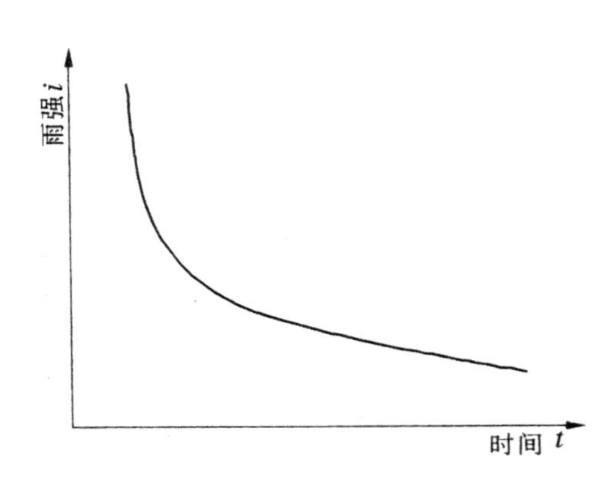

图 2-11　雨强历时曲线

$$\bar{i}=\frac{S}{t^n} \quad 或 \quad H_t=st^{1-n} \tag{2-15}$$

式中，t——暴雨历时，h；

H_t——历时为 t 的时段降雨量，mm；

$\bar{i}$——历时为 t 内的平均降雨强度，mm/h；

S——雨力，即 $t=1$ 小时的平均雨强，mm/h；

n——暴雨衰减指数，反映雨强随历时递减的程度。

2. 面雨量特性与计算方法

（1）面雨量特性。所谓“面”雨量，是指一定区域面积上的平均雨量。在降雨径流分析中，与洪水大小相应的必须是流域面积上的面平均雨量。反映面雨量的变化特性可用以下方法。

① 降雨量等值线：对于面积较大的区域或流域，为了表示一定时段内的降雨量空间分布情况，可以绘制降雨量等值线。具体做法与测量学中绘制地形等高线的方法类似。首先根据需要，将一定时段流域内及其周边邻近雨量站的同期雨量标注在相应位置上，然后按照各站降雨量的大小用地理插值法，并参考地形和气候变化进行勾绘，如图 2-12 所示。等雨量线图是研究降雨分布、暴雨中心移动及计算流域平均雨量的有力工具。但在绘制等雨量线图时，要求有足够的且控制良好的雨量站点。

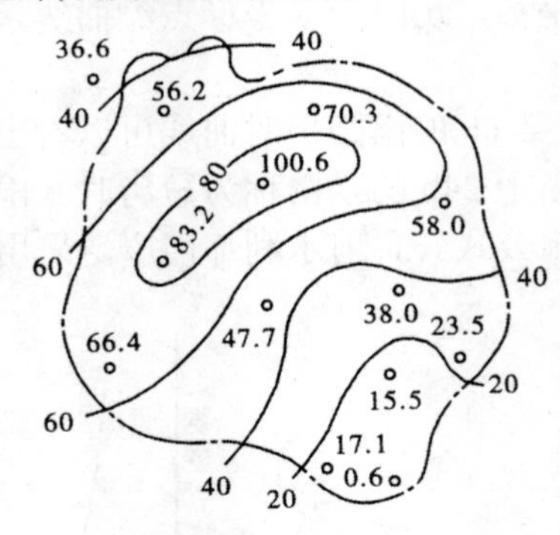

图 2-12 降雨量等值线图

② 平均雨量—面积曲线：对一场暴雨，从等雨量线图上的暴雨中心算起，分别量取不同等雨量线所包围的面积，并计算各面积内的平均雨量，以雨量为纵坐标，面积为横坐标绘制曲线，如图 2-13 所示。平均雨量—面积曲线表示不同笼罩面积所相应的平均雨量，从图 12-13 中可以看出平均雨量随笼罩面积的增大而减小。

③ 平均雨量—历时—面积曲线：流域上的一次降雨，其空间分布是不均匀的，除用等雨量线表示外，还可以根据不同历时的等雨量图，从暴雨中心起分别量取不同等雨量线所

包围的面积，并分别计算各条等雨量线范围内平均雨量，以雨量为纵坐标，面积为横坐标，历时为参数点绘成图，如图 2-14 所示。由图 2-14 可知，当降雨历时一定时，暴雨所笼罩的面积愈大，则平均雨量愈小；当暴雨笼罩面积一定时，历时愈长，雨量愈大。

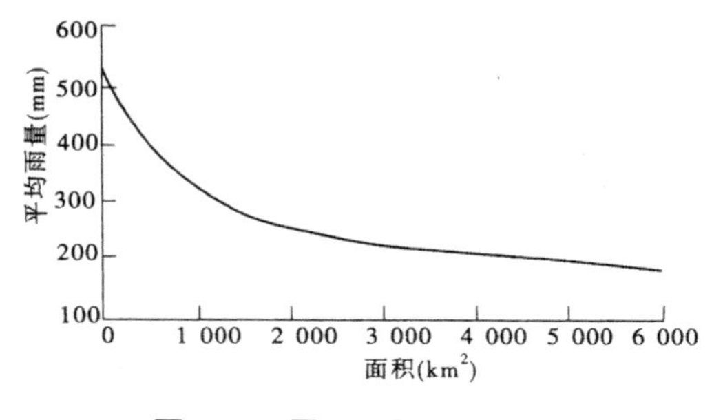

图 2-13　平均雨量—面积曲线

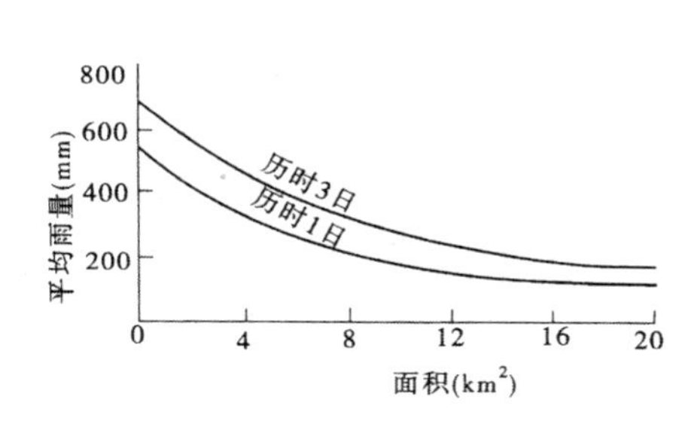

图 2-14　平均雨量—历时—面积曲线

（2）流域面平均雨量的计算方法。

① 算术平均法：当流域内地形变化不大，且雨量站数目较多、分布均匀时，可根据各站同一时段内的降雨量用算术平均法计算，其计算公式为：

$$H_F=\frac{H_1+H_2+\cdots+H_n}{n}=\frac{1}{n}\sum_{i=1}^{n}H_i \tag{2-16}$$

式中，H_F——流域平均降雨量，mm；

H_i——流域内各雨量站雨量（$i=1,2,\cdots,n$），mm；

n——雨量站数目。

② 泰森多边形法：此法又称垂直平分法或加权平均法。当流域内雨量站分布不均匀或地形变化较大时，可假定流域上不同地区的降雨量与距其最近的雨量站的降雨量相近，并用邻近雨量站的降雨量值计算流域面平均雨量。具体做法是：先将流域内及其流域外邻近的雨量站就近连成三角形（尽可能连成锐角三角形），构成三角网，再分别作各三角形三条边的垂直平分线，这些垂直平分线相连组成若干个不规则的多边形，如图 2-15 所示。每个多边形内部都有一个雨量站，称为该多边形的代表站，该站的雨量就是多边形面积 f_i 上的代表雨量，并将 f_i 与流域面积 F 的比值称为权重系数。利用面积权重系数计算流域平均降雨量的计算公式为：

$$H_F=\frac{H_1f_1+H_2f_2+\cdots+H_nf_n}{F}=\frac{1}{F}\sum_{i=1}^{n}H_if_i=\sum_{i=1}^{n}A_iH_i \tag{2-17}$$

式中，f_i——各多边形在流域内的面积（$i=1,2,\cdots,n$），km²；

F——流域总面积，km²；

A_i——各雨量站的面积权重系数，$A_i=f_i/F$，$\sum_{i=1}^{n}A_i=1.0$。

③ 等雨量线法：如果降雨在地区上或流域上分布很不均匀，地形起伏大时，则宜用等雨量法计算面雨量。等雨量线法也属于以面积作权重的一种加权平均方法。具体做法为：先根据流域上各雨量站的雨量资料绘制出符合实际的等雨量线图，如图 2-16 所示，并量计出相邻两条等雨量线间的流域面积 f_i，用下列公式计算：

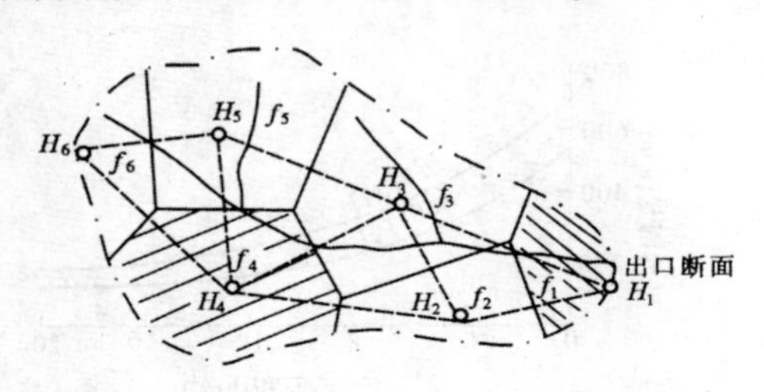

图 2-15 泰森多边形法

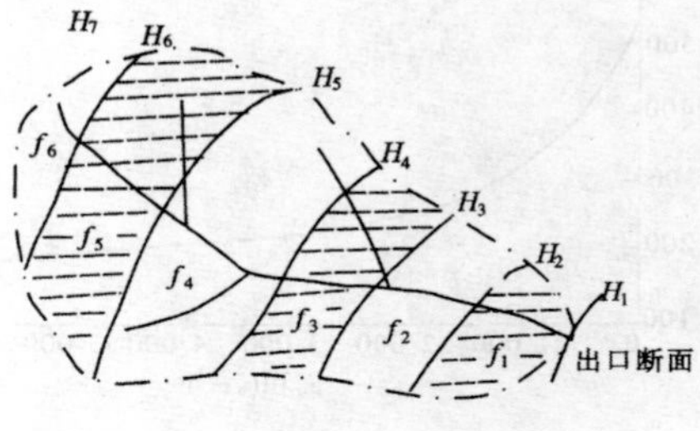

图 2-16 等雨量线法

$$H_F=\frac{1}{F}\sum_{i=1}^{n}\frac{1}{2}(H_i+H_{i+1})f_i=\frac{1}{F}\sum_{i=1}^{n}\overline{H}_i f_i \tag{2-18}$$

式中，f_i——相邻两条等雨量线间的流域面积，km^2；

$\overline{H_i}$——相邻两条等雨量线间的平均雨量，mm；

n——等雨量线的数目。

④ 降雨点面关系法：当流域内雨量站少，或各雨量站观测不同步时，可用降雨的点面关系来计算面雨量。其计算公式为：

$$H_F=\alpha H_0 \tag{2-19}$$

式中，α——点雨量与面雨量比值，也称点面雨量折算系数；

H_0——点雨量，mm。

降雨的点面关系是指降雨中心或流域中心附近代表站的点雨量与一定范围内的面雨量之间的关系。它又可分为动点动面关系和定点定面关系。以降雨量等值线图上降雨中心的点雨量，与其周围各条等雨量线所包围的面积上的平均雨量之间所建立的点面关系叫动点动面关系，如图 2-17 所示；而以流域中心或流域内某一雨量站作为定点，以流域面积作为定面，计算点绘某历时各次暴雨大小不同流域的点雨量与流域面平均雨量之间的关系，称为定点定面关系。

由于暴雨的走向，雨量大小及地区分布的随机性，定点定面关系通常很不稳定，而且建立时需要较充分的雨量资料，因此我国水文计算中采用的暴雨点面关系一般是动点动面关系。

以上 4 种方法中算术平均法最为简单，但要求的条件较高；泰森多边形法适用性较强，且有一定的精度，尤其是在流域内雨量站网一定情况下，求得各站的面积权重系数可一直沿用，或用计算机进行计算，所以在水文上应用广泛，但在降雨分布发生变化时，计算结果不一定符合实际；等雨量线法是根据等雨量线图来计算，因此计算精度最高，但它要有足够的雨量站，且每次计算都要绘制等雨量线，并量计相邻两条等雨量线之间的流域面积，所以计算工作量大，实际当中应用有限；降雨点面关系法计算更为简单，但需要知道点面关系图，在流域雨量资料较差或缺乏时应用较多。

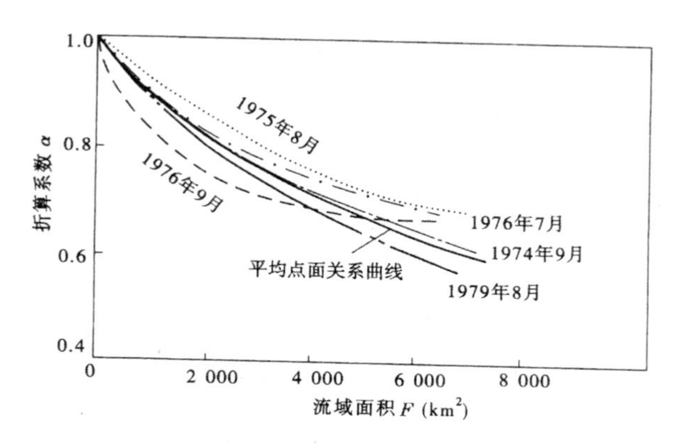

图 2-17　某地区 3 日暴雨点面（动点动面）关系图

2.4　蒸发与下渗

2.4.1　蒸发

蒸发是指水由液态或固态转化为气态的物理变化过程，是水量平衡的基本要素和水文循环的重要环节之一。水文上研究的蒸发为自然界的流域蒸发，它包括水面蒸发、土壤蒸发和植物散发。

（1）水面蒸发。流域上的各种水体如江河、水库、湖泊、沼泽等，由于太阳的辐射作用，其水分子在不断地运动中，当某些水分子所具有的动能大于水分子之间的内聚力时，便从水面逸出变成水汽进入空中，进而向四周及上空扩散；与此同时，另一部分水汽分子又从空中返回到水面。因此，蒸发量（或蒸发率）是指水分子从水体中逸出和返回的差值，通常以毫米/日，毫米/月或毫米/年计。影响水面蒸发的因素主要有气温、湿度、风速、水质及水面面积大小等。

（2）土壤蒸发。土壤蒸发是指水分从土壤中逸出的物理过程，也是土壤失水干化的过程。土壤是一种有孔介质，它不仅有吸水和持水能力，而且具有输送水分的能力。因此土壤蒸发与水面蒸发不同，除了受气象因素影响外，还受土壤中水分运动的影响，另外土壤含水量、土壤结构、土壤色泽等，也对土壤蒸发有一定的影响。

对于某种土壤，当气象条件一定时，土壤蒸发量的大小与土壤的供水条件有关。土壤水分按照其所受的作用力不同可以分为结合水、毛管水和自由水，当土壤中只有结合水和毛管水时，其含水量称为田间持水量。它是土壤蒸发供水条件充分与不充分的分界点。因此根据土壤水分的变化将土壤蒸发分为3个阶段。

第一阶段：当土壤含水量大于田间持水量时，土壤十分湿润甚至饱和，土中有自由重力水存在，且毛管可以将下层的水分运送到上层，属于充分供水条件下的蒸发，蒸发量大小只受气象条件的影响，大而稳定。

第二阶段：由于土壤蒸发耗水作用，使土壤含水量不断减少。当其减少到小于田间持水量以后，土壤中毛管的连续状态将逐渐被破坏，使得土壤内部的水分向上输送受到影响，这时土壤蒸发进入第二阶段，供水条件不如第一阶段充分，土壤蒸发量将随土壤含水量的减少而减少。

第三阶段：如果土壤含水量继续减少，以至于毛管水不再以连续状态存在于土壤中，毛管向土壤表面输水的机制遭到完全破坏，水分只能以膜状水形式或气态形式向上缓慢扩散，土壤蒸发进入第三阶段。这一阶段由于受供水条件的限制，土壤蒸发进行得非常缓慢，蒸发量十分小，而且稳定。

（3）植物散发。植物根系从土壤中吸取水分，通过其自身组织输送到叶面，再由叶面散发到空气中的过程称为植物散发或蒸腾。它既是水分的蒸发过程，也是植物的生理过程。由于植物散发是在土壤—植物—大气之间发生的现象，因此植物蒸发受气象因素、土壤水分状况和植物生理条件的影响。不同的植物散发量不同；同一种植物在不同的生长阶段散发量也不同。由于植物的光合作用与太阳辐射有关，大约有95%的日散发量发生在白天。当气温降至 4℃，植物生长基本停止，散发量也相应变得极小。植物生于土壤，因而植物散发和土壤蒸发总是同时存在的，两者合称为陆面蒸发，它是流域蒸发的主要组成部分。

（4）流域蒸发。水文上的流域蒸发为水面蒸发、土壤蒸发和植物散发之和，即流域总蒸发量。但是其量值在目前还不能用三个量的直接相加求出，因为在一个实际流域上水面蒸发、土壤蒸发和植物散发是很难分别测算出来的，通常是把流域当成一个整体进行研究，用水量平衡法或经验公式法间接计算出流域总蒸发量。

2.4.2 下渗

下渗也称入渗，它是指水分从土壤表面向土壤内部渗入的物理过程，以垂向运动为主要特征。天然情况下的下渗主要是雨水的下渗，它是降雨径流过程中径流量的主要损失，下渗量不仅直接决定地面径流量的大小，同时也影响土壤水分和地下水的增长，是地表和地下水连接并转换的一个中间过程。

（1）下渗的物理过程。水分在土壤中运动所受的作用力分别有分子力、毛管力和重力。重力总是垂直向下，毛管力则是指向土壤含水量较小的一方。因此雨水的入渗过程按照所受作用力及运动特征的不同分为 3 个阶段。

设雨前表土干燥，当雨水降落到地面后，首先受土粒分子力的作用而吸附于土粒表面形成薄膜（称为薄膜水），这为第一阶段，称为渗润阶段。当土粒表面的薄膜水达到最大时，渗润阶段逐渐消失，入渗的雨水在毛管力和重力的作用下，在土壤孔隙中向下作不稳定运动，并逐渐充填土粒孔隙，直到孔隙充满饱和，这为第二阶段，称为渗漏阶段。有时也把一、二两阶段合称为渗漏阶段。它们共有的特点是非饱和下渗。当土壤孔隙被水充满达到饱和时，水分主要受重力作用向下作稳定地渗透运动，这为第三阶段，称为渗透阶段，属于饱和下渗。在实际的下渗过程中，渗漏和渗透阶段并无明显的界限，有时是相互交错的。

（2）下渗的变化规律——下渗能力（容量）曲线。从下渗的物理过程可知，水分在不同的作用力的作用下由上往下运动，直至补给地下水。下渗的快慢可用下渗率来表示。所谓下渗率，又称下渗强度，是指单位面积上、单位时间内渗入土壤中的水量，常用 mm/min 或 mm/h 计。充分供水条件下的下渗率叫下渗能力或下渗容量。下渗能力（容量）随时间变化的过程线，称为下渗能力（容量）曲线。经实验证明，下渗能力随时间变化的规律是递减的。若土壤干燥情况下，下渗能力（容量）曲线如图 2-18 所示。

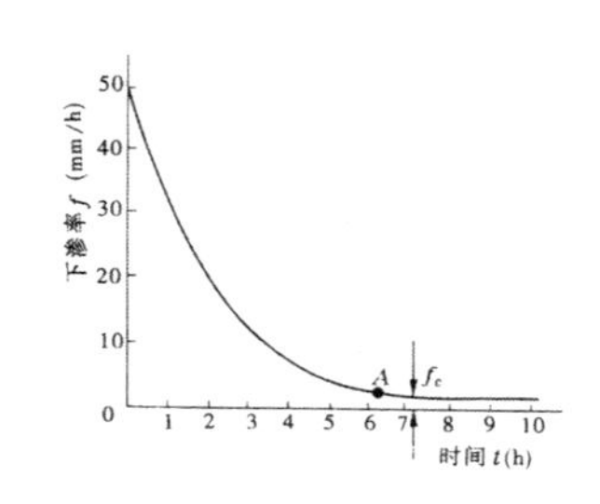

图 2-18　下渗能力（容量）曲线

由图 2-18 可见，刚开始下渗时，由于土壤干燥，水分主要在分子力的作用下迅速被表层土壤所吸收，此时下渗率最大。随着下渗的继续和土壤含水量的增加，分子力和毛管力也逐渐减弱，下渗率随之递减。当土壤水分达到田间持水量以后，水分主要在重力的作用下下渗，下渗率也逐渐趋于稳定，接近为常数，如图 2-18 中的 A 点以后趋于稳定下渗率 f_c。

下渗能力（容量）曲线也可以用数学公式表示，如水文上常用的霍顿下渗公式为：

$$f_t=(f_0-f_c)e^{-\beta t}+f_c \tag{2-20}$$

式中，f_t——t 时刻的下渗能力（容量），mm/h；

f_0——初始时刻（$t=0$）的下渗能力，mm/h；

f_c——稳定（重力下渗）下渗能力，mm/h；

t——下渗时间，h；

β——反映土壤特性的指数；

e——自然对数的底（e≈2.7183）。

霍顿下渗公式，是 1931 年霍顿在下渗试验资料基础上，用曲线拟合方法得到的经验公式。公式表明土壤的下渗能力（容量）是随时间按指数规律递减的。

（3）天然条件下的下渗。上述下渗规律是充分供水条件下单点均质土壤的下渗规律，但在天然情况下，降雨强度和雨型是变化的，供水条件并不一定都充分，有时降雨过程还不连续。另外，土壤性质和土壤水分的时空分布也不均匀。因此，实际流域在降雨过程当中，下渗是非常复杂而多变的，通常是不稳定和不连续的。

就单点下渗而言，若以 i 表示时段雨强、f_p 表示下渗能力，则要满足土壤的下渗能力，必须是任一时刻 $i \geq f_p$。但在一次实际降雨过程中，有可能出现 $i > f_p$、$i = f_p$、$i < f_p$ 三种情况。当前两种情况发生时，下渗按下渗能力进行，$f = f_p$；当 $i < f_p$ 时，实际下渗率为 $f = i$。因而，单点的实际下渗率随时间的变化与降雨时程分配、土壤性质、植被、微地形、前期土壤含水量等因素有关。

天然情况的下渗，其影响因素极其复杂，一般可归为 4 类：

① 土壤的机械物理性质及水分物理性质；

② 降雨特性；

③ 流域地面情况，包括地形、植被等；

④ 人类活动。

2.5 径 流

径流就是指江河中的水流，它的补给来源有雨水、冰雪融水、地下水和人工补给等。我国的江河，按照补给水源的不同大致分为 3 个区域。

（1）秦岭以南，主要是雨水补给。河川径流的变化与降雨的季节变化关系密切，夏季经常发生洪水。

（2）东北、华北部分地区为雨水和季节性冰雪融水补给区，每年有春、夏两次汛期。

（3）西北阿尔泰山、天山、祁连山等高山地区，河水主要由高山冰雪融水补给，这类河流水情变化与气温变化有密切关系，夏季气温高，降水多，水量大；冬季则相反。

地下水补给是我国河流水源补给的普遍形式，但在不同的地区差异很大。一般为 20%～30%，最高达 60%～70%，最少不足 10%。其中以黄土高原北部、青藏高原以及黔、桂岩溶分布区，地下水补给比例较大。地下水补给较多的河流，其年内分配较均匀。人工补给主要是指跨流域调水。如我国规划的南水北调工程，就是准备将长江流域的水分别从东线、中线和西线调到黄河流域以及京、津地区，以缓解北方地区的缺水危机。

总体而言，我国大部分地区的河流是以雨水补给为主。由降雨形成的河川径流称为降雨径流，它是本课程研究的主要对象。

2.5.1 径流的形成过程

降雨径流是指雨水降落到流域表面上，经过流域的蓄渗等系列损失分别从地表面和地下汇集到河网，最终流出流域出口的水流。从降雨开始到径流流出流域出口断面的整个物理过程称为径流的形成过程，如图 2-19 所示。

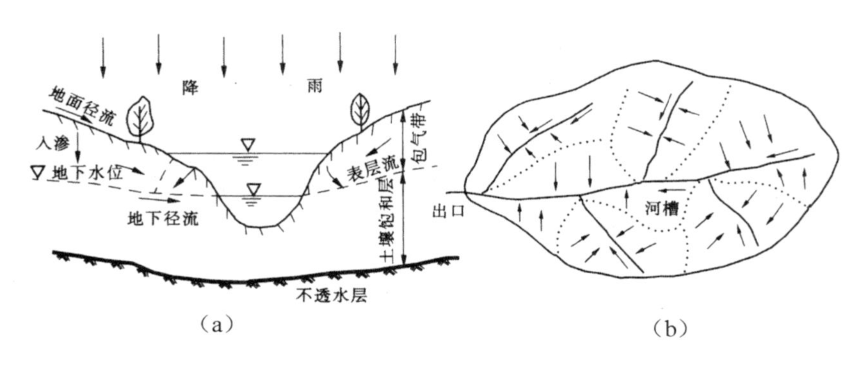

图 2-19　径流形成过程示意图

降雨径流的形成过程，是一个极其复杂的物理过程。但人们为了研究方便，通常将其概括为产流和汇流两个过程。

1. 产流过程

降雨开始时，除了很少一部分降落在河流水面直接形成径流外，其他大部分则降落到流域坡面上的各种植物枝叶表面，首先要被植物的枝叶吸附一部分，成为植物截留量，雨后被蒸发掉。降雨满足植物截留量后便落到地面上称为落地雨，开始下渗充填土壤孔隙，随着表层土壤含水量的增加，土壤的下渗能力也逐渐减小，当降雨强度超过土壤的下渗能力时，地面就开始积水，并沿坡面流动，在流动过程中有一部分水量要流到低洼的地方并滞留其中，称为填洼量。还有一部分将以坡面漫流的形式流入河槽形成径流，称为地面径流。下渗到土壤中的雨水，按照下渗规律由上往下不断深入。通常由于流域土壤上层比较疏松，下渗能力强，下层结构紧密，下渗能力弱，这样便在表层土壤孔隙中形成一定的水流沿孔隙流动，最后注入河槽，这部分径流称为壤中流（或表层流）。壤中流在流动过程中是极不稳定的，往往和地面径流穿叉流动，难以划分开来，故在实际水文分析中常把它归入地面径流。若降雨延续时间较长，继续下渗的雨水经过整个包气带土层，渗透到地下水库当中，经过地下水库的调蓄缓缓渗入河槽，形成浅层地下径流。另外，在流出流域出口断面的径流当中，还有与本次降雨关系不大，来源于流域深层地下水的径流，它比浅层地下径流更小，更稳定，通常称为基流。

综上所述，由一次降雨形成的河川径流包括地面径流、壤中流和浅层地下径流 3 分，总称为径流量，也称产流量。降雨量与径流量之差称为损失量。它主要包括储存于土壤孔隙中间的下渗量、植物截留量、填洼量和雨期蒸散发量等。可见，流域的产流过程就是降雨扣除损失，产生各种径流成分的过程。

流域特征不同，其产流机制也不同。干旱地区植被差，包气带厚，表层土壤渗水性弱，流域的降雨强度和下渗能力的相对变化支配着超渗雨的形成，一旦有超渗雨形成便产生地面径流，它是次雨洪的主要径流成分，而壤中流和浅层地下径流就比较少。这种产流方式称为超渗产流。对于气候湿润，植被良好，流域包气带透水性强，地下水位高的地区，降雨强度很难超过下渗能力，其产流量大小主要取决于流域的前期包气带的蓄水量，与雨强关系不大。如果降雨入渗的水量超过流域的缺水量，流域“蓄满”，开始产流，不仅形成地面径流、壤中流，而且也形成一定量的浅层地下径流，这种产流方式称为蓄满产流。超渗产流和蓄满产流是两种基本的产流方式，两者在一定的条件下可以相互转换。

2. 汇流过程

降雨产生的径流，由流域坡面汇入河网，又通过河网由支流到干流，从上游到下游，最后全部流出流域出口断面，称为流域的汇流阶段。因为流域面积是由坡面和河网构成的，所以流域汇流又可分为坡面汇流和河网汇流两个小过程。坡面汇流是指降雨产生的各种径流由坡地表面、饱和土壤孔隙及地下水库当中分别注入河网，引起河槽中水量增大，水位上涨的过程。当然这几种径流由于所流经的路径不同，各自的汇流速度也就不同。一般地面径流最快，壤中流次之，地下径流则最慢。所以地面径流的汇入是河流涨水的主要原因。汇入河网的水流，沿着河槽继续下泻，便是河网汇流过程。在这个过程中，涨水时河槽可暂时滞蓄一部分水量而对水流起调节作用。当坡面汇流停止时，河网蓄水往往达到最大，此后则逐渐消退，直至恢复到降雨前河水的基流上。这样就形成了流域出口断面的一次洪水过程。

产流和汇流两个过程，不是相互独立的，实际上几乎是同时进行的，即一边有产流，一边也有汇流，不可能截然分开。整个过程非常复杂。出口断面的洪水过程是全流域综合影响和相互作用的结果。

2.5.2 径流的表示方法和度量单位

径流分析计算中，常用的径流表示方法和度量单位有下列几种。

（1）流量（Q）：单位时间通过河流某一断面的水量体积叫流量，单位为 m^3/s。

（2）径流量（W）：一定时段内通过河流某一断面的水量体积，称为该时段的径流总量，或简称为径流量，如月径流量、年径流量等。常用单位有 m^3 或万 m^3，亿 m^3 等。有时也用时段平均流量与对应历时的乘积表示径流量的单位，如 $(m^3/s)\cdot$月、$(m^3/s)\cdot$日等。径流量与平均流量的关系如下：

$$W=QT \tag{2-21}$$

式中，Q——时段平均流量，m^3/s；

T——计算时段，s。

（3）径流深（Y）：将一定时段的径流总量平均铺在流域面积上所得到的水层深度，叫作该时段的径流深，以 mm 计。

$$Y=\frac{W}{1\,000F} \tag{2-22}$$

式中，W——计算时段的径流量，m^3；

F——河流某断面以上的流域集水面积，km^2。

（4）径流模数（M）：单位流域面积上所产生的流量，如洪峰流量、年平均流量等，相应的称为洪峰流量模数，年平均流量模数（或年径流模数），常用单位为 $m^3/(s \cdot km^2)$或$L/(s \cdot km^2)$，其计算公式为：

$$M=\frac{Q}{F} \tag{2-23}$$

（5）径流系数（α）：流域某时段内径流深与形成这一径流深的流域平均降水量的比值，无因次。

$$\alpha=\frac{Y}{H_F} \tag{2-24}$$

【例 2-1】　已知某小流域集水面积 $F=130\ km^2$，多年平均降雨量 $H_{F0}=915mm$，多年平均径流深 $Y_0=745mm$。求该流域多年平均径流量 W_0、多年平均流量 Q_0、多年平均径流模数 M_0 以及多年平均径流系数 α_0。

直接代入公式计算：

$$W_0=1\,000\ Y_0F=1\,000\times745\times130=9\,685（万\ m^3）$$

$$Q_0=\frac{W_0}{T}=\frac{9685\times10^4}{31.536\times10^6}=3.07（m^3/s）$$

$$M_0=\frac{Q_0}{F}=\frac{3.07}{130}=23.6\times10^{-3}m^3/(s\cdot km^2)=23.6（L/(s\cdot km^2)）$$

$$\alpha_0=\frac{Y_0}{H_{F0}}=\frac{745}{915}=0.81$$

2.6　习题与思考题

1．结合本地区的气候特点分析水分循环对本地区河流水情影响。

2．根据我国的水分循环路径及地形特点，试分析西北内陆地区沙漠形成的主要原因。

3．举例分析人类活动（侧重于水利水电工程建设）对河川径流的影响。

4．试比较流域面平均雨量 4 种计算方法的特点。

5．依据降雨径流的形成机理分析干旱地区和湿润地区的降雨洪水过程有哪些主要区别？有何原因？

第 3 章　水信息资料的收集

3.1　水文站及水文站网

3.1.1　水文测站的任务和分类

水文测站是进行水文观测获取水文水资源分析计算时所必需的水文资料的基层单位。水文测站在地理上的分布网称为水文站网，它必须按照统一的规划，合理布局，既要能搜集到大范围内的基本水文资料，满足水利水电、环境保护及其他国民经济建设的需要，又要做到经济合理。

水文测站的主要任务是按照统一标准，对指定地点的水位、流量、泥沙、降水、蒸发、水温、冰情、水质、地下水位等水文要素进行系统观测，并对观测资料进行计算分析和整编。根据测站的性质和作用，水文测站可分为基本站、实验站和专用站。

（1）基本站：基本站是综合国民经济各方面的需要，由国家统一规划建立的永久性测站。它应执行《水文测验规范》的规定标准进行较长时期的连续观测，资料刊入《水文年鉴》或以其他形式长期存储。基本测站按其设站目的和观测的主要项目不同，又可分为流量站、水位站、雨量站、泥沙站等。

（2）实验站：实验站是为了深入研究某些水文现象，探讨一些特殊问题而设置的测站。如径流实验站、河流实验站、湖泊（水库）实验站等。

（3）专用站：专用站是为了某种专门目的或某一特殊需要但是基本站网又不能满足而设立的测站。观测项目可由设站部门自行规定，对基本站网起补充作用，但不具备基本站的特点。

3.1.2　水文测站的设立

1．选择测验河段

水文测站的设立，首先应按照规定要求选择测验河段，它选择的恰当与否对测验工作影响很大。测验河段应符合两个基本条件：

（1）必须满足设站的目的和要求，这一条件规定了测验河段要在站网规划规定的河段范围内选择。

（2）便于进行水文测验和水文资料整编，同时保证成果有必要精度。这就要求测验河段应具有较好的控制条件，对于平原河流，应尽量选择顺直、稳定、水流集中、便于布设测验设施的河段，顺直长度一般不应少于洪水主槽宽度的 3～5 倍；对于山区河流，在保证测验工作安全的前提下，尽可能选在急滩、石梁、卡口等的上游处，一般设置在建筑物的下游，并且要避开水流紊动的影响。

2. 布设测验断面

水文站只有布设测验断面，才能观测各种水文要素。测验断面可分为：基本水尺断面，流速仪测流断面，浮标测流断面和比降断面。浮标测流断面包括上、中、下三个断面，上下断面的间距一般不小于断面最大平均流速的 50～80 倍，干旱小河站 20～50 倍。中断面一般与流速仪测流断面重合。比降断面有上下两个断面，应布设在基本水尺断面的上下游，其间距可视河道水面比降的大小并参考有关规定来确定。各种测验断面的关系如图 3-1 所示。

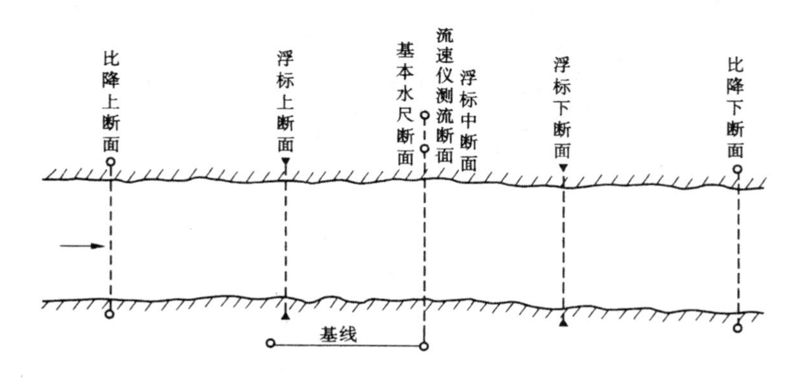

图 3-1　水文站各种断面布设图

3. 布设基线

为了水文测验和断面测量的需要，在岸上应布设基线，作为基本测量线段。基线最好垂直于测流断面，且起点应在断面起点桩上。其长度视河宽而定，为满足测量精度的要求，基线长度应不小于河宽的 0.6 倍。此外，还应重视按要求设置水准点、测定测站高程及修建各种观测水文要素的设施。

3.1.3　水文站网及规划

水文站网是在一定地区，按一定原则，用适当数量的各类水文测站构成的水文资料收集系统。由基本站组成的水文站网是基本站网。把收集一项水文资料的水文测站组合在一起，则构成该项目的站网，如流量站网、水位站网、泥沙站网、雨量站网、水面蒸发站网、水质站网、地下水观测井网等。

水文站网规划为制定一个地区或流域水文测站总体布局而进行，其基本内容有：进行水文分区；确定站网密度；制定布站位置；拟定设站年限；各类站网的协调配套；编制经费预算，制定实施方案。

水文站网规划的主要原则是根据需要和可能，着眼于依靠站网的结构，发挥站网的整体功能，提高站网产生的社会效益和经济效益。

3.1.4 水文站日常工作内容

水文站的日常工作概括地讲主要有 4 个方面：

（1）根据所设测站的性质和类型，对要观测的水文要素按要求进行定时观测，以获取实测水文资料；

（2）对实测水文资料按统一的标准和格式进行计算整理；

（3）在汛期根据实测水文资料对未来某一时段的汛情进行报汛；

（4）对设站以前的水文要素极值（如特大暴雨、特大洪水，特枯水等）和缺测、漏测水文要素值进行调查，以弥补实测资料的不足。

3.2 降水与蒸发量的观测

3.2.1 降水量的观测

降水量的观测场地应选在四周空旷平坦的地方，避开局部地形、地物的影响，观测降水的仪器目前一般采用 20 cm 口径的雨量计和自记雨量计。

1. 人工雨量筒观测

人工雨量筒是一个圆柱形金属筒，如图 3-2 所示，在降雨时雨水由漏斗进入储水瓶，降雨后，定时把储水瓶中的降雨倒入特制的量杯可直接读出雨量深度并记录。

用人工雨量筒测雨一般采用分段定时观测，常用两段制（每日 8 时和 20 时）观测，汛期采用四段制（每日 8 时、14 时、20 时和 2 时）和八段制（每日 8 时、11 时、14 时、17 时、20 时、23 时、2 时和 5 时），甚至雨大时还需增加观测次数。若用人工雨量筒观测降雪，可将漏斗和储水瓶取出，只留外筒作为盛雪器具。

2. 自记雨量计简介

雨量信息自动采集多采用虹吸式自记雨量计（如图 3-3 所示）或翻斗式自记雨量计等。

常用的虹吸式自记雨量计其工作原理为：雨水由盛雨器进入浮子室后将浮子升起并带动自记笔在自记钟外围的记录纸上做出记录，当浮子室内雨水储满时，雨水通过虹吸管排出到储水瓶，同时自记笔又下降到 0 点，继续随雨量增加而上升，这样降雨过程便在自记纸上绘出。

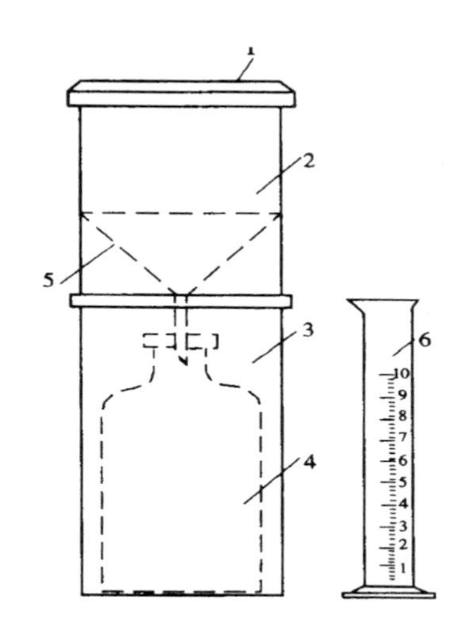

1—器口；2—盛雨器；3—雨量筒；
4—储水瓶；5—漏斗；6—量水杯

图 3-2　人工雨量筒

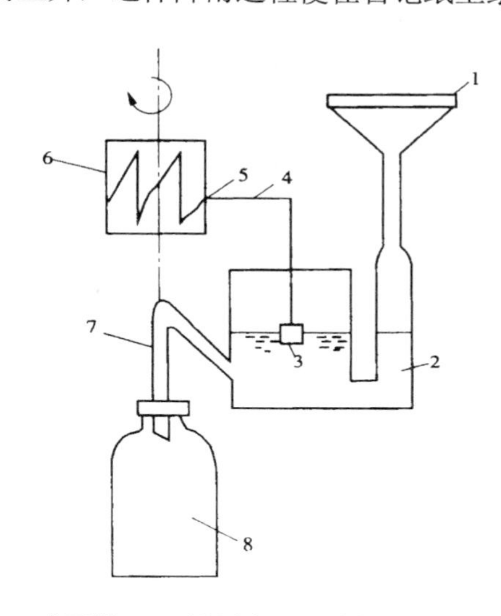

1—盛雨器；2—浮子室；3—浮子；4—连杆；
5—自记笔；6—自记钟；7—虹吸管；8—储水瓶

图 3-3　虹吸式自记雨量计结构示意图

从自记雨量计的记录纸上可以确定降雨的起止时间，降雨随时间的积累变化，还可以从记录纸上摘录不同时段的降雨强度。但自记雨量计不能直接用来测量降雪过程。

3．降水资料整理

取得降水资料后，应对资料整理。主要内容包括：编制汛期降水量摘录表；统计不同时段最大降水量；计算日、月、年降水量等。日降水量以 8 时为分界，即以昨日 8 时至今日 8 时的降水量作为昨日的日降水量。

据研究，目前的雨量器或雨量计所测的降水量由于风、蒸发、器壁粘附等因素影响而偏小，有关对比观测工作正在展开。

3.2.2　蒸发量的观测

蒸发有水面蒸发、土壤蒸发和植物散发 3 类。植物散发是土壤中水分经植物根系吸收后输送至叶面，然后由叶片细胞间隙气孔逸入大气，而气孔具有随外界条件变化而缩放的能力，可以调节水分散发的强度。植物散发不只是水分物理过程，而且还是植物生理过程，直接观测比较困难。

1. 水面蒸发观测

水面蒸发按蒸发场的设置方式分为陆上水面蒸发场和漂浮水面蒸发场两种。水面蒸发观测仪器有E-601型蒸发器、口径为80 cm的带套盆的蒸发器和口径为20 cm的蒸发器，还有TTH-3000型蒸发器、水上漂浮蒸发器、$20m^2$及$100\ m^2$的大型蒸发池等。

口径为80 cm的带套盆的蒸发器结构分为内盆和外盆两层，内盆为直接观测蒸发量的蒸发桶，内盆置于一个直径更大的外盆内，两盆之间注水以减小四周气温对蒸发桶内水体温度的影响。

E-601型蒸发器是埋在地表下的带套盆的蒸发器，其内盆口（面积为$3\ 000\ cm^2$）里面盛水，安装时将它平置在地面，器口与地面平齐并在内盆外再套一水圈，如图3-4所示。

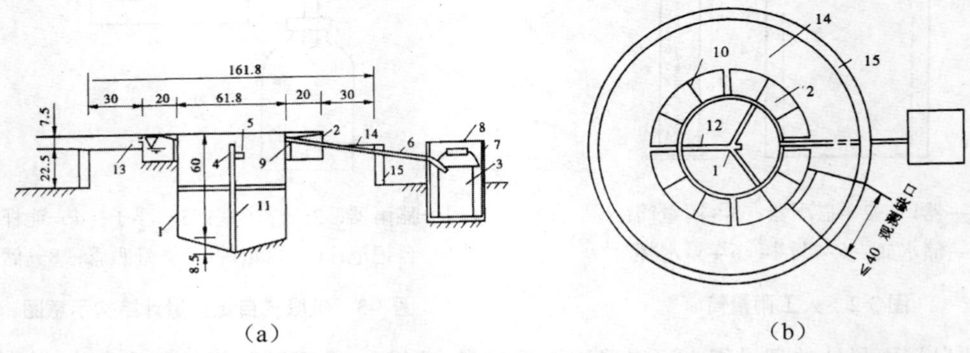

1—蒸发器；2—水圈；3—溢流桶；4—测针桩；5—器内水面指示针；6—溢流用胶管；
7—放溢流桶的箱；8—箱盖；9—溢流嘴；10—水圈上缘的撑挡；11—直管；12—直管支撑；
13—排水孔；14—土圈；15—土圈外围的放塌设施

图3-4 E-601型蒸发器结构安装图

蒸发量观测为每日8时定时观测，测得前一日的蒸发量。蒸发量的观测值是根据蒸发器中测针所指示的水面高度的变化量以及日降雨量计算出来的。

上述蒸发器或蒸发池是设置在陆上的水面蒸发观测设备，另有一种漂浮蒸发器是把蒸发器安置在漂浮于水面的木筏上，这样蒸发器的环境条件与天然水体更为接近，观测到的蒸发量可能更能代表天然水体的蒸发情况。但有研究表明，漂浮蒸发器由于受条件限制和风浪影响，观测精度不高，只能在缺乏蒸发池实测资料时，才可引用漂浮蒸发器观测资料。

2. 土壤蒸发的观测

土壤蒸发量的确定可采用水量平衡法、经验公式法及器测法等。

（1）水量平衡法。即根据河流流域水量平衡方程式对不同情况进行计算，推求出土壤发蒸发。

（2）经验公式法。公式结构可写成：

$$E_{土}=A_S(e_s'-e_a) \tag{3-1}$$

式中，$E_{土}$——为土壤蒸发量；

A_S——反映气温、湿度、风等外界条件的质量交换系数；

e_s'——土壤表面水汽压，当表土饱和时 e_s' 等于饱和水汽压 e_s；

e_a——大气水汽压。

（3）器测法。测定土壤蒸发量的蒸发器种类颇多，目前常用的有ΓΓИ-500型土壤蒸发器及大型蒸渗器等。

ΓΓИ-500型土壤蒸发器包括内、外两个铁筒。内筒用来切割土样和填充土样，内径为25.5 cm，深为 50 cm，口径面积为 500 cm^2；其外筒内径为 26.7 cm，深为 60 cm，供置入内筒用，定期进行称重以推算时段蒸发量用。

大型蒸渗器有水力式及秤重式。其中水力式应用水的浮力进行秤重，以提高精度（可达相当于 0.1 mm～0.2 mm 的蒸发量）。它的形状为圆形或长方形，面积从 0.3 m^2、0.5 m^{2}到 10 m^2 以上。除用以观测土壤蒸发外，还可以同时观测植物散发、径流及渗漏等。

3. 蒸发资料整理

蒸发资料的整理是指对观测值进行日、月、年蒸发量的计算，并对有关特征值进行统计。由于蒸发器的水热条件、风力影响与天然水体有显著区别，用蒸发器皿测得的蒸发量偏大，所以不能直接把蒸发器观测成果作为天然水体的蒸发值。经有关单位研究表明，蒸发池的直径大于 3.5 m 以后，蒸发强度与蒸发池面积间的关系才变得较小，因而认为其蒸发量可以代表天然蒸发量。为此，对大量的小型蒸发器所观测的数据需要再乘以折算系数（k）才较符合实际。

$$k=\frac{天然水体蒸发量}{蒸发器蒸发量} \tag{3-2}$$

折算系数（k）因仪器类型、地方环境和气候条件而异，在实际工作中可根据当地实验成果选用。

3.3 水位观测与资料整理

凡海洋、河流、湖泊、沼泽、水库等水体某时刻的自由水面相对于某一固定基面的高程称水位，其单位以 m 表示。

水位是水利建设、防洪抗旱斗争的重要依据，直接应用于堤防、水库、堰闸、灌溉、排涝等工程的设计，并据以进行水文预报工作。水位又是一项为河道航运、木材浮运、城市用水等国民建设服务的基本资料，在航道、桥梁、筑港、给水、排水等工程建设中，也都需要了解水位情况。在水文测验中，在进行其他项目如流量、泥沙、水温、水情的测验时，也需要同时观测水位，作为水流情况的重要标志。

由此可见，水位是水文要素中一项重要的基本资料。

3.3.1 水位观测

在水位观测中常用的观测设备有人工水尺和自记水位计两种类型。

（1）人工水尺观测。水尺是测站观测水位的基本设施，按型式可分为直立式、倾斜式、矮桩式和悬锤式 4 种。其中以直立式水尺构造最简单，且观测方便，为一般测站所普遍采用，它用坚硬平直的板条或搪瓷制成，安置在岸边便于观测的直立桩上或钉在桥柱或闸墙上。若水位变幅较大时，应设立一组水尺。倾斜式水尺是将水尺直接涂绘在特制的斜坡或水工建筑物的斜壁上（如水库的迎水坡、有砌护的渠坡）。观测水位时，将水面在水尺上的读数读出，水尺读数加上水尺零点高程即为水面的绝对高程。

水位观测的时间和次数，以能测得完整的水位变化过程为原则。当水位变化缓慢时，每日观测两次（8 时、20 时）。水位变化较大或出现峰或谷时则要加测（一般不少于 3 次）。观测时应注意视线水平，注意波浪及壅水的影响，读数应准确无误，精确至 0.5 cm。

（2）自记观测。自记水位计是自动记录水位变化过程的仪器，具有记录完整、连续、节省人力的优点，目前国内外发展了多种感应水位的方法，其中多数可与自记和远传设备联用，这些方法包括测定水面的方法，测定水压力的方法，由超声波传播时间推算水位的方法等。目前较常用的自记水位计类型有：浮筒式自记水位计、水压式自记水位计、超声波水位计。

① 浮筒式自记水位计：它是一种较早采用的水位计，目前这种水位计的结构已经比较完善，能适应各种水位变幅和时间比例的要求。水位的变化除自记外，也可适应远传、遥测，但它们大都利用浮筒感应水位。

横式自记水位计是目前比较常用的一种浮筒式自记水位计，该仪器的工作原理是：利用与河水相连通的测井内水位的升降，浮筒也随之升降，比例轮带动记录筒转动，时钟控制记录笔的横向位置，使记录笔在记录纸上反映水位随时间的变化过程，如图 3-5 所示。对于使用浮筒式自记水位计记录水位的测站，可不必进行频繁的水位观测，一般每日定时进行一次校测和检查。水位涨落急剧，质量较差的自记水位计，应适当增加校测和检查次数。当自记水位计与校核水尺的水位相差超过 2 cm，或时间误差每日超过 10 分钟，水位变化急剧时，应对自记水位记录进行订正。因此，设立浮筒式自记水位计的地方，还必须设立校核水尺。

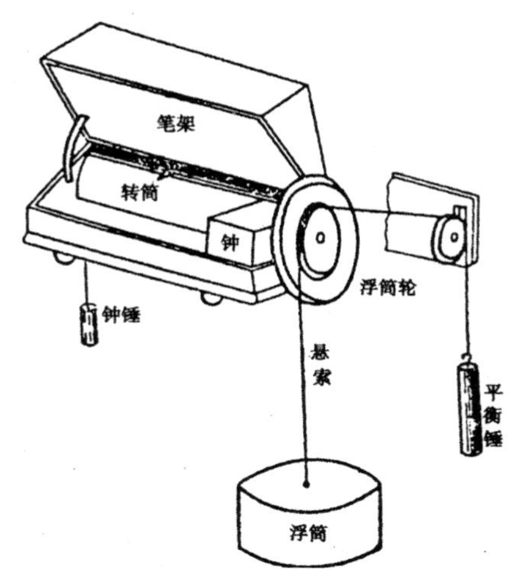

图 3-5　横式自记水位计

② 水压式自记水位计：水压式自记水位计的工作原理是测量水压力，即测定水面以下已知测点高程以上的水柱（h）的压强（p），从而推算水位，按水力学静水压强计算公式为：

$$p = rh \tag{3-3}$$

式中，r——水的比重。

因此，只有在水的比重是常数的条件下，水压式水位计才能达到较准确的观测成果。一般说来，这类仪器对于内陆地区的水位观测比较可靠。在沿海的河口地区，由于淡水与咸水相混合，水的比重经常变化，往往难以达到要求的精度，测量误差可能为几十厘米。因此，在河口地区使用这种水位计时必须十分注意。

③ 超声波水位计：超声波水位计是利用超声波测定水位，是在河床上 G_1 高程处安置换能器，测定一超声波脉冲从换能器射出经水面反射，又回到换能器的时间（T）。根据公式 $2h=CT$，$h=0.5CT$，即可求出水深（h），从而算出水位高程：$G=G_1+h$。其中 C 为超声波在水中的传播速度，其大小随水的温度、水的盐度变化而有微小的变化。

3.3.2　水位资料的整理

观测所得的原始水位资料记录，需要通过整理分析及计算，整编成系统的资料。主要内容包括计算日平均水位，编制逐日平均水位表，绘制水位过程线及编制洪水水位摘录表等。

（1）日平均水位的计算。日平均水位的计算方法有多种，常用方法有算术平均法，面积包围法两种。

① 算术平均法：一日内水位变化缓慢，或水位变化虽较大，但观测是等时距的，可将各次观测的水位用算术平均法计算。

② 面积包围法：适用于水位变化大，一日内观测为不等时距，可将本日 0～24 时的水位过程线所包围的面积，除以一日的时间得日平均水位，如图 3-6 所示。计算日平均水位（$\overline{G}$）为：

$$\overline{C}=\frac{1}{48}[G_0a+G_1(a+b)+G_2(b+c)+\cdots+G_{n-1}(m+n)+G_nn] \tag{3-4}$$

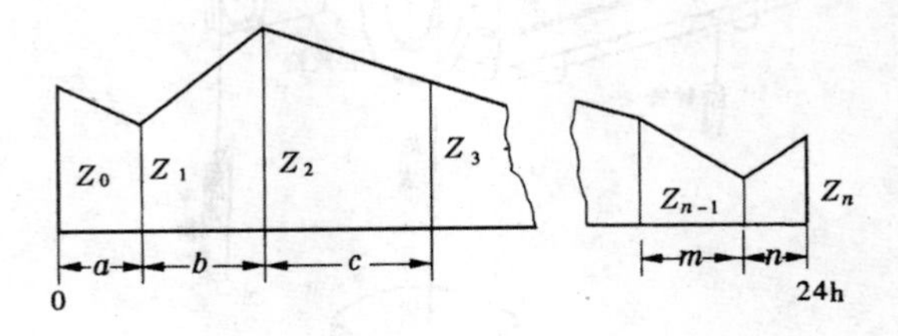

图 3-6 面积包围法求日平均水位示意图

（2）编制“逐日平均水位表”和“洪水水位摘录表”。

① 编制逐日平均水位表：首先对日平均水位的资料进行校核，因特殊情况水位缺测时，只要条件许可，应设法加以插补。对于观测错误的资料，如能判定用插补的数值更为正确时，则应采用插补值代替错误值进行改正。插补得到的资料，应在逐日平均水位表中注出并加以说明，然后用式（3-5）与式（3-6）进行月、年平均水位的计算来进行各种保证率水位的挑选。

$$\text{月平均水位}=\frac{\text{月总数（全月各日日平均水位之和）}}{\text{月总日数}} \tag{3-5}$$

$$\text{年平均水位}=\frac{\text{年总数（全年各日日平均水位之和）}}{\text{年总日数}} \tag{3-6}$$

保证率水位是指一年中有多少天的水位等于或高于某一水位，则此水位称相应的保证率（历时）水位。在有航运的河道上，应挑选各种指定保证率的日平均水位，如最高日平均水位，从高向低数的第 15 天、30 天、90 天、180 天、270 天的日平均水位及最低日平均水位，以便汇编时刊印。

② 编制洪水水位摘录表：它包括在“洪水水文要素摘录表”中，对于洪水涨落比较急剧，日平均水位不能准确表示其变化过程的，需编制此表。摘录时应注意保持洪峰过程的原状。对于水位测次不太多的站，可以直接取用全部水位记录；对于水位测次很多的站，可作选摘。摘录时，对每年的主要大峰，最好在一个相当长的河段内都相应地加以摘录，以能够达到上、下游配套，便于作合理性检查；而对一般洪峰，则要求相邻站能配套，还要求将暴雨形成的洪峰能与相应的降水量摘录配套。一般说来，至少应摘录以下各种类型的洪峰，以满足水文预报和水文分析计算的需要：洪峰流量最大和洪峰总量最大的峰；含沙量最大和输沙量最大的峰；孤立的洪峰；连续的洪峰；汛期开始的第一个洪峰；较大的

凌汛和春汛；久旱以后的洪峰等。

摘录时应完整地摘录几次主要洪水的各种要素。摘录时段均自涨水前起至该次洪水落平时止。为了上下游、干支流对比分析，最好能使摘录期间相呼应，尽量摘取相应的峰与相应的时段。同时要尽量精简摘录点数，以节省工作量。

3.4　流量测验与资料整编

流量是单位时间内流过江河某一断面的水量体积，以 m^3/s 计。流量是反映河流水利资源和水量变化的基本资料，在水利水电工程规划和管理运用中都具有重要意义。

目前，国内外采用的测验流量方法很多，按测流时的工作原理可分为：流速面积法、水力学法、化学法、物理法、直接测流法等，以下重点介绍流速面积法。

由水力学可知，流量等于断面平均流速与水流断面面积的乘积。天然河流因受边界条件影响，断面内的流速分布很不均匀，流速随水平及垂直方向位置的不同而变化，因此用垂线将水流断面分成若干部分，那么单位时间内通过水流断面的流量模型可以近似如图 3-7 所示。

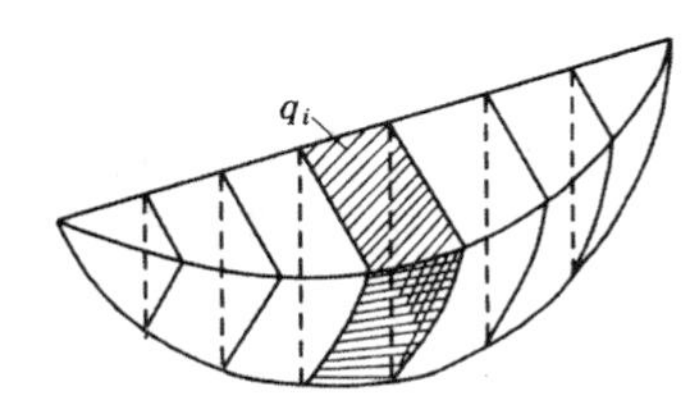

图 3-7　流量模型示意图

流速面积法测定流量的原理为：测定部分流速（V_i）和部分面积（f_i）两者的乘积即为通过该部分面积上的流量（q_i），然后求得全断面的流量：$Q=\sum q_i$ 。

3.4.1　流量测验

采用流速面积法进行流量测验是由过水断面测量、流速测量及流量计算 3 部分工作组成的。

（1）过水断面测量。断面测量是在断面上布置若干条测深垂线，施测各垂线的水深，并测各垂线与岸上某一固定点的水平距离，即起点距，因此过水断面测量主要包括测量水深、起点距及水位。起点距示意图如图 3-8 所示。

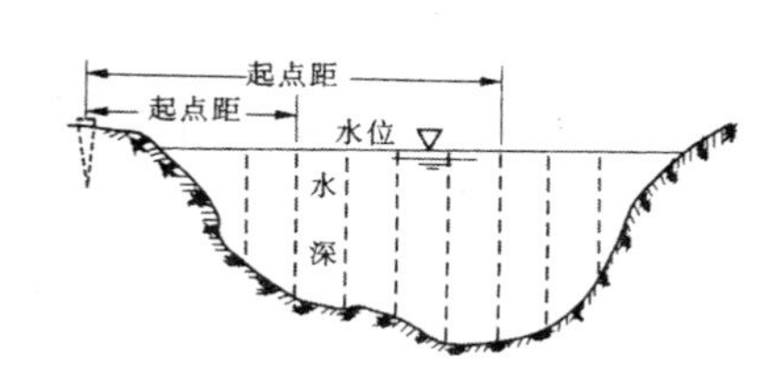

图 3-8　起点距示意图

断面测量时测深垂线的数目及其分布要求达到能控制断面形状的变化，以求能正确绘出断面图。一般原则是：测深垂线的位置应能控制河床变化的转折点；主槽部分一般应较滩地更密。

测量水深的方法随水深、流速大小、精度要求及测量方法的不同而异。通常有下列几种方法：用测深杆、测深锤、测深铅鱼等测深器具测深；缆道悬索测深；超声波回声测深仪测深等。

起点距的测定是断面测量工作必不可少的。水道断面的起点距均以高水时的断面桩（一般为左岸桩）作为起算零点。测定起点距的方法很多，常见的方法有：断面索观读法、测角交会法、无线电定位法等。

各测深垂线的水深及起点距测得后，各垂线间的部分面积及全断面面积即可求出，具体算法如表 3-1 所示。

表 3-1 某站测深测速记载及流量计算表

施测时间：2004 年 5 月 10 日 8 时 00 分至 8 时 30 分；流速仪牌号及公式：LS251 型 V＝0.2557N/T＋0.0068

垂线号数		起点距（m）	水深（m）	仪器位置		测速记录		流速（m/s）			测深垂线间		断面面积（m^2）		部分
测深	测速			相对水深	测点深（m）	总历时 T（s）	总转数 N	测点	垂线平均	部分平均	平均水深（m）	间距（m）	测深垂线间	部分	流量 m^3/s
左水边		10.00	0.00												
										0.69	0.50	15	7.50	7.5	5.18
1	1	25.0	1.00	0.6	0.60	125	480	0.99	0.99						
										1.04	1.40	20	28.0	28.0	29.12
2	2	45.0	1.80	0.2	0.36	116	560	1.24	1.10						
				0.8	1.44	127	480	0.97							
										1.17	2.00	20	40.0	40.0	46.80
3	3	65.0	2.21	0.2	0.44	104	560	1.38	1.24						
				0.6	1.33	118	570	1.24							
										1.14	1.90	15	28.5	35.3	40.18
				0.8	1.77	111	480	1.11							
4		80.0	1.60												
											1.35	5	6.75		
5	4	85.0	1.10	0.6	0.66	110	440	1.03	1.03						
										0.72	0.55	18	9.90	9.90	7.13
右水边		103.0	0.00												

断面流量 128.4m^3/s；断面面积 120.7 m^2；平均流速 1.06m/s；水面宽 93.0m；平均水深 1.30m

（2）流速测量。流速测量方法很多，天然河道中普遍采用流速仪和浮标两种方法测流速，以下主要介绍流速仪测流速并计算断面流量的方法。

① 流速仪及其测速原理。流速仪是测量水流流速的仪器，式样及种类很多，最常用的是转子式流速仪，有旋杯式和旋桨式两种，如图 3-9 及图 3-10 所示。其工作原理是：当流速仪放入水流中，水流作用到流速仪的转子时，由于它们在迎水面的各部分受到水压力不同而产生压力差，以致形成一转动力矩，使转子产生转动，如图 3-11 所示。旋杯式流速仪左右两只圆锥形杯子所受动水压力大小不同，背水杯所受水压力（P_1）显然小于迎水杯的压力（P_2），所以旋杯盘呈反时针方向旋转；旋桨式流速仪的桨叶曲面凹凸形状不同，当水流冲击到桨叶上时，所受动水压力也不同，也产生旋转力矩使桨叶转动。

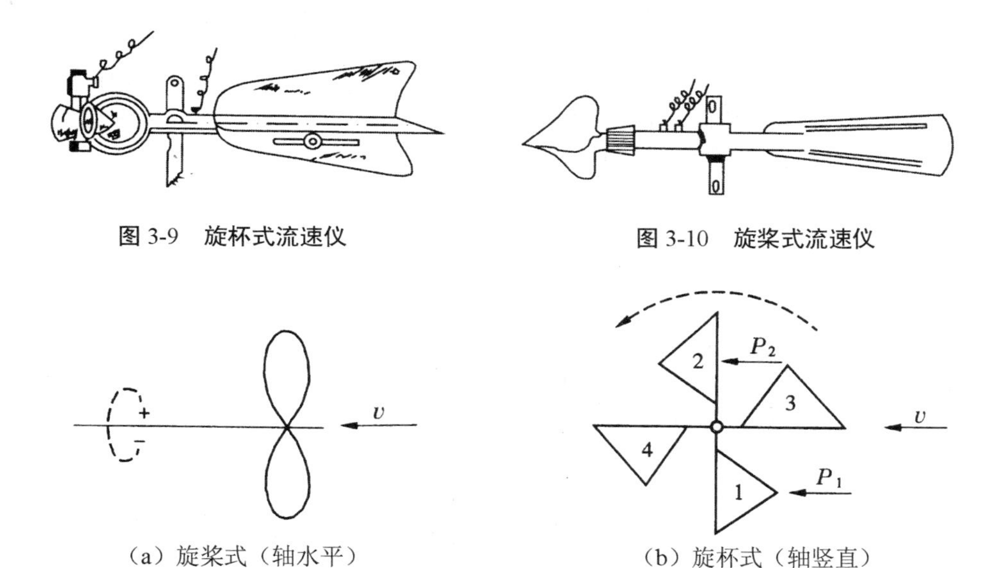

图 3-9　旋杯式流速仪

图 3-10　旋桨式流速仪

（a）旋桨式（轴水平）

（b）旋杯式（轴竖直）

图 3-11　流速仪工作原理

流速仪转子的转速（n）与流速（v）之间存在着一定的函数关系 $v=f(n)$。大量试验证明其关系相当稳定，可以通过检定水槽的实验确定。利用这一关系，在野外测量中记录转子的转速，就可以算出水流的流速。

目前国内外使用的各种类型的流速仪施测的成果较可靠，基本上能满足测验精度要求。但转子都具有惯性作用，水流含沙较大使转轴加速磨损等问题仍存在，因此各国试验研究并推广采用其他感应器来测速，如超声波测速法、电磁测速法、光学测速法等，这些流速仪都称为非转子式流速仪。

- 超声波测速法是利用超声波传播具有很强的方向性，以及超声波传播速度与水流流速成正比例变化的特点来测流速。其原理是在河流两岸边水下某深度处，分相对上下游装置一对可相互发射和接受超声波的换能器，由于水流流速的因素，上游岸边换能器所发射的超声波传播到下游河流另一岸边换能器所用时间，不同于下游岸边换能器所发射的超声波传播到上游河流对岸换能器所用时间，根据时间差可推求出流速。

- 电磁法测速是以法拉第电磁感应定律为根据制成，用以测定水流速度。其原理是在河流施测断面产生一匀强磁场，水流便成了切割磁力线的导体，将产生一电动势，用电位差计量得电动势，根据法拉第电磁感应定律：电动势与导线运动的速度成正比，据此可求出水流的平均速度。
- 光学流速仪是一种测量水面流速的仪器。其测量流速的原理好像人站在桥上用眼睛盯着水面上流动的漂浮物看，此时若能测出人眼转动的俯视角角速度，那么流速就能计算出来。光学流速仪就是一种测量这个角速度进而得出流速的仪器。

② 浮标法测流。当用流速仪测流有困难时，可用浮标法测流，其原理是通过观测水流推动浮标的移动速度求得水面虚流速，利用水面虚流速推算虚流量（$Q_{虚}$），虚流量（$Q_{虚}$）的计算基本与流速仪测流相似，虚流量（$Q_{虚}$）再乘以小于 1.0 的浮标系数（K_f）得断面实际流量（Q）。

$$Q=K_f Q_{虚} \tag{3-7}$$

式中浮标系数 K_f 值的大小与浮标型式及风力、风向等因素有关，一般在 0.8～0.9 范围内。其数值可通过浮标法和流速仪法同时比测确定。

③ 垂线和测点布设。流速仪法测流时必须在断面上布设测速垂线和测速点，以测量断面积和流速。

测速垂线布置：一般垂线分布大致均匀，但主槽较滩地更密；考虑断面形状和流速分布情况，在地形和流速分布转折点处应布设垂线；近岸边垂线应尽量照顾到在各级水位下不致使垂线离水边太远或太近；有分流、串沟等情况应适当布设垂线。

测速垂线上测速点数目和位置的布设，应根据水深而定，同样需要考虑资料精度要求，节省人力与时间。一般可用一点法（即在水面以下相对水深为 0.6 或 0.5 的位置）、二点法（0.2 及 0.8 相对水深）、三点法（0.2、0.6 及 0.8 相对水深）测速。在特殊情况下，可采用多点法，如五点法，以能测出垂线平均流速为准。

④ 测点流速的测定。测速时，把流速仪放到垂线测点位置上，待信号正常后开动秒表，记录各测点总转数（N）和测速历时（T），可求得测点的流速，计算公式为：

$$v=K\frac{N}{T}+C \tag{3-8}$$

式中，v——水流速度，m/s；

N——流速仪在 T 历时内的总转数，一般为接收到的信号数乘以每一信号所代表的转数求得；

T——测速历时为了消除流速脉动影响，一般不小于 100s；

K、C——流速仪常数，流速仪出厂时由厂家率定并标注于铭牌或附随说明书提供，当流速仪使用一段时间后，应送到有关部门重新率定。

测速时若采用直读式流速仪，则可直接记录流速。

（3）流量计算。实测流量的计算有图解法、流速等值线法及列表法等。列表法计算流量简便迅速，应用最广，它是使用水文站流速仪测流专用的记录和计算表格（如表 3-1 所示）来进行计算。计算的步骤是由测点流速推求垂线平均流速，再计算相邻两垂线间部分面积上的部分平均流速。由相邻两垂线水深和间距计算部分面积。部分面积与相应部分流速相乘即得部分流量。部分流量之和即为断面流量，现分述如下。

① 垂线平均流速计算。垂线平均流速可根据各条测速垂线上的点流速计算得出，计算公式如下：

一点法
$$v_m = v_{0.6}\ v_m = (0.90 \sim 0.95) v_{0.5} \tag{3-9}$$

二点法
$$v_m = \frac{1}{2}(v_{0.2} + v_{0.8}) \tag{3-10}$$

三点法
$$v_m = \frac{1}{3}(v_{0.2} + v_{0.6} + v_{0.8}) \tag{3-11}$$

五点法
$$v_m = \frac{1}{10}(v_{0.0} + 3v_{0.2} + 3v_{0.6} + 2v_{0.8} + v_{1.0}) \tag{3-12}$$

式中，v_m——垂线平均流速（m/s）；

$v_{0.0}$，$v_{0.2}$，$v_{0.6}$，$v_{0.8}$，$v_{1.0}$——分别为水面，0.2、0.6、0.8 相对水深及河底的流速。

② 部分平均流速计算。岸边部分平均流速计算如下：

$$v_1 = \alpha v_{m1} \tag{3-13}$$

$$v_{n+1} = \alpha v_{mn} \tag{3-14}$$

v_{m1} 与 v_{mn} 分别为距离两岸最近的两条垂线平均流速。α 为岸边流速系数，视岸边情况而定。斜坡岸边可取用 0.7，陡岸边根据其光滑程度取用 0.8～0.9，死水边可用 0.6。中间部分平均流速，按相邻两垂线平均流速的平均值计算，即：

$$v_i = \frac{1}{2}(v_{m(i\text{-}1)} + v_{mi}) \tag{3-15}$$

③ 部分面积计算。测深垂线间部分面积的计算，岸边部分按三角形计算，中间部分按梯形计算。

④ 部分流量计算。部分流量等于部分平均流速与部分面积的乘积。

⑤ 断面流量计算。断面流量为断面上各部分流量之和，即 。

【例 3-1】　某一水文站施测流量，岸边系数 α 取为 0.7，按上述方法计算流量，结果如表 3-1 所示。

3.4.2　流量资料的整编

原始的实测流量资料未经审查分析整理，不便于供各有关部门广泛使用。为此，必须把这些资料通过分析整理，按科学的方法和统一的格式，整编成具有足够精度的、系统的、连续的流量资料，并刊印成册。流量资料的这种整理过程，称为流量资料整编。

流量资料整编中所用的方法很多，水位流量关系曲线法是流量资料整编中最常用、最基本的方法。

1. 水位流量关系

河流中水位与流量关系密切，一般都有一定的规律，同时水位的观测比较容易，水位随时间的变化过程也较易获得，而流量的测算要复杂得多，人力、物力消耗大，不大可能通过连续观测来直接点绘洪水流量过程线。因此，一般是通过一定次数的流量测验后，根据实测的水位与流量的对应资料建立水位与流量的关系曲线。通过水位流量关系曲线可把水位变化过程转换成相应的流量变化过程，并可计算出日、月、年平均流量及各种统计特征值。

（1）稳定的水位流量关系曲线。测流河段选择恰当测站控制良好，河床稳定，河道水流接近均匀流动，则测流断面的水位（G）与流量（Q）的关系是稳定的。以纵坐标代表水位，横坐标代表流量，将实测的水位和流量数据点绘在图上，则点据比较密集，可绘出单一的水位流量关系曲线。为辅助水位流量关系曲线分析，通常在水位流量关系曲线图上同时绘制水位面积与水位流速关系曲线，如图 3-12 所示。

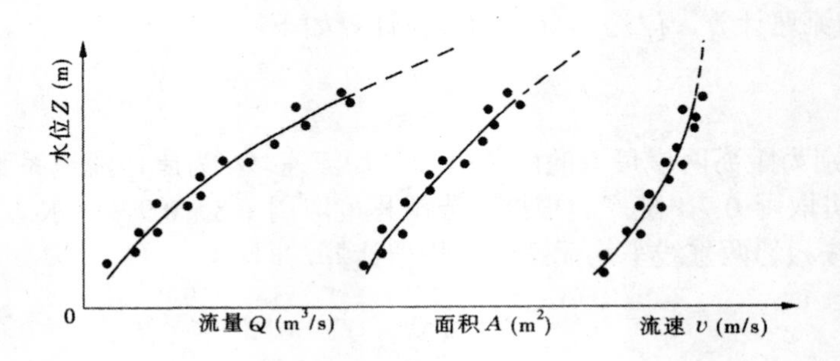

图 3-12 水位流量、水位面积、水位流速关系曲线

（2）不稳定的水位流量关系曲线。天然河道中由于河床冲淤、洪水涨落、变动回水、结冰等影响，使点绘出来的水位流量关系不是单一曲线。这时，需对影响因素进行分析，分别加以处理才能建立水位流量关系，据此由水位推求流量。当 $G—Q$ 关系受到多种因素影响时，其处理不像前述图示那样简单，常用连时序法处理。所谓连时序法就是对实测水位流量关系点据，按时间顺序连接成 $G—Q$ 关系线，如图 3-13 所示。推流时可根据水位及时间查相应的曲线段，求出相应的流量。这种方法适用于实测流量次数较多，并在各级水位分布均匀，施测成果质量较好时才能应用。

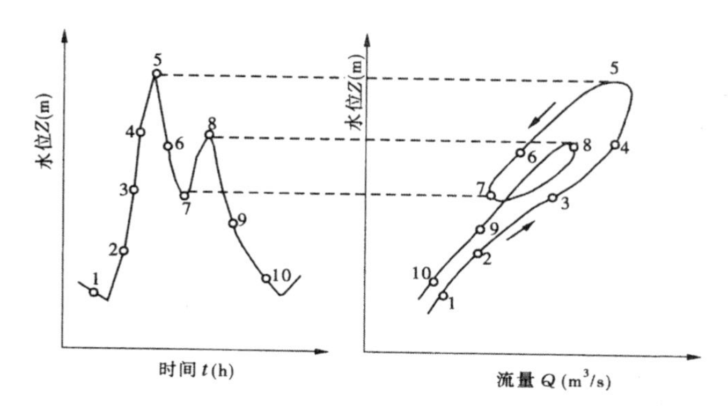

图 3-13　连时序法确定水位流量关系曲线

2. 水位流量关系的应用及流量资料的编制

流量资料的整编工作是在测流的基础上，点绘各项水文要素过程图，编制实测流量成果表和实测大断面成果表，编制水位流量关系并推算逐时流量，然后推求逐日的平均流量，从而得出月、年平均流量及其他统计特征值，编制成逐日平均流量表和洪水水文要素摘录表，如表 3-2、表 3-3 所示，在《水文年鉴》中刊布，供各有关部门使用。

表 3-2　某站逐日平均流量表

集水面积 4 6827 公里 ^{2}　　流量　米 ^{3}/秒

日\月	1 月	2 月	3 月	4 月	5 月	6 月	7 月	8 月	9 月	10 月	11 月	12 月
1	114	55.0	114	88.5	328	220	77.3	5.82	915	303	111	36.0
2	121	55.0	113	91.5	266	249	79.2	5.82	900	264	105	36.0
3	119	52.0	100	71.5	227	134	73.7	5.31	810	232	97.5	33.5
4	115	49.3	82.4	70.0	190	105	65.5	5.10	562	237	100	33.5
5	112	46.5	90.0	59.1	149	87.0	68.5	4.90	440	275	105	35.0
6	110	42.5	94.6	57.1	129	72.0	60.4	4.90	476	232	95.0	37.3
7	106	38.2	96.3	49.0	114	70.3	49.0	7.88	978	232	90.0	37.3
8	102	34.7	97.7	62.5	99.0	59.7	37.0	7.00	1 150	209	81.3	36.0
9	99.0	48.0	97.7	77.3	87.0	41.7	33.5	8.75	543	209	81.3	35.0
10	95.7	37.2	99.5	81.0	75.5	32.7	28.5	24.4	559	203	97.5	37.3
…	…	…	…	…	…	…	…	…	…	…	…	…
平均	88.0	77.9	94.2	134	112	68.6	28.9	587	525	195	79.6	33.8
最大	121	117	114	536	354	350	83.0	3 150	1 710	335	117	37.3
日期	2	23	1	30	1	1	2	24	8	1	11	1
最小	49.3	31.0	77.5	47.5	57.0	18.0	5.55	4.90	255	111	35.0	28.3
日期	31	7	24	7	13	18	31	5	30	31	29	22
年统计	最大流量 3150　8 月 24 日				最小流量 4.90　8 月 5 日				平均流量　169			
	径流量　53.37 亿 m ^{3}				径流模数　3.61 分米 ^{3}/秒·公里 ^{3}				径流深度　114.0 毫米			
附注												

表 3-3 某站洪水水文要素摘录表

日期			水位（米）	流量（米 ^{3}/秒）	含沙量（公斤/米 ^{3}）	日期			水位（米）	流量（米 ^{3}/秒）	含沙量（公斤/米 ^{3}）
月	日	时 分				月	日	时 分			
8	29	10:30	605.70	1 470		8	31	2:00	605.00	922	
		11:12	70	1 470				8:00	604.87	822	41.0
		12:00	65	1 440	92.7			10:00	84	799	
		14:00	65	1 440				12:00	71	698	
		16:00	61	1 410	147			14:00	68	675	35.3
		18:12	58	1 390				16:00	64	646	30.8
		19:00	54	1 360				19:24	61	625	
		20:00	51	1 330	150			19:42	49	539	
	30	0:00	40	1 240	152			20:00	50	546	27.6
		2:00	30	1 160		9	6	0:00	603.81	234	6.13
		4:00	29	1 150	107			6:00	80	230	
		5:00	29	1 150				8:00	90	267	8.24
		8:00	22	1 090	102			10:00	604.02	312	
		12:00	16	1 050	71.7			12:00	13	355	12.7
		16:00	06	969	71.5			14:00	21	388	12.7
		17:00	04	954				18:00	48	532	
		20:00	03	946	54.9			19:30	57	596	
	31	0:00	02	938	44.2			20:00	58	603	15.0

水位流量关系曲线确定后，可根据水位流量关系来推求逐时流量，然后推求逐日的平均流量。当水位流量关系曲线较为平直，水位及其他有关水力因素在一日内变化缓慢时，可用日平均水位直接查出日平均流量；当一日内水位变化较大时，应先由瞬时水位推出瞬时流量，得出一日内流量变化过程，再用面积包围法或算术平均法计算日平均流量。

有了日平均流量，即可计算月及年平均流量，并统计最大和最小流量等特征值。

3.5 泥沙测验与资料整理

河流泥沙是指组成河床和随水流运动的矿物、岩石固体颗粒。河流泥沙主要来源于流域坡面上被风雨、径流侵蚀的土壤，以及河床被水流冲刷的沙砾。随水流运动的泥沙也称固体径流。河流泥沙对于河流的水情及河流的变迁有着重大的影响。泥沙能直接影响河床变化，引起水库、湖泊、渠道的淤积，给防洪、灌溉、供水、航运带来困难。泥沙也有其有利的一面，如水库泥沙的淤积可减少坝身和库区的渗漏；有节制地淤灌田地可以改良土壤，增加农业产量；河床沙砾是工业的建筑材料。

3.5.1　泥沙的分类

河流向下游输送的不同颗粒大小泥沙的总称，称为全沙。按照泥沙的运动方式，河道中的沙可以分为悬移质和推移质两种类型。悬移质亦称悬沙，是指悬浮于水中随水流一起运动的泥沙。推移质亦称底沙，是指在河床床面上以滑动、滚动或跳跃的方式运动的泥沙。

在河流泥沙运动中，底沙、悬沙是相互联系的，也是可以互相转换的，难于机械划分。例如同一粒径级的泥沙，在不同河段或同一河段的不同时间可以做推移运动，也可以呈悬移状态下移，这主要取决于流速的大小。

3.5.2　泥沙的测验

1. 悬移质泥沙测验

天然河流断面上的各点含沙量是不相同的。悬移质泥沙测验的目的在于测得通过河流测验断面的悬移质输沙率及其变化过程。由于天然河流断面上各点的含沙量同流速一样是不相等的，因此，含沙量的测算与流速相同，先由垂线测点含沙量推求垂线平均含沙量，再求部分面积的平均含沙量，用部分含沙量与部分流量相乘得部分输沙率，各部分输沙率之和即为全断面输沙率。断面输沙率被断面流量相除得断面平均含沙量。故悬移质泥沙测验主要是测取测点含沙量。

（1）含沙量测验。含沙量测验同流速测验情况一致，在断面上沿各条垂线上的不同深度，测出各点含沙量。测沙垂线可根据具体情况按规范要求在测速垂线中选取。

测定悬移质含沙量通常用悬移质采样器汲取河水水样，经过水样处理后，求得含沙量。悬移质采样器的类型很多，基本形式有两种：

① 瞬时式采样器，如横式采样器；

② 积时式采样器，如瓶式采样器，调压积时式采样器和抽气式采样器。

此外，测定悬移质含沙量还使用一些悬沙现场测验装置，如同位素测沙仪、光电测沙仪等。这类仪器不需采取水样，只需要将仪器或测量探头直接放入水中的测点位置，用物理方法通过仪器间接测得该处的含沙量。

最常用的横式采样器、瓶式采样器如图 3-14、图 3-15 所示。

测验时用悬移质采样器在每个测点采取水样，及时量取水样体积（V，以 m^3）计，将水样进行处理，称出干沙重（W_s，以 kg）计，便可计算出各个测点的含沙量（ρ，以 $\mathrm{kg/m^3}$）计。

$$\rho=\frac{W_s}{V} \tag{3-16}$$

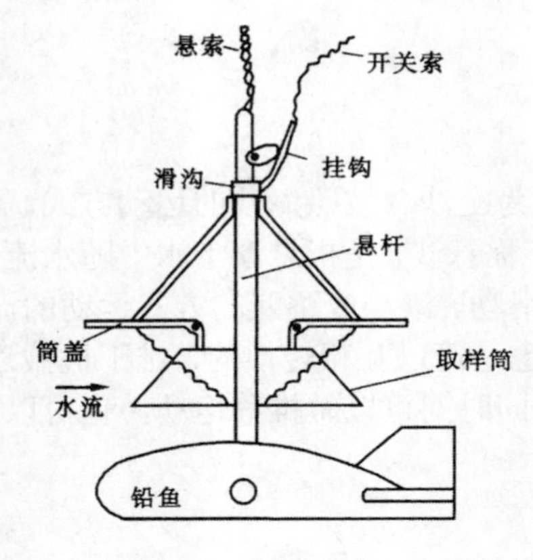

图 3-14 横式采样器示意图

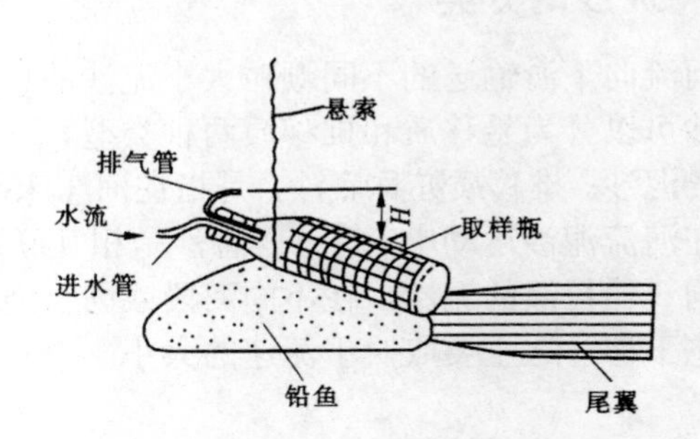

图 3-15 瓶式采样器示意图

水样的处理常用方法有 3 种。

① 烘干法：将水样静置足够时间使泥沙沉淀，吸去上部清水以浓缩水样，把浓缩后的水样倒入烘杯后放入烘箱内烘干，然后称出杯沙总量，减去烘杯重后得干沙重。烘干法处理水样产生误差的机会较少，精确度高，凡有天平、烘箱等设备测站，含沙量小时，宜采用此法。

② 过滤法：将水样沉淀、浓缩，然后把浓缩水样用滤纸进行过滤，烘干滤纸和沙，称出重量，求出含沙量。

③ 置换法：水样处理的简易方法可采用置换法。该法先将采样瓶容积为 V_w（以 cm^3 计）用清水装满，称出瓶加清水重（W_w，以 g 计），再将瓶内外水冲擦干净，称出瓶加浑水重（W_{ws}，以 g 计），如取样时未将瓶装满，则用清水加满，其体积为 ΔV（以 cm^3 计），用下式计算沙重和容重含沙量：

$$\rho = W_s/V_w - \Delta V \times 1000 \tag{3-17}$$

$$W_s = K(W_{ws} - W_w) \tag{3-18}$$

式中 K 为置换示数，与温度和泥沙容量有关，一般可采用 1.606。

（2）断面输沙率测算。断面输沙率（Q_s）的计算方法，与流速仪测流时计算流量的方法类似，先根据垂线平均含沙量求部分面积平均含沙量，再与相应面积的部分流量相乘，即得部分面积的输沙率，最后相加得断面输沙率。

取沙样的同时测速，有了各点的含沙量，可用相应点的流速加权计算垂线平均含沙量。公式如下：

一点法
$$\rho_m = C_1\rho_{0.5}\,\rho_m = C_2\rho_{0.6} \tag{3-19}$$

二点法
$$\rho_m = \frac{\rho_{0.2}v_{0.2} + \rho_{0.8}v_{0.8}}{v_{0.2} + v_{0.8}} \tag{3-20}$$

三点法
$$\rho_{\mathrm{m}}=\frac{\rho_{0.2}v_{0.2}+\rho_{0.6}v_{0.6}+\rho_{0.8}v_{0.8}}{v_{0.2}+v_{0.6}+v_{0.8}} \tag{3-21}$$

五点法
$$\rho_{\mathrm{m}}=\frac{\rho_{0.0}v_{0.0}+3\rho_{0.2}v_{0.2}+3\rho_{0.6}v_{0.6}+2\rho_{0.8}v_{0.8}+\rho_{1.0}v_{1.0}}{10v_m} \tag{3-22}$$

式中，C_1，C_2——点法的系数，有多年实测的资料分析确定，无资料时暂用 0.6；

ρ_{m}——垂线平均含沙量（$\mathrm{kg/m^3}$ 或 $\mathrm{g/m^3}$）；

v_{m}——垂线平均流速；

$\rho_{0.0}$，$\rho_{0.2}$，$\rho_{0.6}$，$\rho_{0.8}$，$\rho_{1.0}$——分别为水面、0.2、0.6、0.8 相对水深及河底的含沙量；

$v_{0.0}$，$v_{0.2}$，$v_{0.6}$，$v_{0.8}$，$v_{1.0}$——分别为水面、0.2、0.6、0.8 相对水深及河底的流速。

$$Q_{\mathrm{s}}=\rho_{m1}q_0+\frac{\rho_{m1}+\rho_{m2}}{2}q_1+\frac{\rho_{m2}+\rho_{m3}}{2}q_2+\cdots+\frac{\rho_{m(n-1)}+\rho_{mn}}{2}q_{n-1}+\rho_{mn}q_n \tag{3-23}$$

式中，Q_{s}——断面输沙率，kg/s；

ρ_{m1}，ρ_{m2}，…，ρ_{mn}——各条测沙垂线的垂线平均含沙量，$\mathrm{kg/m^3}$；

q_0，q_1，…，q_n——以测沙垂线分界的部分流量，$\mathrm{m^3/s}$。

（3）断面平均含沙量计算。求得断面输沙率后，可用下式算出断面平均含沙量 $\bar{\rho}$，以 $\mathrm{kg/m^3}$ 计。

$$\bar{\rho}=\frac{Q_{\mathrm{s}}}{Q} \tag{3-24}$$

2．推移质泥沙的测验

推移质测验是测定单位时间内通过测验断面的推移质泥沙重量及其变化规律。推移质采样器有沙质推移质采样器和卵石推移质采样器两种。

推移质泥沙测验时，在施测断面布设若干测线，测线应尽可能与悬移质含沙量的测线重合，但数量可稍少一些，并应设在有推移质的范围内。根据采样器在一定历时内取得的推移质泥沙烘干后的重量，可计算出各取样垂线的单位宽度推移质输沙率，即基本输沙率。

$$q_{\mathrm{b}}=\frac{W_{\mathrm{b}}}{tb_{\mathrm{k}}} \tag{3-25}$$

式中，q_{b}——垂线 基本输沙率，g/s·m；

W_{b}——采样器取得的干沙重，g；

t——取样历时，s；

b_{k}——采样器的进口宽度，m。

两相邻垂线基本输沙率的均值，乘以两垂线间的距离求得部分输沙率，其总和即得断面推移质输沙率。

3.5.3 泥沙资料的分析整理

悬移质输沙率资料整理的内容包括：收集整理有关资料；对实测悬移质测点含沙量和输沙率测验成果进行校核和分析；编写实测输沙率成果表；推求断面平均含沙量；编写逐日平均输沙率表；编写逐日平均含沙量表等。

1. 单断沙关系

悬移质输沙率的测验工作复杂而繁重，不可能逐日逐时施测。为了求得输沙率的变化过程而常采用建立单断沙关系的简化方法。

当断面稳定时，断面平均含沙量 $\overline{\rho}$（简称断沙）与断面上某代表性测点的含沙量 ρ（又称单位含沙量或单沙）之间有一定相关关系。根据多次实测的断面平均含沙量和单位含沙量的成果，点绘出单沙与断沙的关系线，如图 3-16 所示，来用以推算断面输沙率变化过程。

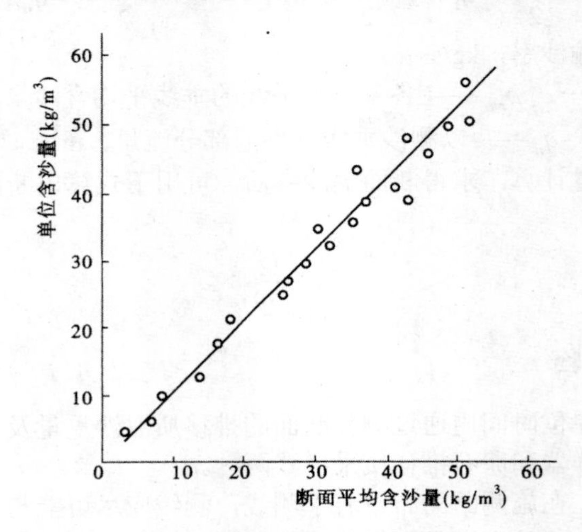

图 3-16 某站单沙与断沙关系

利用单断沙关系，就可简化测验次数，经常性的泥沙取样工作便可简化为只在代表性测点位置进行。根据测定的单位含沙量 ρ，就可直接利用单断关系图查得断面平均含沙量 $\overline{\rho}$，然后求出断面输沙率。

2. 泥沙资料成果表

有了单断沙关系，利用单沙 ρ 求出相应断沙 $\overline{\rho}$，进一步可计算出逐日平均输沙率，从而计算各月、年平均输沙率、含沙量、输沙量等泥沙特征，最后以确定格式制成泥沙资料成果表。在《水文年鉴》中刊布的泥沙资料成果表有逐日平均含沙量表，逐日平均悬移质输沙率表。实测输沙率成果表等。

3.6　水文调查和水文资料的收集

3.6.1　水文调查

水文站网的定位观测工作是观察水文现象、提供水文资料的主要途径。但由于定位观测有时间和空间的局限性，往往不能满足要求。因此必须通过其他途径来收集水文资料，补充定位观测的不足，使资料更加充分，满足国民经济各部门工作的需要。水文调查是搜集水文资料的一种方法，用以补充水文测站定位观测的不足，使水文资料能够更完整，本节仅对洪水、暴雨、枯水的调查作简单介绍。

1. 洪水调查

进行洪水调查可推算出历史上的洪峰流量，是设计洪水计算的一项重要资料，无论设计河段有无洪水资料，均需进行此项工作。

（1）调查的内容和方法。调查的内容主要包括：搜集流域的有关基本资料，如地形图、河道纵、横断面图；沿河水准点的高程和位置；应查阅的历史文献，了解历史上发生的次数和年代、大小、顺序等情况；要明确调查任务，订计划，准备必要的测量仪器、工具等。

调查的方法首先应取得当地的领导的协助和支持，紧密依靠群众才能搞好这项工作。具体有以下几项工作。

① 河道踏勘。应选择顺直河段，有古庙等建筑物、卡口及坡陡等处，因为这些地方可能留有较为可靠的洪水痕迹；

② 深入调查，确定洪水痕迹。注意文献资料与调查相结合，召开座谈会，共同回忆，互相启发，询问当地老居民，指认历史上出现过的洪水痕迹；

③ 测量工作。对调查到的洪水高程、河道纵断面图及洪痕在横断面图上的位置等均要进行测绘；

④ 对有价值的资料，如洪痕、文献和文物、河道地形、地势进行摄影并附以简要说明。

⑤ 最后一点是对调查洪水发生年月也应进行考证，或在几次历史洪水中按大小排位是第几位，这些对设计洪水的计算都是很重要的。

（2）根据调查资料估算洪峰流量。若调查洪水痕迹靠近某一水文站，可利用水文站实测的水位流量关系线，向上延长到洪痕高程，则可推得历史洪水的洪峰流量；当在调查洪水河段上，水深和流速变化不大，并能同时取得两个以上洪痕时，可推算出水面比降，此时可用水力学的曼宁公式推算洪峰流量。

$$Q=\frac{1}{n}FR^{\frac{2}{3}}I^{\frac{1}{2}} \tag{3-26}$$

式中，Q——流量，m^3/s；

F——过水断面面积，m^2；

R——水力半径，m；

I——水面比降；

n——河床糙率。

若河道上已有堰坝工程，或在卡口桥孔处，可用水力学法计算出洪峰流量；河床如为复式断面，具有较宽滩地，则应将主槽及滩地分开计算，总洪峰流量为主槽与滩地流量之和。

2. 暴雨调查

流域历史大暴雨因时隔长久，难以调查到确切的数量。一般参考历史文献的记载和群众对当时雨情的回忆，或以近期某次暴雨作对比分析，估算出暴雨的量级和大致的范围。近期大暴雨因群众记忆较深，可从暴雨中心开始，逐步扩大调查范围。雨量可根据群众使用的生产、生活用具估算。还应对测雨设备做出鉴定，对已记录的一些资料也应进行复核。

当年出现的大暴雨，应及时组织调查，对雨量站观测资料、暴雨中心位置、雨量的量级、雨区的范围等进行补充调查。配合基本站网测到的暴雨和洪水资料，进行对比分析，反复核实。

暴雨调查最后要对暴雨中心发生的时间、地点、暴雨量、雨区范围、降雨过程、该次暴雨的重现期等，做出定性和定量的分析。

总之，水文调查要注意：反复核实，多方论证，去伪存真，客观分析，如实反映情况。

3. 枯水调查

枯水时的水位和流量是水文计算中不可缺少的资料，对灌溉、水电、航运、给水等工程的规划设计、管理工作都有重要意义。枯水调查常与洪水调查同时进行，基本方法相似。历史枯水一般难以找到枯水痕迹，但大江、大河上有时也能找到枯水位的刻记。例如四川涪陵长江江心岩上，发现唐代刻的石鱼图案，并有历代刻记的江水枯落年份最低水位与石鱼距离的记载，经过整理，得到了1200年间长江枯水的宝贵资料。

枯水调查一般可在渡口、水井处，了解历史上的干旱情况，作为估算最枯水位和流量时的参考。当年的枯水调查可结合抗旱、灌溉用水调查进行，需调查河道是否干涸、断流、发生的时间和持续天数。

3.6.2 水文资料的收集

水文资料是水文分析计算的依据，因此在进行水文分析计算前，应尽可能搜集有关水文资料，使资料更加充分。搜集水文资料可借助于水文年鉴、水文手册和水文图集、水文数据库等。

（1）水文年鉴。水文资料的主要来源是各水文测站观测和整编的资料。我国所有基本水文站的水文资料，以《水文年鉴》形式逐年刊布。按大区或大流域分卷，每卷又依河流或水系分册。水文年鉴的正文部分有水位、流量、泥沙、水温、冰凌、降水量、蒸发量等资料。水文年鉴的卷册情况如表 3-4 所示。

表 3-4　全国各流域水文年鉴卷、册表

卷　号	流　域	分册数	卷　号	流　域	分册数
1	黑龙江	5	6	长　江	20
2	辽　河	4	7	浙闽台	6
3	海　河	6	8	珠　江	10
4	黄　河	9	9	藏滇国际河流	2
5	淮　河	6	10	内陆河湖	6

如果需要使用近期尚未刊布的水文资料或查阅原始观测记录，可向有关流域机构或水文部门搜集。《水文年鉴》中未刊布专用站的水文资料，需要时应向主管部门索取。

（2）水文手册和水文图集。各地区水文部门编制有地区水文手册和各种水文图集，它是在分析研究该地区所有水文站资料的基础上编制出来的，载有地区各种水文特征值等值线图及计算各种径流资料特征值的地区经验公式等。利用水文手册和水文图集可以估算缺乏实测水文观测资料地区的水文特征值，还有各水利水文部门编辑刊印的洪水调查资料、可能最大暴雨资料及水资源调查资料等，亦可供分析应用。

随着暴雨洪水资料的增多和对暴雨洪水规律认识的不断提高，特别是 1975 年 8 月河南省特大暴雨洪水发生后，水利电力部修订颁布了《水利水电枢纽工程等级划分及设计标准（试行）》和《水利水电工程设计洪水计算规范（试行）》，原有的水文手册或水文图集已不能完全适应新的要求。因此，1978 年在原水利部统一部署下，全国各省（区）进行了资料整理和分析工作，在此基础上于 20 世纪 80 年代中期都编制了本省（区）的《暴雨洪水图集》或《暴雨洪水查算手册》，又可统称为《暴雨径流查算图表》。它包括了由暴雨计算设计洪水的一整套图表及经验公式、经验参数等。各省（市、自治区）编制的《暴雨径流查算图表》在无实测流量资料系列的地区，可作为今后中小型水库（一般用于控制流域面积在 1 000 km^2 以下的山丘区工程）进行安全复核及新工程设计洪水计算的依据。

几年来的实践表明，《暴雨径流查算图表》已达到满足推算设计洪水精度的要求，并已成为全国各地推算无资料地区中小型工程设计洪水的主要依据。

此外，自 1980—1985 年间，在全国范围第一次开展了水资源的调查评价工作。编制出版了《中国水资源评价》。各大流域及各省（区）也都将水资源分析成果编印成册。主要载有：本地区自然地理和气候资料；降雨、蒸发、径流、泥沙等水文要素的等值线图；水文特征值统计表等，可供无资料流域的年径流估算等查用。

（3）水文资料数据库。水文资料数据库是按照《国家水文数据库基本技术标准》建设的，是一项涉及多方面的现代化系统工程，它综合运用了水文资料整编技术、计算机网络技术和数据库技术，是集水文信息存储、检索、分析、应用于一体的工作方式和服务手段。通过水文数据库可随时为防汛抗旱、水利工程建设、水资源管理和水环境保护及国民经济建设与社会发展的各个领域快速地提供直观、准确的历史及实时的水文资料。

水文数据从结构分析看是典型的多维结构，这种多维数据结构有利于计算机对水文数据的存储和处理，水文数据库正是计算机技术在水文工作中的应用。利用水文数据库可以实现水文资料整编、校验、存储、处理的自动化，形成以网络传输、查询、浏览为主的全国水文信息服务系统，水文数据库的逐步建设和开发应用，必将促进水文工作的全面发展，产生巨大的社会效益与经济效益。

3.7 习题与思考题

1. 试思考分析水文资料收集的目的和意义。
2. 理解掌握流量测验的原理和方法步骤。
3. 试分析水位流量关系的类型及其在实际中的应用。
4. 试分析转子式流速仪工作原理及其优缺点。
5. 试述水文调查的目的及意义。

第 4 章　水文统计基础

4.1　概　　述

水文测验的目的在于掌握水文现象的变化过程，收集其变化的资料。因此，水文资料就是水文现象的一种物质表现形式，可以通过对水文资料的分析研究来发现水文现象所隐藏的客观规律，用这些规律为工程建设服务。

4.1.1　水文现象的统计规律

水文现象是一种自然现象，它的产生、发展和演变过程，即有必然性的一面，又有偶然性的一面。例如一条河流每年必有一个最大的洪峰流量，它是由水文循环所决定的，因此是必然的；而各年的最大洪峰流量数量的大小，何时发生，这又是未知的，带有一定的偶然性（数学上称为随机性），因此可以说水文现象也是一种随机现象。对于随机现象，从表面上看似乎是无规律的，但分析大量实测水文资料后便知，它是遵循一定规律的。如河流某断面年径流量的多年平均值是一个比较稳定的数值，在长期过程中，河流每年的径流量接近于多年平均值的年份出现较多，而特大或特小值出现的年份则比较少。随机现象的这种规律性，只有通过大量的观测、统计、分析后才能发现，故称之为统计规律。而数理统计法正是揭示这种规律的一种有力工具，所以也就成为水文分析计算的主要方法，在水文学中称之为水文统计。

4.1.2　水文统计及其任务

在水利水电工程建设的全过程，都需要掌握河流未来的水文情势，以此为工程的规划设计、施工和管理运用提供合理的水文依据。而从目前的水文预报技术水平来看，要想解决中长期的定量水文预报，是很难做到的。因此水文上解决此类问题的主要方法是用数理统计法，研究分析各种水文资料的统计规律，并根据这一规律对河流未来时期的水文情势作出较为科学的预估。通常“预估”出河流未来长时期内各种水文要素量出现的机会（可能性）。例如，预估某河流某断面某一洪峰流量值发生的可能性为多大；反过来就是预估在一定的可能性条件下会发生多大的洪峰流量。诸如此类的问题就是水文分析计算研究的主要内容。所以水文统计的任务就是将数学上的《概率论和数理统计》知识应用到水文上来，通过分析研究大量实测水文资料，寻找其统计规律，并由其统计规律对河流未来的水文情势作出概率预估，为水利水电工程建设提供合理的水文数据。

4.2 概率的基本概念

4.2.1 概率

（1）随机试验与随机事件。首先我们介绍随机试验的概念。

在日常生活中我们会遇到各种各样的试验，如科学种田试验，导弹发射试验等。可以说试验具广泛的意义。在概率论中提出这样一种试验：① 可以在相同的条件下重复进行；② 每次试验的可能结果不止一个，并且能事先知道试验所有可能出现的结果或范围；③ 每次试验之前无法确定究竟哪种结果会出现，如掷硬币、掷骰子、摸扑克牌等均是如此。具有这种特性的试验，概率论中称之为随机试验。随机试验中所有可能出现或不可能出现的事情，称之为事件。事件按照其发生的可能性大小分为 3 类：

必然事件即在一定的条件下肯定会发生的事件，如天然河流中洪水到来时水位必然上涨，水在 0℃以下的气温条件下肯定会结冰等。

不可能事件即在一定条件下肯定不会发生的事件，如天然河流在洪水到来时，河水断流就是绝不可能发生的，水在 0℃以下的气温及正常气压条件下沸腾也是不可能的等。

随机事件即在一定的条件情况下有可能发生，也有可能不发生的事件。例如，掷硬币试验中，每掷一次，其正面（国徽面）有可能出现，也有可能不出现；黄河花园口水文站测流断面的年最大洪峰流量为 10 000m^3/s，在某一年当中有可能发生，也有可能不发生等。这类事件共有的一个重要特性就是在事件未发生之前，其结果是无法准确预言出来的，或者说它的发生是带有一定可能性的。要定量描述其出现可能性的大小，就引出了概率。所以说，随机事件是概率论中研究的主要对象。

（2）概率。简单地说，概率就是用来描述某一随机事件发生可能性大小的数量指标。

在概率论当中，常用大写字母 A、B、C、……表示随机事件，而用 P(A)、$P(B)$、$P(C)$、……分别表示各随机事件发生的概率。对于一些简单随机事件，其概率可用下式计算：

$$P(A)=\frac{m}{n} \tag{4-1}$$

式中，$P(A)$——在一定条件下随机事件 A 发生的概率；

n——在试验中所有可能出现的结果总数；

m——在试验中属于事件 A 的结果数。

例如掷骰子试验，所有可能出现的结果数 $n=6$，即可能出现 1、2、3、4、5、6 点。设事件 A 表示为 3 点出现，则所有可能出现的 6 种结果中，属于 3 点出现的结果数为 $m=1$，因此3点出现的概率为$P(A)=\frac{m}{n}=\frac{1}{6}$；若事件$B$表示大于3点的点数出现，则属于事件$B$可能出现的结果数为$m=3$（即4、5、6点出现），同理，$P(B)=\frac{3}{6}$。假若将骰子的6个面全部刻成3点，则$P(A)=\frac{6}{6}=1$；

$P(B)=0$。此时，事件A为必然事件，事件B为不可能事件。由此可以得出随机事件出现的概率介于0和1之间。

式（4-1）只适用于所谓的“古典概型事件”。即试验的所有可能结果都是等可能的，且试验中所有可能出现的结果总数是有限的简单随机事件。而对于水文上的复杂随机事件而言，通常试验所有可能出现的结果数n是无限的，无法知道。因此，其出现的可能性大小无法用古典概型的概率来描述，这便引出了频率的概念。

4.2.2　频率

设随机事件A在n次随机试验中，实际出现了m次，则：

$$P(A)=\frac{m}{n} \tag{4-2}$$

称为随机事件A在n次试验中出现的频率，简称为频率。

实践证明，当试验次数n较少时，事件的频率很不稳定，有时大，有时小；但当试验次数n无限增多时，事件的频率就逐渐趋近于一个稳定值，这个稳定值便是事件发生的概率。如掷硬币试验，从理论上讲，正面（或反面）出现的概率为0.5（即$n=2, m=1$，代入（4-1）式计算得）。而其频率却随试验的不同有不同的值。例如以前有人所做试验结果见表4-1。

表4-1　掷硬币试验表

试　验　者	掷硬币次数	正面出现的次数	正面出现的频率
蒲　丰（Buffon）	4 040	2 048	0.5080
皮尔逊（K.Pearson）	12 000	6 019	0.5016
皮尔逊（K.Pearson）	24 000	12 012	0.5005

从表4-1中看出，随着试验次数n的增加，随机事件出现的频率也愈来愈接近事件发生的概率。随机事件频率的这种稳定性，已为大量的实践所证实，这是观察随机现象所得出的基本规律之一。因此，当试验资料足够多时，可以用频率来近似地代替概率。这一做法在水文统计中普遍应用。因为各种水文随机事件可能出现的结果总数是无限的，实际上只能根据一定数量的观测资料来计算它出现的频率，从而估计概率。

综上所述，频率和概率既有区别又有联系。概率是描述随机事件出现可能性大小的抽象数，是个理论值；对于简单事件可事先确定，对于复杂事件则无法事先确定。频率是描述随机事件出现可能性大小的一个具体数，是个经验值，随试验的不同而变化，但随试验次数的增多而逐渐稳定，并趋近于概率。

4.3 随机变量及其概率分布

4.3.1 随机变量

将随机试验的结果用一个变量表示，其取值随每一次试验不同而不同，且每一个取值都对应一定的可能性（概率或频率），这种变量就称为随机变量。如水文上的某地年降水量；河流某断面的年最高水位或最大洪峰流量等。这些随机变量的取值都是一些数值，还有一些随机变量，其结果是事实型的。如掷硬币试验，其结果分别是“正面出现”或“反面出现”，对于此类随机变量，我们可以人为规定用一些确定的数值来代替事实，如用 1 代替“正面出现”，用 0 代替“反面出现”等。在数理统计中，常用大写字母表示随机变量，而用相应的小写字母表示其取值，如用 X 表示某随机变量，则其取值就可记为 x_i（$i=1,2,\ldots n$）。

另外，按照随机变量可能取值情况，可分为离散型随机变量和连续型随机变量两种基本类型。离散型随机变量的一切可能取值为有限个或可列个，这些数值可以逐个写出来，并且相邻两值之间不存在中间值。如掷骰子试验的结果用随机变量 X 表示，其取值 x_i 为 1、2、3、4、5、6 点等；连续型随机变量可能取的数值不能一一列举出来，而是充满某一区间的值，即可以取得区间内的任何数值。水文上的许多变量都是连续型的，如年降雨量、年径流量、河流水位等。

综上所述，随机变量与其他普通数学变量的主要区别在于：它取什么值在试验之前是无法准确知道的，只有在随机试验发生以后才能确定，各个取值对应的概率（或频率）大小有些是相等的，有些是不相等的。

在数理统计中，把随机变量所有取值的全体称为总体。从总体中任意抽取的一部分称为样本。样本的项数称为样本容量。水文上的随机变量总体都是无限的，实际无法获得。例如某地的年降水量，其总体是指自古到今以至未来无限年代的所有年降水量，人类是不可能全部观测得到的。目前设站所观测到的几十年甚至上百年降水量资料，只不过是无限总体中的一小部分，是一个很有限的样本。此类例子在水文上比比皆是。因此，在水文分析计算中，遇到的都是样本资料。

总体和样本之间有着一定的区别，但也有着密切的联系。由于样本是总体中的一部分，因而样本的特征在一定程度上（或部分地）反映了总体的特征，故总体的规律可以借助样本的规律来逐步地认识，这就是我们目前用已有水文资料来推估总体规律的依据。但样本毕竟只是总体中的一部分，当然不能完全用以代表总体的情况，其中存在着一定的差别。

这就要求我们不能仅仅依靠数理统计法来解决问题，还需结合成因分析法和地区综合法对水文现象的统计规律进行分析修正，使得结果更合理、可靠。可以相信，随着科学技术的发展，随着资料和经验的积累，总体的规律将愈来愈为人们所认识。

4.3.2　随机变量的概率分布

随机变量在随机试验中可以取得所有可能值中的任何一个值，而且每一个取值都对应一定的概率，有的概率大，有的概率小，将随机变量各个取值与其概率之间的一一对应关系，称为随机变量概率分布或分布律。

如离散型随机变量 X 的概率分布就可表示为：

$$P(X=x_i)=p_i(i=1,2,\ldots,n) \tag{4-3}$$

也可用表格或图来表示。

连续型随机变量由于其可能取值是无限个，而且取个别值的概率趋近于零，因而无法研究个别值的概率，只能研究某个区间取值的概率分布规律。例如某地的年降水量值大约在 600～700 mm 之间，也就是说在此区间的雨量每年发生的几率最大，但是实际就某一数值而言（如 651.7 mm）发生的几率却很小，甚至趋近于零。因此，在水文上，对于连续型随机变量，除了研究某个区间值的概率分布外，更多的是研究随机变量 X 取值大于或等于某一数值的概率分布，即 $P(X\geqslant x_i)$。当然，有时也研究 X 的取值小于等于某值的概率，即 $P(X\leqslant x_i)$。而且两者可以相互转换，通常研究前者比较多，如暴雨、洪水、年径流等。另外，在水文上遇到的都是样本资料，通常要用样本的频率分布规律去估计总体的概率分布规律，所以以后重点研究频率分布。下面举一实例来说明水文变量的频率分布。

【例 4-1】　已知某雨量站 1935—1998 年共 64 年的年降水量，如表 4-2 所示，试分析该样本系列的频率分布规律。

（1）为了使研究问题简单而实用，将年降水量分组，并统计各组雨量的出现次数和累积次数，拟定分组的组距 $\Delta x=100\text{mm}$，统计结果列于表 4-3 中①、②、③、④栏。

（2）计算各组雨量出现的频率和累积频率。各组出现的频率均按（4-2）式计算，并表示成百分数，如表中第⑤栏，再用第⑤栏的值除以分组组距 Δx，即 $p_i/\Delta x$ 称为频率密度，如表中第⑦栏。各组出现的累积频率可以用累积次数代入（4-2）式计算，也可以将第⑤栏的数据按序号逐次累积，如表中第⑥栏。

表 4-2　某站年降水量表　　单位：mm

年份	年降水量	年份	年降水量	年份	年降水量	年份	年降水量	年份	年降水量
1935	476	1948	285	1961	549	1974	841	1987	556
1936	486	1049	528	1962	702	1975	386	1988	526
1937	905	1950	583	1963	563	1976	565	1989	548

（续表）

年份	年降水量	年份	年降水量	年份	年降水量	年份	年降水量	年份	年降水量
1938	207	1951	618	1964	612	1977	623	1990	627
1939	472	1952	388	1965	760	1978	558	1991	672
1940	513	1953	609	1966	658	1979	585	1992	514
1941	598	1954	817	1967	528	1980	784	1993	346
1942	580	1955	464	1968	802	1981	561	1994	530
1943	436	1956	626	1969	554	1982	488	1995	491
1944	229	1957	446	1970	643	1983	543	1997	512
1945	328	1958	457	1971	592	1984	629	1998	726
1946	331	1959	641	1972	586	1985	410	1999	545
1947	430	1960	481	1973	745	1986	663		

表 4-3　某站年降水量分组统计表

序号	年降水量（组距 Δx =00mm）	各组出现次数（次）	累积出现次数（次）	各组出现频率 $p(\Delta x_I)$（%）	累积频率 p（%）	组内平均频率密度 $\Delta p/\Delta x$（10^{-4}/mm）
①	②	③	④	⑤	⑥	⑦
1	900～999	1	1	1.6	1.6	1.6
2	800～899	3	4	4.7	6.3	4.7
3	700～799	5	9	7.8	714.1	7.8
4	600～699	12	21	18.7	32.8	18.7
5	500～599	23	44	36.0	68.8	36.0
6	400～499	12	56	18.7	87.5	18.7
7	300～399	5	61	7.8	95.3	7.8
8	200～299	3	64	4.7	100	4.7
总　计		64		100		

（3）绘图。由表 4-3 中②栏和⑦栏绘成年降水量频率分布直方图，各小矩形的面积为各组雨量出现所对应的频率 $p_i=(p_i/\Delta x)\times\Delta x$，如图 4-1 所示；②栏和⑥栏绘成累积频率阶梯图，如图 4-2 所示。

由图 4-1 可以看出，各组雨量出现所对应的频率是中间大两边小，即年降水量的特大值和特小值出现的机会都很小，而接近多年平均值的雨量出现机会大。如 500～599mm 组的雨量出现机会最大。由图 4-2 可以看出，累积频率分布图为一阶梯状图，每个台阶的宽度也就反映了该组降水量出现的频率大小。因此其分布的规律和直方图的规律是一致的，它们都反映了随机变量取值与频率之间对应关系的分布规律，只是表现形式不同而已。如果资料再增多，分组值Δx 再取小，直至$\Delta x\to 0$，则图 4-1 中小矩形的宽度也就愈来愈小，直方图的外包线就接近于比较光滑的铃形曲线（图中的虚线），则称为频率密度曲线；相应地，图 4-2 中台阶的高度也将愈来愈小，其外包线也就近似于一条 S 形曲线（图中的虚线），称为累积频率分布曲线。

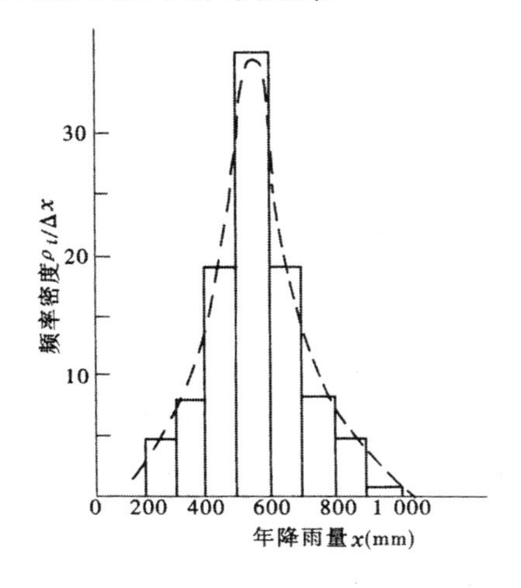

图 4-1　某站年降水量频率分布直方图

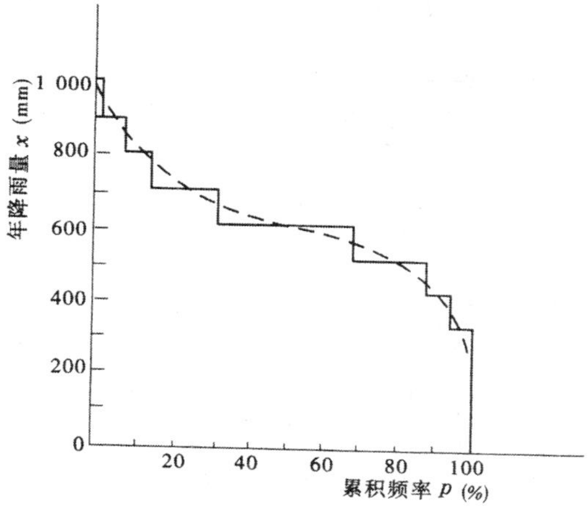

图 4-2　某站年降水量累积频率分布图

在水文分析计算中，由于遇到的多为连续型随机变量，经常研究它取值大于或等于某一数值发生的频率，故而多用累积频率分布曲线，一般简称为频率曲线。

4.3.3　几种常见的概率分布

连续型随机变量的分布是以概率密度曲线和分布曲线表示的，这些分布在数学上有很多类型，国内外水文计算中使用的概率分布曲线俗称水文频率曲线，大体上可分为 3 种类型。

（1）正态分布型。包括正态分布、对数正态分布及三参数对数正态分布。

（2）极值分布型。包括耿贝尔（E.J.Gumbel）分布、通用极值分布（GEV）及韦布尔（W. Weibull）分布。

（3）皮尔逊（K.Pearson）III型分布型。包括皮尔逊III型分布、对数皮尔逊III型分布。

我国水文频率计算一般采用皮尔逊III型频率曲线。SL44－93《水利水电工程设计洪水计算规范》规定，频率曲线的线型一般应采用皮尔逊III型，特殊情况，经分析论证后也可以采用其他线型。为此，本书以论述皮尔逊III型频率曲线为主，并扼要介绍其他类型的代表线型。

1. 正态分布

自然界中许多随机变量（如水文测量误差、抽样误差等），一般服从或近似服从正态分布。正态分布具有如下形式的概率密度函数：

$$f(x)=\frac{1}{\sigma\sqrt{2\pi}}\mathrm{e}^{-\frac{(x-\bar{x})^2}{2\sigma^2}}\quad(-\infty<x+\infty)\tag{4-4}$$

式中，$\bar{x}$——平均数；

σ——标准差；

e——自然对数的底。

正态分布的密度曲线有下面几个特点：

（1）单峰；

（2）对于均值$\bar{x}$对称，及$C_S=0$；

（3）曲线两端趋于无限，并以 x 轴为渐近线。

式（4-4）只包含两个参数，即均值$\bar{x}$和方差σ。因此，若某个随机变量服从正态分布，只要求出它的$\bar{x}$和σ值，则分布便可确定。

可以证明，正态分布曲线在$\bar{x}\pm\sigma$处出现拐点。

$$P_{\sigma}=\frac{1}{\sqrt{2\pi}\sigma}\int_{\bar{X}-\sigma}^{\bar{X}+\sigma}\mathrm{e}^{-\frac{(x-\bar{x})^2}{2\sigma^2}}dx=0.683\tag{4-5}$$

$$P_{3\sigma}=\frac{1}{\sqrt{2\pi}\sigma}\int_{\bar{X}-3\sigma}^{\bar{X}+3\sigma}\mathrm{e}^{-\frac{(x-\bar{x})^2}{2\sigma^2}}dx=0.997\tag{4-6}$$

正态分布的密度曲线与x轴所围成的面积应等于 1。由式（4-5）和（4-6）可以看出，$\bar{x}\pm\sigma$区间对应的面积占全面积的 68.3%，$\bar{x}\pm3\sigma$区间所对应的面积占全面积的 99.7%.（见图 4-3）。

2. 皮尔逊 III 型分布

英国生物学家皮尔逊通过很多资料的分析研究，提出一种概括性的曲线族，包括 13 种分布曲线，其中第III型曲线被引入水文计算中，成为当前水文计算中常用的频率曲线。

皮尔逊III型曲线是一条一端有限一端无限的不对称单峰、正偏曲线（见图 4-4），数学上称为伽玛分布，其概率密度函数为：

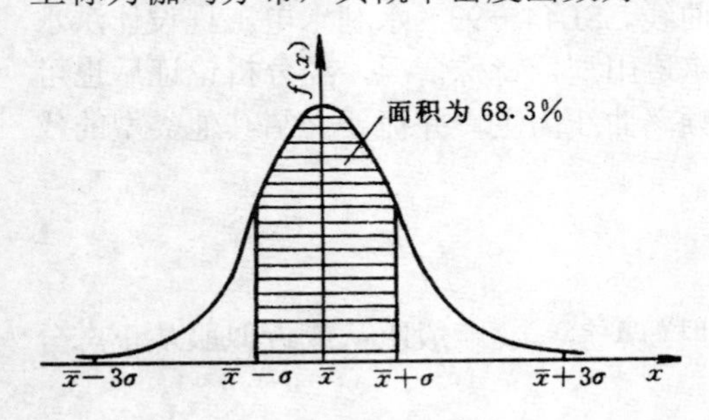

图 4-3 正态分布密度曲线

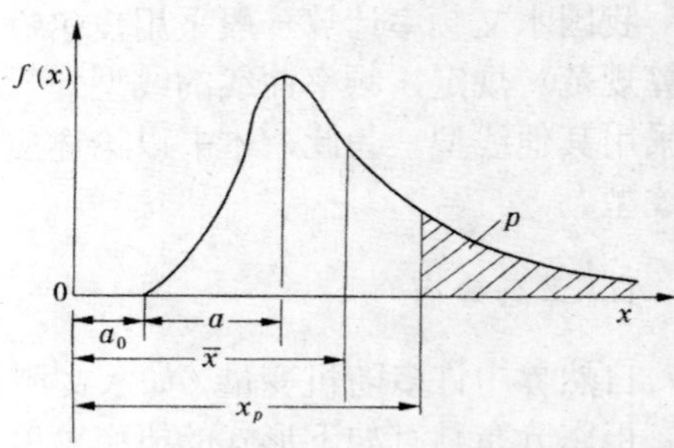

图 4-4 皮尔逊III型概率密度曲线

$$f(x)=\frac{\beta^{\alpha}}{\Gamma(\alpha)}(x-a_0)^{\alpha-1}\mathrm{e}^{-\beta(x-a_0)} \tag{4-7}$$

式中，$\Gamma(\alpha)$——α 的伽玛函数；

α、β、a_0——分别为皮尔逊III型分布的形状、尺度和位置参数($\alpha>0,\beta>0$)。

显然，α、β、a_0 确定以后，该密度函数也随之确定。可以推证，这 3 个参数与总体的三个统计参数$\bar{x}$、C_V、C_S 具有下列关系：

$$\left.\begin{aligned}\alpha&=\frac{4}{C_S^2}\\ \beta&=\frac{2}{\bar{x}C_VC_S}\\ a_0&=\bar{x}\left(1-\frac{2C_V}{C_S}\right)\end{aligned}\right\} \tag{4-8}$$

水文计算中，一般需求出指定频率 P 所相应的随机变量取值 x_P，这要分析密度曲线，通过对密度曲线进行积分，求出等于及大于 x_P 的累积频率 P 值，则：

$$P=P(x\geqslant x_P)=\frac{\beta^{\alpha}}{\Gamma(\alpha)}\int_{X_P}^{\infty}(x-a_0)^{\alpha-1}e^{-\beta(x-a_0)d_x} \tag{4-9}$$

直接由式（4-9）计算 P 值非常麻烦，实际做法是通过变量转换，根据拟定的 C_S 值进行积分，并将成果制成专业表格，从而使计算工作大大简化。

令
$$\Phi=\frac{x-\bar{x}}{\bar{x}C_V} \tag{4-10}$$

则有
$$x=\bar{x}(1+C_V\Phi) \tag{4-11}$$

$$dx=\bar{x}C_Vd_{\Phi} \tag{4-12}$$

Φ 是标准化变量，称为离均系数，Φ的均值为零 P，标准差为 1。这样经标准化变换后，将式（4-11）、式（4-12）代入式（4-9），简化后可得：

$$P(\Phi>\Phi_P)=\int_{\Phi_P}^{\infty}f(\Phi、C_S)\,\mathrm{d}\Phi \tag{4-13}$$

式（4-13）中被积分函数只含有一个待定参数 C_S，其他两个参数$\bar{x}$和 C_V 都包括在 Φ 中，因而只要假定一个 C_S值，便可从式（4-13）通过积分求出 P 与 Φ 之间的关系，C_S、P 与 Φ_P 的对应数值表见附表。

在进行频率计算时，由已知的 C_S值，查 Φ 值表（见附表 1）得出不同 P 的 Φ_P 值，然后利用已知的$\bar{x}$、C_V值，通过式（4-11）即可求出与各种 P 值相应的 x_P 值，从而可绘出频率曲线。必须指出，计算时如何求得皮尔逊III型分布曲线的参数$\bar{x}$、C_V、C_S，对于设计年径流和设计洪水均有不同的要求，这些将分别在后面介绍。

（3）经验频率曲线。上述各种频率曲线是用数学方程式来表示的，属于理论频率曲线。在水文计算中还有一种经验频率曲线，是由实测资料绘制而成的，它是水文频率计算的基础，具有一定的实用性。

设某水文要素的实测系列共有 n 项，按由大到小的次序排列为 x_1、x_2、…、x_m、…x_n。经验频率就是在系列中大于及等于样本 x_i 的出现次数与样本容量之比值，计算式为：

$$P=\frac{m}{n}\times 100\%$$

式中，P——等于和大于 x_m 的经验频率；

m——x_m 的序号，即等于和大于 x_m 的项数；

n——样本容量，即观测资料的总项数。

例如，在上面系列中大于及等于 x_2 的项数为 2，其经验频率应为 $2/n$。如果 n 项实测资料是总体，则上述计算频率的公式是合理的，但水文实测资料都是样本资料，欲从这些有限资料来估计总体，就不太合理。例如，当 $m=n$ 时，最末项 x_m 的频率 $P=m/n=100\%$，即样本的末项 x_m 就是总体中的最小值，显然不符合实际情况，因为随着观测年数的增多，总会有更小的数值出现。为了修正由样本推算总体出现的不合理估算，目前有如下几个经验频率公式可供选择：

数学期望公式 $$P=\frac{m}{n+1}\times 100\%$$

切哥达也夫公式 $$P=\frac{m-0.3}{n+0.4}\times 100\%$$

海森公式 $$P=\frac{m-0.5}{n}\times 100\%$$

目前我国水文计算采用数学期望公式，它是建立在期望样本中某一项的频率是许多样本中同序号概率的均值的条件下推导出来的。

4.4 统计参数的估算

4.4.1 样本估计总体

如前所述，随机变量的频率分布曲线比较完整地描述了随机变量的统计规律，但在许多实际问题中，很难确定随机变量的频率分布规律，或者不一定要用完整的形式来说明随机变量的分布规律，这时就可以用一些统计参数（或数字特征）来描述随机变量频率分布的重要信息。而水文变量的总体是无限的，只能用样本的统计参数来估计总体的统计参数。

水文上常用的随机变量的统计参数有以下几个。

1. 算术平均数 $\bar{x}$

设随机变量的样本系列为 x_1、x_2、……、x_n，则其算术平均数可用下式计算：

$$\bar{x}=\frac{x_1+x_2+\cdots+x_n}{n}=\frac{1}{n}\sum_{i=1}^{n}x_i \tag{4-14}$$

算术平均数简称为均值，它表示样本系列的平均情况，反映系列总体水平的高低。例如，甲、乙两条河流的多年平均流量分别为 1 000m³/s 和 100m³/s，就说明甲河流域的水资源比乙河流域的丰富得多。

2. 均方差 σ 与变差系数 C_V

（1）均方差 σ。均值表示系列的平均水平；均方差则表示系列中各个值相对于均值的离散程度。当两个系列的均值相等时，它们各自的离散程度则不一定相同。例如有甲、乙两个系列，其值如下。

甲系列：5，10，15

乙系列：2，10，18

虽然两个系列的均值相等，都是 10，但两个系列中各个取值相对于均值的离散程度显然是不同的，可以用均方差来反映。

均方差用 σ 表示，计算公式为：

$$\sigma=\sqrt{\frac{\sum_{i=1}^{n}(x_i-\bar{x})^2}{n-1}} \tag{4-15}$$

以上甲乙两系列，各自的均方差可按（4-15）式计算：

$$\sigma_{甲}=\sqrt{\frac{(5-10)^2+(10-10)^2+(15-10)^2}{3-1}}=5$$

$$\sigma_{乙}=\sqrt{\frac{(2-10)^2+(10-10)^2+(18-10)^2}{3-1}}=8$$

可见 $\sigma_{甲}<\sigma_{乙}$，说明离散程度小，均方差就小；离散程度大，均方差就大。

（2）变差系数 C_V。均值相同的系列，可用均方差来比较它们的离散程度，进一步说明系列间的不同之处。但当系列的均值不相等时，就不能用均方差来进行比较，有时甚至说明不了问题。例如有丙、丁两个系列。

丙系列：5，10，15

丁系列：995，1 000，1 005

丙系列的均值 $\bar{x}_{丙}=10$，丁系列的均值 $\bar{x}_{丁}=1\,000$，显然均值不等，可是按（4-15）式计算它们各自的均方差得到 $\sigma_{丙}=5$、$\sigma_{丁}=5$，这又说明了两者的离散程度是相同的。但由于均值相差悬殊，其离散情况的程度是不相同的。丙系列中最大值和最小值与均值的绝对差值都是 5，这相当于均值的 5/10＝1/2；而丁系列中，最大值和最小值与均值之差的绝对值虽然也等于 5，但却只相当于均值的 5/1 000＝1/200，在近似计算中，这种差别甚至已达到可以忽略不计的程度。

为了克服以均方差衡量系列离散程度的这种不足，数理统计中用均方差与均值的比值作为衡量系列相对离散程度的一个参数，称为变差系数或离差（势）系数，用 C_V 表示。变差系数为一无单位的小数，其计算公式为：

$$C_V=\frac{\sigma}{\overline{x}}=\frac{1}{\overline{x}}\sqrt{\frac{\sum_{i=1}^{n}(x_i-\overline{x})^2}{n-1}}=\sqrt{\frac{\sum_{i=1}^{n}(k_i-1)^2}{n-1}} \tag{4-16}$$

式中 k_i 为模比系数，$k_i=\frac{x_i}{\overline{x}}$。

有了变差系数的概念后，我们再来看丙、丁两系列的离散程度，用（4-16）式计算求得 $C_{v丙}=0.5$、$C_{v丁}=0.005$，这就说明丙系列的相对离散程度远比丁系列的相对离散程度大。

在水文学中，计算出某样本系列的变差系数后，通常需要分析其在地区上的变化规律，和邻近流域的变差系数进行比较，所以经常使用变差系数来反映样本系列的离散程度。

3. 偏差系数 C_s

偏差系数也称偏态系数，常用 C_s 表示。它是反映系列中各值在均值两侧分布是否对称或不对称（偏态）程度的一个参数。计算公式为：

$$C_S=\frac{\sum_{i=1}^{n}(x_i-\overline{x})^3}{(n-3)\overline{x}^3 C_V{}^3}=\frac{\sum_{i=1}^{n}(k_i-1)^3}{(n-3)C_V{}^3} \tag{4-17}$$

当样本系列中各值在均值两侧分布对称时，$C_s=0$，称为正态分布；若分布不对称时，$C_s\neq0$，称为偏态分布，其中 $C_s>0$，称为正偏态分布。它表示随机变量取值系列中大于均值比小于均值的数值出现机会少，这种系列称为正偏系列；相反，$C_s<0$ 为负偏态分布，表示系列中大于均值比小于均值的数值出现机会多。水文上经常遇到的为正偏系列。

【例 4-2】 某站有 1957—1980 年共计 24 年的年降水量资料如表 4-4 中①、②栏，经审查其代表性较好，试计算该样本资料的统计参数。

表 4-4 某站年降水量统计参数及频率计算表

年份	x_i (mm)	序号 m	x_i (mm)	$k_i=\frac{x_i}{\overline{x}}$	k_i-1 +	k_i-1 −	$(k_i-1)^2$	$(k_i-1)^3$	$p=\frac{m}{n+1}\times100\%$
①	②	③	④	⑤	⑥	⑦	⑧	⑨	⑩
1957	745	1	841	1.47	0.47		0.2209	0.1038	4.0
1958	841	2	784	1.37	0.37		0.1369	0.0507	8.0

（续表）

年份	x_i (mm)	序号 m	x_i (mm)	$k_i=\frac{x_i}{\bar{x}}$	k_i-1 +	k_i-1 −	$(k_i-1)^2$	$(k_i-1)^3$	$p=\frac{m}{n+1}\times100\%$
1959	386	3	745	1.31	0.31		0.0961	0.0298	12.0
1960	565	4	672	1.18	0.18		0.0324	0.0058	16.0
1961	623	5	663	1.16	0.16		0.0256	0.0041	20.0
1962	558	6	629	1.10	0.10		0.0100	0.0010	24.0
1963	585	7	627	1.10	0.10		0.0100	0.0010	28.0
1964	784	8	623	1.09	0.09		0.0081	0.0007	32.0
1965	561	9	585	1.02	0.02		0.0004	0	36.0
1966	488	10	565	0.99		0.01	0.0001	0	40.0
1967	543	11	561	0.98		0.02	0.0004	0	44.0
1968	629	12	558	0.98		0.02	0.0004	0	48.0
1969	410	13	556	0.97		0.03	0.0009	0	52.0
1970	663	14	548	0.96		0.04	0.0016	−0.0001	56.0
1971	556	15	543	0.95		0.05	0.0025	−0.0001	60.0
1972	526	16	530	0.93		0.07	0.0049	−0.0003	64.0
1973	548	17	526	0.92		0.08	0.0064	−0.0005	68.0
1974	627	18	514	0.90		0.10	0.0100	−0.0010	72.0
1975	672	19	512	0.90		0.10	0.0100	−0.0010	76.0
1976	514	20	491	0.86		0.14	0.0196	−0.0027	80.0
1977	346	21	488	0.85		0.15	0.0225	−0.0034	84.0
1978	530	22	410	0.72		0.28	0.0784	−0.0220	88.0
1979	491	23	386	0.68		0.32	0.1024	−0.0328	92.0
1980	512	24	346	0.61		0.39	0.1521	−0.0593	96.0
Σ	13703		13703	24.00	1.80	1.80	0.9526	0.0737	

说明：此表中③、④、⑩栏是为后面的频率计算所列，在此并不影响统计参数的计算。

（1）将样本系列按由大到小的次序排列。即将表中第②栏由大到小排队后列入第④栏。

（2）计算均值$\bar{x}$，k_i, k_i-1，$(k_i-1)^2$及$(k_i-1)^3$，分别填入⑤、⑥、⑦、⑧、⑩栏；并以Σ②栏＝Σ④栏，Σ⑥栏＝Σ⑦栏，$\Sigma_{ki}=24.0$进行验算。

（3）由表4-4中资料代入公式计算统计参数。

由（4-14）式，年降水量均值为：

$$\bar{x}=\frac{1}{n}\sum_{i=1}^{n}x_i=\frac{1}{24}\times13703=571(\text{mm})$$

由（4-16）式，年降水量变差系数为：

$$C_V=\sqrt{\frac{\sum_{i=1}^{n}(k_i-1)^2}{n-1}}=\sqrt{\frac{0.9526}{24-1}}=0.20$$

由（4-17）式，年降水量偏差系数为：

$$C_S=\frac{\sum_{i=1}^{n}(k_i-1)^3}{(n-3)C_V^{\ 3}}=\frac{0.0737}{(24-3)\times 0.20^3}=0.44$$

4.4.2 抽样误差

对于水文现象而言，几乎所有水文变量的总体都是无限的，而目前掌握的资料仅仅是一个容量十分有限的样本，样本的分布不等于总体的分布。因此，由样本的统计参数去估计总体的统计参数，总会存在一定的误差，这种误差是由随机抽样而引起的，故称之为抽样误差。各种参数的抽样误差都是以均方差表示的，为了区别于其他误差称为均方误。

三个统计参数$\bar{x}$、C_V、C_s的均方误分别表示为$\sigma_{\bar{x}}$，σ_{C_V}，σ_{C_s}。

抽样误差的大小随抽取样本的不同而变化。由于水文变量的总体是无法获得的，故而抽样误差也无法直接计算，只能借助于概率论来研究。现以均值为例来研究，假设从某随机变量的总体中任意抽取 k 个容量相同的样本，分别计算出各个样本的均值$\bar{x}_1$，$\bar{x}_2$，$\bar{x}_3$，…，$\bar{x}_k$，这些均值与总体均值$\bar{x}_{总}$的抽样误差为$\triangle\bar{x}_i=\bar{x}_i-\bar{x}_{总}(i=1,2,\cdots k)$。其值有大有小，各种数值出现的机会不同，即每一数值都有一定的概率，也就是说抽样误差是随机变量，也应对应它的分布规律。

抽样误差的概率分布不同，各个统计参数的均方误计算公式就不同。当总体为皮尔逊Ⅲ型分布时，根据统计理论，可以推导出下列样本统计参数的均方误公式：

$$\sigma_{\bar{x}}=\frac{\sigma}{\sqrt{n}} \tag{4-18}$$

$$\sigma_{C_V}=\frac{C_V}{\sqrt{2n}}\sqrt{1+2C_V^2+\frac{3}{4}C_S^2-2C_VC_S} \tag{4-19}$$

$$\sigma_{C_s}=\sqrt{\frac{6}{n}(1+\frac{3}{2}C_S^2+\frac{5}{16}C_S^4)} \tag{4-20}$$

根据数理统计的理论和实践经验，样本统计参数的抽样误差一般随样本的均方差σ、变差系数C_V及偏差系数C_S的增大而增大；随样本容量n的增大而减小。因此一般来讲，样本系列越长，抽样误差将愈小，样本对总体的代表性也就愈好；反之，样本系列愈短，抽样误差愈大，样本对总体的代表性也就越差。所以在水文分析过程中，一般要求样本系列的容量要有足够长度。

另外，需要指出的是，上述误差计算公式只表示许多容量相同的样本误差的平均情况，至于某个实际样本的误差可能小于这些误差，也有可能大于这些误差，不是以上公式所能估算的。样本实际误差的大小要看样本对总体的代表性高低而定。

表 4-5　样本参数的均方误（相对误差%）

参数 C_V \ n	$\bar{x}$				C_V				C_s			
	100	50	25	10	100	50	25	10	100	50	25	10
0.1	1	1	2	3	7	10	14	22	126	178	252	390
0.3	3	4	6	10	7	10	15	23	51	72	102	162
0.5	5	7	10	12	8	11	16	25	41	58	82	130
0.7	7	10	14	22	9	12	17	27	40	56	80	126
1.0	10	14	20	23	10	14	20	32	42	60	85	134

表 4-5 列出了在 $C_s=2C_V$ 的条件下，由（4-18）（4-19）（4-20）式计算的样本参数的均方误（以相对误差表示）。由表中可见，$\bar{x}$ 和 C_V 的误差较小，C_s 的误差特别大。当 $n=100$ 时，C_s 的误差还在 40%～126%之间；当 $n=10$ 时，C_s 的误差则在 126%以上，就说明误差已超出了 C_s 数值本身。通常水文资料都在 100 年以下，可见按（4-17）式算得的 C_s 值，其抽样误差太大而失去了使用价值。

用前面（4-14）、（4-16）和（4-17）式估算参数的方法一般称为矩法。经验表明，矩法估算参数，除了有上述的误差外，还具有一定的系统误差（一般小于总体的统计参数值）。因此，在实际的水文分析计算中，通常不直接使用矩法估计的参数，而是以矩法公式计算的参数作为初始参数值，然后经过适线来确定。这种方法是我国水文界目前广泛使用的一种方法，将在后面详细介绍。

4.5　水文频率计算的适线法

4.5.1　经验频率

频率计算是水文统计中最常用的方法之一。其实质内容就是在资料审查的基础之上，由水文样本资料系列的频率分布（或统计参数）去估计总体的概率分布（或统计参数），并以此对河流未来的水文情势作出较为科学的预估，为水利工程的规划设计、施工和管理运用提供合理的水文数据。

1. 经验频率曲线的概念

所谓经验频率曲线，是根据某水文要素（或随机变量）的实测样本资料系列 $x_i(i=$

1,2,3,⋯n)，将其由大到小排列，计算排队后各值对应的累积频率，在专用的频率格纸上（也称机率格纸）点绘经验点，目估过点群中心绘制的累积频率分布曲线。

2. 经验频率计算

（1）根据频率的定义式计算。

$$p=\frac{m}{n}\times 100\% \tag{4-21}$$

式中，p——随机变量取值大于或等于某值出现的累积频率(%)；

m——系列按大到小排序时，各值对应的序号；

n——样本系列的容量。

但用（4-21）式计算，当 $m=n$ 时，则 $p=100\%$，即表示随机变量值大于或等于样本中最小值的出现是必然事件，或者也可以说是样本的最小值一定是总体的最小值。这显然是不合乎实际情况的，因此用（4-21）式计算经验频率对总体是适合的，但对于样本是不适合的。

（2）根据数学期望公式计算。

$$p=\frac{m}{n+1}\times 100\% \tag{4-22}$$

该公式中符号含义和（4-21）式中完全相同，形式也很简单，而且在数理统计中有一定的理论依据，计算结果比较符合实际情况，这是水文分析计算中最常用的经验频率计算公式。

3. 经验频率曲线的绘制

首先介绍频率格纸，它是水文分析计算中绘制频率曲线的一种专用格纸，其纵坐标为均匀分格（有时也用对数分格），表示随机变量取值；横坐标为不均匀分格，表示累积频率（%）。在这种频率格纸上绘制频率曲线，两端的坡度比在普通方格纸上绘制大大变缓，对曲线的外延是较为有利的。

计算出各数值对应的经验频率后，在频率格纸上点绘经验点（p_i,x_i），目估过点群中心绘制一条光滑的频率曲线，即经验频率曲线。有了经验频率曲线，就可以在线上查出某一频率所对应的随机变量值。

【例 4-3】 资料同例 4-2，选用具有代表性的 1957—1980 年年降水量资料，绘制该样本系列的经验频率曲线。

（1）将系列由大到小排队（见表 4-4 第③、④栏），由公式（4-22）计算排序后各值对应的频率，见表 4-4 第⑩栏；

（2）由④栏和⑩栏相对应的数值，在频率格纸上点绘经验点；

（3）分析点群分布趋势，目估过点群中心绘制经验频率曲线，如图 4-5 中的虚线。

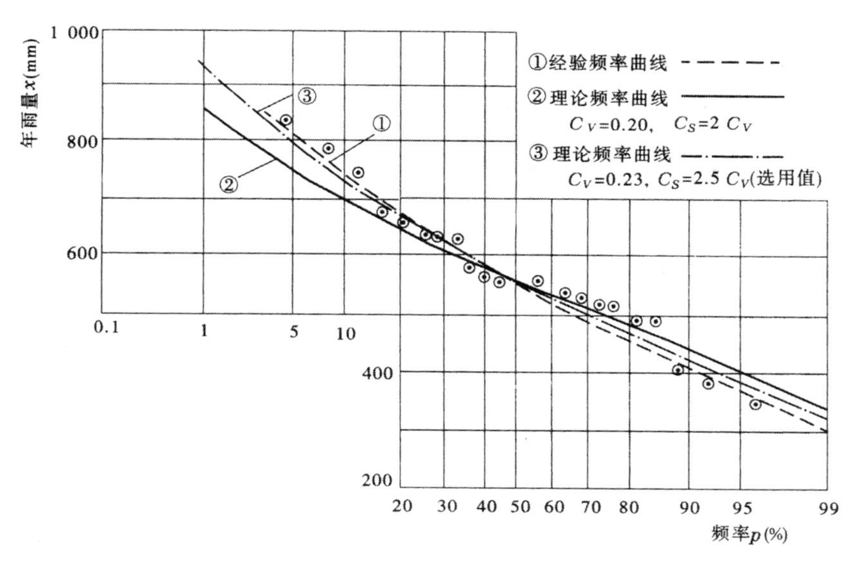

图 4-5　某站年降水量频率曲线

有了经验频率曲线以后，便可以由曲线上查得指定频率的水文变量值。如指定频率 $p=5\%$，则从图上可查得其对应的年降水量 $x_p=813.0$mm。

4. 经验频率曲线在应用中存在的问题

由于经验频率曲线是目估过点群中心绘制的，因此曲线的形状会因人而异，尤其在经验点分布较散时更是如此。这样，由一定的频率 p 在曲线上查得随机变量 x_p 就会有所不同。另外，由于样本系列长度有限，通常 $n<100$ 年，据此绘出的经验频率曲线往往不能满足工程设计的需要。如水利工程设计洪水的频率可小至 1%、0.1%、0.01%等，一般在经验频率曲线上查不出相应的 x_p 值。若将曲线延长，则因无点子控制任意性更大，会直接影响设计成果的正确性。经验频率曲线仅为一条曲线，在分析水文统计规律的地区分布规律时很难进行地区综合。正是由于以上原因，使经验频率曲线在实用上受到一定的限制，为了克服经验频率曲线的上述缺点，使设计成果标准统一，便于综合比较，在实际工作中常常采用数理统计中已知的频率曲线来拟合经验点，这种曲线人们习惯上称为理论频率曲线。

4.5.2　重现期

由于频率是概率论中的一个概念，比较抽象，因此在水文分析计算中又常用“重现期”来代替频率表示随机事件出现的可能性（机会）大小。

所谓重现期，是指某随机事件在长期过程中平均是多少年出现一次，称为“多少年一遇”，用字母 T 表示。例如，p＝5%，即表示平均 100 年可以出现 5 次，或平均是 20 年出现一次，亦即重现期 T＝20 年，称为“二十年一遇”。

频率与重现期的关系，在不同的情况下有不同的表示方法。

在研究暴雨洪水时，一般设计频率 p＜50%，其重现期为：

$$T=\frac{1}{p}\ （年） \tag{4-23}$$

例如，某防洪工程设计依据洪水频率为 p＝5%，则重现期 $T=\frac{1}{p}=\frac{1}{0.05}=20$（年），即该洪水是平均二十年一遇，表示在长期过程中，平均二十年出现一次大于或等于该级别的洪水，此时工程的安全可能得不到保证，需要采取应急措施。

在灌溉、发电、供水工程规划设计时，需要研究枯水问题，一般设计频率 p＞50%，其重现期为：

$$T=\frac{1}{1-p}\ （年） \tag{4-24}$$

例如，某灌区设计依据的枯水频率为 p＝95%，则其重现期 $T=\frac{1}{1-0.95}=20$（年），表示该工程按二十年一遇的枯水作为设计标准。因为对用水部门来说，所关心是多少年一遇的枯水，即小于或等于某一级别的枯水径流量是多少年一遇。此处二十年一遇的枯水，表示二十年中只有一年供水得不到满足，其余十九年用水均可以得到保证，故设计枯水的频率为设计用水的保证率。

必须指出，因为水文现象一般并无固定的周期，所谓“多少年一遇”，是指长期过程中的平均情况。如“百年一遇”，表示大于或等于某一级别的洪水平均是 100 年出现一次，但并不意味着每隔 100 年就必须会遇上一次。此处着重强调的是长期过程中的平均情况，对于某个历史时段（如 1900—1999 年）具体的 100 年来说，等于或大于这个级别的洪水可能出现几次，也有可能一次都未出现。

4.5.3 三个统计参数（$\bar{x}$、C_V、C_s）对 P—Ⅲ型曲线的影响

P—Ⅲ型频率曲线同其他数学上的曲线一样，其图像的位置、形状将随其方程中的参数的不同而变化。下面就分别讨论 3 个统计参数（$\bar{x}$、C_V、C_s）对频率曲线形状和位置的影响。

（1）均值 $\bar{x}$ 对 P—Ⅲ型频率曲线的影响

当 C_V、C_s 一定时，均值 $\bar{x}$ 变化主要影响曲线的高低。均值增大，曲线统一升高；反之，均值减小，曲线统一降低，如图 4-6 所示。

（2）变差系数 C_V 对 P—Ⅲ型频率曲线的影响。

当$\bar{x}$、C_s一定时，变差系数C_V变化主要影响曲线的陡缓程度。C_V值愈大，则曲线愈陡，即左端部分上升，右端部分下降；C_V等于0时，曲线变成一条Kp等于1的水平直线，如图**4-7**所示。

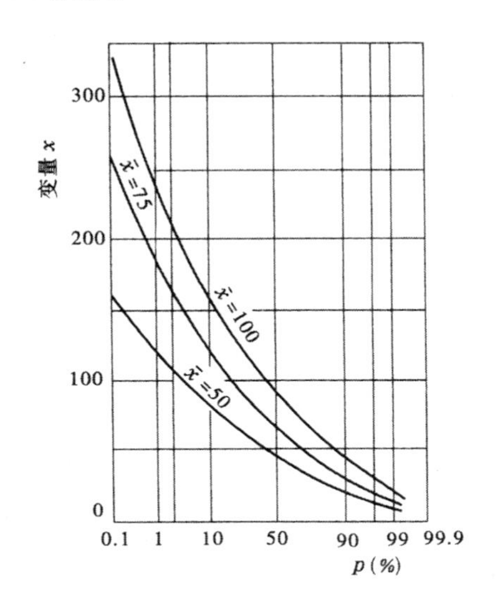

图4-6 $\bar{x}$对P—III型频率曲线的影响

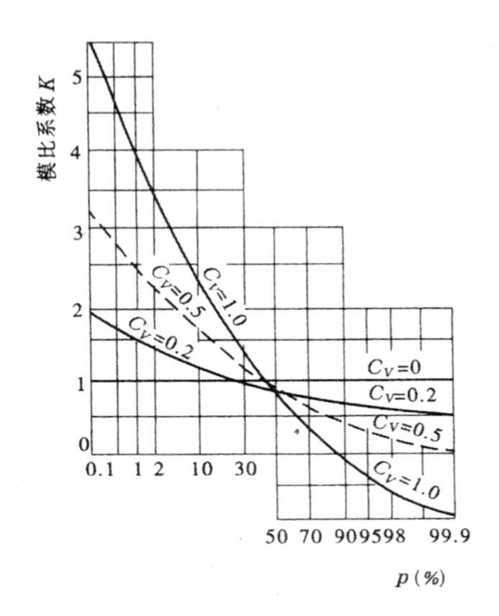

图4-7 C_V对P—III型频率曲线的影响

（3）偏差系数C_s对P—III型频率曲线的影响

当$\bar{x}$、C_V一定时，在C_s大于0情况下，偏差系数C_s变化主要影响曲线的弯曲度。C_s增大时，曲线变弯，即两端上翘中间下凹；当C_s等于0时，曲线变成一条直线，如图**4-8**所示。

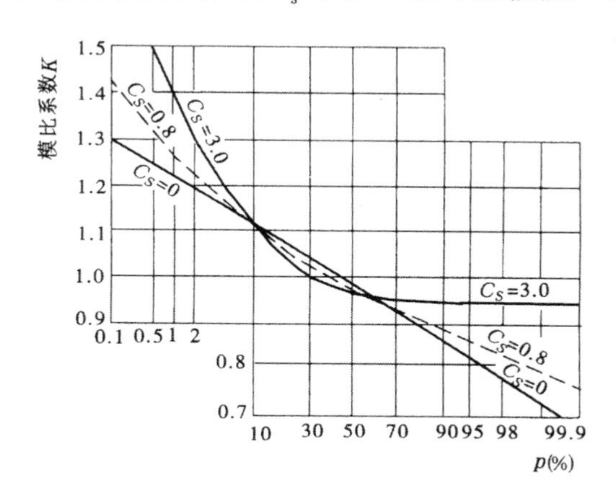

图4-8 C_s对P—III型频率曲线的影响

4.5.4 适线法

根据前面叙述可知，提出理论频率曲线的主要目的是为了解决经验频率曲线的外延和地区综合问题。而我国水文界目前普遍选用的理论频率曲线为 P－Ⅲ型曲线，它是由 3 个统计参数（$\bar{x}$、C_V、C_s）决定的。3 个参数从理论上讲应是相应总体的统计参数，但水文变量的总体是无法知道的，通常只能由样本资料用一定的方法（如矩法公式、三点法等）求出其三个统计参数，而样本统计参数都具有抽样误差，有时还存在系统偏差，使得它和总体的统计参数有一定的差别，从而就决定了样本统计参数相对应的 P－Ⅲ型曲线不能很好地反映总体的分布规律。实际上常常需要调整样本的统计参数，尽可能减少其抽样误差和系统偏差，并用其相应的 P－Ⅲ曲线来拟合样本的经验点，直至两者配合最佳为止，这个过程在水文上便称为适线法。其实质也可以看成是由样本统计参数去估计总体的统计参数。其作法步骤如下。

（1）点绘经验频率点据。与绘制经验频率曲线的步骤相类似，即将审查后的水文样本资料按由大到小顺序排队，按（4-22）式计算各值的经验频率，然后将（p_i,x_i）点绘在频率格纸上。

（2）估算统计参数初值。根据样本资料系列，列表代公式（4-14）和（4-16）计算均值 $\bar{x}$ 和变差系数 C_V；对于偏差系数 C_s，由于其抽样误差一般很大，故通常不用公式计算，而是根据实际经验进行假设。假设出一个数值之后与前面计算的 $\bar{x}$、C_V 一起作为适线的初始参数。

（3）适线。即由统计参数初值 $\bar{x}$、C_V、C_s 查附表 1 或附表 2，按公式（4-11）计算并绘制第一条 P－Ⅲ型曲线，判断与经验点据配合情况如何，若配合良好，则表明该线就是所求频率曲线。若配合不好，则要依据 3 个统计参数对 P－Ⅲ型曲线的影响进行分析，合理地调整参数，再次适线，直至曲线与经验点配合最佳为止。最终适线好的 P－Ⅲ型曲线要能通过点群中心。需要说明的是，根据实际经验，在调整参数适线时，一般调整最多的为偏差系数 C_s，其次是变差系数 C_V，必要时也可以对均值 $\bar{x}$ 值作适当调整。

【例 4-4】 资料同例 4-2，由某站具有代表性的 1957—1980 年的实测年降水量资料系列（见表 4-4）。试用适线法求该站年降水量的理论频率曲线，估计总体的统计参数。

根据给予的资料先计算经验频率和统计参数。在例 4-2、4-3 中已有初步成果，并知均值 $\bar{x}=571$mm，变差系数 $C_V=0.20$。设 $C_s=2C_V=0.4$，作为初试值，进行适线如图 4-7 中的②线，可见与经验点配合不好，主要原因是 C_V 偏小。因此将 C_V 调整到 0.23，再用 $C_V=0.23$，$C_s=2C_V$ 适线，绘线后仍与经验点配合不好；经分析又是 C_s 偏小，故又将 C_s 调至 $2.5C_V$；采用 $C_V=0.23$，$C_s=2.5C_V$，均值不变绘线如图 4-7 中③线，可见与经验点配合良好，即为所求的频率曲线，其对应的 3 个参数 $\bar{x}=571$mm、$C_V=0.23$、$C_s=2.5C_V$ 即是对总体参数的估计值。以上适线计算过程见表 4-6。

表 4-6　某站年降水量频率计算表

参数 \ $p(\%)$		1	2	5	10	20	50	75	90	95
$\bar{x}=571mm$ $C_V=0.20$ $C_S=2C_V$	k_p	1.52	1.45	1.35	1.26	1.16	0.99	0.86	0.75	0.70
	x_p	868	828	771	719	662	565	491	428	400
$\bar{x}=571mm$ $C_V=0.23$ $C_S=2C_V$	k_p	1.61	1.53	1.41	1.30	1.19	0.98	0.84	0.72	0.66
	x_p	919	874	805	742	679	560	480	411	377
$\bar{x}=571mm$ $C_V=0.23$ $C_S=2.5C_V$	k_p	1.64	1.54	1.41	1.31	1.19	0.98	0.84	0.73	0.66
	x_p	936	879	805	748	679	560	480	417	377

必须指出，在上例中，并没有将每条频率曲线都绘制在图上。实际工作中，只需要将最后适好的一条理论频率曲线绘出即可，适线的中间过程不必一一列出。另外在查表计算时，若有 k_p 值可查，就可以直接查出 k_p 值表，否则就先查 Φ_p，再由 $k_p=\Phi_pC_V+1$ 计算 k_p 值。

另外上例中，适线用到的 3 个统计参数的初值是由矩法公式列表计算出来的，工作量相对较大，尤其当系列较长时更是如此。因此实际中还常用另一种估算统计参数初值的方法：三点法。

所谓三点法，是根据实测资料系列计算点绘出经验频率曲线后，在曲线上按照点子的频率范围选取三个点，并查出各点坐标值（p_1,x_{P1}）、（p_2,x_{P2}）（p_3,x_{P3}）分别代入 $x_P=(\Phi_pC_V+1)\bar{x}=\bar{x}+\sigma\Phi_p$ 建立如下联立方程：

$$\left.\begin{aligned} x_{p_1}&=\bar{x}+\sigma\Phi_{p_1}\\ x_{p_2}&=\bar{x}+\sigma\Phi_{p_2}\\ x_{p_3}&=\bar{x}+\sigma\Phi_{p_3}\end{aligned}\right\}\tag{4-25}$$

解以上方程组,得出下列公式：

$$\left.\begin{aligned} S&=\frac{x_{p_1}+x_{p_3}-2x_{p_2}}{x_{p_1}-x_{p_3}}\\ C_s&=\Phi(s)\\ \sigma&=\frac{x_{p_1}-x_{p_3}}{\Phi_{p_1}-\Phi_{p_3}}\\ \bar{x}&=x_{p_2}-\sigma\Phi_{p_2}\end{aligned}\right\}\tag{4-26}$$

式中 S 称偏度系数，是 p 和 C_s 的函数。当 p 一定，S 仅为 C_s 的函数。S 和 C_s 的关系由附表 3 查算，其他符号同前。

三点的取法应结合经验点最前一点和最后一点的频率大小分别选 1-50-99%、3-50-97%、5-50-95%或 10-50-90%等。与 3 个频率相应的变量值 x_{p1}、x_{P2}、x_{p3} 可分别在曲线上查出。

【例 4-5】 仍用例 4-4 资料，用三点法计算统计参数。

根据例 4-4 中图 4-5 的经验频率曲线知其经验频率的范围为 4%～96%，故可取三点的频率为 5-50-95%。从经验频率曲线查出相应的纵坐标值 x_p＝813－549－368mm。

则
$$S=\frac{x_{p_1}+x_{p_3}-2x_{p_2}}{x_{p_1}-x_{p_3}}=\frac{813+368-2\times549}{813-368}=0.1865$$

由 S 查附表 3 得 C_s＝0.68，再用 C_s 查附表 3 得：

$$\Phi50\%=-0.113 \qquad \Phi5\%-\Phi95\%=3.249$$

代入
$$\sigma=\frac{x_{p1}-x_{p3}}{\Phi_{p1}-\Phi_{p3}}=\frac{813-368}{3.249}=137(\text{mm})$$

$$\bar{x}=x_{p2}-\sigma\Phi_{p2}=549-137\times(-0.113)=565(\text{mm})$$

$$C_v=\frac{\sigma}{\bar{x}}=\frac{137}{565}=0.24$$

$$C_s=0.68=2.8C_v$$

可见三点法计算的 3 个数与矩法公式列表计算的 3 个参数比较接近，但还是有一定的差别。无论是矩法还是三点法估算的统计参数，一般在实用中很少单独使用，通常都是与适线法相结合，作为适线法初选参数的一种手段。

在实际工作中，有两种适线方法：一种是人为目估适线法，即通过人为的主观判断，决定适线的优劣。此法简单灵活，并能反映设计人员的经验，但适线结果因人而异，任意性大。另一种方法是计算机适线，它是把理论频率曲线与经验点据的拟合误差最小作为适线准则，优选统计参数。但是这种方法不便于处理样本资料中的特大或特小值，难于区分点子的不同精度，因此使用有关程序时要特别注意。

4.6 相关分析

4.6.1 相关分析法的基本概念

相关分析法是数理统计中的一种基本方法，有时也称回归分析法，两者之间并无很大的差别。只是在某些情况下，有人认为相关分析是侧重于研究随机变量之间的关系密切程度大小的一种方法，而回归分析则主要是用统计方法寻求一个数学公式来描述变量间的关系。两者在工程水文中一般不加区别，而且多用相关分析法的名称。

通常水文变量之间的关系表现出不确定性，假如将两个相关变量相应的点点绘成图，则点群的分布常表现为有规律的带状分布。即点群分布虽然不在一条线上，但也不是杂乱无章无序可循，这种关系在相关分析中称之为相关关系。按其点群分布趋势可分为直线和曲线两种类型，分别称为直线相关和曲线相关，如图4-9所示。

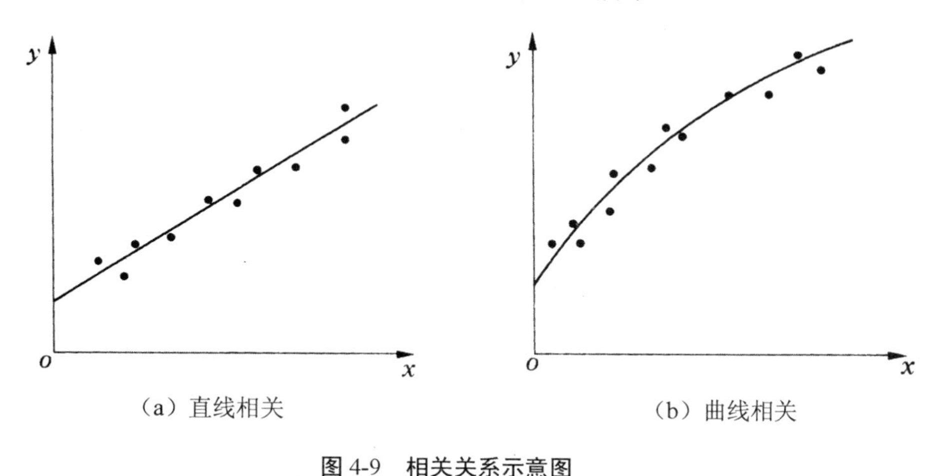

图4-9　相关关系示意图

4.6.2　相关的种类

相关关系一般分为下列两大类：一般将两个变量的相关称简单相关，多个变量的相关称复相关。

在利用相关分析插补延长资料时，遇到最多的是简单直线相关，因此这里主要介绍简单直线相关。

4.6.3　简单直线相关的计算

简单直线相关即两个变量间的直线相关。设两个水文变量 X、Y 的同步（期）观测资料系列有 n 对（x_i、y_i（$i=1, 2,\cdots n$）），以变量 x 为横坐标，变量 y 为纵坐标，将相关点（x_i,y_i）点绘到方格纸上，根据点子的分布情况判断是否属直线相关，如果呈直线相关，则用图解法或计算法求出两个变量的直线关系式。

$$y=a+bx$$

式中 a、b 为待定系数。a 表示直线在纵轴上的截短，b 为直线的斜率，可分别用图解法和计算法求出。

1. 相关图解法

将相关点（x_i,y_i）点绘到方格纸上，如果相关点群分布集中，就可以目估过点群中心定相关直线，并以经过均值点（$\bar{x},\bar{y}$）为控制，使相关点均匀分布在相关直线的两侧，且尽量使两侧点据的纵向离差和$\sum(+\Delta y_i)$与$\sum(-\Delta y_i)$的绝对值都最小，如图 4-10 所示。对于个别突出点应单独分析，查明偏离原因，予以适当考虑。

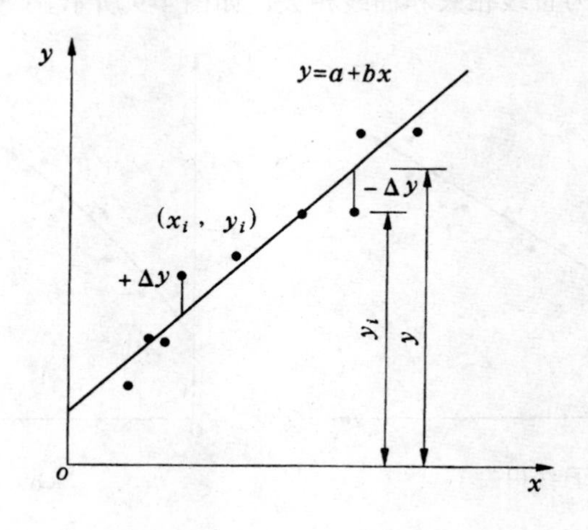

图 4-10　简单直线相关示意图

相关直线定好后，便可在图上图解出相关直线的斜率 b 和直线在纵轴上的截距 a，此时注意截距 a 应是坐标原点为（0, 0）的坐标系中纵轴上的截距。

【例 4-6】　某设计雨量站有 13 年（1970—1982 年）实测年降水量资料。同一气候区、自然地理条件相似区域内有一邻近雨量站(称参证站)，年降水量资料系列较长(1950—1982年)，经分析代表性较好。两站同步观测资料系列 1970—1982 年年降水量资料分别列入表 4-6 中①、②、③栏。试用直线相关图解法建立相关直线及其方程式，并将设计站年降水量资料系列延长。

（1）点绘相关图：将设计站的年降水量用 y 表示，邻近雨量站作为参证站，其年降水量用 x 表示。以 y 为纵坐标，x 为横坐标，定好比例，将表 4-6 中②、③栏同步系列对应的数值点绘在图 4-10 上，共得到 13 个相关点，并由表 4-6 中计算的②、③栏总和进行计算。

$$\bar{x}=\frac{1}{n}\sum_{i=1}^{n}x_i=\frac{1}{13}\times7256=558(\text{mm})$$

（2）绘相关直线：从图上看出，相关点分布基本上呈直线趋势。可过点群中心（即考虑点子分布在直线上下两侧的数目大致相等，并且目估纵向正负离差分布均匀），并以均值点（556, 622）为控制定出一条直线。如图 4-11。

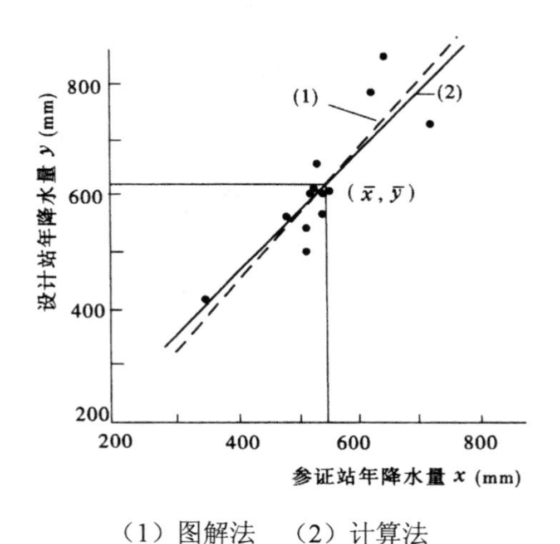

（1）图解法　（2）计算法

图 4-11　某设计站参证站年降水量相关图

$$\bar{y}=\frac{1}{n}\sum_{i=1}^{n}y_i=\frac{1}{13}\times 8\ 085=622(\text{mm})$$

（3）建立直线方程：根据所绘直线，在图上查算出参数 $a=8$，$b=1.10$，则直线方程式为：

$$y=1.10x+8$$

（4）延长设计站年降水量资料系列：将参证站 1950—1969 年的年降水量 x_i 分别代入直线方程则可求出相应的设计站年降水量 y_i，计算结果略。

2. 相关计算法

相关图解法虽然简单明了，但有时用目估定线可能会带来较大的偏差。比如在相关点较少或者分布较散时，目估定线往往有较大的偏差。所以实际应用上也常用相关计算法。它和图解法的主要区别是：根据实测同步资料用数学公式计算求得直线方程中的参数 a 和 b，从而得到相关直线，用以插补、延长资料。

设直线方程的形式为：

$$y=a+bx$$

式中，x——自变量；

y——倚变量；

a、b——待定参数。

由图 4-11 可以看出，在相关点中间定一条平均直线，要使其严格过点群中心，就要力求各坐标点与该直线在纵向离差的平方和最小。即使得下列值取最小值。

$$\sum_{i=1}^{n}(\Delta y_i)^2=\sum_{i=1}^{n}(y_i-\hat{y}_i)^2=\sum_{i-1}^{n}(y_i-a-bx_i)^2$$

为了使上式取得极小值，只需分别对 a 和 b 求一阶偏导数，并使其等于零，即：

$$\frac{\partial\sum_{i=1}^{n}(y_i-y)^2}{\partial a}=0\ ;\quad \frac{\partial\sum_{i=1}^{n}(y_i-y)^2}{\partial b}=0$$

联列求解以上两个方程式，可得：

$$a=\bar{y}-r\frac{\sigma_y}{\sigma_x}\bar{x} \tag{4-27}$$

$$b=r\frac{\sigma_y}{\sigma_x} \tag{4-28}$$

而

$$r=\frac{\sum_{i=1}^{n}(x_i-\bar{x})(y_i-\bar{y})}{\sqrt{\sum_{i=1}^{n}(x_i-\bar{x})^2\sum_{i=1}^{n}(y_i-\bar{y})^2}}=\frac{\sum_{i=1}^{n}(k_{x_i}-1)(k_{y_i}-1)}{\sqrt{\sum_{i=1}^{n}(k_{x_i}-1)^2\sum_{i=1}^{n}(k_{y_i}-1)^2}} \tag{4-29}$$

式中，$\bar{x}$、$\bar{y}$——x、y 系列的平均值，$\bar{x}=\frac{1}{n}\sum_{i=1}^{n}x_i$ ，$\bar{y}=\frac{1}{n}\sum_{i=1}^{n}y_i$ ；

σ_x、σ_y——x、y 系列的均方差，$\sigma_x=\bar{x}\sqrt{\frac{\sum_{i=1}^{n}(k_{x_i}-1)^2}{n-1}}$ ，$\sigma_y=\bar{y}\sqrt{\frac{\sum_{i=1}^{n}(k_{y_i}-1)^2}{n-1}}$ ；

k_x、k_y——x、y 系列的模比系数，$k_x=\frac{x_i}{\bar{x}}$、$k_y=\frac{y_i}{\bar{y}}$ ；

r——相关系数，表示 x、y 间关系密切程度的大小。

相关系数是用来反映两个变量之间关系密切程度的指标。当 $r=0$ 时，表示两个变量间无关系；当 $r=\pm1$ 时，表示两个变量间呈函数关系，当 $0<|\ <1$ 时，两个变量属相关关系，且 $|r|$ 愈大，表明关系愈密切。其中 $r>0$ 为正相关，表示 y 随 x 的增大而增大；$r<0$ 为负相关，表示 y 随 x 的增大而减小。

另外，还必须指出，虽然相关系数 r 是表示直线相关时两变量间关系密切程度的一个数值指标，但它不是从物理成因上推导出来的；而是从直线拟合点据的误差概念（最小二乘法原理）推导出来的。因此 $r=0$（或接近于零）时，只表明两变量间无直线关系存在，但有可能存在曲线关系。此时应根据相关图上点群分布规律目估过点群中心定相关曲线。如天然河道中水位与流量的关系常属此类。

在数理统计中相关直线也称为回归线，直线斜率又称为回归系数。

如将式（4-27）、（4-28）带入直线方程 $y=a+bx$ 得

$$y-\overline{y}=r\frac{\sigma_y}{\sigma_x}(x-\overline{x}) \tag{4-30}$$

此式称为 y 倚 x 的回归方程式，它的图形称为回归线，如图 4-11 中（2）线所示。

$r\frac{\sigma_y}{\sigma_x}$ 是回归线的斜率，一般称为 y 倚 x 的回归系数，并记为 $R_{y/x}$。相反，若以 y 来求 x，则要用 x 倚 y 的回归方程。即：

$$x-\overline{x}=R_{x/y}(y-\overline{y}) \tag{4-31}$$

式中，$R_{x/y}=r\frac{\sigma_x}{\sigma_y}$ 称为 x 倚 y 的回归系数。

3. 相关分析的误差

（1）回归线的误差。由以上推导可知，回归线只是对相关点据拟合最佳的一条线，或者说是过点群中心的线。以 y 倚 x 的回归线来看，对于某一 x_i，本来有许多 y_i 与之对应，而在回归线上所对应的值 $\hat{y}_i$ 只是这许多 y_i 的一个平均数。因此，回归线只反映一种平均关系，由此关系将 x 代入回归方程计算的 $\hat{y}$ 值和实际出现的数值通常是不一样的，即存在着误差。为了衡量这种误差的大小，常用均方误来表示，如用 S_y 表示 y 倚 x 回归线的均方误，y_i 为观测值，$\hat{y}_i$ 为回归线上对应值，n 为观测项数，则：

$$S_y=\sqrt{\frac{\sum_{i=1}^{n}(y_i-\hat{y}_i)^2}{n-2}} \tag{4-32}$$

同样，x 倚 y 回归线的均方误为：

$$S_x=\sqrt{\frac{\sum_{i=1}^{n}(x_i-\hat{x}_i)^2}{n-2}} \tag{4-33}$$

需要指出，回归线的均方误 S_y 与变量的均方差 σ_y，从性质上讲是不同的。前者是由观测点与回归线之间的离差求得，而后者则由观测值与它的均值之间的离差求得。根据统计学上的推理，可以证明两者具有下列关系：

$$S_y=\sigma_y\sqrt{1-r^2} \tag{4-34}$$

$$S_x=\sigma_x\sqrt{1-r^2} \tag{4-35}$$

如前所述，由 y 倚 x 回归方程所算出的 y 值，仅仅是许多 y_i 的一个平均数。根据误差分布理论，这由 x_i 代入回归方程所求的 $\hat{y}_i$ 可能落在平均数两侧一个均方误 S_y 范围内的概率为 68.3%，落在三个均方误范围内的概率为 99.7%。

随着 x 的取值变化，y 的误差区间的上下限，是一簇平行于回归线的直线，如图 4-12

中的虚线。

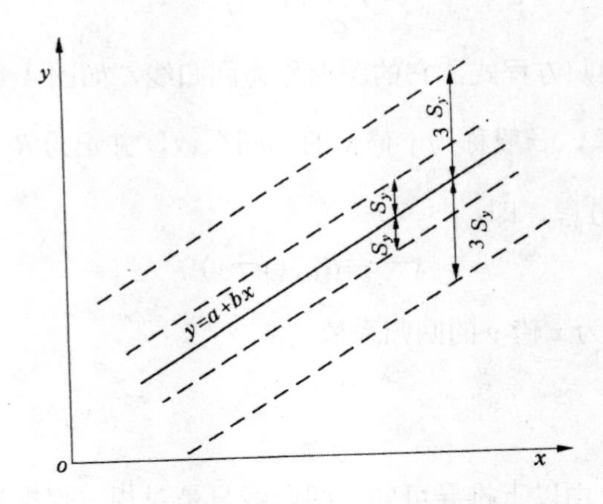

图 4-12 y 倚 x 回归线的误差范围示意图

必须指出，在讨论上述误差时，没有考虑样本的抽样误差。事实上，只要用样本资料来估计回归方程中的参数，抽样误差就必然存在。可以证明，该误差在回归线的中段较小，而在上下段较大，在使用回归线时，应予以重视。

（2）相关系数的误差。在相关分析计算中，相关系数是根据有限的实际样本资料计算出来的，必然会有抽样误差。一般通过相关系数的均方误来判断样本相关系数的可靠性。按统计原理，相关系数的均方误为：

$$\sigma_r=\frac{1-r^2}{\sqrt{n}} \tag{4-36}$$

在相关分析计算中，还应注意以下几点。

① 首先应分析论证相关变量在物理成因上必须有密切的内在联系。

② 同期观测资料不能太少，根据经验一般要求 n 在 10 以上，否则抽样误差太大，影响成果的可靠性。

③ 在水文计算中，一般要求相关系数 $|r|>0.8$，且回归线的均方误 S_y 不大于均值 $\bar{y}$ 的 10%～15%。

④ 在插补延长资料时，如需要用到回归线上无实测点控制的外延部分，应特别慎重。一般不能做过多的外延，最好不要超过实际幅度的 50%。

【例 4-6】 资料同例 4-5（见表 4-7 中②、③栏），用相关计算法求相关直线方程，并将设计站年降水量系列延长。

（1）按表 4-7 顺序，依次计算④、⑤、⑥、⑦、⑧、⑨、⑩栏，并求出总和。

（2）将⑧、⑨栏总和带入均方差公式分别计算。

$$\sigma_x=\bar{x}\sqrt{\frac{\sum_{i=1}^{n}(k_{x_i}-1)^2}{n-1}}=558\times\sqrt{\frac{0.357}{13-1}}=96(\text{mm})$$

$$\sigma_y=\bar{y}\sqrt{\frac{\sum_{i=1}^{n}(k_{y_i}-1)^2}{n-1}}=622\times\sqrt{\frac{0.442}{13-1}}=119(\text{mm})$$

（3）计算相关系数。

$$r=\frac{\sum_{i=1}^{n}(k_{x_i}-1)(k_{y_i}-1)}{\sqrt{\sum_{i=1}^{n}(k_{x_i}-1)^2\sum_{i=1}^{n}(k_{y_i}-1)^2}}=\frac{0.347}{\sqrt{0.357\times0.442}}=0.87$$

计算成果表明，两个变量间的关系比较密切。

（4）计算直线方程中的参数 a、b，建立直线方程：

$$b=r\frac{\sigma_y}{\sigma_x}=0.87\times\frac{119}{96}=1.078$$

$$a=\bar{y}-r\frac{\sigma_y}{\sigma_x}\bar{x}=\bar{y}-b\bar{x}=622-1.078\times558=20$$

所以直线方程为：

$$y=1.078x+20$$

（5）用 $y=1.078x+20$ 将设计站年降水量系列延长，计算过程略。

表 4-7　某地设计站、参证站年降水量相关计算表

年　份	参证站 x (mm)	设计站 y (mm)	k_{xi}	k_{yi}	$k_{xi}-1$	$k_{yi}-1$	$(k_{xi}-1)^2$	$(k_{yi}-1)^2$	$(k_{xi}-1)\times(k_{yi}-1)$
①	②	③	④	⑤	⑥	⑦	⑧	⑨	⑩
1970	633	728	1.19	1.17	0.19	0.17	0.036	0.029	0.032
71	556	596	1.00	0.96	0.00	−0.04	0.000	0.002	0.000
72	526	599	0.94	0.97	−0.06	−0.03	0.004	0.001	0.002
73	548	610	0.98	0.98	−0.02	−0.02	0.000	0.000	0.000
74	627	773	1.12	1.24	0.12	0.24	0.014	0.058	0.029
1975	672	847	1.20	1.36	0.20	0.36	0.040	0.130	0.072
76	514	496	0.92	0.80	−0.28	−0.20	0.006	0.040	0.016
77	346	412	0.62	0.66	−0.38	−0.34	0.144	0.116	0.129
78	530	652	0.95	1.05	−0.05	0.05	0.003	0.003	−0.003
79	491	560	0.88	0.90	−0.12	−0.10	0.014	0.010	0.012
1980	512	535	0.92	0.86	−0.08	−0.14	0.006	0.020	0.011

（续表）

年 份	参证站 x (mm)	设计站 y (mm)	k_{xi}	k_{yi}	$k_{xi}-1$	$k_{yi}-1$	$(k_{xi}-1)^2$	$(k_{yi}-1)^2$	$(k_{xi}-1)\times(k_{yi}-1)$
81	726	717	1.30	1.15	0.30	0.15	0.090	0.023	0.045
82	545	560	0.98	0.90	−0.02	−0.10	0.000	0.010	0.002
总和	7256	8085	13.00	13.00	0.00	0.00	0.357	0.442	0.347
平均	558	622							

对照图解法与计算法求得直线方程，可以看出两者差别很小。但是应该说计算法所定直线肯定是严格通过点群中心，而图解法由于是目估定线，总会有一定的定线误差，未必能真正通过点群中心，因此在点子较少或分布较散时，最好用相关计算法。

4. 曲线选配

在水文计算中常常会碰到两变量不是直线关系，而是某种形式的曲线关系，如水位——流量关系、流域面积—洪峰流量关系等。遇此情况，水文计算上多采用曲线选配方法，将某些简单的曲线形式，通过函数变换，使其成为直线关系。水文上常用的有幂函数和指数函数。

（1）幂函数选配。幂函数的一般形式为：

$$y=ax^n \tag{4-37}$$

式中，a、n——待定常数。

对式（4-37）两边取对数，并令：

$$\lg y=Y, \lg a=A, \lg x=X$$

则有

$$Y=A+nX \tag{4-38}$$

对 X 和 Y 而言就是直线关系。因此，如果将随机变量各点取对数，在方格纸上点绘$(\lg x_1, \lg y_1)$，$(\lg x_2, \lg y_2)$ …各点，或者在双对数格纸上点绘(x_1, y_1)，(x_2, y_2)…各点，这样，就可照上面所讲述的方法，作直线相关分析。

（2）指数函数选配。指数函数的一般形式为：

$$y=ae^{bx} \tag{4-39}$$

式中，a、b——待定系数。

对式（4-39）两边取对数，且知 lge＝0.4343，则有

$$\lg y=\lg a+0.4343bx \tag{4-40}$$

因此，在半对数格纸上以 y 为对数纵坐标，x 为普通横坐标，式（4-40）在图纸上呈直线形式，也可作直线相关分析。

4.7　习题与思考题

1．试分析用数理统计法研究水文现象的基本依据以及该方法的主要特点。

2．在水文分析计算中应用数理统计法的目的是什么？

3．举例说明样本与总体的区别和联系。在水文计算中如何利用两者的联系、处理两者的差异？

4.在频率计算之前为什么要进行样本资料的审查？从哪些方面着手？遇到问题用什么方法去解决？

5.经验频率曲线和理论频率曲线有哪些异同点？我国采用P－III型频率曲线的依据是什么？

6．适线法的实质是什么？如何适线？

第 5 章 年径流和多年平均输沙量的计算

5.1 概 述

5.1.1 年径流及其特征

在一个年度内，通过河流出口断面的水量，叫做该断面以上流域的年径流量。它可用年平均流量（m^3/s）、年径流深（mm）、年径流总量（10^4m^3 或 10^8m^3）或年径流模数（$m^3/(s\cdot km^2)$）表示。

我国水文年鉴中，年径流量是按日历年度统计的，而在水文水利计算中，年径流量通常是按水文年度或水利年度统计的。水文年度以水文现象的循环规律来划分，即从每年汛期开始时起到下一年汛期开始前止；对于北方春汛河流，则以融雪情况来划分水文年。水利年度是以水库蓄泄周期来划分的。水文年和水利年的起止日期划分各地不一，各地均有具体规定。

通过对年径流观测资料的分析，可以看出年径流的变化具有以下特征。

（1）年径流具有大致以年为周期的汛期与枯期交替变化的规律，但各年汛、枯期有长有短，发生时间有迟有早，水量也有大有小，基本上年年不同，从不重复，具有偶然性质。

（2）年径流量在年际间变化很大，有些河流丰水年流量可达到平水年的 2～3 倍，枯水年径流量仅为平水年的 1/5～1/10。而年径流量的最大值与最小值的比值，长江、珠江为 4～5，黄河、海河为 14～16。

（3）年径流量在多年变化中有丰水年组和枯水年组交替出现的现象。例如黄河 1991—1997 年连续 7 年断流；海河出现过 2～3 年甚至 4～5 年的连续干旱；松花江 1960—1966 年出现过连续 7 年丰水年组。

5.1.2 影响年径流的因素

分析研究影响年径流量的因素，对年径流量的分析与计算具有重要的意义。尤其当径流资料短缺或只有短期实测径流资料时，常常需要利用年径流与其有关影响因素之间的相关关系来插补、展延年径流量资料。同时通过进行年径流影响因素的研究，也可对计算成果作分析论证。

以年为时段的流域水量平衡方程式为：

$$y=x-E-\Delta W-\Delta V \tag{5-1}$$

可知，年径流深 Y 取决于年降水量 X、年蒸发量 E、时段始末的流域蓄水量变化 ΔW 和流域之间的交换水量 ΔV 四项因素。前两项属于流域的气候因素，后两项属于下垫面因素以及人类活动情况。当流域完全闭合时，$\Delta V=0$，影响因素只有 X、E 和 ΔW 三项。

（1）气候因素对年径流的影响。气候因素中，年降水量与年蒸发量对年径流的影响程度随地理位置不同而有差异。在湿润地区降水量较多，其中大部分形成了径流，年径流系数较大，年降水量与年径流量之间具有较密切的关系，说明年降水量对年径流量起着决定性作用，而流域蒸发的作用就相对较小。在干旱地区，降水量较少，且极大部分消耗于蒸发，年径流系数很小，年降水量与年径流量的关系不很密切，年降水和年蒸发都对年径流量以及年内分配起着相当大的作用。以冰雪补给为主的河流，其年径流量的大小主要取决于前一年的降雪量和当年的气温。

（2）下垫面因素对年径流的影响。流域的下垫面因素包括地形、植被、土壤、地质、湖泊、沼泽、流域大小等。这些因素主要从两方面影响年径流量，一方面通过流域蓄水量变化值 ΔW 影响年径流的变化；另一方面，通过对气候因素的影响间接地对年径流量发生作用。

地形主要通过对降水、蒸发、气温等气候因素的影响间接地对年径流量发生作用。地形对于降水的影响，主要表现在山地对气流的抬升和阻滞作用，使迎风坡降水量增大，增大的程度主要随水汽含量和抬升速度而定。同时，地形对蒸发也有影响，一般气温随地面高程的增加而降低，因而使蒸发量减少。所以，高程的增加对降水和蒸发的影响，将使年径流量随高程的增加而增大。

湖泊对年径流的影响，一方面表现为湖泊增加了流域内的水面积，由于水面蒸发往往大于陆面蒸发，因而增加了蒸发量，从而使年径流量减少；另一方面，湖泊的存在增加了流域的调蓄作用，巨大的湖泊不仅会调节径流的年内变化，还可以调节径流的年际变化。

流域大小对年径流的影响，主要表现为对流域内蓄水量的调节作用而影响年径流量的变化。一般随着流域面积的增大，流域的地面与地下蓄水能力相应增大。

（3）人类活动对年径流及年内分配的影响。人类活动对年径流的影响，包括直接和间接两方面。直接影响如跨流域引水，将本流域的水量引到另一流域，直接减少本流域的年径流量。间接影响为通过增加流域储水量和流域蒸发量来减少流域的年径流量，如修水库、塘堰、旱地改水田、坡地改梯田、植树造林等，都将使流域蒸发量加大，而减少年径流量。这些人类活动在改变年径流量的同时也改变了径流的年内分配。

5.1.3　设计年径流计算的目的及任务

人类开发利用水资源时，需要对河川径流进行水利规划，在河流上兴建各种水利水电工程等，这些都需要掌握工程地点有多少河水可利用。因来水量不同时，来水与用水的矛盾大小不一，而为解决矛盾所采取的工程措施也不一样。因此，年径流计算的目的是为满足国民经济各部门的需水要求，提供在设计条件下所需的年径流资料，此资料直接影响工程的规模及建筑物的尺寸，故应慎重对待。

一个工程设计时必须要计算水文方面的设计数据，此水文数据是指某一标准下的数据。因年径流变化是复杂、多样的，故年径流可视作随机变量，应采用水文统计的方法去分析和计算。水文计算中的某一标准是用水文统计中的频率表示，并规定作为标准的频率，称为设计频率。例如，以灌溉为主的水利工程，在缺水地区年径流设计频率采用 50%～80%，丰水地区采用 70%～95%；水电站的年径流设计频率多采用 80%～98%；大型及重要的水利工程，要根据不同方案作比较，经综合分析后确定。

设计年径流的计算内容，是在分析年径流变化特点及其影响因素的基础上，用频率分析的方法计算设计频率的年径流及其相应的径流年内分配。计算分析成果可作为设计条件下的来水过程线。

5.2 具有实测径流资料时设计年径流的分析计算

设计年径流指的是相应于设计频率的年径流量。具有长期实测年径流资料时，设计年径流的计算包括：实测年径流资料的审查，设计年径流和设计年径流的年内分配等。

5.2.1 年径流资料的审查

水文资料是水文分折计算的依据，它直接影响着工程设计的精度和工程安全。因此，对于所使用的水文资料必须慎重地从可靠性、一致性、代表性三方面进行审查。解放前的水文资料质量较差，甚至有伪造资料的情况，应予以重点审查。

（1）资料的可靠性。设计年径流计算的依据是流量的整编资料，应对原始资料进行去伪存真的分析；各级测站因资料精度不一，使用时要注意分析审查。

① 水位资料。主要审查基准面和水准点、水尺零点高程的变化情况。

② 流量资料。主要审查水位—流量关系曲线定得是否合理，是否符合测站特性。同时，还可根据水量平衡原理，进行上下游站、干支流站的年月径流对照，检查其可靠性。

（2）资料的一致性。进行设计年径流计算时，需要的年径流系列必须具有同一成因条件的统计系列，即要求统计系列具有一致性。一致性是建立在流域气候条件和下垫面条件的基本稳定性上的。一般认为气候条件的变化极其缓慢，可认为是基本稳定的。但当流域上有农林水土改良措施及设计断面的上游有蓄水，以及引水工程以及发生分洪，河流改道等人类活动时，常引起下垫面条件的迅速变化，从而使径流情势发生渐进性变化，破坏了径流形成的一致性条件。

为此，需要对实测资料进行一致性修正。一般是将人类活动后的系列修正到流域大规模治理以前的同一条件上，消除径流形成条件不一致的影响后，再进行分析计算。

（3）资料系列的代表性。资料系列的代表性是指实测年径流系列，作为一个样本与总体之间离差的情况。离差愈小，两者愈接近，说明该样本代表性高；反之，代表性差。系列代表性分析的目的是：评价实测年径流系列的偏丰、偏枯的程度；分析不同步长系列统计参数的稳定性；了解多年系列丰、枯周期变化情况，作为插补延长参考。

当设计站有 n 年实测年径流系列，为检验其系列的代表性，可选择同一地区具有 N 年长系列的参考变量进行对比分析。计算其长短系列的统计参数分别为 $\bar{Q}_N$ 、C_{V_N} 和 $\bar{Q}_n$ 、C_{V_n} ，如两者统计参数大致相近似，可推断设计站 n 年的年径流系列也具有代表性。如两者统计参数相差较大（一般相差值超过 5%～10%）则认为设计站 n 年径流系列缺乏代表性，这时应尽量插补延长系列，以提高系列的代表性。

资料系列的代表性分析、其实质是分析设计站实测 n 年径流系列作为样本时能否用它来估计总体。代表性愈好，抽样误差就愈小些。

5.2.2　设计的长期年、月径流量系列

通过上面对径流资料的审查和分析，可以获得一份具有可靠性、一致性和代表性的历年逐月径流量资料，然后将它按水利年度重新排列，并以列表形式给出，如表 5-1 所示。它就是水利计算要求提供的设计的长期年、月径流量系列，它是以过去历年实测的年、月径流量来作为未来工程运行期间的来水资料的。

表 5-1　某河某断面历年逐月平均流量表　　单位：m³/s

月份	6	7	8	9	10	11	12	1	2	3	4	5	年平均
1961—1962	149	278	168	176	122	72.0	50.0	43.6	28.0	41.4	56.0	65.0	104
1962—1963	152	229	323	144	191	84.0	35.8	29.4	25.1	25.1	50.0	89.5	115
……	……	……	……	……	……	……	……	……	……	……	……	……	……
1967—1968	150	252	620	504	283	145	77.7	55.6	45.6	42.9	114	117	200
……	……	……	……	……	……	……	……	……	……	……	……	……	……
1972—1973	26	339	189	241	160	105	68.0	48.7	38.3	41.0	119	176	150
……	……	……	……	……	……	……	……	……	……	……	……	……	……
1979—1980	190	248	553	286	204	106	65.4	46.9	33.8	51.8	78.4	163	169
平均值	250	330	208	253	150	103	60.8	50.7	41.7	38.1	109	136	153

5.2.3　设计代表年的年、月径流量计算

设计年径流指的是相应于设计频率的年径流量，设计年径流量在年内各月（或旬）的

分配称设计年内分配，通常是采用按代表年径流过程缩放的办法求得的，因此也称作设计代表年的年、月径流量。

设计代表年的年、月径流量计算内容包括：设计年径流量及设计时段径流量的计算；设计年径流量的年内分配。

1. 设计年径流量及设计时段径流量的计算

（1）确定计算时段。在确定设计代表年的径流时，一般要求年径流量及一些计算时段的径流量达到指定的设计保证率，因此在对年径流量进行频率计算时，常需对其他时段的径流量也进行计算。此时根据工程需要确定计算时段，如以灌溉为主的水库，可取灌溉期为径流计算时段，以发电为主的水电工程以年及枯水期为计算时段，据此计算发电量及保证出力。

（2）频率计算。如计算时段为年，则按水利年度统计年、月径流量，构成新的年径流量系列。如计算时段为枯水期四个月，则统计历年连续最枯的四个月总水量，组成枯水系列，用频率方法，计算出年径流量（时段径流量），此即为设计年径流量（设计时段径流量）。

径流频率计算依据的径流系列应在 20 年以上。径流系列年份应尽可能连续。当调查到历史特枯（丰）水年或实测中有一特（丰）枯水年，经考证确定其重现期后，然后合理修正其在样本中计算的经验频率，再进行绘点配线确定统计参数。

（3）成果的合理性检查。应用数理统计方法推求的成果必须符合水文现象的客观规律，因此，需要对所求频率曲线和统计参数进行下列合理性检查。

① 要求年及其他各时段径流量频率曲线在实用范围内不得相交。即要求同一频率的设计值，长时段的要大于短时段的，否则应修改频率曲线。

② 各时段的径流量统计参数在时间上能协调。即均值随时段的增长而加大，C_V 值一般随时段的增长而有递减的趋势。

③ 要求统计参数与上下游、干支流、邻近河流的同时段统计参数进行对比分析。在地区上应符合一般规律，即流量的均值随流域面积的增大而增大，C_V 值一般随流域面积的增大有减小的趋势。如不符，应结合资料情况和流域特点进行深入分析，找出原因。

④ 可将年径流量统计参数与流域平均年降水量统计参数进行对比。即年径流量的均值应小于流域平均降水量的均值；而一般以降雨补给为主的河流，年径流量的 C_V 值应大于年降水量的 C_V 值。

2. 设计年径流量年内分配的计算

当求得设计年径流量之后，尚需根据径流年内变化特性及水利计算要求确定设计年径流量的年内分配。径流年内分配计算多采用缩放典型年径流过程的方法，具体分同倍比法和同频率法两种。

（1）典型年的选择。典型年应从测验精度较高的实测年份中挑选，一般选取丰、中、枯三个典型年。所选出的典型年的年径流量和调节供水期的径流量应接近于设计年径流量。当满足此条件的典型年不止一个时，应选取其中较为不利的，使工程设计偏于安全的典型年。如灌溉工程，应选取灌溉需水季节径流比较枯的年份；对水电工程，则选取枯水期较长，径流又较枯的年份。

（2）同倍比法。按上述原则选定典型年后，计算设计年径流量 W_P 与典型年的年径流量 W_D 的比值得 K_Y，即：

$$K_Y = W_P / W_D \tag{5-2}$$

以 K_Y 值乘典型年的逐月平均流量，即得设计年径流量过程线。

若计算时段是枯水期，则以设计时段径流量 W_{TP} 与典型年时段径流量 W_{TD} 的比值得 K_T，即：

$$K_T = W_{TP} / W_{TD} \tag{5-3}$$

以 K_T 乘典型年的逐月平均流量，求得设计时段径流的分配。

因年内各月均采用同一倍比，称之为同倍比缩放法。

（3）同频率法。上述同倍比法所求的设计年内分配，只是年或某一时段的径流量符合设计频率的要求。有时需要所求设计年内分配的年及其他各个时段的径流量都能符合设计频率，这就得采用同频率法。

同频率法也可以称多倍比法，即将代表年各月（旬）的径流量分段按不同的倍比缩放。例如若要求设计最小 1 个月、最小 3 个月、最小 5 个月以及全年的径流量（W_{1P}、W_{3P}、W_{5P} 和 W_{12P}）都符合设计频率，则各时段的缩放倍比为：

最小 1 个月的倍比　$$K_1 = \frac{W_{1P}}{W_{1D}} \tag{5-4}$$

最小 3 个月其余两个月的倍比　$$K_{3-1} = \frac{W_{3P} - W_{1P}}{W_{3D} - W_{1D}} \tag{5-5}$$

最小 5 个月其余两个月的倍比　$$K_{5-3} = \frac{W_{5P} - W_{3P}}{W_{5D} - W_{3D}} \tag{5-6}$$

全年其余 7 个月的倍比　$$K_{12-5} = \frac{W_{12P} - W_{5P}}{W_{12D} - W_{5D}} \tag{5-7}$$

用同频率求出的设计年径流的年内分配，其各时段流量都符合设计频率的要求，但由于采用了几个一般来说不会相同的倍比缩放，结果是破坏了年径流的分配形状，因此对同频率法所得的成果要作成因分析，及这种径流年内分配的合理性分析。

【例 5-1】　某河断面有 1961—1980 年共 20 年的逐月径流资料，现拟在该断面处兴修水力发电站，需要求出频率为 90%的设计枯水年流量年内分配，频率为 10%的设计丰水年流量年内分配。

（1）根据径流分配特性和水利计算要求，取 6 月至次年 5 月为水利年。将原有径流资料按水利年度重新统计为 19 年资料见表 5-1。

（2）根据 19 年年平均流量系列，通过频率计算，求得频率为 90%、10%的设计年流量为 $Q_{90\%}=106\ \text{m}^3/\text{s}$，$Q_{10\%}=210\text{m}^3/\text{s}$。

（3）根据 19 年逐月径流系列分别建立最大 1 个月、最大 3 个月、最小 1 个月、最小 3 个月径流量系列，通过频率计算，求得频率为 90%的设计最小 1 个月、最小 3 个月径流量分别为 27 m³/s、97 m³/s，频率为 10%的设计最大 1 个月、最大 3 个月径流量分别为 608 m³/s、1 282 m³/s。

（4）根据选择典型年的原则，分别选出 1961—1962 年和 1967—1968 年的流量过程线为 90%枯水年和 10%丰水年的典型流量过程线。其中典型枯水流量过程线中最小 1 个月、最小 3 个月径流量分别为：

$$W_{1D}=28.0\ (\text{m}^3/\text{s})$$

$$W_{3D}=43.6+28.0+41.4=113\ (\text{m}^3/\text{s})$$

典型丰水流量过程线中最大 1 个月、最大 3 个月径流量分别为：

$$W_{1D}=620\ (\text{m}^3/\text{s})$$

$$W_{3D}=620+504+283=1\ 407\ (\text{m}^3/\text{s})$$

（5）用同倍比法将各个典型年过程线缩放成设计流量过程线。对于 90%枯水年倍比为 106/104＝1.02；10%丰水年倍比为 210/200＝1.05。计算成果见表 5-2。

（6）用同频率法将各个典型年过程线缩放成设计流量过程线。对于 90%枯水年其倍比如下。

最小 1 个月倍比 $$K_1=\frac{W_{1P}}{W_{1D}}=\frac{27}{28}=0.96$$

最小 3 个月其余 2 个月的倍比 $$K_{3-1}=\frac{W_{3P}-W_{1P}}{W_{3D}-W_{1D}}=\frac{97-27}{113-28}=0.82$$

全年其余 9 个月的倍比 $$K_{12-3}=\frac{W_{12P}-W_{3P}}{W_{12D}-W_{3D}}=\frac{106\times12-97}{1249-113}=1.03$$

同理计算 10%丰水年倍比如下。

最大 1 个月倍比 $$K_1=\frac{W_{1P}}{W_{1D}}=\frac{608}{620}=0.98$$

最大 3 个月其余 2 个月的倍比 $$K_{3-1}=\frac{W_{3P}-W_{1P}}{W_{3D}-W_{1D}}=\frac{1282-608}{1407-620}=0.86$$

全年其余 9 个月的倍比 $$K_{12-3}=\frac{W_{12P}-W_{3P}}{W_{12D}-W_{3D}}=\frac{210\times12-1282}{2407-1407}=1.24$$

计算成果见表 5-2。

表 5-2　设计年径流过程计算表

分类	项　目		计算各月及全年平均流量（m³/s）												
			6	7	8	9	10	11	12	1	2	3	4	5	全年
典型年	1961—1962		149	278	168	176	122	72.0	50.0	43.6	28.0	41.4	56.0	65.0	104
90%设计枯水年	同倍比	倍比	1.02	1.02	1.02	1.02	1.02	1.02	1.02	1.02	1.02	1.02	1.02	1.02	
		设计过程线	152	284	171	180	124	73	51	44.5	28.6	42.2	57.1	66.3	106
	同频率	倍比	1.03	1.03	1.03	1.03	1.03	1.03	1.03	0.82	0.96	0.82	1.03	1.03	
		设计过程线	153	286	173	181	128	74.2	51.5	35.8	26.9	33.9	57.7	67.0	106
典型年	1967—1968		150	252	620	504	283	145	77.7	56.6	45.6	42.9	114	117	200
10%设计丰水年	同倍比	倍比	1.05	1.05	1.05	1.05	1.05	1.05	1.05	1.05	1.05	1.05	1.05	1.05	
		设计过程线	158	265	651	529	297	152	81.6	59.4	47.9	45.0	120	123	210
	同频率	倍比	1.24	1.24	0.98	0.86	0.86	1.24	1.24	1.24	1.24	1.24	1.24	1.24	
		设计过程线	186	312	608	433	243	180	96.3	70.2	56.5	53.2	141	145	210

5.2.4　实际代表年的年、月径流量选取

在小型灌溉工程的规划设计中，广泛采用实际代表年法进行水利计算。该法的来水是通过下述方法确定的：对当地历史上发生过的旱灾情况进行调查分析，确定各干旱年的干旱程度；然后根据要求从实测年、月径流资料中选定某一实际的干旱年份作为代表年，该年的径流过程就是实际代表年的年、月径流量。以此作为来水，加上该年的实际用水资料进行调节计算，就可确定工程规模。

5.3　缺乏实测径流资料时设计年径流量的分析计算

5.3.1　设计年径流量的推求

1. 等值线图法

缺乏实测径流资料时，可用多年平均径流深、年径流变差系数 C_V 的等值线图来推求设计年径流流量。

（1）多年平均径流深的估算。有些水文特征值（如年径流深、年降水量、时段降水量等）的等值线图是表示这些水文特征值的地理分布规律的。当影响这些水文特征值的因素是分区性因素（如气候因素）时，则该特征值随地理坐标不同而发生连续均匀的变化，利用这种特性就可以在地图上做出它的等值线图。反之，有些水文特征值（如洪峰流量、特征水位等）的影响因素主要是非分区性因素（如下垫面因素：流域面积、河床下切深度等），则特征值不随地理坐标而连续变化，也就无法作出等值线图。对于同时受分区性和非分区性两种因素影响的特征值，应当消除非分区性因素的影响，才能得出该特征值的地理分布规律。

影响闭合流域多年平均年径流量的因素主要是气候因素——降水与蒸发。由于降水量和蒸发量具有地理分布规律，所以多年平均流量也具有这一规律。绘制等值线图来估算缺乏资料地区的多年平均年径流量时，为了消除流域面积非分区性因素的影响，多年平均年径流量等值线图总是以径流深（mm）或径流模数（$m^3/(s·km^2)$）来表示。

绘制降水量、蒸发量等水文特征值的等值线图时，是把各观测点的观测数值点绘在地图上各对应的观测位置上，然后把相同数值的各点连接成等值线，即得该特征值的等值线图。但在绘制多年平均年径流量（以深度或模数计）等值线图时，由于任一测流断面的径流量是由断面以上流域面上的各点的径流汇集而成的，是流域的平均值，所以应该将数值点注在最接近于流域平均值的位置上。当多年平均年径流量在地区上缓慢变化时，则流域形心处的数值与流域平均值十分接近。但在山区流域，径流量有随高程增加而增加的趋势，则应把多年平均年径流量值点注在流域的平均高程处更为恰当。将一些有实测资料流域的多年平均径流深数值点注在各流域的形心（或平均高程）处，再考虑降水及地形特性勾绘等值线，最后用大、中流域的资料加以校核调整，并和多年平均降水量等值线图对照，消除不合理现象，构成适当比例尺的图形。

用等值线图推求缺乏资料的设计流域的多年平均径流深时，先在图上描出设计流域的分水线，然后定出流域的形心。当流域面积较小，且等值线分布均匀时，通过形心处的等值线数值即可作为设计流域的多年平均径流量。若无等值线通过形心，则以线性内插求得。如流域面积较大，或等值线分布不均匀时，则以各等值线间部分面积为权重的加权法，求出全流域多年平均径流量的加权平均数。

对于中等流域，多年平均年径深等值线图有很大的实用意义，其精度一般也较高。对于小流域，等值线图的误差可能很大。这是由于绘制等值线图时主要依据的是中等流域的资料，小流域的实测径流资料很缺乏。另外，还由于小流域一般属于非闭合流域，不能全部汇集地下径流，因此，使用等值线图可能得到偏大的数值。故实际应用时，要加以修正。

（2）年径流变差系数 C_V 及偏态系数 C_S 的估算。影响年径流量变化的因素主要是气候因素，因此，在一定程度上也可以用等值线图来表示年径流量变差系数 C_V 在地区的变化规律，并用它来估算缺乏资料的流域年径流量的变差系数 C_V 值。年径流量变差系数 C_V 等值线图的绘制和使用方法与多年平均径流深等值线图相似。但 C_V 等值线图的精度一般较低，特别是用于小流域时，误差可能较大（一般偏小）。这是因为绘图时大多数所依据的是中等流域的资料，而中等流域地下水补给一般较小流域为多，因而中等流域年径流量 C_V 值常较小流域为小。

至于年径流偏态系数 C_S 值，可用水文手册上分区给出的 C_S 与 C_V 的比值，或是用 $C_S=2C_V$。

2. 水文比拟法

水文比拟法是将参证流域的某一水文特征量移用到设计流域上来的一种方法。这种移用是以设计流域影响径流的各项因素与参证流域影响径流的各项因素相似为前提。因此使用水文比拟法时，最关键的问题在于选择恰当的参证流域，参证流域应具有长期实测径流资料系列，其主要影响因素应与设计流域接近。

（1）多年平均年径流量的计算。当设计站与参证站处于同一河流上、下游，并且参证流域面积与设计流域面积相差不大，或者两站不在一条河流上，但气候与下垫面条件相似时，可以直接把参证流域的多年平均年径流深 $Y_{参}$ 移用过来，作为设计流域的多年平均年径流深 $Y_{设}$，即：

$$Y_{参}=Y_{设} \tag{5-8}$$

当两个流域面积相差较大，或气候与下垫面条件又有一定差异时，要将参证流域的多年平均流量 $Q_{参}$ 修正后再移用过来，即：

$$Q_{设}=K_R Q_{参} \tag{5-9}$$

式中，K_R——考虑不同因素影响时的修正系数。

如果只考虑面积不同的影响，则：

$$K_R=\frac{F_{设}}{F_{参}} \tag{5-10}$$

式中，$F_{设}$、$F_{参}$——分别为设计流域与参证流域的面积。

如果考虑设计流域与参证流域上的多年平均降雨量的不同，但径流系数接近时，其修正系数为：

$$K_R=\frac{H_{设}}{H_{参}} \tag{5-11}$$

式中，$H_{设}$、$H_{参}$——分别为设计流域及参证流域的多年平均年降雨量，可以从水文手册中查得。

（2）年径流变差系数 C_V 的估算。移用参证流域的年径流量 C_V 值时要求满足下列条件：① 两站所控制的流域特征大致相似；② 两流域属于同一气候区。如果考虑影响径流的因素有差异时，可采用修正系数 K，则设计流域年径流深变差系数 $C_{VY设}$ 为：

$$C_{VY设}=KC_{VY参} \tag{5-12}$$

$$K=\frac{C_{VH设}}{C_{VH参}} \tag{5-13}$$

式中，$C_{VX设}$、$C_{VX参}$——分别为设计流域及参证流域年降雨量的变差系数，可从水文手册中查得；

$C_{VY参}$——参证流域年径流深的变差系数，可从水文手册中查得。

（3）年径流量偏态系数 C_S 的估算。年径流量偏态系数 C_S 的值一般通过 C_S 与 C_V 的比值定出。可以将参证站 C_S 与 C_V 的比值直接移用或作适当的修正。在实际工作中，常采用 $C_S=2C_V$。

5.3.2 设计年径流年内分配的计算

求得上述三个统计参数后，根据指定的设计频率，查 P－Ⅲ型曲线模比系数 K_p 值表确定 K_p，然后按公式 $Q_p=K_pQ$，就可计算出设计年径流量 Q_p。

为配合参数等值线图的应用，各省（区）水文手册、水文图集或水资源分析成果中，都按气候及地理条件划分了水文分区，并给出各分区的丰、平、枯各种年型的典型分配过程，可供无资料流域推求设计年径流年内分配查用。

5.4 枯水径流分析计算

5.4.1 概述

对于一个水文年度，河流的枯水径流是指当地面径流减少，河流的水源主要靠地下水补给的河川径流。一旦当流域地下蓄水耗尽或地下水位降低到不能再补给河道时，河道内会出现断流现象。这就会引起严重的干旱缺水。因此，枯水径流与工农业供水和城市生活供水等关系甚为密切，必须予以足够的重视。

由于枯水问题似乎不像洪水灾害那样严重，人们对它也就不够重视；另一方面枯水的研究困难较大，主要表现在枯水期流量测验资料和整编资料的精确度较低，受流域水文地质条件等下垫面因素影响和人类活动影响十分明显。长期以来人们对枯水径流的研究，不论是深度还是广度都远不如对洪水的研究。但是，随着人口的增长，工农业生产的发展，生活水平的提高和环境的恶化，水资源危机的加剧，干旱缺水情况越来越严重，因此近年来，世界各国已普遍开始重视对枯水径流的研究。

水资源供需矛盾的尖锐，对大量供水工程和环境保护工程的规划设计提出了更高的要求。为使规划设计的成果更加合理，这就必然要求对枯水径流做出科学的分析和计算。在许多情况下，就年径流总量而言，水资源是丰富的，但汛期的洪水径流难于全部利用，工程规模、供水方式等主要受制于供水期或枯水期的河川径流。因此，在工程规划设计时，一般需要着重研究各种时段的最小流量。例如对调节性能较高的水库工程，需要重点研究水库供水期或枯水期的设计径流量；而对于没有调节能力的工程，例如为满足工农业用水需要在天然河道修建的抽水机站，要确定取水口高程及保证流量，选择水泵的装机容量和型号等，都需要确定全年或指定供水期内取水口断面处设计最小瞬时流量或最小时段（旬、连续几日或日）平均流量。

对于枯水径流的分析，通常采用下面几种方式：

（1）年或供水期的最小流量频率计算；

（2）用等值线法或水文比拟法估算；

（3）绘制日平均流量历时曲线。

5.4.2　枯水径流的频率计算

枯水径流可以用枯水流量或枯水水位进行分析。枯水径流的频率计算与年径流相似，但有一些比较特殊的问题必须作必要的说明。

1. 枯水流量频率计算

（1）资料的选取和审查。有 20 年以上连续实测资料时，可对最小流量系列进行频率分析计算，推求出各种设计频率的最小流量。一般因年最小瞬时流量太容易受人为的影响，所以常取全年（或几个月）的最小连续几天平均流量作为分析对象，如年最小 1 日、5 日或 7 日平均流量。枯水流量实测精度一般比较低，且受人类活动影响较大，因此，在分析计算时更应注重对原始资料的可靠性和一致性审查。

（2）$C_S<2C_V$。对枯水流量频率计算时，经配线 C_S 常有可能出现小于 $2C_V$ 的情况，使得在设计频率较大时（如 $p=97\%$，$p=98\%$，…），所推求的设计枯水流量有可能会出现小于零的数值。这是不符合水文现象规律的，目前常用的处理方法是用零来代替。

（3）$C_S<0$。水文特征值的频率曲线在一般情况下都是呈凹下的形状，但枯水流量（或枯水位）的经验分布，有时会出现凸上的趋势如图 5-1，如用矩法公式计算 C_S，则 $C_S<0$，因此必须用负偏频率曲线对经验点据进行配线。而现有的 P—III型曲线离均系数 Φ_p 值或 K_P 值由查表所得均属于正偏情况，故不能直接应用于负偏分布的配线，需作一定的处理。经数学计算可得：

$$\Phi(-C_S, P)=-\Phi(C_S, 1-P) \tag{5-14}$$

就是说，C_S 为负时频率 P 的 Φ 值与 C_S 为正时频率 $(1-P)$ 的 Φ 值，其绝对值相等，符号相反。

必须指出，在枯水径流进行频率计算中，当遇到 $C_S<2C_V$ 或 $C_S<0$ 的情况时，应特别谨慎。此时，必须对样本作进一步的审查，注意曲线下部流量偏小的一些点据，可能是由

于受人为的抽水影响而造成的；并且必须对特枯年的流量（特小值）的重现期作仔细认真的考证，合理地确定其经验频率，然后再进行配线。总之，要避免因特枯年流量人为地偏小，或其经验频率确定得不当，而错误地将频率曲线定为 $C_S<2C_V$ 或 $C_S<0$ 的情况。但如果资料经一再审查或对特小值进行处理后，频率分布确属 $C_S<2C_V$ 或 $C_S<0$ 的情况，即可按上述方法确定。

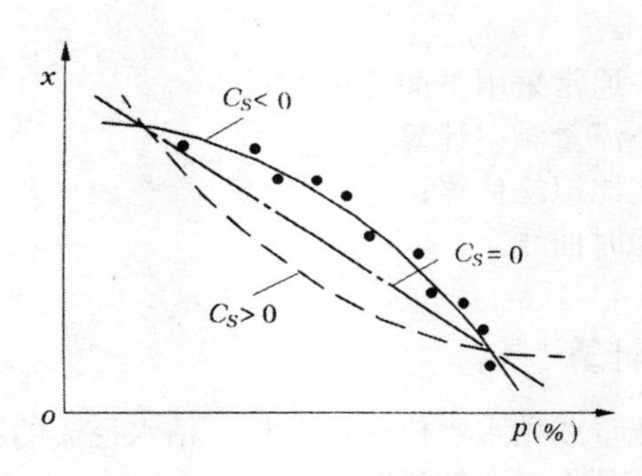

图 5-1　负偏频率曲线

2. 枯水位频率计算

有时生产实际需要推求设计枯水位。当设计断面附近有较长的水位观测资料时，可直接对历年枯水位进行频率计算。但只有河道变化不大，且不受水工建筑物影响的天然河道，水位资料才具有一致性，才可以直接用来进行频率计算并推求设计水位；而在河道变化较大的地方，应先用流量资料推求设计流量，再通过水位流量关系曲线转换成设计水位。

用枯水位进行频率计算时，必须注意以下基准面情况。

（1）同一观测断面的水位资料系列，不同时期所取的基面可能不一致，如原先用测站基准面，后来是用绝对基准面，则必须统一转换到同一个基准面上后再进行统计分析。

（2）水位频率计算中，如果基准面不同，统计参数的均值 $\bar{Z}$ 和 C_V 也就不同，而 C_S 不变。在地势高的地区，往往水位数值很大，即相对来说水位基准面很低，因此均值太大，则 C_V 值变小，相对误差增大，不宜直接作频率计算。在实际工作中常取最低水位（或断流水位）作为统计计算时的基准面，即将实际水位都减去一个常数 a 后再作频率计算。但经配线法频率计算最后确定采用的统计参数，都应还原到实际基准面情况下，然后才能用以推求设计枯水位。若以 Z 表示进行频率计算的水位系列，以 $(Z+a)$ 表示实际的水位系列，则两系列的统计参数可以按下式转换：

$$\bar{Z}_{z+a}=\bar{Z}+a$$

$$C_{V,z+a}=\frac{\bar{Z}}{Z+a}C_{V,Z} \tag{5-15}$$

$$C_{s,z+a}=C_{s,z}$$

（3）有时需要将同一河流上的不同测站统一到同一基准面上，这时可将各个测站原有水位资料各自加上一个常数 a（基准面降低 a 为正，基准面增高 a 为负）。如各站系列的统计参数已经求得，则只需按式（5-18）转换，就能得到统一基面后水位系列$(Z+a)$的统计参数。

5.4.3　缺乏实测径流资料时设计枯水径流的估算

1．设计枯水流量的推求

当工程拟建处断面缺乏实测径流资料时，此时通常采用等值线图法或水文比拟法估算枯水径流量。

（1）等值线图法。由枯水径流量的影响因素分析可知非分区性因素对枯水径流的影响是比较大的，但随着流域面积的增大，分区性因素对枯水径流的影响会逐渐显著，所以就可以绘制出大中流域的枯水径流模数等值线图、C_V 等值线图及 C_S 分区图。由此就可求得设计流域年最小流量的统计参数，从而近似估算出流量。

由于非分区性因素对枯水径流的影响较大，所以枯水径流量等值线图的精度远较年径流等值线图为低。特别是对较小河流，可能有很大的误差。使用时应仔细认真的分析考证。

（2）水文比拟法。在枯水径流的分析中，要正确使用水文比拟法，必须具备水文地质的分区资料，以便选择水文地质条件相近的流域作为参证流域。选定参证流域后，即可将参证流域的枯水径流特征值移用于设计流域。同时，还需通过野外勘查，观测设计站的枯水流量与参证站同时实测的枯水流量进行对比，以便合理确定设计站的设计最小流量。

当参证站与设计站同在一条河的上下游时，可以采用与年径流量一样的面积比方法修正枯水流量。

2．设计枯水位的推求

当设计断面处缺乏历年实测水位系列时，设计断面枯水位常移用上下游参证站的设计枯水位，但必须按一定方法加以修正才可移用。

（1）比降法。当参证站距设计断面较近，且河段顺直、断面形状变化不大、区间水面比降变化不大时，可用下式推算设计断面的设计枯水位：

$$Z_{设}=Z_{参}\pm LI \tag{5-16}$$

式中，$Z_{设}$，$Z_{参}$——设计断面与参证站的设计枯水位，m；

L——设计断面至参证站的距离，m；

I——设计断面至参证站的平均枯水水面比降。

（2）水位相关法。当参证站距离设计断面较远时，可在设计断面设置临时水尺与参证站进行对比观测，最好连续观测一个水文年度以上。然后建立两站水位相关关系，用参证站设计水位推求设计断面的设计水位。

（3）瞬时水位法。当设计断面的水位资料不多，难以与参证站建立相关关系，此时可采用瞬时水位法。即选择枯水期水位稳定时，设计站与参证站若干次同时观测的瞬时水位资料（要求大致接近设计水位，并且涨落变化不超过0.05m），然后计算设计站与参证站各次瞬时水位差，并求出其平均值$\Delta\bar{Z}$。则根据参证断面的设计枯水位$Z_{参}$及瞬时平均差$\Delta\bar{Z}$，按下式便可求得设计断面的设计枯水位$Z_{设}$：

$$Z_{设}=Z_{参}+\Delta\bar{Z} \tag{5-17}$$

5.4.4 日平均流量（或水位）历时曲线

用以上方法，可为无调节水利水电工程的规划设计提供设计枯水流量或设计枯水位，但是不能得到超过或低于设计值可能出现的持续时间。在实际工作中，对于径流式电站、引水工程或水库下游有航运要求时，需要知道流量（或水位）超过或低于某一数值持续的天数有多少。例如，设计引水渠道，需要知道河流中来水量1年内出现大于设计值的流量有多少天，即有多少天取水能得到保证；航行需要知道1年中低于最低通航水位的断航历时等。解决这类问题就需要绘制日平均流量（或水位）历时曲线。

日平均流量历时曲线是反映流量年内分配的一种统计特性曲线，只表示年内大于或小于某一流量出现的持续历时，它不反映各流量出现的具体时间。在规划设计无调蓄能力的水利水电工程时，常要求提供这种形式的来水资料。绘制的方法如下：

（1）将研究年份的全部日平均流量资料划分为若干组，组距不一定要求相等，对于枯水分析小流量处组距可小些，大流量处组距可大些。然后按递减次序排列，统计每组流量出现的天数及累积天数即历时，然后用累积天数除以全年总历时，折算成百分率即相对历时，见表5-3。用各组流量下限值Q_i与相应的P_i点绘关系线，即得日平均流量历时曲线，如图5-2所示。

表5-3 日平均流量历时曲线统计表

流量分组（m³/s）	历时		相对历时
	天数	累积天数	P_i（%）
300（最大值）	2	2	0.55
250～299.9	11	13	3.56
200～249.9	13	26	7.12
150～199.9	15	41	11.2
⋮	⋮	⋮	⋮
10～14.9	3	364	99.7
4～9.9（最小值）	1	365	100

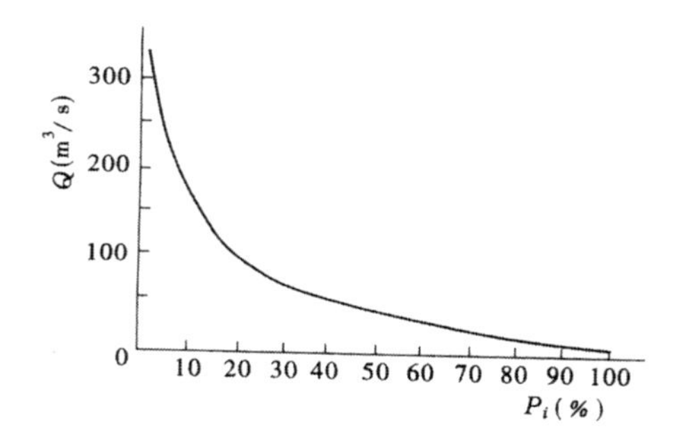

图 5-2　日平均流量历时曲线

（2）有了日平均流量历时曲线，就可很容易地求出超过某一流量的持续天数。例如，某取水工程设计枯水流量为 20m^3/s，在图 5-2 上查得相对历时 P_i＝80%，也就是 1 年中流量大于或等于 20m^3/s 的历时为 365×80%＝292 天，即全年中有 292 天能保证取水，而其余 73 天流量低于设计值，不能保证取水。

日平均流量历时曲线也可以不取年为时段，而取某一时期如枯水期、灌溉期等绘制，此时总历时就为所指定时期的总天数。如有需要，也可直接用水位资料绘制日平均水位历时曲线，方法与上相同。

5.5　河流多年平均输沙量的分析计算

5.5.1　影响河流输沙量的因素

（1）流域自然地理特征的影响。河流中挟带泥沙的多少，主要决定于地面径流对流域表面的冲刷作用及岩石的风化程度，因而流域表面的坡度、地质、土壤结构、植被等情况都是影响河流含沙量的因素。例如，黄河中上游覆盖约 40 000km^2 的黄土，结构疏松，富含碳酸钙，抗蚀力差，垂直节理发育；植被差；如暴雨集中，则容易崩坍和滑坍，层状侵蚀和沟蚀强烈，因而发源及流经该区的河流含沙量很大。

（2）流域降雨特性的影响。降雨强度和降雨量的大小对河流泥沙的影响很大，特别是在久晴不雨的时期，土壤干燥，粘力小，较易冲刷，再加上风化堆积物，使暴雨时所产生的径流可以挟带大量的泥沙。反之，如地面原来比较坚实，或由于经常下雨，地面上土壤经常粘湿，则不易冲刷，南方河流泥沙就有这一原因。降雨强度的大小，还可以反映在洪峰涨落的急缓上，又因降雨强度大，对地面冲刷强烈，故猛涨猛落的洪峰含沙量较大，涨落平缓的含沙量小。

（3）河道外形的影响。河床坡度越陡，水流切割河床的能量也越大。河道下游断面扩大，坡度平缓，流速减小，泥沙逐渐沉积，因而上断面的含沙量一般比下游大。此外河段地形的变化，也常引起河段泥沙的局部冲淤，使含沙量发生变化。

（4）人类活动的影响。由于人类的生产活动过程中，可能使坡面得到治理或改变。采用不合理的耕作方式，砍伐森林或陡坡开荒，开矿修路，河道整治及河流水工建筑物的修建运用，均可引起河流含沙量的增减及冲淤变化。

5.5.2 多年平均年输沙量计算

一般以含沙量（ρ）、输沙率（Q_s）和输沙量（W_s）的多年平均值代表河流泥沙数量的特征。设计断面的多年平均年输沙量，等于多年平均悬移质年输沙量与多年平均推移质年输沙量之和。若设计断面具有长期实测泥沙资料时，可以直接计算其多年平均值，如泥沙资料短缺时，则需设法展延短期资料，或用间接方法估算。以下分别介绍悬移质多年平均输沙量的计算和推移质多年平均输沙量的估算

1. 悬移质多年平均输沙量的计算

（1）具有长期实测泥沙资料情况。当设计断面具有长期（n=12～15 年以上）实测流量及悬移质含沙量资料时，可直接由这些资料算出各年的悬移质年输沙量 W_{si}（kg）并由下式计算多年平均悬移质年输沙量$\bar{W}_s$（kg），即：

$$\bar{W}_s=\frac{1}{n}\sum_{i=1}^{n}W_{si} \tag{5-18}$$

（2）具有短期实测泥沙资料情况。

当设计断面的悬移质输沙量资料不足时，可先根据资料的具体情况采用水、沙相关或输沙量之间相关的方法进行展延资料，然后计算其多年平均值。

若设计断面具有一定的同步年径流资料与悬移质年输沙量系列，足以建立较好的相关关系时，则可利用这种关系由长期年径流量插补延长悬移质年输沙量系列，然后求其多年平均输沙量（$\bar{W}_s$）。当汛期降雨侵蚀作用强烈且河流泥沙集中于汛期，而水沙相关关系又不密切时，则可建立汛期径流量与悬移质年输沙量的相关关系，由长期各年的汛期径流量插补延长悬移质年输沙量系列。

当设计断面的上游（或下游）测站有长系列输沙量资料时，也可利用设计断面与上游（或下游）测站悬移质年输沙量的同步资料绘制相关图，如相关关系较好，即可用以插补延长设计断面的悬移质年输沙量系列。有时也可找邻近相似流域有长期泥沙资料的观测站作为参证站，然后由设计断面（站）与参证站建立输沙量的相关关系，再利用此相关关系展延设计断面的输沙量资料，此法的关键是选择参证站。

当观测年限较短，按年资料很难建立关系时，可尝试建立月径流与月输沙量之间的关系。

如设计断面实测悬移质资料系列很短，例如只有 1～3 年，不足以点绘相关线时，则可粗略地假定悬移质年输沙量与相应年径流量的比值为常数，即可由多年平均年径流量（$\bar{W}$）按下式求出多年平均悬移质年输沙量（$\bar{W}_s$），即：

$$\bar{W}_s = \frac{W_{si}}{W_i}\bar{W} \tag{5-19}$$

式中，W_{si}——某一实测年的悬移质年输沙量，kg；

W_i——相关年份的年径流量，m^3。

当有 2、3 年的 W_{si} 值时，则可求出 2、3 个 $\bar{W}_s$ 值后，再求其平均值，作为采用的多年平均年输沙量。

（3）缺乏泥沙资料情况。当断面缺乏实测悬移质资料时，其多年平均年输沙量只能采用以下方法进行估算。

① 侵蚀模数（或输沙量模数）分区图。为比较不同流域表面侵蚀情况，必须分析流域单位面积的输沙量，该值称为侵蚀模数。多年平均悬移质侵蚀模数 $\bar{M}_s$（t/km^2）可按下式计算：

$$\bar{M}_s = \frac{\bar{W}_s}{F} \tag{5-20}$$

式中，$\bar{W}_s$——多年平均悬移质年输沙量，t；

F——流域面积，km^2。

我国各省（区）的水文手册中，一般都有多年平均悬移质侵蚀模数分区图。由此图查得设计流域所在处的侵蚀模数，乘以设计流域面积，即为设计断面的多年平均悬移质年输沙量。必须指出，下垫面因素对流域产沙影响较大，应考虑设计流域的下垫面情况作适当修正。

② 水文比拟法。该法关键是选一个合适的参证站或参证流域。首先考虑两流域的自然地理特征间的相似性选择参证流域，然后移用其输沙模数（r），乘以设计流域面积（F），即为多年平均悬移质年输沙量（$R_0 = rF$）。有时所选参证站自然条件与设计站难以十分相似，则可按设计流域的具体条件对比拟所得的数值加以适当的修正。

③ 沙量平衡法。设 $\bar{W}_{s,上}$、$\bar{W}_{s,下}$ 为某河干流上、下游站的多年平均年输沙量，$\bar{W}_{a,支}$ $\bar{W}_{s,区}$ 为上、下游两站间较大支流断面和区间的多年平均年输沙量，$\varDelta W_s$ 表示上、下游两站间河床的冲刷量（正值）或淤积量（负值），据平衡原理则可写出该河段沙量平衡方程式：

$$\bar{W}_{s,下} = \bar{W}_{s,上} + \bar{W}_{a,支} + \bar{W}_{s,区} + \varDelta W_s \tag{5-21}$$

当上、下游及支流中的任一测站为缺乏资料的设计站，而其他两站具有较长期的观测资料时，即可用上式求设计站多年平均年输沙量。$\bar{W}_{s,区}$ 和 $\bar{W}_s$ 可由历年资料估计，河床稳定时 $\varDelta W_s$ 很小可忽略，$\bar{W}_{s,区}$ 不大时可由经验公式估计。

④ 经验公式法。当无实测资料，且以上方法都不能应用时，可采用一些经验公式进行

粗估。例如：

$$\bar{W}_s = \frac{a\sqrt{JW}}{100} \tag{5-22}$$

式中，$\bar{W}_s$——多年平均年输沙量，t；

J——河道平均比降，‰；

W——多年平均年径流量，m^2；

a——侵蚀系数，冲刷剧烈区域可取 6～8；冲刷中等区域可取 4～6；冲刷轻微区域可取 1～3；冲刷极轻区域可取 0.5～1.0。

2. 推移质多年平均输沙量的估算

推移质数量在平原河道中一般较小，而在山区河道中则占泥沙数量中的较大比重。若具有多年推移质资料时，其算术平均值即为多年平均推移质年输沙量（$\bar{W}_b$）。如测站有一定的推移质输沙率（Q_b）及流量（Q）资料，能建立“Q—Q_b”的相关关系，则可由长期流量资料，通过此关系求得$\bar{W}_b$。但目前由于实测推移质资料短缺，且资料精度差，使推移质估计具有一定难度，现有估算方法如下。

（1）推移质、悬移质比例关系法。由于推移质输沙量（$\bar{W}_b$）与悬移质输沙量（$\bar{W}_s$）之间有一定的比例关系，并且在一定的地区和水文自然地理条件下，相当稳定。于是可用下式由$\bar{W}_s$推求$\bar{W}_b$，即：

$$\bar{W}_b = \beta \bar{W}_s \tag{5-23}$$

式中，β——推移质输沙量与悬移质输沙量的比值。

β 值可据邻近站或相似河流实测泥沙资料估计，也可参考经验值；平原地区河流 β=0.01～0.05；丘陵地区河流 β=0.05～0.15；山区河流 β=0.15～0.30。

（2）经验公式。武汉水利电力学院等单位，按国内 14 条河流，12 座水库的推移质输沙量观测资料，建立了推移质输沙量与河流水流条件及流域补给条件的经验公式：

$$\bar{W}_b = 0.16\,(QJ)^{0.97} M_s^{1.46} \tag{5-24}$$

式中 $\bar{W}_b$——多年平均推移质年输沙量，10^4；

Q——多年平均流量，m^3/s；

J——原河流平均比降，‰；

M_s——悬移质输沙量模数，t/km^2。

5.6 习题与思考题

1. 试分析年径流的基本特性及其影响因素。

2．分析具有实测资料时设计年径流的计算思路。
3．分析缺乏实测资料时设计年径流的计算方法。
4．比较分析枯水径流与年径流频率计算异同。
5．分析影响河流输沙量的因素。

第 6 章　设计洪水的分析计算

6.1　设计洪水概述

6.1.1　洪水与设计洪水

洪水是指暴雨或急促的融冰化雪和水库垮坝等引起的江河水量迅速增加及水位急剧上涨的一种自然现象。当洪水超过江河的防洪能力时，如不加以防范就会造成洪水灾害，危及到城市工矿企业及人民的生命财产安全。

设计洪水是指符合设计标准的洪水，是堤防和水工等建筑物设计的依据。设计洪水特性可以由 3 个控制性的要素来描述，即设计洪峰流量 Q_m、设计洪水总量 W 和设计洪水过程线。

设计洪峰流量是指设计洪水的最大流量。对于堤防、桥梁、涵洞及调节性能小的水库等，一般可只推求设计洪峰。例如，堤防的设计标准为百年一遇，只要求堤防能防御百年一遇的洪峰流量，至于洪水总量多大，洪水过程线形状如何，均不重要，故也称之为“以峰控制”法。

设计洪水总量是指自洪水起涨至洪水落平时的总径流量，相当于设计洪水过程线与时间坐标轴所包围的面积。设计洪水总量随计算时段的不同而不同。1 天、3 天、7 天等固定时段的连续最大洪量，是指计算时段内水量的最大值，简称最大一日洪量、最大三日洪量、最大七日洪量等。对于大型水库其调节性能高，洪峰流量的作用就不显著，而洪水总量则起着决定防洪库容大小的重要作用。当设计洪水主要由某一历时的洪量决定时，称为“以量控制”。在水利工程的规划设计时，一般应同时考虑洪峰和洪量的影响，要以峰和量同时控制。

设计洪水过程线包含了设计洪水的所有信息，是水库防洪规划设计计算时的重要入库洪水资料。

6.1.2　设计标准

(1) 防洪标准及选定防洪标准的原则。洪水泛滥造成的洪灾是自然灾害中最重要的一种，它给城市、乡村、工矿企业、交通运输、水利水电工程、动力设施、通信设施及文物古籍以及旅游设施等带来巨大的损失。为了保护上述对象不受洪水的侵害，减少洪灾损失，必须采取防洪措施，包括防洪的工程及非工程措施。防洪标准是指担任防洪任务的水工建筑物应具备的防御洪水能力的洪水标准，一般可用防御洪水相应的重现期或出现的频率来表示，如五十年一遇、一百年一遇等。此外，有的部门根据调查实测的某次洪水或适当加成作为防洪标准，但也往往与相应的频率洪水对比。

值得注意的是上面所说的五十年一遇、一百年一遇，绝不能错误地理解为100年或50年以后才发生一次，或者错误认为每50年或100年必定发生一次。实际上百年一遇是指在多年平均的情况下100年发生一次，即100年内可发生一次、两次或多次，甚至于一次也不发生。所以，一定设计标准的水利工程每年都要承担一定的失事风险。为了说明工程的风险率，可作如下简单分析：

若某工程的设计频率为p（%），该工程如果有效工作L年（L称为工作寿命），由概率论知识可知，工程建成后一年其被破坏的可能性为p（%），不遭破坏的可能性则为（$1-p$）；第二年继续不遭破坏的可能性由概率相乘定理应为$(1-p)\times(1-p)=(1-p)^2$。依此类推，在L年内不遭破坏的可能性为$(1-p)^L$。那么，在L年内遭受破坏的可能性，也即该工程应承担的风险率为$R=1-(1-p)^L$。如果一座设计标准为$p=1\%$的工程使用100年和200年时，使用期内出现超标准洪水遭破坏的可能性分别为63.4%和86.6%。

为保证防护对象的防洪安全，需投入资金进行防洪工程建设和维持其正常运行。防洪标准高，工程规模及投资运行费用大，工程风险就小，防洪效益大；相反，防洪标准低，工程规模小，工程投资少，所承担的风险就大，防洪效益小。因此，选定防洪标准的原则在很大的程度上是如何处理好防洪安全和经济的关系，应经过认真的分析论证考虑安全和经济的统一。中华人民共和国建设部根据计委要求，于1994年6月发布了由水利部会同有关部门共同制定的《防洪标准》，作为强制性国家标准。其中有关城市、水库工程水工建筑物、灌溉和治涝、供水工程的防洪标准见表6-1、表6-2、表6-5、表6-6。水利水电枢纽工程根据工程规模、效益和在国民经济中的重要性分为5等，其等别见表6-3。水利水电枢纽工程的水工建筑物根据其所属枢纽工程的等别、作用和重要性分为5级，其级别见表6-4。

表6-1　城市的等级和防洪标准

等级	重要性	非农业人口（万人）	防洪标准[重现期（年）]
Ⅰ	特别重要的城市	＞150	＞200
Ⅱ	重要的城市	150～50	200～100
Ⅲ	中等城市	50～20	100～50
Ⅳ	一般城市	＜20	50～20

表 6-2 水库工程水工建筑物的防洪标准

水工建筑物级别	防洪标准（重现期（年））				
	山区、丘陵区			平原区、滨海区	
	设计	校核		设计	校核
		混凝土坝、浆砌石坝及其他水工建筑物	土坝、堆石坝		
1	1000～500	5000～2000	（PMF）或 10000～5000	300～100	2000～1000
2	500～100	2000～1000	5000～2000	100～50	100～300
3	100～50	1000～500	2000～1000	50～20	300～100
4	50～30	500～200	1000～300	20～10	100～50
5	30～20	200～100	300～200	10	50～20

表 6-3 水利水电枢纽工程等别

工程等别	水库		防洪		治涝	灌溉	供水	水电站
	工程规模	总库容（10^8m^3）	城镇及工矿企业的重要性	保护农田（万亩）	治涝面积（万亩）	灌溉面积（万亩）	城镇及工矿企业的重要性	装机容量（10^4kW）
Ⅰ	大（1）型	＞10	特别重要	≥500	≥200	≥150	特别重要	≥120
Ⅱ	大（2）型	10～1.0	重要	500～100	200～60	150～50	重要	120～30
Ⅲ	中型	1.0～0.1	中等	100～30	60～15	50～5	中等	30～50
Ⅳ	小（1）型	0.1～0.01	一般	30～5	15～3	5～0.5	一般	5～1
Ⅴ	小（2）型	0.01～0.001		≤5	≤3	≤0.5		≤1

表 6-4 水工建筑物的级别

工程等别	永久性水工建筑物级别		临时性水工建筑物级别
	主要建筑物	次要建筑物	
Ⅰ	1	3	4
Ⅱ	2	3	4
Ⅲ	3	4	5
Ⅳ	4	5	5
Ⅴ	5	5	

表 6-5 灌溉和治涝工程主要建筑物的防洪标准

水工建筑物级别	防洪标准（重现期（年））
1	100～50
2	50～30
3	30～20
4	20～10
5	10

表 6-6　供水工程主要建筑物的防洪标准

水工建筑物级别	防洪标准（重现期（年））	
	设　计	校　核
1	100～50	300～200
2	50～30	200～100
3	30～20	100～50
4	20～10	50～30

我国各部门现行的防洪标准，有的规定设计一级标准，有的规定设计和校核两级标准。水利水电工程采用设计和校核两级标准。设计标准是指当发生小于或等于该标准的洪水时，应保证防护对象的安全或防洪设施的正常运行。校核标准是指遇到该标准的洪水时，采取非常运用措施，在保障主要防护对象和主要建筑物安全的前提下，允许次要建筑物局部或不同程度的损坏，允许次要防护对象受到一定的损失。

（2）我国大江大河的防洪标准。建国以后，我国对主要江河的干支流进行了不同程度的规划治理，修建了各类防洪工程，提高了原来的防洪标准。但是，与国家规定的防洪标准尚有一定的差距。目前，长江中下游干流、江汉平原及湖区堤防的防洪标准可防御 20 年一遇洪水，在分蓄洪区配合运用下，当遭遇 1954 年洪水时，可保证大、中城市和重点平原圩区的安全；黄河下游花园口可通过洪峰流量 22 000m^3/s 在金堤河和东平湖分蓄洪区配合运用下可使下游河道安全行洪，上游兰州市和宁蒙河段防洪标准为 50 年一遇；淮河中下游干流可防御 1954 年型洪水，相当于 40 年一遇；辽河干流能防御 20 年一遇洪水，重点城市如沈阳、抚顺、辽阳等城市可防御 100 年一遇洪水。

6.1.3　设计洪水计算的内容和途径

这里所指的设计洪水实际上包括校核洪水在内。设计洪水的计算内容一般包括设计洪峰流量、固定时段的设计洪量和设计洪水过程线 3 项。对于不同的水利水电工程可以选择“以峰控制”和“以量控制”，必要时还需计算出设计洪水过程线。目前，我国设计洪水的计算途径可分为有资料和无资料两种情况。

有资料情况下推求设计洪水的途径如下。

（1）由流量资料推求设计洪水。这种方法与上一章径流资料推求设计年径流及其年内分配的方法大体相似。即先求出加入历时调查洪水资料的指定频率的设计洪峰流量和各种固定时段的设计洪量，然后按典型过程经同倍比或同频率放大的方法求得设计洪水过程线。

（2）由暴雨资料推求设计洪水。此种方法先由暴雨资料经过频率计算求得设计暴雨，再经过产流和汇流计算推求出设计洪水过程。

（3）由水文气象资料推求设计洪水。根据气象资料首先推求可能最大暴雨，再用可能最大暴雨推算出可能最大洪水。

无资料情况下推求设计洪水的途径如下。

（1）地区等值线插值法。对于缺乏资料的地区，根据邻近地区的实测和调查资料，对洪峰流量模数、暴雨特征值、暴雨和径流的统计参数等进行地区综合，绘制相应的等值线图供无资料的小流域设计时使用。

（2）经验公式法。在地区综合分析的基础上，通过试验研究建立洪水与暴雨和流域特征值的经验公式用于估算无资料地区的设计洪水。

本章主要介绍设计洪水的计算方法，第 6.2 节介绍由流量资料推求设计洪水，第 6.3 节介绍由暴雨资料推求设计洪水的方法，第 6.4 节介绍小流域设计洪水的推理公式法等有关知识，第 6.5 节介绍设计洪水的其他知识，限于篇幅，部分内容仅作简单介绍。

6.2 流量资料推求设计洪水

由流量资料推求设计洪水和由流量资料推求设计年径流的基本思路相同，即利用实测流量资料推求规定标准的、用于水库规划和水工建筑物设计的洪水过程线。内容包括：资料的“三性”检查、加入历史洪水资料的频率计算求出符合设计标准的设计洪峰流量和各种时段的设计洪量，然后按典型洪水过程进行放大求得设计洪水过程线和成果的合理性检查。

6.2.1 洪水资料的选样与审查

在洪水频率计算中是把每年河流的洪水过程作为一次随机事件。实际上它包含若干次不同的洪水过程，根据频率计算的选样原则，从多场洪水过程中选出符合要求的洪水特征值。

对于洪峰流量，用年最大值法选样。即每年挑选一个最大的瞬时洪峰流量，若有 n 年资料，则可得到 n 个最大洪峰流量构成的样本系列：Q_{m1}，Q_{m2}，…，Q_{mn}。

对于洪量，采用固定时段年最大值法独立选样。首先根据当地洪水特性和工程设计的要求确定的统计时段（包括设计时段和控制时段），然后在各年的洪水过程中，分别独立地选取不同时段的年最大洪量，组成不同时段的洪量样本系列。所谓独立选样，是指同一年中最大洪峰流量及各时段年最大洪量的选取互不相干，各自都取全年最大值即可。几个特征值有可能在同一场洪水中，也有可能不在同一场洪水中。如图 6-1 所示，最大 1 日洪量 W_1 与最大 3 日洪量 W_3 分别在两场洪水中，而最大 7 日洪量 W_7 又包含最大 3 日洪量 W_3 。如果有 n 年资料即可得到几组不同时段的年最大系列：

$$W_{11}, W_{12}, \cdots, W_{1n}$$
$$W_{31}, W_{32}, \cdots, W_{3n}$$
$$W_{71}, W_{72}, \cdots, W_{7n}$$

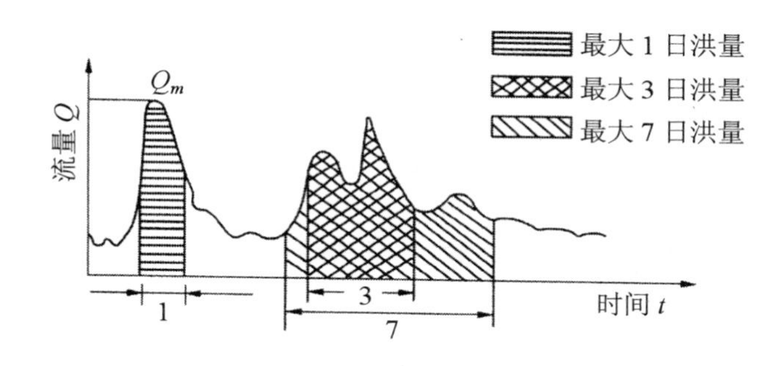

图 6-1　洪量独立选样示意图

年最大瞬时洪峰流量值和各种时段的年最大洪量值，可由水文年鉴上逐日平均流量表或水文要素择录表统计求得，或者直接从水文特征值统计资料上查得。

洪水资料的审查，主要是审查它的可靠性、一致性和代表性，审查的方法和内容见第 3 章第 3.6 节。

如果审查发现洪水资料的代表性不高，可以通过相关分析进行插补展延。例如可以利用上下游站洪水资料进行相关分析延长洪峰及洪量资料，也可以利用本站的峰量关系进行插补延长，或者利用暴雨径流关系来插补延长。加入调查历史特大洪水资料是延长样本系列、提高系列代表性的最主要的方法。

6.2.2　设计洪峰流量和洪量系列的频率计算

洪水资料经审查和插补延长后，用频率计算推求设计洪峰流量和各时段的设计洪量，其方法步骤与设计年径流的频率计算基本相同，只是洪水资料系列由于含有洪水特大值而使其经验频率和统计参数的计算及适线侧重点与设计年径流不同。下面只对洪水资料频率计算的特点作简单介绍。

1. 加入洪水特大值的作用

所谓特大洪水，目前还没有一个非常明确的定量标准，通常是指比实测系列中的一般洪水大得多的稀遇洪水，例如模比系数 $K \geqslant 2 \sim 3$。特大洪水包括调查历史洪水和实测洪水中的特大值。

目前，我国各条河流的实测流量资料多数都不长，经过插补延长后也得不到满意的结果。要根据这样短期的实测资料来推算百年一遇、千年一遇等稀遇洪水，难免存在较大的抽样误差。而且，每当出现一次大洪水后，设计洪水的数据及结果就会产生很大的波动，若以此计算成果作为水工建筑物防洪设计的依据，显然是不可靠的。因此设计洪水规范中明确提出，无论用什么方法推求设计洪水都必须考虑特大洪水的问题。如果能调查和考证到若干次历史洪水加入频率计算，就相当于将原来几十年的实测系列加以延长，这将大大增强资料的代表性，提高设计成果的精度。例如，我国滹沱河黄壁庄水库，在 1956 年规划设计时，仅以 18 年实测洪峰流量系列计算设计洪水。当年就发生了特大洪水，洪峰流量 Q_m=13100m³/s，超过了原千年一遇洪峰流量。加入该年洪水后重新计算，求得千年一遇洪峰流量比原设计值大 1 倍多。紧接着 1963 年又发生了 Q_m=12 000m³/s 的特大洪水，使人们认识到必须更深入地研究历史特大洪水。继续经过调查后，将历史上发生的 4 次特大洪水一并加入系列，再作洪水频率计算，其千年一遇洪峰流量设计值为 276 000m³/s，与 20 年系列分析成果相差 3.6%，设计成果也基本趋于稳定。上述计算成果如表 6-7 所示。

表 6-7 黄壁庄水库不同资料系列设计洪水计算成果表

计算方案	系列项数	历史洪水个数	重现期（年）	Q_m 均值（m³/s）	Cv	Cs/Cv	设计洪峰流量（m³/s）	
							P=0.1%	P=0.01%
Ⅰ	18	0	162	1 640	0．9	3．5	12 660	20 140
Ⅱ	20	1	364	2 230	1．4	3．0	28 600	42 010
Ⅲ	24	4	170	2 700	1．25	2．0	27 600	38 530

2. 加入特大洪水不连序系列的几种情况

由于特大洪水的出现机会总是比较少的，因而其相应的考证期（调查期）N 必然大于实测系列的年数 n，而在 $N-n$ 时期内的各年洪水信息尚不确知。把特大洪水和实测一般洪水加在一起组成的样本系列，在由大到小排队时其序号无法连贯（即不连序），中间有空缺的序位，这种样本系列称为不连序系列。若由大到小排队时序号是连贯不间断的，这种样本系列则称为连序系列。一般地讲，实测年径流系列为连序系列，含洪水特大值的洪水系列为不连序系列。不连序系列有 3 种可能情况，如图 6-2 所示。

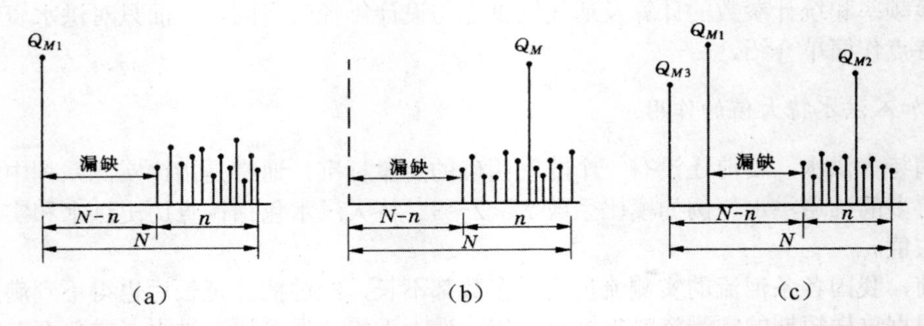

（a）实测期外有特大洪水；（b）实测期内有特大洪水；（c）实测期内、外均有特大洪水

图 6-2 特大洪水组成的不连序洪水系列

图 6-2（a）中为实测系列 n 年以外有调查的历史大洪水 Q_{M1}，其调查期为 N 年。

图 6-2（b）中没有调查的历史大洪水，而实测系列中的 Q_M 远比一般洪水大，经论证其考证期可延长为 N 年，将 Q_M 放在 N 年内排位。

图 6-2（c）中既有调查历史大洪水又有实测的特大值，这种情况比较复杂，关键是要将各特大值的调查考证期考证准确，并弄清排位的次序和范围。

对于不连序系列样本资料，其经验频率及统计参数的计算，与连序系列样本资料有所不同，这就是所谓的特大洪水的处理问题。

3. 洪峰流量经验频率的计算

考虑特大洪水的不连序系列，其经验频率计算常常是将特大值和一般洪水分开，分别计算。目前我国采用的计算方法有以下两种。

（1）独立样本法（分别处理法），即将实测一般洪水样本与特大洪水样本，分别看作是来自同一总体的两个连序随机样本，则各项洪水分别在各自的样本系列内排位计算经验频率。其中特大洪水按下式计算经验频：

$$p_M=\frac{M}{N+1}\times 100\% \tag{6-1}$$

式中，M——特大洪水排位的序号，$M=1,2,\cdots,a$；

N——特大洪水首项的考证期，即为调查最远的年份迄今的年数；

p_M——特大洪水第 M 项的经验频率，%。

同理，n 个一般洪水的经验频率按下式计算：

$$p_m=\frac{m}{n+1}\times 100\% \tag{6-2}$$

式中，m——实测洪水排位的序号，$m=l+1,l+2,\cdots,n$；

n——实测洪水的项数；

p_m——实测洪水第 m 项的经验频率，%。

（2）统一样本法（统一处理法），即将实测系列和特大值系列都看作是从同一总体中任意抽取的一个随机样本，各项洪水均在 N 年内统一排位计算其经验频率。

设调查考证期 N 年中有 a 个特大洪水，其中有 l 项发生在实测系列中，则此 a 个特大洪水的排位序号 $M=1,2,\cdots,a$，其经验频率仍按公式（6-1）计算。而实测系列中剩余的（$n-l$）项的经验频率按下式计算

$$p_M=p_{Ma}+(1-p_{Ma})\frac{m-l}{n-l+1}\times 100\% \tag{6-3}$$

式中，P_{Ma}——是 N 年中末位特大值的经验频率，$p_{Ma}=\frac{a}{N+1}\times 100\%$；

l——是实测系列中抽出作特大值处理的洪水个数；

m——实测系列中各项在 n 年中的排位序号，l 个特大值应该占位；

n——实测系列的年数。

【例 6-1】 某站 1938—1982 年共有 45 年洪水资料，其中 1949 年洪水比一般洪水大得多，应从实测系列中提出作特大值处理。另外通过调查历史洪水资料，得知本站自 1903 年以来的 80 年间有两次特大洪水，分别发生在 1921 年和 1903 年。经分析考证，可以确定 80 年以来没有遗漏比 1903 年更大的洪水，洪水资料见表 6-8，试用两种方法分析计算各次洪水的经验频率，并进行比较。

（1）先用独立样本法计算。根据资料绘制示意图 6-3。

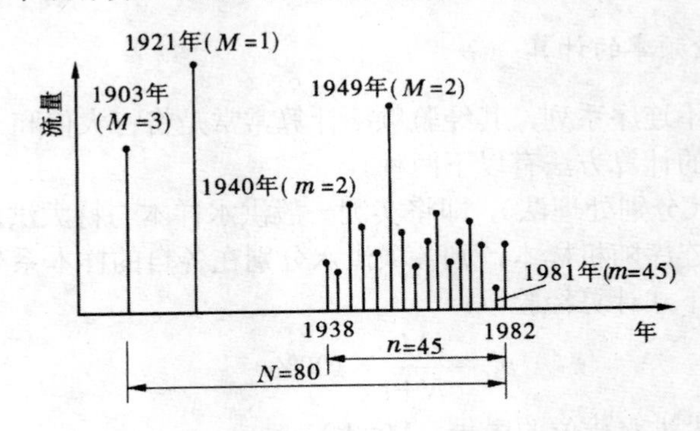

图 6-3 某站洪峰流量系列示意图（a=3）

按公式（6-1）和（6-2）分别计算洪水特大值系列及实测洪水系列的各项经验频率。

1921 年洪水 Q_m＝8 540 m³/s，在特大值系列中（N＝80 年）排第一，则

$$p_{1921}=\frac{1}{80+1}\times 100\% =1.23\%$$

$$p_{1949}=\frac{2}{80+1}\times 100\% =2.47\%$$

$$p_{1903}=\frac{3}{80+1}\times 100\% =3.70\%$$

实测系列中各项的经验频率应在年内排位，即 m＝1，2，…，n。但由于将 1949 年提出作特大值处理，所以排位实际上应从 m＝2 开始，即 1940 年洪水经验频率为：

$$p_{1949}=\frac{2}{45+1}\times 100\%=4.35\%$$

（2）统一样本法计算。

a 个特大值洪水的经验频率仍用公式（6-1）计算，结果与独立样本法相同。（$n-l$）项实测洪水的经验频率按公式（6-3）计算，如 1940 年为：

$$p_{1940}=\left[\frac{3}{80+1}+\left(1-\frac{3}{80+1}\right)\times\frac{2-1}{45-1+1}\right]\times 100\%=5.84\%$$

其余各项实测洪水的经验频率可仿此计算，成果列入表 6-8 中。

表 6-8　某站洪峰流量系列经验频率分析计算表

洪水资料	洪水性质	特大洪水			一般洪水				
	年份	1921	1949	1903	1949	1940	1979	……	1981
	洪峰流量	8 540	7 620	7 150		5 020	4 740		2 580
排位情况	排位时期	1903—1982年（N=80年）			1938—1982年（n=45）				
	序号	1	2	3	—	2	3	……	45
独立取样分别排位（方法1）	计算公式	式（5-1）			式（5-2）				
	经验频率（%）	1.23	2.47	3.70	—	4.35	6.52	……	97.8
统一取样统一排位（方法2）	计算公式	式（6-1）			式（6-3）				
	经验频率（%）	1.23	2.47	3.70	—	5.84	7.98	……	97.8

由表 6-8 中计算结果可以看出，特大洪水的经验频率两种方法计算一致；而实测一般洪水的经验频率两种方法计算结果不同。如 1940 年洪水（$m=2$）独立样本法计算频率为 4.35%，统一样本法计算为 5.84%，可见第二种方法计算的经验频率比第一种方法计算值大。

上述两种方法，目前都在使用。一般来说，独立样本法适用于实测系列代表性较好，而历史洪水排位可能有遗漏的情况；统一样本法适用于在调查考证期 N 年内为首的数项历史洪水确系连序而无错漏的情况。两种方法计算结果比较接近，第一种方法计算比较简单，但存在特大洪水的经验频率与实测洪水的经验频率重叠的现象。

4. 统计参数的计算

对于不连序系列，统计参数初值的估算仍可采用矩法公式进行。但计算公式要做适当修正。

设调查考证期 N 年内共有 a 个特大洪水，其中 l 个发生在实测系列中，$(n-l)$ 项为一般洪水。假定除去特大洪水后的 $(N-a)$ 年系列，其均值和均方差与 $(n-l)$ 年系列的均值和均方差相等，即：

$$\bar{Q}_{N-a}=\bar{Q}_{n-l}$$

$$\sigma_{N-a}=\sigma_{n-l}$$

于是推导出不连序系列的均值和变差系数的计算公式如下：

$$\bar{Q}_m=\frac{1}{N}\left(\sum_{j=1}^{a}Q_j+\frac{N-a}{n-l}\sum_{i=l+1}^{n}Q_i\right) \tag{6-4}$$

$$C_V=\frac{1}{\bar{Q}_m}\sqrt{\frac{1}{N-1}\left(\sum_{j=1}^{a}(Q_j-\bar{Q}_m)^2+\frac{N-a}{n-l}\sum_{i=l+1}^{n}(Q_i-\bar{Q}_m)^2\right)} \tag{6-5}$$

式中，$\bar{Q}_m$、C_V——加入特大值后系列的均值和变差系数；

Q_j——特大洪水洪峰流量，$j=1,2,\cdots,a$；

Q_i——一般洪水洪峰流量，$i=l+1,l+2,l+3,\cdots,n$；

N——调查洪水的考证期；

a——特大洪水个数；

n——一般洪水个数；

l——实测系列中特大洪水的项数。

偏差系数 C_S 抽样误差较大，一般不直接计算，而是参考相似流域分析成果，选用一定的 C_S/C_V 值作为初始值。

5. 洪水频率计算的适线原则

洪峰洪量频率计算时，无论采用何种方法估算统计参数，最终仍以理论频率曲线与经验点群配合最佳来确定统计参数。适线时正确地掌握“最佳”的配合，需要遵循适线的原则。

（1）适线时尽量照顾点群趋势，使曲线上、下两侧点子数目大致相等，并交错均匀分布。

（2）考虑到 P—Ⅲ型曲线的应用仍有一定的假定性，在适线过程中应着重配合曲线中上部，对下部点的配合可适当放宽要求。

（3）应注意各次历史洪水点据的精度以便区别对待，使曲线尽量靠近精度较高的点据。

（4）要考虑不同历时洪水特征值参数的变化规律，以及同一历时的参数在地区上变化规律的合理性。

不连序系列的频率计算方法同时也包括各固定时段的洪量系列的频率计算，根据以上原则分别对洪峰流量和各时段洪量的样本系列进行配线后，选定配合最佳的理论频率曲线及其参数，从而在该曲线上查得设计洪峰流量和各时段的设计洪量。

【例 6-2】 某流域拟建中型水库一座。经分析确定水库枢纽本身永久水工建筑物正常运用洪水标准（设计标准）$p=1\%$，非常运用洪水标准（校核标准）$p=0.1\%$。该工程坝址位置有 25 年实测洪水资料（1958—1982 年），经选样审查后洪峰流量资料列入表 6-9 第②栏，为了提高资料代表性，曾多次进行洪水调查，得知 1900 年发生特大洪水，洪峰流量为 3 750m^3/s，考证期为 80 年，试推求 $p=1\%$、$p=0.1\%$的设计洪峰流量。

（1）根据已知资料分析，1975 年洪水与 1900 年洪水属于同一量级，仅次于 1900 年居第二位，且与实测洪水资料相比洪峰流量值明显偏大。因而，可从实测系列中抽出作特大值处理，所以 $l=1$，$a=2$，$N=80$，$n=25$。

（2）经验频率按独立样本法列表计算，见表 6-9。

（3）用矩法公式计算统计参数初始值。

$$\bar{Q}_m=\frac{1}{N}\left(\sum_{j=1}^{a}Q_j+\frac{N-a}{n-l}\sum_{i=l+1}^{n}Q_i\right)=\frac{1}{80}\left(7\ 050+\frac{80-2}{25-1}\times 26\ 590\right)=1\ 168(\mathrm{m}^3/s)$$

$$C_V=\frac{1}{\bar{Q}_m}\sqrt{\frac{1}{N-1}\left(\sum_{j=1}^{a}(Q_j-\bar{Q}_m)^2+\frac{N-a}{n-l}\sum_{i=l+1}^{n}(Q_i-\bar{Q}_m)^2\right)}$$

$$=\frac{1}{1\ 168}\sqrt{\frac{1}{80-1}\left(\sum_{j=1}^{2}(Q_j-1\ 168)^2+\frac{80-2}{25-1}\sum_{i=2}^{25}(Q_i-1\ 168)^2\right)}=0.58(\mathrm{m}^3/s)$$

选取 $C_S=3.0C_V$。

表 6-9　经验频率曲线计算成果表

年份	洪峰流量 Q_m（m³/s）	序号 M、m	Q_m由大到小排队（m³/s）	经验频率 p（%）	年份	洪峰流量 Q_m（m³/s）	序号 M、m	Q_m由大到小排队（m³/s）	经验频率 p（%）
①	②	③	④	⑤	①	②	③	④	⑤
1900	3750	一	3750	1.23	1971	2300	14	875	53.8
1958	639	二	3300	2.46	1972	720	15	850	57.7
1959	1475	2	2510	7.70	1973	850	16	815	61.5
1960	984	3	2300	11.5	1974	1380	17	780	65.4
1961	1100	4	2050	15.4	1975	3300	18	720	69.2
1962	661	5	1800	19.2	1976	406	19	705	73.1
1963	1560	6	1560	23.1	1977	926	20	661	76.9
1964	815	7	1475	26.9	1978	1800	21	639	80.8
1965	2510	8	1450	30.8	1979	780	22	615	84.6
1966	705	9	1380	34.6	1980	615	23	510	88.5
1967	1000	10	1100	38.5	1981	2050	24	479	92.3
1968	479	11	1000	42.3	1982	875	25	406	96.2
1969	1450	12	984	46.2	合计	33640		7050	
1970	510	13	926	50.0				26590	

（4）理论频率曲线推求时先以样本统计参数 $Q_m=1168\mathrm{m}^3/\mathrm{s}$，$C_V=0.58$，$C_S=3.0C_V$ 作为初始值查表并绘制 P—Ⅲ型曲线，具体做法可参见第 4 章第 4.5 节和本节前述的适线原则。图 6-4 曲线Ⅰ为初试结果，可以看出，曲线上半部系统偏低，应重新调整统计参数，调整结果见表 6-10，$C_V=0.65$，$C_S=3.5C_V$ 时所得理论频率曲线与中高水点据配合较好，见图 6-4 中曲线Ⅱ。此线即为所求的频率曲线，相应的统计参数为 $Q_m=1168\mathrm{m}^3/\mathrm{s}$，$C_V=0.58$，$C_S=3.0C_V$，据此可从图 6-4 曲线Ⅱ上查出洪峰流量的设计值为 $p=1\%$时，$Q_{mp}=4\ 080\mathrm{m}^3/\mathrm{s}$；$p=0.1\%$时，$Q_{mp}=5\ 933\mathrm{m}^3/\mathrm{s}$。

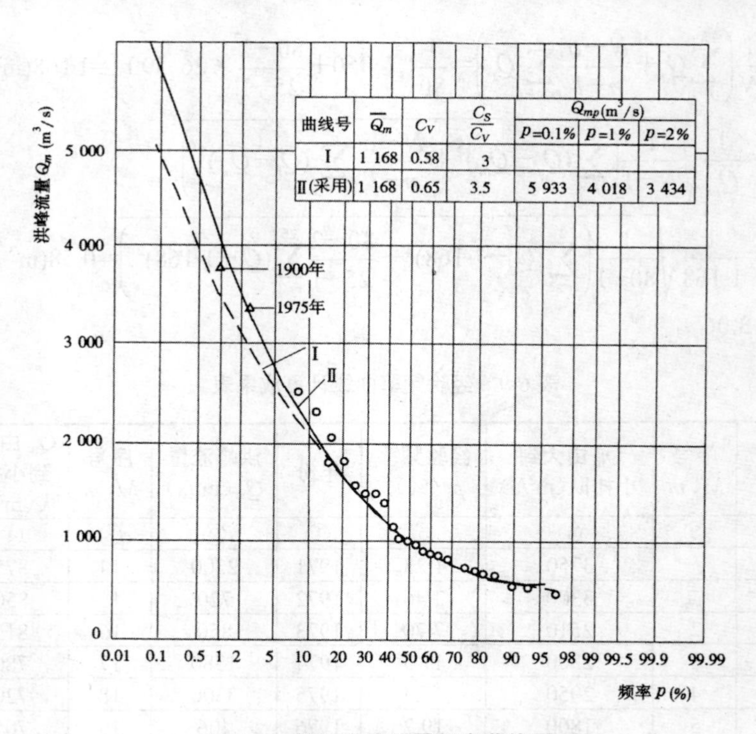

图 6-4 某站洪峰流量频率曲线图

表 6-10 理论频率曲线适线计算成果表

频率 p（%）		0.1	0.5	1	2	5	10	20	50	75	90	95
第一次适线 $\overline{Q}_m$=1 168(m³/s)	K_p	4.32	3.38	3.01	2.64	2.14	1.77	1.38	0.84	0.58	0.45	0.40
C_V=0.58 C_S=3.0C_V	Q_p	4 940	3 948	3 516	3 084	2 500	2 067	1 612	981	677	526	467
第二次适线 $\overline{Q}_m$=1168m³/s	K_p	5.08	3.92	3.44	2.94	2.30	1.83	1.36	0.78	0.55	0.46	0.44
C_V=0.65 C_S=3.5C_V	Q_p	5 933	4 578	4 018	3 434	2 686	2 137	1 588	911	642	537	514

6. 设计成果的合理性分析和安全保证值

（1）成果的合理性分析。主要是对洪峰流量及洪量设计成果包括各项统计参数进行合理性检查。检查时，一方面根据邻近地区河流的一般规律，检查设计成果有无偏大偏小的情况，从而发现问题并及时修正；另一方面，也要注意设计站与邻近站的差别，不要机械地强求一致。

在自然地理条件比较一致的地区，一般来说，随着河流流域面积的增大，年最大洪峰流量和洪量的多年均值及一定频率的设计值都将有所增大，而 C_V 值减小。设计站不同时段的洪量之间也可以检查，时段不同的频率曲线在实用范围内不应相交。洪量随时段长度的增加而增大，而 C_V、C_S/C_V 值则逐渐减小。计算的统计参数可与流域周围站的统计参数对照比较，看是否符合地区规律以及从统计参数随时间变化过程上分析；还可以由设计暴雨量和暴雨径流关系来检查比较。值得注意得是，有时也会出现反常现象，这就要求对具体问题做具体分析。

（2）设计洪水的安全保证值。由样本资料推求水文随机变量的总体分布，进而得到设计值，必然存在抽样误差。对于大型水利水电或重点工程，如果经过综合分析发现设计值确有可能偏小时，为了安全起见，可在校核洪水设计值上增加不超过20%的安全保证值。这只是一个规定性的技术措施，并没有多少理论依据，因此，目前还有不同的看法和意见。

6.2.3　设计洪水流量过程线

推求设计洪水过程线就是寻求设计情况下可能出现的洪水过程，并用它进行防洪调节计算，以确定水库的防洪规模和溢洪道的形式、尺寸。其方法是采用典型洪水放大法，即从实测洪水中选出和设计要求相近的洪水过程线作为典型，然后按设计的峰和量将典型洪水过程线放大。此法的关键是如何恰当地选择典型洪水和如何进行放大。

1. 典型洪水过程线的选择

典型洪水的选取可考虑以下几个方面。

（1）从资料完整，精度较高，接近设计值的实测大洪水过程线中选择。

（2）要选择具有代表性的对防洪偏于不利的洪水过程线作为典型，即在发生季节、地区组成、峰型、主峰位置、洪水历时及峰、量关系等方面能够代表设计流域大洪水的特性。所谓对防洪不利的典型，一般说来，调洪库容较小时，尖瘦型洪水对防洪不利；调洪库容较大时，矮胖型洪水对防洪不利。对多峰洪水来说，一般峰型集中、主峰靠后的洪水过程线对调洪更为不利。

（3）如水库下游有防洪要求，应考虑与下游洪水遭遇的不利典型。

2. 典型洪水过程线的放大

（1）同倍比放大法。该法是按同一放大系数 K 放大典型洪水过程线的纵坐标，使放大后的洪峰流量等于设计洪峰 $Q_{m,p}$，或使放大后的洪量等于设计洪量 W_p。如果使放大后的洪水过程线的洪峰等于设计洪峰 $Q_{m,p}$，称为峰比放大，放大系数为：

$$W_Q=\frac{Q_{m,p}}{Q_{m,d}} \tag{6-6}$$

如果使放大后的洪水过程线洪量等于设计洪量，称为量比放大，放大系数为：

$$K_W=\frac{W_p}{W_d} \tag{6-7}$$

式中，$Q_{m,d}$、W_d——分别为典型洪水的洪峰流量和典型洪水的洪量。

同倍比放大，方法简单，计算工作量小，但在一般情况下，K_Q和K_W不会完全相等，所以按峰放大后的洪量不一定等于设计洪量，按量放大后的洪峰不一定等于设计洪峰。

（2）同频率放大法。在放大典型过程线时，若按洪峰和不同历时的洪量分别采用不同的倍比，使放大后的过程线的洪峰及各种历时的洪量分别等于设计洪峰和设计洪量。也就是说，放大后的过程线，其洪峰流量和各种历时的洪水总量都符合同一设计频率，称为“峰、量同频率放大”，简称“同频率放大”。此法能适应多种防洪工程，目前大、中型水库规划设计，主要采用此法。

如图 6-5 取洪量的历时为 1d、3d、7d，计算典型洪水洪峰$Q_{m,d}$及各历时洪量$W_{1,d}$、$W_{2,d}$、$W_{3,d}$。计算典型洪水的峰和量时采用“长包短”，即把短历时洪量包在长历时洪量之中，以保证放大后的设计洪水过程线峰高量大，峰型集中，便于计算和放大。洪量的选样不要求长包短，是为了所取得的样本是真正的年最大值，符合独立随机选样要求，两者都是从安全角度出发的。

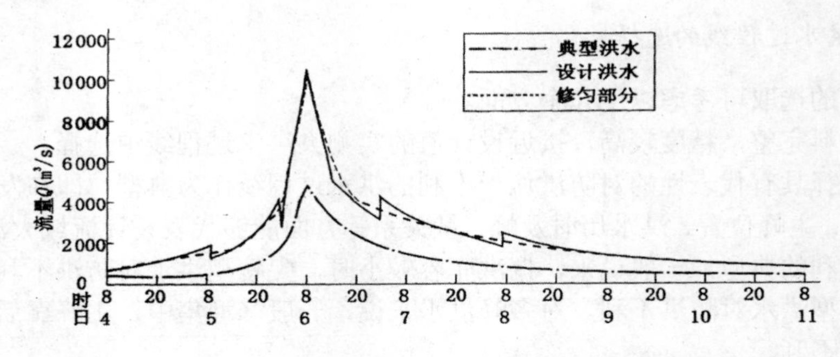

图 6-5 某水库 $P=0.1\%$设计洪水与典型洪水过程线

典型洪水各段的放大倍比可计算如下。

洪峰的放大倍比：

$$W_Q=\frac{Q_{m,p}}{Q_{m,d}} \tag{6-8}$$

1 天洪量的放大倍比：

$$K_1 = \frac{W_{1,p}}{W_{1,d}} \tag{6-9}$$

由于3天之中包括了1天，即$W_{3,p}$中包括了$W_{1,p}$，$W_{3,d}$中包括了$W_{1,d}$。而典型1天的过程线已经按K_1放大了。因此，就只需要放大1天以外，2天以内的其余2天的，所以这一部分的放大倍比为：

$$K_{1\sim3} = \frac{W_{3,p} - W_{1,p}}{W_{3,d} - W_{1,d}} \tag{6-10}$$

同理，在放大典型过程线3天到7天部分时，放大倍比为：

$$K_{7\sim3} = \frac{W_{7,p} - W_{3,p}}{W_{7,d} - W_{3,d}} \tag{6-11}$$

在典型放大过程中，由于两种控制时段衔接的地方放大倍比不一致，因而放大后的交界处往往产生不连续的突变现象，使过程线呈锯齿形，如图6-5所示。此时可以徒手修匀，使成为光滑曲线，但要保持设计洪峰和各历时设计洪量不变。同频率放大法推求的设计洪水过程线较少受到所选典型的影响，比较符合设计标准。其缺点是可能与原来的典型相差较远，甚至形状有时也不能符合自然界中河流洪水形成的规律。为改善这种情况，尽量减少放大的层次，例如除洪峰和最长历时的洪量外，只取一种对调洪计算起直接控制作用的历时，称为控制历时，并依次按洪峰、控制历时和最长历时的洪量进行放大，以得到设计洪水过程线。

【例 6-3】　某水库千年一遇设计洪峰和各历时设计洪量计算成果如表6-11所列，用同频率法推求设计洪水过程线。

经分析选定1991年8月的一次洪水为典型洪水，计算典型洪水的洪峰流量和各历时洪量。计算洪峰及各历时洪量的放大倍比，结果列于表6-11。以此进行逐时段放大并修匀，最后所得设计洪水过程线见表6-12及图6-5。

表6-11　设计洪水和典型洪水特征值统计成果表

项　目	洪峰（m^3/s）	洪量[（m^3/s）·h]		
		一日	三日	七日
p=0.1%的设计洪峰及各历时洪量	10 245	114 000	226 800	348 720
典型洪水的洪峰及各历时洪量	4 900	74 718	121 545	159 255
起迄日期	6日8时	6日2时～7日2时	5日8时～8日8时	4日8时～11日8时
设计洪水洪量差ΔW_p		114 000	112 800	121 920
典型洪水洪量差ΔW_d		74 718	46 827	37 710
放大倍比	2.09	1.53	2.41	3.23

表 6-12 同频率放大法设计洪水过程线计算表

典型洪水过程线				放大倍比 K	设计流量过程（m^3/s）	修正后设计洪水流量过程（m^3/s）
月	日	时	Q（m^3/s）			
8	4	8	268	3.23	866	866
		20	375	3.23	1 211	1 211
	5	8	510	3.23/2.41	1 647/1 229	1 440
		20	915	2.41	2 205	2 205
		2	1 780	2.41/1.53	4 290/2 723	7 010
	6	8	4 900	2.09/1.53	10 245/7 497	10 245
		14	3 150	1.53	4 820	4 820
		20	2 583	1.53	3 952	3 952
		2	1 860	1.53/2.41	2 846/4 483	3 660
	7	8	1 070	2.41	2 579	2 579
		20	885	2.41	2 133	2 133
	8	8	727	2.41/3.23	1 752/2 348	2 050
		20	576	3.23	1 860	1 860
	9	8	411	3.23	1 328	1 328
		20	365	3.23	1 179	1 179
	10	8	312	3.23	1 008	1 008
		20	236	3.23	762	762
	11	8	230	3.23	743	743

6.3 由暴雨资料推求设计洪水

6.3.1 概述

上一节介绍了由流量资料推求设计洪水的方法，但在实际工作中许多水利工程所在地点缺乏流量资料，或系列太短，无法采用前一节的方法推求设计洪水。但多数地区都有降雨资料，站网密度大，且系列较长。我国绝大部分地区的洪水是由暴雨形成的，暴雨与洪水之间具有直接且密切的关系，所以可以利用暴雨资料通过一定的方法推求出设计洪水来。这种方法是推求中小流域水利工程设计洪水的主要途径。即使具有长期实测洪水资料的流域，往往也需要用暴雨资料来推求设计洪水，同由流量资料推求的设计洪水进行比较，互相参证以提高设计洪水的可靠程度。

由暴雨资料推求设计洪水的步骤是：先由降雨资料采用数理统计法推求设计暴雨，再由设计暴雨采用成因分析法或地理归纳法进行产流和汇流计算，推求出相应的设计洪水过程。这种方法本身是假定暴雨和洪水是同频率的，即认为某一频率的洪水，是由相同频率的暴雨所产生。这种假定对中小流域较为符合，对较大流域有些情况下有所出入。

降雨形成河川径流的过程相当复杂，为了研究方便将其概化为产流和汇流两个过程。本节将进一步讨论降雨径流的定量计算。因此，由暴雨资料推求设计洪水包含设计暴雨计算、产流计算和汇流计算 3 个主要环节，计算程序如图 6-6 所示。

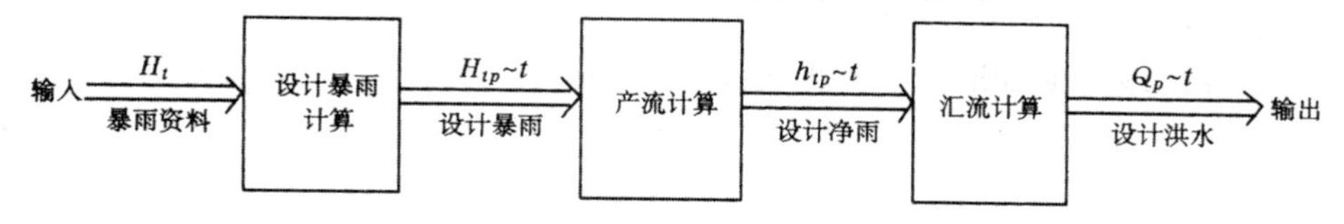

图 6-6　由暴雨资料推求设计洪水流程框图

6.3.2　设计暴雨的计算

1. 设计暴雨的推求

设计暴雨是指符合设计标准的暴雨量的过程和空间上的分布情况。推求设计洪水所需要的是流域上的设计面暴雨过程。根据当地雨量资料条件，计算方法可分资料充足和资料短缺两种方法。前一种是由面平均雨量资料系列直接进行频率计算，方法类似于由流量资料推求设计洪水的方法，适用于雨量资料充分的流域；后一种方法是通过降雨的点面关系，由设计点雨量间接推求设计面暴雨量，有时直接以点代面，适用于雨量资料短缺的中小流域。

（1）暴雨资料充分时设计面暴雨量的计算。

① 面暴雨量的选样。面暴雨资料的选样，一般采用年最大值法。其方法是先根据当地雨量的观测站资料，根据设计精度要求确定各计算时段，一般为 6h、12h、1d、3d、7d、…，并计算出各时段面平均雨量；然后再按独立选样方法，选取历年各时段的年最大面平均雨量组成面暴雨量系列。

为了保证频率计算成果的精度，应尽量插补展延面暴雨资料系列，并对系列进行可靠性、一致性与代表性审查与修正。

② 面暴雨量的频率计算。面暴雨量的频率分析计算所选用的线型和经验频率公式与洪水频率分析计算相同，其计算步骤包括暴雨特大值的处理、适线法绘制频率曲线、设计值的推求、典型暴雨过程的放大及合理性分析等。

（2）暴雨资料短缺时设计面暴雨量的计算。

当流域内的雨量站较少，或各雨量站资料长短不一，难以求出满足设计要求的面暴雨量系列时，可以先求出流域中心的设计点雨量，然后通过降雨的点面关系进行转换，求出设计面暴雨量。

① 设计点雨量计算。求设计点雨量时，如果在流域中心处有雨量站且系列足够长，则

可用该站的暴雨资料直接进行频率计算求得设计点雨量。如果在流域中心没有足够的雨量资料，则可先求出所在流域中心附近各测站的设计点雨量，然后通过地理插值，求出流域中心的设计点雨量。若流域缺乏暴雨资料时，则通过各省（区）《水文手册》（图集）所提供的各时段年最大暴雨量的$\bar{H}_t$、C_v的等值线图及C_v/C_s的分区图，计算设计点雨量。

此外，对于流域面积小、历时短的设计暴雨，也可采用暴雨公式计算设计点雨量。其方法是根据各地区的《水文手册》（图集）查得设计流域中心的24h暴雨统计参数（$\bar{H}_{24}$、Cv、Cs），计算出该流域24h设计雨量$H_{24,p}$，并按暴雨公式求出设计雨力S_p，其计算式为：

$$S_p = H_{24,p} 24^{n-1} \tag{6-12}$$

任一短历时的设计暴雨$H_{t,p}$,可通过暴雨公式转换得到，计算公式如下：

$$H_{t,p} = S_p t^{1-n} \tag{6-13}$$

暴雨递减指数n要经实测资料分析，通过地区综合得出，一般不是常数，当$t<t_0$时，$n=n_1$；当$t>t_0$时，$n=n_2$；t_0经资料分析在我国大部分地区取1h，$n_1=0.5$左右，$n_2=0.7$左右；少数省份t_0取6h，当t_0等于6h时，设计暴雨可由另一公式计算，这里不再介绍。具体应用时，可由当地的《水文手册》（图集）查得。

【例6-4】 某小流域拟建一小型水库，该流域无实测降雨资料，需推求历时$t=2$h，设计标准$p=1\%$的暴雨量。

在该省《水文手册》上，查得流域中心处暴雨的参数如下：

$$H_{24}=100\text{ mm}，C_v=0.50，C_s=3.5C_v，t_0=1\text{h}，n_2=0.65$$

求最大24h设计暴雨量，由暴雨统计参数和$p=1\%$，查附表2得$Kp=2.74$，故：

$$H_{24,1\%} = K_p\overline{H}_{24} = 2.74\times100 = 274\text{（mm）}$$

设计雨力S_p计算：

$$S_p=H_{24,1\%}24^{n_2-1}=274\times24^{0.65-1}=90\text{（mm/h）}$$

$t=2$h，$p=1\%$的设计暴雨量：

$$H_{2,1\%}=S_pt^{1-n_2}=0\times2^{1-0.65}=115\text{（mm）}$$

② 设计面暴雨量的计算。按上述方法求出设计点雨量后，就可由流域降雨点面关系，很容易地转换出流域设计年均雨量，即设计面暴雨量。各省（区）的《水文手册》（图集）中，刊有不同历时暴雨的点面关系图（表），可供查用。

当流域较小时，可直接用设计点雨量代替设计面暴雨量，以供小流域设计洪水用。

2. 设计暴雨的时程分配

拟定设计暴雨过程的方法也与设计洪水相似，首先选定一次典型暴雨过程，然后以各历时的设计暴雨量为控制缩放典型，得到设计暴雨过程。典型暴雨的选择原则，首先要考虑所选典型暴雨的分配过程应是设计条件下可能发生的；其次，还要考虑对工程不利的情况。所谓比较容易发生，首先是从量上来考虑，即典型暴雨的雨量应接近设计暴雨的雨量，因设计暴雨比较稀遇，因而应从实测最大的几次暴雨中选择典型，要使所选典型的雨峰个数、主雨峰位置和实际降雨日数是大暴雨中常见的情况。所谓对工程不利，是指暴雨比较集中、主雨峰靠后，其形成的洪水对水库安全不利。

选择典型时，原则上应从各年的面雨量过程中选取。为了减少工作量或资料条件限制，有时也可选择单站雨量（即点雨量）过程作典型。一般来说，单站典型比面雨量典型更为不利。例如淮河上游“75.8 暴雨”就常被选作该地区的暴雨典型。如图 6-7 所示，这场暴雨从 8 月 4 日起至 8 日止，历时 5 天。但暴雨量主要集中在 8 月 5 ～7 日三天内。林庄站最大三日雨量为 1 605.3mm，五天最大雨量为 1 631.1mm；板桥站最大三天雨量为 1 422.4mm，五天雨量为 1451.0mm。而各代表站在三天中的最后一天（8 月 7 日）的雨量占三天的 50%～70%，这一天的雨量又集中在最后 6h 内。这是一次多峰暴雨，主雨峰靠后，对水库防洪极为不利。

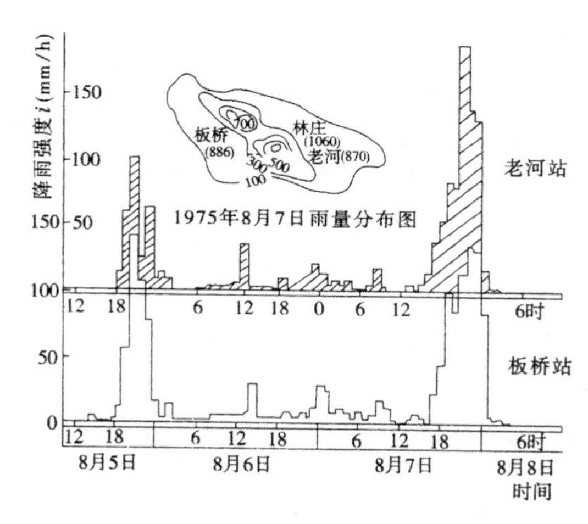

图 6-7　河南“75.8 暴雨”时程分配图

典型暴雨过程的缩放方法与设计洪水的典型过程缩放计算基本相同，一般均采用同频率放大法。具体计算见下面算例。

【例 6-5】　已求得某流域千年一遇 ld、3d、7d 设计面暴雨量分别为 320mm、521mm、712.4mm，并已选定了典型暴雨过程（表 6-13）。通过同频率放大推求设计暴雨的时程分配。

典型暴雨 ld（第 4 日）、3d（第 3～5 日）、7d（第 1～7 日）最大暴雨量分别为 160mm、320mm 和 393mm，结合各历时设计暴雨量计算各段放大倍比为：

最大 1 天　　$K_1=\dfrac{320}{160}=2.0$

最大 3 天中其余 2 天　　$K_{1\text{-}3}=\dfrac{521-320}{320-160}=1.26$

最大 7 天中其余 4 天 $K_{3-7}=\dfrac{712.4-521}{393-320}=2.62$

表 6-13 某流域设计暴雨过程设计表

时间（d）	1	2	3	4	5	6	7	合计
典型暴雨过程（mm）	32.4	10.6	130.2	160.0	29.8	9.2	20.8	393.0
放大倍比 K	26.2	2.62	1.26	2.00	1.26	2.62	2.62	
设计暴雨过程（mm）	85.0	27.8	163.6	320.0	37.4	24.1	54.5	712.4

将各放大倍比填入表 6-13 中各相应位置，乘以相应的典型雨量即得设计暴雨过程。必须注意，放大后的各历时总雨量应分别等于其设计雨量，否则，应予以修正。

6.3.3 设计净雨的推求

一次降雨中，产生径流的部分为净雨，不产生径流的部分为损失。一场降雨的损失包括植物枝叶截留、填充流程中的洼地、雨期蒸发和降雨初期的下渗，其中降雨初期和雨期的下渗为最主要的损失。因此，求得设计暴雨后，还要扣除损失，才能算出设计净雨。扣除损失的方法，常用径流系数法、暴雨径流相关图法和初损后损法 3 种。

1. 径流系数法

降雨损失过程是一个非常复杂的过程，影响因素很多，我们把各种损失综合反映在一个系数中，称为径流系数。对于某次暴雨洪水，求得流域平均雨量H，由洪水过程线求得径流深 Y，则一次暴雨的径流系数为$\alpha = Y/H$。根据若干次暴雨的α值，取其平均值$\bar{\alpha}$，或为了安全选取其较大值或最大值作为设计采用值。各地水文手册均载有暴雨径流系数值，可供参考使用。还应指出，径流系数往往随暴雨强度的增大而增大，因此，根据暴雨资料求得的径流系数，可根据其变化趋势进行修正用于设计条件。这种方法是一种粗估的方法，精度较低。

2. 暴雨径流相关图法

场次暴雨和其相应的径流量之间，一般存在着较密切的关系，可根据场次降雨量和径流量建立它们的相关关系。对其影响因素作适当考虑，能够有效地改进暴雨径流关系。这些影响因素包括前期流域下垫面的干湿程度，降雨强度，流域植被和季节影响等。对于一个固定流域来说，植被可视为固定因素，暴雨季节影响亦相对较小，最重要的影响因素是前期流域下垫面的干湿程度和暴雨强度，需要首先加以考虑。

（1）前期影响雨量的计算。

反映前期流域下垫面干湿程度最常用的指标为前期影响雨量 P_a，其计算式为：

$$P_{a,t+1}=K_a\left(P_{a,t}+H_t\right),\ P_{a,t}\leqslant I_{\mathrm{m}} \tag{6-13}$$

式中，$P_{a,t+1}$、$P_{a,t}$——分别为第 $t+1$ 天和第 t 天开始时的前期影响雨量，mm；

H_t——第 t 天的流域降雨量，mm；

K_a——流域蓄水的日消退系数，各月可近似取一个平均值。

I_m——流域最大损失水量，mm。可用流域实测雨洪资料进行分析，流域久旱之后（$P_a=0$）普降大雨使流域全面产流的总损失量，即为 I_m，此时流域的土壤含水量为田间持水量，并认为流域蓄满，称为蓄满产流。

根据 I_m 的概念，可用下式估算 K_a 值。

$$K_a=1-E_m/I_m \tag{6-14}$$

式中，E_m——流域日蒸散发能力，可近似地以水面蒸发观测值代替。

从上式可以看出 K_a 和 I_m 的关系，即 I_m 愈大，K_a 亦愈大。相应地也表示所考虑的影响土层深度亦愈大。因此，对于一个流域来说，K_a 和 I_m 是配对使用的；它没有唯一解，但有一个合理的取值范围，K_a 值一般变化在 0.85～0.95。

（2）降雨径流相关图法。

① 降雨径流相关图的建立。降雨径流相关图是指流域面雨量与所形成的径流深及影响因素之间的相关曲线。一般以次降雨量 H 为纵坐标，以相应的径流深 Y 为横坐标，以流域前期影响雨量 P_a 为参数，然后按点群分布的趋势和规律，定出一条以 P_a 为参数的等值线，这就是该流域的 $H\sim P_a\sim Y$ 三变量降雨径流相关图，如图 6-8（a）所示。相关图做好后，要用若干次未参加制作相关图的雨洪资料，对相关图的精度进行检验与修正，以满足精度要求。当降雨径流资料不多，相关点据较少，按上述方法定线有一定的困难，此时可绘制简化的三变量相关图，即以 $H+P_a$ 为纵坐标、Y 为横坐标的（$H+P_a$）～Y 相关图，如图 6-8（b）所示。

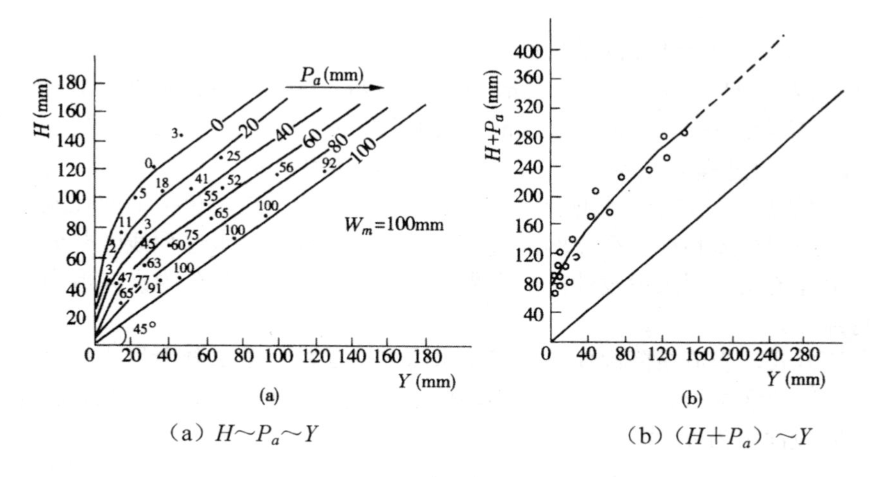

（a）$H\sim P_a\sim Y$　　（b）$(H+P_a)\sim Y$

图 6-8　降雨径流相关图

必须指出，降雨径流相关图中的径流有地面径流与总径流之分，两者有很大的差别，前者是以超渗产流为基础建立的，而后者则是以蓄满产流为基础建立的，有时尚需划分地面及地下径流。

有的省份对降雨径流相关图选配了数学公式；有的省份不考虑 P_a，直接建立二变量的降雨径流相关图；有的省份则采用直线表示上述二变量的降雨径流相关图，亦即径流系数法；而有的省份采用了理论的降雨径流关系，即蓄满产流模型来推求设计净雨。具体见各省（区）的《水文手册》（图集）。

② 降雨径流相关图的应用。利用降雨径流相关图由设计暴雨及过程可查出设计净雨及过程。其方法是由时段累加暴雨量，查降雨径流相关图曲线得相应的时段累加净雨量，然后相邻累加净雨量相减得到各时段的设计净雨量。

需要强调的是由实测降雨径流资料建立起来的降雨径流相关图，应用于设计条件时，必须处理如下两方面的问题。

- 降雨径流相关图的外延。设计暴雨常常超出实测点据范围，使用降雨径流相关图时，需对相关曲线作外延。以蓄满产流为主的湿润地区，其上部相关线接近于45°直线，外延比较方便。干旱地区的产流方案外延时任意性大，必须慎重。
- 设计条件下 $P_{a,p}$ 的确定。有长期实测暴雨洪水资料的流域，可直接计算各次暴雨的 P_a，用频率计算法求得设计值 $P_{a,p}$，有时也用几场大暴雨所分析的 P_a 值，取其平均值作为 $P_{a,p}$。中小流域缺乏实测资料时，可采用各省（区）《水文手册》（图集）分析的成果确定 $P_{a,p}$ 值大约为 I_m 的 2/3 倍，湿润地区大一些，干旱地区一般较小。

【例 6-6】 经分析某流域各时段的设计暴雨量分别为 H_1=32mm、H_2=48mm、H_3=20mm，设计条件下的 $P_{a,p}$=40mm，试根据图 6-8（a）所示的降雨径流相关图，推求其设计净雨过程。

在图 6-8（a）中的 P_a=40mm 的曲线上，先由第一时段暴雨量 H_1=32mm，查得净雨 h_1=5mm；然后由 $H_1+H_2=32+48=80$mm，查曲线得 $h_1+h_2=31$mm，则 $h_2=31-5=26$mm 同理由 $H_1+H_2+H_3=32+48+20=100$mm，查曲线得 $h_1+h_2+h_3=50$mm，则 $h_3=50-31=19$mm。故设计净雨过程为 h_1=5mm、h_2=26mm、h_3=19mm。

③ 设计净雨的划分。对于湿润地区，一次降雨所产生的径流量包括地面径流和地下径流两部分。由于地面径流和地下径流的汇流特性不同，在推求洪水过程线时要分别处理。为此，在由降雨径流相关图求得设计净雨过程后，需将设计净雨划分为设计地面净雨和设计地下净雨两部分。

按蓄满产流方式，当流域降雨使包气带缺水得到满足后，全部降雨形成径流，其中按稳定入渗率 f_c 入渗的水量形成地下径流 h_g，降雨强度 i 超过 f_c 的那部分水量形成地面径流，设时段为 Δt，时段净雨为 h，则：

$$\left.\begin{array}{l} i>f_c \text{ 时，} h_g=f_c\Delta t, \ h_s=h-h_g=(i-f_c)\Delta t \\ i\leqslant f_c \text{ 时，} h_g=h=i\Delta t, \ h_s=0 \end{array}\right\}$$

可见，f_c是个关键数值，只要知道f_c就可以将设计净雨划分为h_s和h_g两部分。f_c是流域土壤、地质、植被等因素的综合反映。如流域自然条件无显著变化，一般认为f_c是不变的，因此f_c可通过实测雨洪资料分析求得，可参考《水文预报》有关内容。各省（区）的《水文手册》（图集）中刊有f_c分析成果，可供无资料的中小流域查用。

3. 初损后损法

（1）初损后损法基本原理。

在干旱地区的产流计算一般采用下渗曲线进行扣损，按照对下渗的处理方法不同，可分为下渗曲线法和初损后损法。下渗曲线法多是采用下渗量累积曲线扣损，即将流域下渗量累积曲线和雨量累积曲线绘在同一张图上，通过图解分析的方法确定产流量及过程。由于受雨量观测资料的限制及存在着在各种降雨情况下下渗曲线不变的假定，使得下渗曲线法并未得到广泛应用。生产上常使用初损后损法扣损。

初损后损法是将下渗过程简化为初损与后损两个阶段，如图 6-9 所示。从降雨开始到出现超渗产流的阶段称为初损阶段，其历时记为 t_0，这一阶段的损失量称为初损量，用 I_0 表示，I_0为该阶段的全部降雨量。

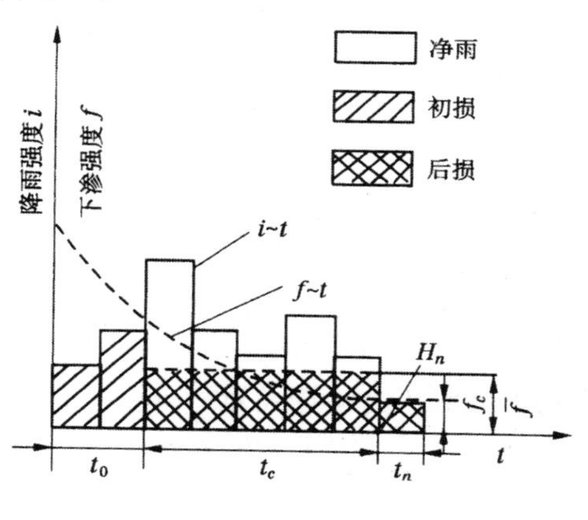

图 6-9　初损后损示意图

产流以后的损失称为后损，该阶段的损失常用产流历时内的平均下渗率 $\bar{f}$ 来计算。当时段内的平均雨强 $\bar{i}>\bar{f}$ 时，按 $\bar{f}$ 入渗，净雨量为 $H_i-\bar{f}\Delta t$；反之 $\bar{i}\leqslant\bar{f}$ 时，按 $\bar{i}$ 入渗，此时图 6-9 中的降雨量 H_n 全部损失，净雨量为零。按水量平衡原理，对于一场降雨所形成的地面净雨深可用下式计算。

$$h_s=H-I_0-\bar{f}t_c-H_n \tag{6-15}$$

式中，H——次降雨量，mm；

h_s——次降雨所形成的地面净雨深，mm；

I_0——初损量，mm；

t_c——产流历时，h；

$\overline{f}$——产流历时内的平均下渗率，mm/h；

H_n——后损阶段非产流历时 t_n 内的雨量，mm。

用式（6-15）进行净雨量计算时，必须确定 I_0 与 $\overline{f}$。

（2）初损 I_0 的确定。

在流域较小时，降雨分布基本均匀，出口断面洪水过程线的起涨点反映了产流开始的时刻。因此，起涨点以前雨量的累积值可作为初损 I_0 的近似值，如图 6-10 所示。

初损 I_0 与前期影响雨量 P_a、降雨初期 t_0 内的平均雨强 i_0、月份 M 及土地利用等有关。因此，常根据流域的具体情况，从实测资料分析得出初损。I_0 及 P_a、i_0、M 从 P_a、i_0、M 中选择适当的因素，建立它们与 I_0 的关系，如图 6-11 所示，由此图可查出某条件下的 I_0。

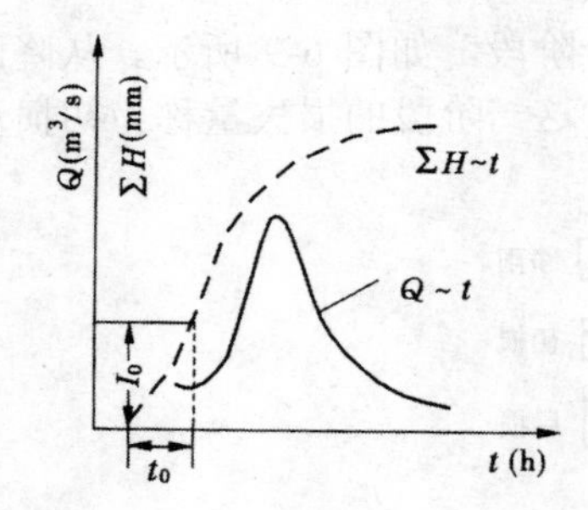

图 6-10 初损 I_0 的确定

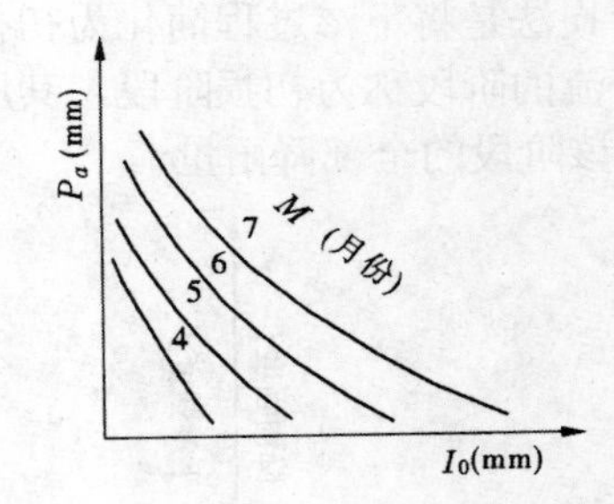

图 6-11 I_0~M~P_a 相关图

（3）平均下渗率 $\overline{f}$ 的确定。

有实测雨洪资料时，平均下渗率 $\overline{f}$ 的计算式为

$$\overline{f}=\frac{H-I_0-h_s-H_n}{t_c} \tag{6-16}$$

式（6-16）中 t_c 与 $\overline{f}$ 有关。所以 $\overline{f}$ 的确定必须结合实测雨洪资料，进行试算求出。影响 $\overline{f}$ 的主要因素有前期影响雨量 P_a、产流历时 t_c 与超渗期的降雨量 H_{t_c}。如果不区分初损与后损，考虑一个均化的产流期内的平均损失率，这种简化的扣损方法叫平均损失率法。初损后损法用于设计条件时，也同样存在外延问题，外延时必须考虑设计暴雨雨强因素的影响。

对于干旱地区的超渗产流方式，除了有少量的深层地下水外，几乎没有浅层地下径流，

因此求得的设计净雨基本上全部是地面径流，不存在设计净雨划分的问题。

6.3.4 设计洪水过程线

由径流形成过程可知，流域上各点产生的净雨，经过坡地和河网汇流形成出口断面流量过程线的整个过程称为流域汇流。设计洪水过程线的推求，就是设计净雨的汇流计算。一般地，流域的设计地面洪水过程线采用等流时线及单位线法来推求。设计地下洪水过程线采用简化的方法推求。

1. 等流时线法

由于流域内各点距离出口断面的远近不同，加上坡面与河槽的调蓄作用，各净雨点汇集到流域出口断面的速度和时间都不一样。把净雨从流域最远点流到出口断面所经历的时间，称为最大汇流历时，简称流域汇流历时，以 τ 表示。净雨在单位时间所通过的距离，叫做汇流速度，以 V_τ 表示。

在流域上把净雨汇流历时相等的点，连成一组等值线，叫做等流时线，如图 6-12 所示。

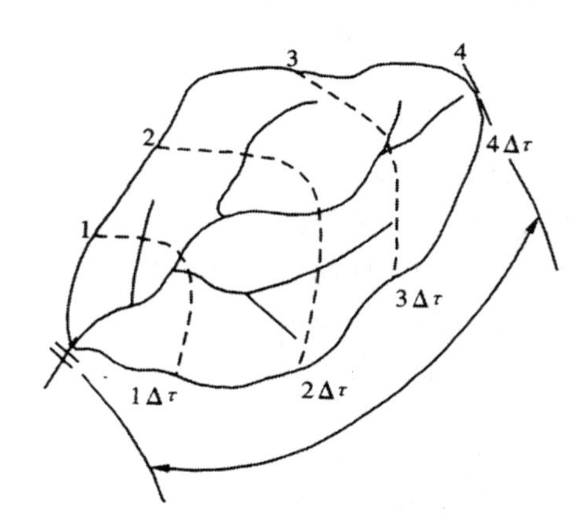

图 6-12　等流时线示意图

图中单位汇流历时为 $\Delta\tau$。6-12 每条等流时线上的水质点，将在同一时间内到达出口断面。流域汇流历时 $\tau=m\times\Delta\tau$（图 6-12 中 $m=4$）。于是第一条等流时线上的净雨，经一个 $\Delta\tau$ 时间到达出口断面；第二条等流时线上的净雨，则经 $2\Delta\tau$ 时间到达出口断面，依此类推。两条等流时线间所包围的面积称为共时径流面积，用 f_1、f_2、f_3、$\cdots f_n$、表示。显然共时径流面积的总和为流域面积 F。

根据等流时线的汇流原理可知，在任意时刻，出口断面的流量 Q 各项通式为：

$$Q_t = \frac{h_t f_1}{\Delta t} + \frac{h_{t-1} f_2}{\Delta t} + \frac{h_{t-2} f_2}{\Delta t} + \cdots + \frac{h_{t-n} f_n}{\Delta t} \tag{6-17}$$

式中，h_t，h_{t-1}，h_{t-2}，…，h_{t-n}——分别表示本时段，前一，前二……，前 n 时段的净雨；

f_1，f_2，f_3，…，f_n——为共时径流面积。

式（6-17）为等流时线的基本方程式。由公式可知，当已知净雨过程，并勾绘了流域等流时线，即可求出流域出口断面的流量过程线。

在生产上常用等流时线的汇流原理分析洪峰流量 Q_m 的形成，建立计算洪峰流量的推理公式。

由于降雨的时空分布的随机性及各次降雨的损失水量各不相同，使净雨历时 t_c 和流域汇流历时 τ 必然各异，所以在应用时应予以注意。

2. 经验单位线法

用单位线法进行汇流计算简便易行，该法是由美国 L·K·谢尔曼所提出，故又称谢尔曼单位线。由于单位线采用实测暴雨及洪水流量分析求得，因此又称为经验单位线，也即是一种经验性的流域汇流模型。单位线由实测暴雨洪水资料分析求得。分析的资料应尽量选择暴雨历时较短，分布均匀，雨强较大的净雨，因为这样的暴雨形成的洪水多为涨落明显的单峰。

（1）单位线的定义与假定。

一个流域上，单位时段 Δt 内均匀降落单位深度（一般取 10mm）的地面净雨，在流域出口断面形成的地面径流过程线，定义为单位线。

单位线时段取多长，将依流域洪水特性而定。流域大，洪水涨落比较缓慢，Δt 取得长一些；反之，Δt 要取得短一些。Δt 一般取为单位线涨洪历时 t_r 的 1/2～1/3，即 Δt=（1/2～1/3）t_r，以保证涨洪段有 3～4 个点子控制过程线的形状。在满足以上要求的情况下，并常按 1h、3h、6h、12h 等选取 Δt。

① 倍比假定。如果一个流域上有两次降雨，它们的净雨历时 Δt 相同，例如都是一个单位时段 Δt，但地面净雨深不同，分别为 h_a、h_b，则它们各自在流域出口形成的地面径流过程线 Q_a～t，Q_b～t（图 6-13）的洪水历时相等，并且相应流量成比例，均等于 h_a/h_b，即流量与净雨呈线性关系：

$$\frac{Q_{a1}}{Q_{b1}} = \frac{Q_{a2}}{Q_{b2}} = \frac{Q_{a3}}{Q_{b3}} = \ldots = \frac{h_a}{h_b} \tag{6-18}$$

② 迭加假定。如果净雨历时不是一个单位时段而是 m 个时段，则各时段所形成的地面流量过程线互不干扰。出口断面的流量过程线等于 m 个时段净雨的地面流量过程之和。

如图 6-14 所示，由于 h_b 较 h_a 推后一个 Δt，地面流量过程 Q～t 应由两个时段净雨形成的地面流量过程错后一个 Δt 迭加而得。

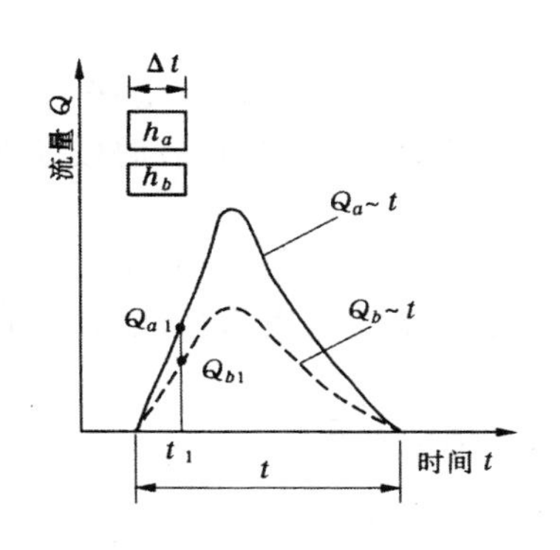

图 6-13　不同净雨深的地面流量过程线

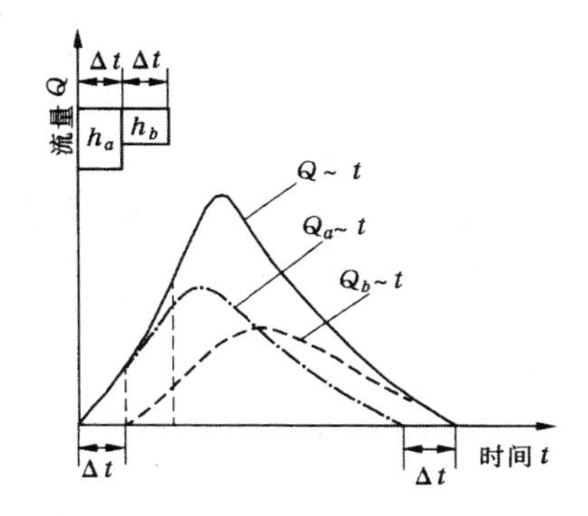

图 6-14　相邻时段净雨的地面过程线

根据以上两条基本假定，就能解决多时段净雨推求单位线和由净雨推求洪水过程的问题。

（2）应用单位线推求洪水过程。

一个流域根据多次实测雨洪资料分析多条单位线后，经过平均或分类综合，就得到了该流域实用单位线，即汇流计算方案。由设计净雨，即可以应用单位线按列表计算法推求设计洪水过程。现结合表 6-14 的示例说明其计算步骤如下：

表 6-14　某流域单位线法推求设计洪水过程

时段 Δt=12h	设计净雨 h_i（mm）	单位线 q（m^3/s）	各时段净雨产生的地面径流过程（m^3/s）					总的地面径流过程（m^3/s）	地下径流过程（m^3/s）	设计洪水流量过程（m^3/s）
			6.1 mm	32.5 mm	45.3 mm	12.7 mm	4.6 mm			
（1）	（2）	（3）	（4）	（5）	（6）	（7）	（8）	（9）	（10）	（11）
1	6.1	0	0					0	30	30
2	32.5	28	17	0				17	30	47
3	45.3	250	153	91	0			244	30	274
4	12.7	130	79	813	127	0		1 019	30	1 049
5	4.6	81	49	423	1 133	36	0	1 641	30	1 671
6	0	54	33	263	589	318	13	1 216	30	1 246
7		35	21	176	367	165	115	844	30	874
8		21	13	114	245	103	60	535	30	565
9		12	7	68	159	69	37	340	30	370
10		5	3	39	95	44	25	206	30	236
11		0	0	16	54	27	16	113	30	143
12				0	23	15	10	48	30	78
13					0	6	6	12	30	42
14						0	2	2	30	32
15							0	0	30	30

① 将单位线方案和设计净雨分别列于第 2 栏和第 3 栏。

② 按照倍比定理，用单位线求各时段净雨产生的地面径流过程，即用 6.1/10 乘单位线各流量值得净雨为 6.1mm 的地面径流过程，列于第 4 栏，依此类推，求得各时段净雨产生的地面径流过程，分别列于第 4～8 栏。

③ 按叠加假定将第 4～8 栏的同时刻流量叠加，得总的地面径流过程，列于第 9 栏。

④ 计算地下径流过程。因地下径流比较稳定，且量不大，根据设计条件取为 $30m^3/s$，列于第 10 栏。

⑤ 地面、地下径流过程按时程叠加，得第 11 栏的设计洪水过程。

3. 瞬时单位线法

（1）瞬时单位线的概念。

瞬时单位线是指流域上均匀分布的瞬时时刻（即：$\Delta t \to 0$）的单位净雨在出口断面处形成的地面径流过程线。其纵坐标常以 $u(o, t)$或 $u(t)$表示，无因次。瞬时单位线可用数学方程式表示，概括性强，便于分析。

J·E·Nash 设想流域的汇流可看作是 n 个调蓄作用相同的串联水库的调节，且假定每一个水库的蓄泄关系为线性，则可导出瞬时单位线的数学方程为：

$$u(t)=\frac{1}{K\Gamma(n)}\left(\frac{t}{K}\right)^{n-1}\mathrm{e}^{-t/K} \tag{6-19}$$

式中，$u(t)$——t 时刻的瞬时单位线的纵高；

n——线性水库的个数；

$\Gamma(n)$——n 的伽玛函数；

e——自然对数的底，e≈2.71828；

K——线性水库的调节系数。具有时间单位。

单位线上述两个基本假定同样适用于瞬时单位线，瞬时单位线与时间轴所包围的面积为 1.0，即：

$$\int_0^{\infty} u(t)dt=1.0 \tag{6-20}$$

显然，决定瞬时单位线的参数只有 n、K 两个。n 越大，流域调节作用越强；K 值相当于每个线性水库输入与输出的时间差，即滞时。整个流域的调蓄作用所造成的流域滞时为 nK。只要求出流域的 n、K 值，就可推求该流域的瞬时单位线。

（2）瞬对单位线的综合。

瞬时单位线的综合实质上就是参数 n、K 的综合：但是，在实际工作中一般并不直接对 n、K 进行综合，而是根据中间参数 m_1、m_2 等来间接综合，$m_1=nK$，$m_2=\frac{1}{n}$。实践证明，n 值相对稳定，综合的方法比较简单，如湖北省山丘区的$n=0.529F^{0.25J^{0.2}}$，江苏省山丘

区的 $n=3$。因此一般先对 m_1 进行地区综合，根据已确定的 n 值，就很容易确定出 K 值。

对 m_1 进行地区综合一般是首先通过建立单站的 m_1 与雨强 i 之间的关系，其关系式为 $m_1=ai^{-b}$，求出相应于雨强为 10 mm/h（或其他指定值）的 $m_{1,(10)}$。然后根据各站的 $m_{1,(10)}$ 与流域地理因子（如 F、J、L 等）建立关系，$m_{1,(10)}=f(F,L,J,\cdots)$，则 $m_1=m_{1,(10)}\times(10/i)^b$，从而求得任一雨强 i 相应的 m_1。如湖北省山丘区的 $m_{1,(10)}1.64F^{0.231}L^{0.131}J^{-0.08}$。其次是对指数 b 进行地区综合。一般 b 随流域面积的增大而减小。有时也可直接对单站的 $m_1\sim i$ 关系式中的 a、b 进行综合，而不经 $m_{1,(10)}$ 的转换，如黑龙江省的 $m_1=CF^{0.27}i^{-0.31}$，C 可查图得到。

（3）综合瞬时单位线的应用。

由于瞬时单位线是由瞬时净雨产生的，而实际应用时无法提供瞬时净雨，所以用综合瞬时单位线推求设计地面洪水过程线时，需将瞬时单位线转换成时段为 Δt（与净雨时段相同），净雨深为 10 mm 的时段单位线后，再进行汇流计算，具体步骤如下。

① 求瞬时单位线的 S 曲线。S 曲线是瞬时单位线的积分曲线，其公式为：

$$S(t)=\int_0^t u(0,t)\mathrm{d}t=\frac{1}{\Gamma(n)}\int_0^{t/K}(\frac{t}{K})^{n-1}\mathrm{e}^{-\frac{t}{K}}\mathrm{d}(\frac{t}{K}) \tag{6-21}$$

公式表明 $S(t)$ 曲线也是参数 n、K 的函数。生产中为了应用方便，已制成 $S(t)$ 关系表供查用，见附表 3。

② 求无因次时段单位线。将求出的，$S(t)$ 曲线向后错开一个时段 Δt，即得 $S(t—\Delta t)$。两条 S 曲线的纵坐标差为时段为 Δt 的无因次时段单位线，其计算公式为：

$$u(\Delta t,t)=S(t)-S(t-\Delta t) \tag{6-22}$$

③ 求有因次时段单位线。根据单位线的特性可知，有因次时段单位线的纵坐标之和为：$\sum q_i=\frac{10F}{3.6\Delta t}$；而无因次时段单位线的纵坐标之和为：$\sum u(\Delta t,\ t)=1.0$。

有因次时段单位线的纵高 q_i 与无因次时段单位线的纵高 $u(\Delta t,\ t)$ 之比等于其总和之比，即：

$$\frac{q_i}{u(\Delta t,\ t)}=\frac{\sum q_i}{\sum u(\Delta t,\ t)}=\frac{10F}{3.6\Delta t} \tag{6-23}$$

由此可知，时段为 Δt、10mm 净雨深时段单位线的纵坐标为：

$$q_i=\frac{10K}{3.6\Delta t}u(\Delta t,t) \tag{6-24}$$

④ 汇流计算。根据单位线的定义及倍比性和叠加性假定，用各时段设计地面净雨（换算成 10 的倍数）分别去乘单位线的纵高得到对应的部分地面径流过程，然后把它们分别错开一个时段后叠加即得到设计地面洪水过程。计算公式如下：

$$Q_i=\sum_{i=1}^{m}\frac{h_{s_i}}{10}q_{t-i+1} \tag{6-25}$$

式中，m——地面净雨 h_{s_i} 的时段数，$i=1,2,3,\cdots,m$。

根据单位线的定义可知，单位线只能用来推求流域设计地面洪水过程线。湿润地区的设计洪水过程线还包括设计地下洪水过程线。如果流域的基流量较大，不可忽视时，则还需平加上基流。所以，湿润地区的设计洪水过程线是设计地面洪水过程线、设计地下洪水过程线和基流 3 部分爹叠加而成的。干旱地区的设计地面过程线即为所求的设计洪水过程线。

设计地下洪水过程线可采用下述简化三角形方法推求。该法认为地面、地下径流的起涨点相同，由于地下洪水汇流缓慢，所以将地下径流过程线概化为三角形过程，且将峰值放在地面径流过程的终止点。三角形面积为地下径流总量 Wg，计算式为：

$$W_g=\frac{Q_{m,g}T_g}{2} \tag{6-26}$$

而地下径流总量等于地下净雨总量，及 $W_g=1000h_gF$。

因此

$$Q_{m,g}=\frac{2W_g}{T_g}=\frac{2\ 000h_gF}{T_g} \tag{6-27}$$

式中，$Q_{m,g}$——地下径流过程线的洪峰流量，m^3/s；

T_g——地下径流过程总历时，s；

H_g——地下净雨深，mm；

F——流域面积，km^2。

按式（6-27）可计算出地下径流的峰值，其底宽一般取地面径流过程的 2～3 倍，由此可推求出设计地下径流过程。

【例 6-7】 江苏省某流域属于山丘区，流域面积 $F=118km^2$，干流平均坡度 $J=0.05$，$p=1\%$的设计地面净雨过程（$\Delta t=6h$）$h_1=15mm$、$h_2=25mm$，设计地下总净雨深 $h_g=9.5mm$，基流 $Q_{基}=5m^3/s$，地下径流历时为地面径流的 2 倍。求该流域 $p=1\%$的设计洪水过程线。

（1）推求瞬时单位线的 $S(t)$曲线和无因次时段单位线。

① 根据该流域所在的区域，查《江苏省暴雨洪水手册》得 $n=3,m_1=2.4（F/J）^{0.28}=21.1$，则 $K=m_1/n=21.1/3=7.0h$；

② 因 $\Delta t=6h$，用 $t=N\Delta t$，$N=0,1,2,\cdots,n$，算出 t，填人表 6-15 中的第①栏；

③ 由参数 $n=3$、$K=7.0$，计算 t/K，见第③栏，查附表 3 得瞬时单位线的 $S(t)$曲线，见第④栏；

④ 将 $S(t)$曲线顺时序向后移一个时段（$\Delta t=6h$），得 $S(t-\Delta t)$曲线，见第⑤栏，式（6-22）计算无因次时段单位线，见第⑥栏。

（2）将无因次时段单位转换为 6h、10mm 的时段单位线。

用式（6-23），将⑥栏中的无因次时段单位线转换为有因次的时段单位线，填入第⑦栏用式（6-20），将⑥栏中的无因次时段单位线转换为有因次的时段单位线，填人第⑦栏。

$$q_i = \frac{10F}{3.6\Delta t}u(\Delta t, t) = 54.63(\Delta t, t)$$

检验时段单位线：$y = \dfrac{3.6\Delta t \sum q_i}{F} = 10(\text{mm})$，计算正确。

（3）设计洪水过程线的推求。

① 计算设计地面径流过程。

根据单位线的特性，各时段设计地面净雨换算成 10 的倍数后，分别去乘单位线的纵坐标得到相应的部分地面径流过程，然后把它们分别错开一个时段后叠加便得到设计地面洪水过程，即用式（6-25）计算，见第⑧、⑨栏。

表 6-15　设计洪水过程线计算表

时段（Δt=6h）	设计净雨（mm）	t/K	$S(t)$	$S(t-\Delta t)$	$U(\Delta t,t)$	单位线 $q(t)$（m³/s）	部分地面径流（m³/s）		$Q_s(t)$（m³/s）	$Q_g(t)$（m³/s）	$Q_基$（m³/s）	$Q_P(t)$（m³/s）
							15	25				
①	②	③	④	⑤	⑥	⑦	⑧		⑨	⑩	⑪	⑫
0	15	0	0		0	0	0		0	0	5.0	5.0
1		0.9	0.063	0	0.063	3.4	5.1	0	5.1	0.2	5.0	10.3
2		1.7	0.243	0.063	0.180	9.8	14.7	8.5	23.2	0.4	5.0	28.6
3		2.6	0.482	0.243	0.239	13.0	19.5	24.5	44.0	0.6	5.0	49.6
4		3.4	0.660	0.482	0.178	9.7	14.6	32.5	47.1	0.8	5.0	52.9
5		4.3	0.803	0.660	0.143	7.8	11.7	24.3	36.0	1.0	5.0	42.0
6		5.1	0.883	0.803	0.080	4.4	6.6	19.5	26.1	1.2	5.0	32.3
7		6.0	0.938	0.883	0.055	3.0	4.5	11.0	15.5	1.4	5.0	21.9
8		6.9	0.967	0.938	0.029	1.6	2.4	7.5	9.9	1.6	5.0	16.5
9		7.7	0.983	0.967	0.016	0.9	1.4	4.0	5.4	1.8	5.0	12.2
10	25	8.6	0.991	0.983	0.008	0.4	0.6	2.3	2.9	2.0	5.0	9.9
11		9.4	0.995	0.991	0.004	0.2	0.3	1.0	1.3	2.2	5.0	8.5
12		10.3	0.998	0.995	0.003	0.2	0.3	0.5	0.8	2.4	5.0	8.3
13		11.1	0.999	0.998	0.001	0.1	0.2	0.5	0.7	2.6	5.0	8.3
14		12	1.000	0.999	0.001	0.1	0.2	0.3	0.5	2.8	5.0	8.3
15							0	0.3	0.3	3.0	5.0	8.3
16								0	0	3.2	5.0	8.2
17										3.0	5.0	8.0
合计					1.0	54.6						

② 计算设计地下径流过程。

$$T_g = 2T_s = 2 \times 16 \times 6 = 192\ \text{(h)}$$

根据式（6-27）计算，得 $Q_{m,g} = 3.2\text{m}^3/\text{s}$,按直线比例内插得每一时段地下径流的涨落均为 0.2 m³/s。经计算即可得出第⑩栏的设计地下径流过程。

将设计地面径流、地下径流及基流相加，得设计洪水过程线，见第12栏。

6.4 小流域设计洪水估算

6.4.1 小流域设计洪水的特点

小流域与大中流域的特性有所不同，一般情况下流域面积在300～500km^{2}以下可认为是小流域。从水文学角度看具有流域汇流以坡面汇流为主、水文资料缺乏、集水面积小等特性。由于我国目前水文站网密度较小，例如某省100 km^{2}以下的小河水文站只有20个，平均1500 km^{2}只有一个测站。因此，小流域设计洪水计算一般为无资料情况下的计算。从计算任务上来看，小流域上兴建的水利工程一般规模较小，没有多大的调洪能力，所以计算时常以计算设计洪峰流量为主，对洪水总量及洪水过程线要求相对较低。从计算方法上来看，为满足众多的小型水利水电、交通、铁路工程短时期提交设计成果的要求，小流域设计洪水的方法必须具有简便、易于掌握的特点。

小流域设计洪水计算方法较多，归纳起来主要有：推理公式法、经验公式法、综合单位线法、调查洪水法等，本节重点介绍推理公式法。

6.4.2 推理公式法计算设计洪峰流量

推理公式法是由暴雨资料推求小流域设计洪水的一种简化方法。它把流域的产流、汇流过程均作了概化，利用等流时线原理，经过一定的推理过程，得出小流域的设计洪峰流量的推求方法。

1. 推理公式的基本形式

在一个小流域中，若流域的最大汇流长度为L，流域的汇流时间为τ，根据等流时线原理，当净雨历时t_c大于等于汇流历时τ时称全面汇流，即全流域面积F上的净雨汇流形成洪峰流量；当t_c小于τ时称部分汇流，即部分流域面积上F_{t_c}的净雨汇流形成洪峰流量，形成最大流量的部分流域面积F_{t_c}，是汇流历时相差t_c的两条等流时线在流域中所包围的最大面积，又称最大等流时面积。

当$t_c \geqslant \tau$时，根据小流域的特点，假定τ历时内净雨强度均匀，流域出口断面的洪峰流量Q_m为：

$$Q_m=0.278\frac{h_\tau}{\tau}F \tag{6-28}$$

式中，h_τ——τ 历时内的净雨深，mm；

0.278——Q_m 为 m^3/s、F 为 km^2、τ 为 h 的单位换算系数。

当 $t_c \geqslant \tau$ 时，只有部分面积 F_{t_c} 上的净雨产生出口断面最大流量，计算公式为：

$$Q_m = 0.278\frac{h_R}{t_c}F_{t_c} \tag{6-29}$$

式中，h_R——次降雨产生的全部净雨深，mm。

F_{t_c} 与流域形状、汇流速度和 t_c 大小等有关，因此详细计算是比较复杂的，生产实际中一般采用水文研究所的简化方法，其近似假定 F_{t_c} 随汇流时间的变化可概化为线性关系，即：

$$F_{t_c} = \frac{F}{\tau}t_c \tag{6-30}$$

将式（6-30）代入式（6-29），则部分汇流计算洪峰流量的简化公式为：

$$Q_m = 0.278\frac{h_R}{\tau}F \tag{6-31}$$

综合上述全面汇流（$t_c \geqslant \tau$）与部分汇流情况（$t_c < \tau$），计算洪峰流量公式为：

$$Q_m = 0.278\frac{h_\tau}{\tau}F \quad (t_c \geqslant \tau) \tag{6-32}$$

$$Q_m = 0.278\frac{h_R}{\tau}F \quad (t_c < \tau) \tag{6-33}$$

式（6-32）及式（6-33）即为推理公式的基本形式，式中 τ 可用式（6-34）计算：

$$\tau = \frac{0.278L}{mJ^{1/3}Q_m^{1/4}} \tag{6-34}$$

式中，J——流域平均坡度，包括坡面和河网，实用上以主河道平均比降来代表，以小数计；

L——流域汇流的最大长度，km；

m——汇流参数，与流域及河道情况等条件有关。

式（6-32）及（6-33）中的地面净雨计算可分为两种情况，如图 6-15 所示。

当 $t_c \geqslant \tau$ 时，历时 τ 的地面净雨深 h_τ 可用式（6-35）计算：

$$h_\tau = (\bar{i}_\tau - \mu)\tau = S_P\tau^{1-n} - \mu\tau \tag{6-35}$$

当 $t_c < \tau$ 时，产流历时内的净雨深 h_R 可用式（6-36））计算：

$$h_R = (\bar{i}_{t_c} - \mu)t_c = S_P t_c^{1-n} - \mu t_c = nS_P t_c^{1-n} \tag{6-36}$$

式中，$\bar{i}_\tau$、$\bar{i}_{t_c}$——汇流历时与产流历时内的平均雨强，mm/h；

μ——产流参数，mm/h。

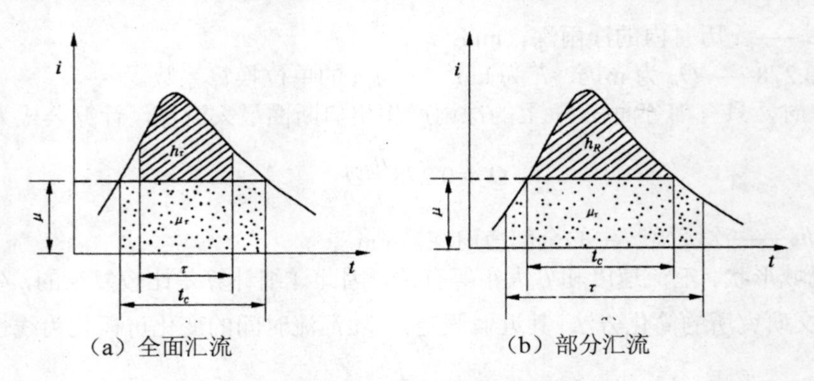

图 6-15 两种汇流情况示意图

经推导，净雨历时 t_c 可用式（6-37）计算：

$$t_c=\left[(1-n)\frac{S_P}{\mu}\right]^{\frac{1}{n}} \tag{6-37}$$

可见，由推理公式计算小流域设计洪峰流量的参数有三类：流域特征参数 F、J、L；暴雨特性参数 n、S_p；产、汇流参数 m、μ。Q_m 可以看成是上述参数的函数，即：

$$Q_m=f(F、L、J;\ n、S_p;\ m、\mu)$$

流域特性参数与暴雨特性参数可根据第 2 章及本章第 6.3 节的计算方法确定，因此关键是确定流域的产、汇流参数。

2. 产、汇流参数的确定

产流参数 μ 代表产流历时 t_c 内地面平均入渗率，又称损失参数。推理公式法假定流域各点的损失相同，把 μ 视为常数。μ 值的大小与所在地区的土壤透水性能、植被情况、降雨量的大小及分配、前期影响雨量等因素有关，不同地区其数值不同，且变化较大。

汇流参数 m 是流域中反映水力因素的一个指标，用以说明洪水汇集运动的特性。它与流域地形、植被、坡度、河道糙率和河道断面形状等因素有关。一般可根据雨洪资料反算，然后进行地区综合，建立它与流域特征因素间的关系，以解决无资料地区确定 m 的问题。各省在分析大暴雨洪水资料后都提供了 μ 和 m 值的简便计算方法，可在当地的《水文手册（图集）》中查到。

3. 设计洪峰流量的推求

应用推理公式推求设计洪峰流量的方法很多，本节仅介绍实际应用较广且比较简单的两种方法；试算法和图解交点法。

(1) 试算法。该法是以试算的方式联解方程组式（6-32）或（6-33）；式（6-34）、式（6-35）

或式（6-36）具体计算步骤如下：

① 通过对设计流域调查了解，结合当地的《水文手册》（图集）及流域地形图。确定流域的几何特征值F、L、J，暴雨的统计参数（$\overline{H}$、C_v、C_s/C_v）及暴雨公式中的参数n，产流参数μ及汇流参数m。

② 计算设计暴雨的雨力S_p与雨量H_{tp}，并由产流参数μ计算设计净雨历时t_c。

③ 将F、L、J、t_c、m代入式（6-32）或式（6-33）），其中Q_{mp}、τ、h_τ（或h_R）未知，且h_τ与τ有关，故需用试算法求解。试算的步骤为：先假设一个Q_{mp}，代入式（6-34）计算出一个相应的τ，将它与t_c比较判断属于何种汇流情况，用式（6-35）或式（6-36）计算出h_τ（或h_R），再将该τ值与h_τ（或h_R）代入式（6-32）或式（6-33），求出一个Q'_{mp}，若Q'_{mp}与假设的Q_{mp}一致（误差在1%以内），则该Q_{mp}及τ即为所求；否则，另设Q_{mp}重复上述试算步骤，直至满足要求为止。

（2）图解交点法。该法是对式（6-32）、式（6-33）与式（6-34）分别作曲线$Q_{mp}\sim\tau'$及$\tau\sim Q'_{mp}$，点绘在同一张图上，如图6-16所示，两线交点的读数显然同时满足上述两个方程，因此交点读数Q_{mp}、τ即为两式的解。

【例6-8】 在某小流域拟建一小型水库，已知该水库所在流域为山区，且土质为黏土。其流域面积$F=84\text{km}^2$，流域的长度$L=20\text{km}$，平均坡度$J=0.01$，流域的暴雨资料同例6-4。试用推理公式法计算坝址处$p=1\%$的设计洪峰流量。

A．试算法。

（1）设计暴雨计算。由例6-4知，雨力$S_p=90\text{mm}/h, n_2=0.65$。根据暴雨公式得历时$t$的设计暴雨量$H_{tp}$，为：

$$H_{tp}=S_p t^{1-n_2}=90t^{0.35}$$

（2）设计净雨计算。根据该流域的自然地理特性，查当地《水文手册》得设计条件下的产流参数$\mu=3.0\text{mm/h}$，按式（6-28）计算净雨历时t_c，为：

$$t_c=\left[(1-0.65)\frac{90}{3.0}\right]^{\frac{1}{0.65}}=37.4\ （\text{h}）$$

（3）计算设计洪峰流量。根据该流域的汇流条件，由$\theta=L/J^{1/3}=90.9$，由该省《水文手册》确定本流域的汇流系数为$m=0.28\theta^{0.275}=0.97$。

假设$Q_{mp}=500\text{m}^3/\text{s}$，代入式（6-34），计算汇流历时$\tau$为：

$$\tau=\frac{0.278L}{mJ^{1/3}Q_m^{1/4}}=5.5\text{h}$$

因$t_c>\tau$，属于全面汇流，由式（6-35）计算得：

$$h_\tau=S_p\tau^{1-n}-\mu\tau=90\times5.5^{1-0.65}-3.0\times5.5=147\ （\text{mm}）$$

将所有参数代入式（6-23）得：

$$Q_{mp}=0.278\frac{h_\tau}{\tau}F=0.278\times\frac{147}{5.5}\times 84=624\ (m^3/s)$$

所求结果与原假设不符，应重新假设 Q_{mp} 值，经试算求得 $Q_{mp}=640m^3/s$。

B．图解交点法。

首先假定为全面汇流，假设 τ，用式（6-32）计算 Q'_{mp}；假设 Q_{mp} 用式（6-34）计算 τ'，具体计算见表 6-15。

表 6-15　交点法计算表

假设 τ（h）	计算 Q'_{mp}（m^3/s）	假设 Q_{mp}（m^3/s）	计算 τ'（h）
（1）	（2）	（3）	（4）
5.60	615	550	5.49
5.40	632	600	5.37
5.20	649	650	5.27
5.00	668	700	5.17

根据表 6-15 分别做曲线 $Q_{mp}\sim\tau'$，$\tau\sim Q'_{mp}$，点绘在同一张图上，如图 6-16 所示，交点读数 Q_m＝$640m^3/s$、τ＝5.29h 即为两式的解。

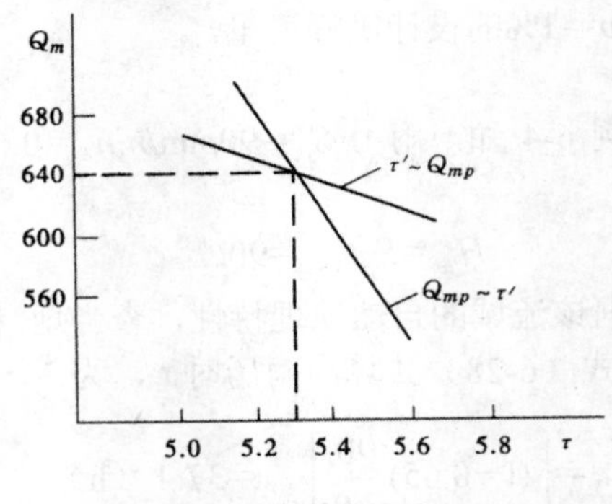

图 6-16　图解交点法

验算：t_c＝37.2h，τ＝5.29h，$t_c>\tau$，原假设为全面汇流是合理的，不必重新计算。

6.4.3　经验公式法

经验公式是根据本地区实测洪水资料或调查的相关洪水资料进行综合归纳，直接建立洪峰流量与影响因素之间的经验相关关系，用数学方程或图示表示洪水特征值的方法。经验公式方法简单，应用方便，如果公式能考虑到影响洪峰流量的主要因素，且建立公式时所依据的资料有较好的可靠性与代表性时，则计算成果可以有很好的精度。按建立公式时考虑的因素，经验公式可分为单因素公式与多因素公式。

1．单因素经验公式

以流域面积为参数的单因素经验公式是经验公式中最为简单的一种形式。把流域面积看作是影响洪峰流量的主要影响因素，其他因素可用一些综合参数表达，公式的形式为：

$$Q_{\mathrm{mp}}=C_{\mathrm{p}}F^{n} \tag{6-38}$$

式中，Q_{mp}——频率为 p 的设计洪峰流量，$\mathrm{m^3/s}$；

C_{p}、n——经验系数和经验指数；

F——流域面积，$\mathrm{km^2}$。

2．多因素公式

多因素经验公式是以流域特征与设计暴雨等主要影响因素为参数建立的经验公式。它认为洪峰流量主要受流域面积、流域形状与设计暴雨等因素的影响，而其他因素可用一些综合参数表达，公式的形式为：

$$Q_{\mathrm{mp}}=CH_{24\mathrm{p}}F^{n} \tag{6-39}$$

$$Q_{mp}=Ch_{24p}^{\alpha}K^{m}F^{n} \tag{6-40}$$

式中，H_{24p}、h_{24p}——最大24h设计暴雨量与净雨量；

C、α、m、n——经验参数和经验指数；

K——流域形状系数。

经验公式不着眼于流域的产汇流原理，只进行该地区资料的统计归纳，故地区性很强，两个流域洪峰流量公式的基本形式相同，它们的参数和系数会相差很大。所以，外延时一定要谨慎。很多省（区）的《水文手册（图集）》上都刊有经验公式，使用时一定要注意公式的适用范围。

6.4.4　调查洪水法推求设计洪峰流量

该方法主要是通过洪水调查或临时设站观测，以获取一次或几次大洪水资料，采用直接选配频率曲线、地区洪峰流量综合频率曲线和历史洪水加成法推求某一频率的设计洪水。

（1）直接选配频率曲线法。如果获得的大洪水资料较多（3～4个以上）时，可用经验频率公式计算出每个洪水的频率并点绘到频率纸上，然后选配一条与经验点据配合很好的频率曲线，将其统计参数与邻近流域进行比较，检查其合理性，若有不合理之处，应对参数进行适当调整。有了频率曲线就可以查出某一频率的设计洪水。

（2）地区洪峰流量的综合频率曲线法。该法首先是根据水文分区内各站的各种频率的模比系数点绘在同一张频率纸上，然后在图上取各种频率模比系数的中值（或均值），绘一条综合的频率曲线，这就是洪峰流量地区综合频率曲线。因为该线的坐标是相对值，所以该区域内各地都可使用。有了这条综合的频率曲线，就可以用于由历史洪水推求设计洪水的设计计算。

假设在设计断面处只调查到一次大洪水，由估算的重现期计算的经验频率为 p_1，其洪峰流量为 Q_{mp1}，则频率为 p 的设计洪峰流量 Q_{mp} 可按下式计算：

$$Q_{mp}=\frac{K_1}{K_p}Q_{mp_1} \tag{6-41}$$

式中，K_1、K_P——在综合频率曲线上查出相应 P_1、P 的模比系数。

若历史洪水不止一个时，则可用同样的方法求出几个设计洪峰流量，取其均值，即为所求。

（3）历史洪水加成法。该方法是将调查的历史洪水的洪峰流量加上一定的成数（或不加成数）直接作为设计洪峰流量。在具有比较可靠的历史洪水调查数据，而其稀遇程度又基本上能够达到工程设计标准时，此方法有一定的现实意义。

6.5 设计洪水的其他问题

6.5.1 可能最大暴雨与可能最大洪水简介

可能最大暴雨，简称 P.M.P.。可能最大洪水，简称 P.M.F.。这是 20 世纪 30 年代提出的从物理成因方面研究设计洪水的一种新途径。

我国从 1958 年开始分析个别地区的可能最大洪水。1975 年河南特大洪水发生后，因水库失事造成巨大损失，引起了人们对水库安全保坝洪水的普遍重视。水利电力部颁发的 SDJ12—78 洪水规范中规定，在设计重要的大中水库以及特别重要的小型水库，且大坝为土石坝时，必须以可能最大洪水作为校核洪水。为此，在全国相继开展了可能最大暴雨和可能最大洪水的分析研究工作，并于 1977 年出版了我国《全国可能最大 24h 点雨量等值线图》。各省区也相继完成了《雨洪图册》的编印工作，系统地分析研究了推求 P.M.P.的各种方法，编制了计算 P.M.P.和 P.M.F.的图表资料，为防洪安全检查和新建水库的保坝设计提供了依据。

可能最大暴雨（P.M.P.）是指在现代气候条件下，特定流域（或地区）一定历时内气象上可能发生的最大暴雨，即暴雨的上限值。将其转化为洪水则称为可能最大洪水（P.M.F.）。

但在目前所具有的水文气象资料及水文气象科学发展水平的条件，还远远不能解决对暴雨的物理上限值精确计算问题，只能逐步地接近它。因此，可以说对 P.M.P.的计算问题，是一个对自然的不断认识过程。随着资料增多，科学的发展必将逐步认识 P.M.P.的物理机制。

现阶段各地计算 P.M.P.的方法很多，归纳起来有水文气象法和数理统计法两大类。但各种方法均处在一种半经验半理论的阶段。

1. 水文气象途径

水文气象法从暴雨地区气象成因着手，认为形成洪水的暴雨是一定天气形式下产生的，因而可用气象学和天气学理论及水文学知识，将典型暴雨模式加以极大化，进行分析计算求得相应的暴雨，作为可能最大暴雨。

这里所说的典型暴雨是指能反映设计流域暴雨特性，且对工程防洪影响大的实测大暴雨。典型暴雨可以采用当地实测大暴雨，也可移用气候一致区的大暴雨，或为多次实测大暴雨综合而成的组合暴雨。

所谓暴雨模式则是把暴雨形成的天气系统，概化成一个包含主要物理因子的某种降雨方程式。

极大化则是指分析影响降雨的主要因子的可能最大值，然后将实测暴雨因子加以放大。

水文气象途径的具体方法有：当地暴雨法、暴雨移置法、暴雨组合法、水汽辐合上升指标法、积云模式等。目前以上各方法尚不成熟，即根据仅有的大暴雨资料，应怎样放大到“可能最大”，尚需进一步研究。

2. 数理统计法

这是一种采用频率分析的原理和方法，来推求可能最大暴雨的方法，如目前使用的统计估算法、频率分析法等。

以上两种途径，各有所长，使用时应互相渗透、互相补充、平行发展。

6.5.2 经验单位线的分析推求

前面已经介绍应用单位线可以推求设计洪水过程，特定流域的单位线一般是根据实测的流域降雨和出口断面流量过程运用单位线的两个基本假定来反求。一般用缩放法、分解法和试错优选法等。

1. 缩放法

如果流域上恰有一个单位时段且分布均匀的净雨 h_s 所形成的一个孤立洪峰。那么，只要从这次洪水的流量过程线上割去地下径流，即可得到这一时段降雨所对应的地面径流过程线 $Q \sim t$ 和地面净雨 h_s（等于地面径流深）。利用单位线的第一假定——倍比假定，对 $Q_s \sim t$ 按倍比 $10/h_s$ 进行缩放，便可得到所推求的单位线 $q \sim t$。

2. 分解法

如流域上某次洪水是由几个时段的净雨所形成，则需用分解法求单位线。此法是利用前述的两项基本假定，先把实测的总的地面径流过程分解为各时段净雨的地面径流过程，再如缩放法那样求得单位线。下面结合实例说明具体计算方法。

【例 6-9】 某水文站以上流域面积 $F=963\text{km}^2$，1997 年 6 月发生一次降雨过程，实测雨量列于表 6-16 第（6）栏，所形成的流量过程列于第（3）栏。现从这次实测的雨洪资料中分析时段为 6h 的 10mm 净雨单位线。

（1）分割地下径流，求地面径流过程及地面径流深。因该次洪水地下径流量不大，按水平分割法求得地下径流过程，列于表中第（4）栏。第（3）栏减去第（4）栏，得第（5）栏的地面径流过程，于是可求得总的地面径流深 h_s 为：

$$R_S=\frac{\Delta t\sum Q_i}{F}=\frac{6\times 3\,600\times 3\,028}{963\times 1\,000^2}=68.0\ （\text{mm}）$$

（2）求地面净雨过程。本次暴雨总量为 118.7mm，则损失量为 118.7－68.0＝50.7mm。根据该流域实测资料分析，后损期平均入渗率 $\overline{f}=1\text{mm}/h$，则每时段损失量为 6mm。由雨期末逆时序逐时段扣除损失得各时段净雨，逆时序累加各时段净雨，当总净雨等于地面径流量 68.0mm 时，剩余降雨即为初损。计算的各时段净雨列于第（7）栏。

表 6-16 某河某站 1997 年 6 月一次洪水的单位线计算表

时间		实测流量（m³/s）	地下径流（m³/s）	地面径流（m³/s）	流域降雨（mm）	地面净雨（mm）	各时段净雨的地面径流（m³/s）		计算的单位线 q（m³/s）	修正后的单位线 q（m³/s）	用单位线还原的地面径流（m³/s）
月·日·时	时段（Δt）						63.0	5.0			
（1）	（2）	（3）	（4）	（5）	（6）	（7）	（8）	（9）	（10）	（11）	（12）
6·17·14	0	15	15	0	15.0	0					0
20	1	15	15	0	87.8	63.0	0		0	0	0
02	2	118	15	103	11.0	5.0	103	0	16	16	101
18·08	3	1 349	15	1 334	3.6	0	1 326	8	210	210	1 331
14	4	585	15	570	1.3	0	465	105	74	75	578
20	5	338	15	323			286	37	45	47	334
02	6	253	15	238			215	23	34	35	245
19·08	7	189	15	174			157	17	25	25	175
14	8	137	15	122			109	13	17	17	120
20	9	103	15	88			79	9	13	13	91
02	10	67	15	52			46	6	7	7	51
20·08	11	39	15	24			0（20）	4	0	0	4
14	12	15	15	0				0（2）			0
合计				3 028（折合 68.0 Mm）	118.7	68.0			441（折合 9.9 mm）	44（折合 10.0 mm）	3 030（折合 68.0 mm）

（3）分解地面径流过程。首先，联合使用假定（1）和假定（2），将总的地面径流过程

分解为 63.0mm（$h_{s.1}$）产生的和 5.0mm（$h_{s.2}$）产生的地面径流。总的地面径流过程从 17 日 20 时开始，依次记为 Q_0、Q_1、Q_2…；$h_{s.1}$ 记为 Q_{1-0}、Q_{1-1}、Q_{1-2}、…；$R_{S.2}$ 的则是从 18 日 2 时开始（错后一个时段），依次记为 Q_{2-0}、Q_{2-1}、Q_{2-2}、…；由假定（2），$Q_{1-0}=0$ 再根据假定（1）判知 $Q_{2-0}=(h_{s.2}/h_{s.1})=0$；重复使用假定（2），$Q_1=103=Q_{1-1}+Q_{12-1}=Q_{1-1}+0$，即得 $Q_{1-1}=103\text{m}^3/\text{s}$；再由假定（1），$Q_{2-1}=(h_{s.2}/h_{s.1})\times Q_{1-1}=(5.0/65.0)\times 103=8\text{m}^3/\text{s}$。如此反复使用单位线的两项基本假定，便可求得第（8）、（9）栏所列的 65.0mm 及 5.0mm 净雨分别产生的地面径流过程。然后，运用假定（1），对第（8）栏乘以（10/65.0），便可计算出单位线 q，列于第（10）栏。该栏数值也可由第（9）栏乘（10/5.0）而得。

（4）对上步计算的单位线检查和修正。由于单位线的两项假定并不完全符合实际等原因，使上步计算的单位线有时出现不合理的现象，例如计算的单位线径流深不正好等于 10mm，或单位线的纵标出现上下跳动，或单位线历时 T_q 不能满足下式的要求。

$$T_q=T-T_s+1 \tag{5-42}$$

式中，T_q——单位线历时（时段数）；

T——洪水的地面径流历时（时段数）；

T_s——地面净雨历时（时段数）。

若出现上述不合理情况，则需修正，使最后确定的单位线径流深正好等于 10mm，底宽等于（$T-T_s+1$），形状为光滑的铃形曲线，并且使用这样的单位线做还原计算，即用该单位线由地面净雨推算地面径流过程（如表中第（12）栏）与实测的地面径流过程相比，误差最小。根据这些要求对第（10）栏计算的单位线进行检验和修正，得第（11）栏最后确定的单位线 $q\sim t$，它的地面径流深正好等于 10mm，底宽等于 10 个时段。

3．试错优选法

当一场洪水过程中，净雨历时较长，如大于 3 个净雨时段，用分析法推求单位线常因计算过程中误差累积太多，使解算工作难以进行到底，这种情况下比较有效的办法是改用试错优选法。

表 6-17 某流域试错法推求单位线实例

时段 Δt =6h	净雨（mm）	实测地面径流（m^3/s）	假定单位线 q（m^3/s）	各时段净雨产生的径流（m^3/s）				部分径流之和（5）+（7）+（8）（m^3/s）	h_2 产生的径流（m^3/s）	由 h_2 分析的单位线（m^3/s）	采用单位线 q（m^3/s）
				7.5 mm	18.5 mm	11.3 mm	6.7 mm				
（1）	（2）	（3）	（4）	（5）	（6）	（7）	（8）	（9）	（10）	（11）	（12）
1	7.5	0	0	0				0	0	0	
2	18.5	95	120	90				90	5	3	0
3	11.3	460	300	225		0		225	235	127	124

（续表）

时段 Δt =6h	净雨（mm）	实测地面径流（m^3/s）	假定单位线 q（m^3/s）	各时段净雨产生的径流（m^3/s）				部分径流之和（5）+（7）+（8）（m^3/s）	h_2 产生的径流（m^3/s）	由 h_2 分析的单位线（m^3/s）	采用单位线 q（m^3/s）
				7.5 mm	18.5 mm	11.3 mm	6.7 mm				
（1）	（2）	（3）	（4）	（5）	（6）	（7）	（8）	（9）	（10）	（11）	（12）
4	6.7	810	140	105		136	0	241	569	308	304
5		770	85	64		339	80	483	287	155	148
6		540	60	45		158	201	404	136	74	80
7		345	40	30		96	94	220	125	68	64
8		220	20	15		68	57	140	80	43	42
9		120	5	4		45	40	89	31	17	18
10		60	0	0		23	27	50	10	5	5
11		25				6	13	18	7	4	2
12		5				0	3	3	2	1	0
13		0					0	0	0	0	

试错优选法就是先假定一条单位线（表 6-17 中第（4）栏）作为本次洪水除最大的一个时段净雨外的其他时段净雨的试用单位线，并计算这些净雨产生的流量过程，然后错开时段叠加，得到一条除最大一个时段净雨外其余各时段净雨所产生的综合流量过程线。很明显，原来的洪水过程减去计算的上述综合出流过程，即得到一条最大时段净雨（h_2=18.5mm）所产生的流量过程线，将其纵坐标分别乘以（$10/h_2$=10/18.5），即得到该时段净雨所产生的 10mm 净雨单位线，列于第（11）栏中。将此单位线与原采用的单位线进行比较，并采用其平均值。再重复上述步骤，直到满意为止。本例中，两条单位线差别不大，可以取其平均值作为最终采用的单位线，如第（12）栏。

6.5.3 设计洪水的地区组成

当规划设计梯级水库群以及水库下游河道的防洪能力时，就需要分析、研究一定频率设计洪水的地区组成，即计算当设计断面发生设计洪水时，上游水库处及其区间发生的洪水峰、量和洪水过程线。如图 6-17 所示，上游 A 处拟建一水库，负担下游 B 断面附近地区的防洪任务。要推求设计断面 B 处即下游的设计洪水，就必须分析、研究该断面设计洪水的地区组成，亦即上游 A 库和 AB 区间发生相应洪水的情况。现以洪量表示为 $W_{下}=W_{上}+W_{区}$（考虑洪水传播的叠加）。显然对于同 $W_{下}$，由于上下游暴雨分布的随机性，可以由无数个 $W_{上}$和 $W_{区}$组合叠加，因而 $W_{下}$、$W_{上}$、$W_{区}$都是随机变量。目前常用的方法是先把下游天然条件下设计值确定，即定 $W_{下P}$，而后规定一个 $W_{上}$和 $W_{区}$的特殊组合情况提供规划设计用。设计洪水地区组成的计算方法有以下几种。

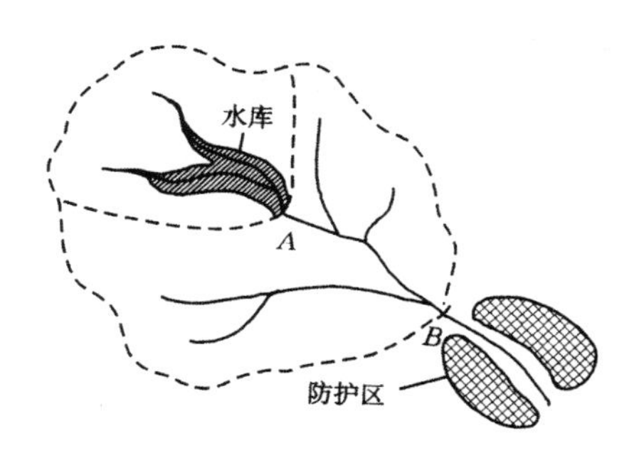

图6-17 防洪水库与防护区位置示意图

（1）相关法。统计下游断面各次较大洪水过程中，某种历时的最大洪量及相应时间内（考虑洪水传播演进时间）上游控制断面与区间的洪量，点绘相关图；然后根据下游设计断面设计洪量，由相关线上查得上游控制断面及区间的设计洪量，作为设计洪水的地区组成洪量；再按已求得的洪量作控制，用同倍比放大上游各断面及区间的典型洪水过程线。

相关法一般用于设计断面以上各地区洪水组成比例较为稳定的情况。但应注意检查上游各断面及区间的洪水过程演算至下游控制断面，水量是否平衡，若不平衡应进行修正。

（2）典型洪水地区组成法。从实测资料中选出若干个在设计条件下可能发生的，并且在地区组成上具有一定代表性（如洪水主要来自上游、主要来自区间或在全流域均匀分布）的典型洪水过程，然后以设计断面（下游断面）某一控制时段的设计洪量作控制，按典型洪水各区相同时段洪量组成比例，放大各断面及区间的洪水过程，以确定设计洪水的地区组成。

本方法简单、直观，是工程设计中最常用的方法之一，尤其适合于地区组成比较复杂的情况。方法的关键是选择恰当的洪水典型。

（3）同频率地区组成法。同频率地区组成法，就是根据防洪要求，指定某一局部地区的洪量与下游控制断面的洪量同为设计频率，其余洪量再根据水量平衡原则分配到流域的其他地区。一般考虑以下两种同频率组成情况。

① 当下游断面发生设计频率p的洪水为$W_{下P}$时，上游断面也发生频率p的洪水为$W_{上P}$，而区间为相应的洪水为$W_{区}$，即：

$$W_{区}=W_{下P}-W_{上P} \tag{6-43}$$

② 当下游断面发生设计频率P的洪水为$W_{下P}$时，区间也发生频率P的洪水为$W_{区P}$，上游断面为相应的洪水为$W_{上}$，即：

$$W_{上}=W_{下P}-W_{区P} \tag{6-44}$$

究竟选用哪种组成作设计，要视分析的结果并结合工程性质的需要综合确定。如经分析，这种同频率组合实际可能性很小时，则不宜采用。

要指出的是，现行设计洪水地区组成的计算方法还很不完善，主要问题之一是这种特定的组合方法能否达到设计标准，至今尚未确认。为此，在拟定好洪水的地区组成方案后，应对成果的合理性进行必要的分析。例如对放大所得的各地区设计洪水过程线，当演进汇集到下游控制断面时，应能与该断面的设计洪水过程线基本一致，如发现差别过大时应进行修正。修正的原则一般是以下游控制断面的设计洪水过程为准，适当调整各上游断面及区间的来水过程。

6.5.4 分期设计洪水问题

在水利枢纽施工期间,常需要推求施工期间的设计洪水作为预先研究施工阶段的围堰、导流、泄洪等临时工程，以及制定各种工程施工进度计划的依据与参考。由于水利工程施工期限较长，不同阶段抵御洪水能力不同，随着坝体升高，泄洪条件在不断变化，因此施工设计洪水一般要求指定分期内的设计洪水。同样，水库在汛期控制运用时，为了防洪安全和分期蓄水，也需要计算分期设计洪水。

分期设计洪水计算要根据河流洪水特性，将 1 年分成若干分期，认为逐年发生在同一分期内的最大洪水是独立的，可以分别进行统计。然后绘制各个分期内洪峰及各种历时洪量最大值频率曲线，也可用与年最大设计洪水计算的同样方法绘制设计洪水过程线。因此分期设计洪水计算主要解决如何划定分期以及分期洪水频率计算中的一些具体问题。

分期的划定须考虑河流洪水的天气成因以及工程设计、运行中不同季节对防洪安全和分期蓄水的要求。首先应尽可能地根据不同成因的洪水出现时间进行分期。例如浙江 7 月上旬以前为梅雨形成洪水，7 月中、下旬以后为台风雨形成的洪水。据此分期，水库可以采用不同的汛期防洪限制水位。施工设计洪水时段的划分还要根据工程设计的要求，例如为选择合理的施工时段，安排施工进度等，常需要分出枯水期、平水期、洪水期的设计洪水或分月设计洪水。应当注意，为了减少分期洪水频率计算成果的抽样误差，分期不宜短于 1 个月。

分期洪水频率计算一般按分期年最大值法选样，若一次洪水跨越两个分期时，视其洪峰流量或定时段洪量的主要部位位于何期，即作为该期的样本，而不应重复选样。历史洪水按其发生的日期，分别加入各分期洪水的系列进行频率计算。

对分期设计洪水的成果也要进行合理性分析。主要分析分期设计洪水的均值各种频率的设计是否符合季节性的变化规律，以及各分期洪水的峰量频率曲线与全年最大洪水的峰量频率曲线是否协调。

6.6 习题与思考题

1．为什么要计算设计洪水？推求设计洪水的途径有哪些？各途径的基本思路如何？

2．设计洪水中为什么要考虑历史特大洪水？加人历史特大洪水对设计值有何影响？

3．特大洪水的处理包括哪两个方面？

4．为什么洪峰流量和洪量的选样要用年最大值法独立选样？

5．试述由流量资料推求设计洪水与由流量资料推求设计年径流的异同点。

6．如何对设计洪水成果进行合理性分析？

7．由暴雨资料推求设计洪水的前提假定是什么，是在哪一步引入频率的概念的？

8．由暴雨资料推求设计洪水和由某场实际暴雨资料推求相应的实际洪水有何不同？

9．由暴雨资料推求设计洪水在湿润地区和干旱地区有何不同？

10．为什么要划分设计净雨？地面净雨深和地面径流深在数值上相同，在含义上有什么不同？

11．单位线的定义和假定是什么？小流域为什么很少用时段单位线推求设计地面洪水过程线？如何综合和使用瞬时单位线？

12．推理公式法的假定及公式的基本形式是什么？公式中共有几个基本参数？各参数的意义如何？

13．已知某流域有 17 年实测洪水资料，如表 6-18 所示。另调查到 1936 年曾发生过一次大洪水，据洪痕推算洪峰流量为 10 000m^3/s，取 $C_S/C_V=2.5$。

（1）试推求 200 年一遇的设计洪峰流量。

（2）已知设计洪水的最大 3 日洪量为 24.6×$10^8 m^3$，最大 7 日洪量为 33.7×$10^8 m^3$，典型过程如表 6-19 所示。用同频率法推求 200 年一遇的设计洪水过程线。

表 6-18　某流域实测洪峰流量表

年份	1936	1984	1985	1986	1987	1988	1989	1990	1991
洪峰流量（m^3/s）	10 000	3 900	2 840	4 470	5 260	3 390	5 180	3 890	3 490
年份	1992	1993	1994	1995	1996	1997	1998	1999	2000
洪峰流量（m^3/s）	6 700	7 700	2 520	5 140	5 320	6 940	8 670	4 510	6 830

表 6-19　典型洪水过程线

时间（h）	0	12	24	36	48	60	72	84
流量（m^3/s）	390	2 420	1 760	1 200	6 700	4 400	2 300	3 800
时间（h）	96	108	120	132	144	156	168	
流量（m^3/s）	2 500	1 500	1 000	700	550	460	400	

14．某流域面积为 $F=341km^2$，根据所给资料，推求 $P=2\%$的设计洪水过程线。

（1）暴雨参数：暴雨设计历时为 1 日，流域中心最大 1 日点雨量统计参数 $\overline{H}=110mm$，

C_V=0.58，C_S/C_V=3.5，暴雨点面折减系数为 α=0.92。暴雨时程分配百分比见表 6-20。

表 6-20　设计暴雨时程分配百分比

时段（Δt=6h）	1	2	3	4	合计
分配百分比（%）	11	63	17	9	100

（2）产流参数：本流域位于湿润地区，I_m=100mm。用同频率法求得设计 $p_{a,p}$=78mm，流域的稳定下渗率 f_c=1.5mm/h。

（3）汇流参数：设计地面洪水过程由综合瞬时单位线法推求，流域综合瞬时单位线参数 n=3.5，k=4.0h，Δt=6h。设计地下洪水过程采用简化三角形法计算，假定地下径流的峰值出现在地面径流的终止时刻，地下径流的历时是地面径流历时的 2 倍，基流取常数为 20m^3/s。

15．已知某小流域有下述资料，试用推理公式法计算 p=1%的设计洪水过程。

（1）流域特征参数：流域面积 F=194km^2，主河长 L=32.1km，河流比降 J=0.932%。

（2）流域暴雨参数：由《水文手册》查得该流域中心处年最大 24h 暴雨的统计参数为：$\bar{H}_{24} = 85.0\text{mm}$，$C_V$=0.45，$C_S/C_V$=3.5，$n_2$=0.75。

（3）流域产汇流参数：由当地《水文手册》查得 $m = 0.092[L/(J^{\frac{1}{3}}F^{\frac{1}{4}})]^{0.636}$，$\mu = 3.0\text{mm/h}$。设计洪水过程线为三角形过程线，且 $r=T_2/T_1=2$。

第 7 章　水资源区划

7.1　概　　述

水资源分析评价与管理涉及社会、经济、环境、生态等领域。问题多，关系复杂，一般要求分区进行，并采取自上而下、自小到大、先具体后综合归纳的方法进行研究。由于水资源的时空变化是相当复杂的，在较大范围内，不同地区或同一地区不同时间的水资源具有不同特点。这就构成了水资源时空分布的差异性。但在一定范围内水资源的变化又是相互联系和制约的，形成水资源时空分布的相似性。不同区域的水资源特点的差异性和相似性，为分区研究水资源的变化规律提供了可能。

在水资源开发利用过程中，为了充分发挥水资源的经济效益，不同地区、不同时间所采用的开发利用方案也常常是不同的。合理的水资源开发利用方案除需考虑社会经济条件外，还要充分考虑水资源时空分布的差异与联系。只有分区进行水资源供需分析研究，才便于区分水资源评价要素在地区之间的差异，真实反映水资源的供需矛盾、余缺水量的状况，探索开发利用的特点和规律，对不同地区采取不同的对策和措施，有利于因地制宜、因时制宜地按照水资源变化的自然规律有针对性地提出水资源开发利用的建议，对水资源进行科学管理。

水资源区划就是要在水资源分析计算的基础上，以对各部门需水要求有决定意义的若干指标为依据，充分考虑自然条件和水资源时空变化的差异性、相似性，把特定区域划分为若干个水资源条件有着明显差异的地区和计算单元，为分区制定合理的水资源开发利用方案提供科学依据。一般来说，水资源区划主要内容包括：根据各用水单位的不同需要选定区划指标，通过分析计算和实地调查确定分区界限，阐明不同类型区的水资源特点和规律，提出合理开发利用水资源的措施与建议等。

7.2　水资源区划的原则与指标

水资源分析计算和评价所有的工作都是分区进行的，所以划区工作是水资源分析评价与管理工作中的一项非常重要的基础工作，往往要反复研究才能最终确定。

7.2.1 水资源区划的原则

首先，水资源区划应符合同一分区内水资源的变化具有最大相似性，不同分区水资源变化具有最大差异性的方针。在一般情况下，水资源区划以反映不同地区水资源的数量、质量为主，以各部门特殊的需水要求为辅。这样，水资源区划就能够充分反映水资源变化的区域特点，又能最大限度地满足水资源供需平衡分析与规划设计的要求。

其次，水资源区划应有利于综合研究该区的水资源的开发、利用、管理和保护等问题；有利于充分揭示本区的水资源供需矛盾、余缺状况；有利于资料的收集、整理、统计和分析；有利于计算成果的校核、验证以及各分区之间的协调、汇总等；有利于兼顾到工农业布局和地方经济的发展。

综上所述，分区的主要原则如下。

（1）按流域水系划分。同一流域可按上、中、下游或山丘区、平原区划分。大河干流区间不应以河为界分区。分区要便于算清各分区入、出境等水账，便于按照从上游到下游的顺序进行供需平衡计算。

（2）按骨干供水工程设施的供水范围分区。这里包括规划中新增加的和交叉供水的供水系统。这样划区，有利于查清本区水旱灾害情况，分析本区供需之间的矛盾。

（3）按自然地理条件和水资源开发利用特点的相似性分区。这样做既突出了各个分区的特点，又便于在一个分区内采取比较协调一致的对策措施。

（4）照顾行政区划。这样考虑，有利于基本资料的搜集和统计，以及供需分析成果的汇总。

7.2.2 水资源区划的指标

水资源区划的指标一般可以划分为两大类：一类是各用水部门普遍关注的三项基本指标，即水资源的数量、质量、能量指标；另一类是满足某些用水部门特殊需要的辅助指标，如影响农业灌溉、航运、城市生活用水的旱涝指数，径流年内分配，枯季最小流量或河流封冻天数等。一般来说，在水资源区划的基本指标中，水资源数量可用多年平均径流深或多年平均河川径流量、地下水补给量或水资源总量来表示；水资源质量可用反映天然水质的矿化度、总硬度、总碱度或 *pH* 值来表示，同时也可采用反映污染程度的径污比、单位面积农药使用量或污染级指数等指标；水力资源可用水能资源理论蕴藏量等指标来反映。

水资源区划的指标是多种多样的。如何选取指标进行分区才能满足水资源区划的原则的要求往往有一定困难，在一般情况下，应当优先满足各用水部门对水资源供需分析的普遍需要，而重点考虑选用基本指标。当有关用水部门对水资源的供需分析有特殊需要时，则可优先采用辅助指标。在进行区域水资源综合区划时，也可同时采用基本指标和辅助指标。

7.3　水资源区划的方法

水资源区划分区的方法为逐级划区，把要研究的整个区域划为若干个一级区，每一个一级区又可划分为若干个二级区，依此类推。最后一级区常称为计算单元。在水资源评价与管理分析中，分区的大小应根据需要来定，不宜过大，也不宜过小。如果分区过大，把几个流域、水系或供水系统拼在一起进行调算，往往会掩盖地区之间的供需矛盾，造成“缺水”是真、“余水”是假的现象；如果分区过小，则各项分析、计算的工作量将成倍增加，所以要慎重划分。

7.3.1　综合法

选择两个或两个以上的水资源区划指标，将特定区域划分为若干个干区、小区等，这种采用多指标逐级进行水资源区划的方法叫做综合法。利用综合法进行水资源区划，有利于从不同角度更充分地反映出水资源的地区分布特点。综合法中选用的区划指标不受基本指标和辅助指标的限制。

一般情况下，划分高级单元时，以较概括的、较稳定的水资源特征值为基本指标；划分较低级单元时，则以较具体的、较易改变的特征值为基本指标。若基本指标和辅助指标相结合时，在分区内仍要选用若干辅助指标。如全国水资源区划主要是为全国农业区划和规划服务的，因此分级不宜过多，分区不宜过细。根据不同的要求、区划范围大小和平衡要素的变化幅度，一般仅划到两级，第一级称为水资源地区，第二级称为水资源区。在水资源区划分的基础上，各地再进行第三级、第四级及四级以下的供需平衡区的划分，进行水资源分析计算和评价，揭示出各地水资源供需平衡特点和存在问题，便于水资源的科学管理。下面仅介绍水资源地区、水资源区采用综合法划分的方法。

1. 水资源地区的划分

水资源地区为一级区，其划分应以较概括的、较稳定的水资源特征值为基本指标。而水资源特征值中以水量的多寡最为恰当，一般常用多年平均径流深来表示。其原因如下。

（1）对农业用水来说，最重要的是水量问题。有了水，即便来水期与用水期不适应，也可以通过兴利调节来改变，而没有水或水量不足则较难补救，无法满足用水要求。

（2）水量的多寡各年虽有所不同，但多年平均值是相对稳定的。

（3）根据水量所划分的区域，可以明显反映出各区水量余缺的情况，又能与其他自然区划（如气候、植被、地形等）相联系。

除采用多年平均径流深为基本指标外，还将采用干燥指数以及径流量与蒸发量的比值作为辅助指标，以便更充分地说明各地的干湿状况。

一级水资源地区的划分选用上述基本指标和辅助指标，结合分析大范围的径流形成条件，包括气候、地形、植被以及对水资源特性有重大影响的其他现象，将全国划分为 11 个水资源地区：东北地区、华北地区、秦岭及大别山地区、东南地区、西南地区、滇西—藏东南地区、内蒙古地区、西北山地地区、西北盆地地区、青藏高原东部南部地区和姜塘地区。

2. 水资源区的划分

水资源地区确定之后，在每个水资源地区范围内，均应再划分若干个水资源区，即二级区。二级区的划分应以较具体的、较易改变的特征值为基本指标。对农业灌溉和其他国民经济部门用水来说，不同时期的可能来水量尤为重要。为反映水资源的年内变化特点，采用径流年内分配作为水资源区的划分指标。径流年内分配主要包括：汛期和枯水期出现的时间、水量；连续 4 个月和径流量最大月出现时间与水量集中程度；主要灌溉期来水量与年来水量的比值；径流量最小月和年最大流量出现的时间以及径流年内分配不均匀程度等。这些都是灌溉用水、防洪除涝、保证作物正常生长所必须考虑的因素。根据上述情况的分析研究，全国共划分为 83 个水资源区（含台湾渚河）。我国东北地区划分为 6 个水资源区：大兴安岭北部区、大兴安岭东侧和小兴安岭西侧区、小兴安岭东侧区、长白山地西侧区、长白山地东侧区、三江平原区。

7.3.2 谱系群分析法

在特定区域内，选择资料质量好、面上分布均匀的若干代表站，根据选定的区划指标的逐年实测资料，进行各站组合计算相关系数；然后采用逐次形成法依次进行连接合群，反复进行，直到所选代表站都合群为止；这时，大于或等于一定置信水平下相关系数临界值的群作为水资源区划，这种方法叫做谱系群分析法。

一般来说，谱系群分析法常采用反映水资源量和分布的多年平均降水量作为区划指标。因为降水资料能满足在区域内分布均匀且资料质量好的条件。而其他资料往往很难达到此要求，如一般区域内站点较少，难于选出面上分布均匀的若干代表站径流资料来进行谱系群分析。

现以多年平均降水量作为水资源区划的指标，说明用谱系群分析法进行区划的具体步骤。

（1）在特定区域内选择资料较好，实测年降水量资料同步系列较长的分布较为均匀的若干站作为分析代表站。然后逐站分别组合计算相关系数，计算公式为：

$$\gamma_{jk}=\frac{\sum_{i=1}^{n}(p_{ji}-\overline{p}_j)(p_{ki}-\overline{p}_k)}{\sqrt{\sum_{i=1}^{n}(p_{ji}-\overline{p}_j)^2\times\sum_{i=1}^{n}(p_{ki}-\overline{p}_k)^2}} \tag{7-1}$$

式中，γ_{jk}——j 站与 k 站年降水量相关系数；

p_{ji}, p_{ki}——j，k 两站逐年降水量；

$\overline{p}_j, \overline{p}_k$——$j$，$k$ 两站多年平均降水量；

$j,k=1,2,3,\cdots,m$ （站序号），$j \neq k$；

$i=1,2,3,\cdots,n$ （年序号）。

根据所选 m 个代表站资料可计算得到 $m\times(m-1)/2$ 个相关系数。如 $m=23$，则 $23\times(23-1)/2=253$ 个相关系数。

（2）将计算出来的 $m\times(m-1)/2$ 个相关系数组成一个对称的相关系数矩阵下三角，见表 7-1。根据相关系数从＋1 至－1 为最相似至最不相似的原则，采用逐次形成法（对合群的相关系数，用加权平均法计算）依次进行连接合群。其原则是：

表 7-1　相关系数矩阵表

站名		盏西	太极村	腾春	新歧	南外河	下拉线		瑞丽	麻栗坝	龙川	梁河	三家村
站名	编号	1	2	3	4	5	6	……	18	19	20	21	22
太极村	2	0.81											
腾春	3	0.48	0.76										
新歧	4	0.82	0.74	0.43									
南外河	5	0.82	0.77	0.54	0.60								
下拉线	6	0.09	−0.06	0.00	-0.04	−0.05							
	……												
瑞丽	18	0.43	0.48	0.51	0.49	−0.38	0.27						
麻栗坝	19	0.86	0.75	0.59	0.74	0.80	0.16		0.63				
龙川	20	0.67	0.73	0.80	0.65	0.53	0.18		0.62	0.75			
梁河	21	0.86	0.91	0.72	0.69	0.75	0.09		0.51	0.86	0.82		
三家村	22	0.76	0.68	0.44	0.75	0.54	0.02		0.29	0.68	0.57	0.78	
油竹坝	23	0.73	0.80	0.75	0.63	0.62	−0.03		0.51	0.78	0.78	0.90	0.66

① 若两个站在已形成群中未出现过，这两个站另成新群；

② 若两个站中一个站在已分好的群中出现过，另一个站就加入该群；

③ 若两个站曾分别出现在已分好的两个群中，则把这两个群连接在一起；

④ 若两个站都已出现在分好的同一群中，这两个站即不再分群。

（3）根据上述原则采用逐次形成法反复进行连接合群计算，直至所有的站都已合群（见图 7-1）。

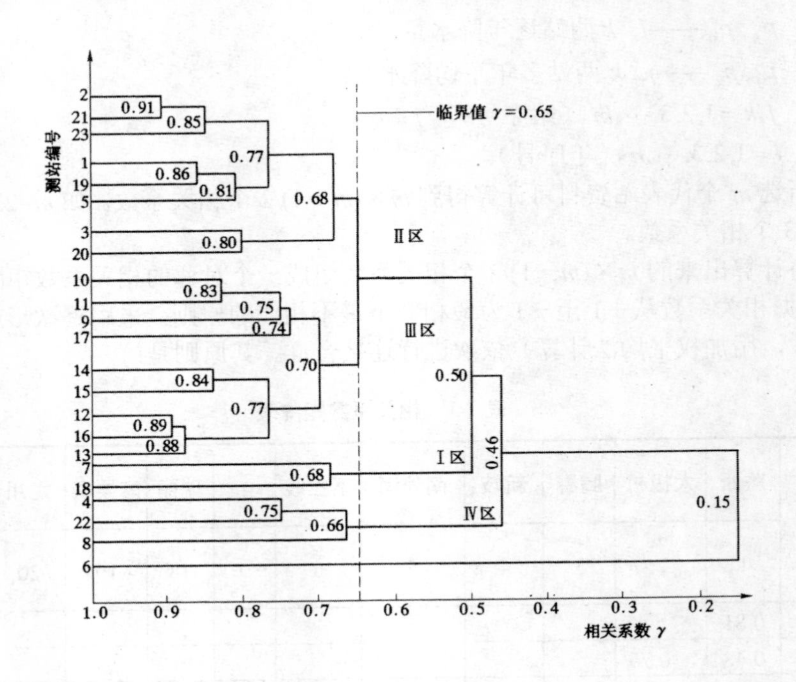

图 7-1 谱系图

（4）上述表 7-1、图 7-1 资料为云南省伊洛瓦底江流域水资源资料。已知其分析资料年数为 16，令置信水平 $\alpha=0.01$，查相关系数检验表（见表 7-2）得显著相关系数的临界值 $\gamma_{0.01}=0.063$。若以 0.65 作为临界标准，即可在图 7-1 中分为 4 个大群。根据测站位置参照地形、地貌等下垫面特点将特定区域划分为 4 个区（见图 7-2）。

表 7-2 相关系数检验表

$N-2$ \ α	0.05	0.01	$N-2$ \ α	0.05	0.01
1	0.997	1.000	21	0.413	0.526
2	0.950	0.990	22	0.404	0.515
3	0.878	0.959	23	0.396	0.505
4	0.811	0.917	24	0.388	0.496
5	0.754	0.874	25	0.381	0.487
6	0.707	0.834	26	0.374	0.478
7	0.666	0.798	27	0.367	0.470
8	0.632	0.765	28	0.361	0.463
9	0.602	0.735	29	0.355	0.456

（续表）

α / $N-2$	0.05	0.01	α / $N-2$	0.05	0.01
10	0.576	0.708	30	0.349	0.449
11	0.553	0.684	31	0.325	0.418
12	0.532	0.661	32	0.304	0.393
13	0.514	0.641	33	0.288	0.372
14	0.497	0.623	34	0.273	0.354
15	0.482	0.606	35	0.250	0.325
16	0.468	0.590	36	0.232	0.302
17	0.456	0.575	37	0.217	0.283
18	0.444	0.561	38	0.205	0.267
19	0.432	0.549	39	0.195	0.254
20	0.423	0.437	40	0.138	0.181

图 7-2 中四个区分别为：I、大盈江下游；II、大盈江中游、南宛河流域及龙川江下游；III、龙川江中游及芒市河；IV、槟榔江、龙川江上游。

图 7-2　水资源分区图

应当指出，在水资源区划的实际工作中，应采取广集资料、多种方法、综合分析、合理选用的原则，使最后确定的分区既能充分反映水资源变化的区域特点，又兼顾到流域水系、供水系统、行政区划、水利区划的完整性及水资源开发利用的需要。只有这样才能避免破坏流域水系、供水系统和行政区划的完整性，便于资料的搜集和统计分析，有利于算清各分区的水资源量及入、出境水量，有利于成果校核、汇总及水资源分析、计算和评价。下面以江西省萍乡市水资源区划为例来具体说明。

萍乡市位于江西省西部湘赣边界。地理位置：东经 113°34′～114°16′，北纬 26°57′～

28° 01′。土地总面积为 3 827.44km^2，属湘赣丘林山区，为中亚热带湿润季风气候。

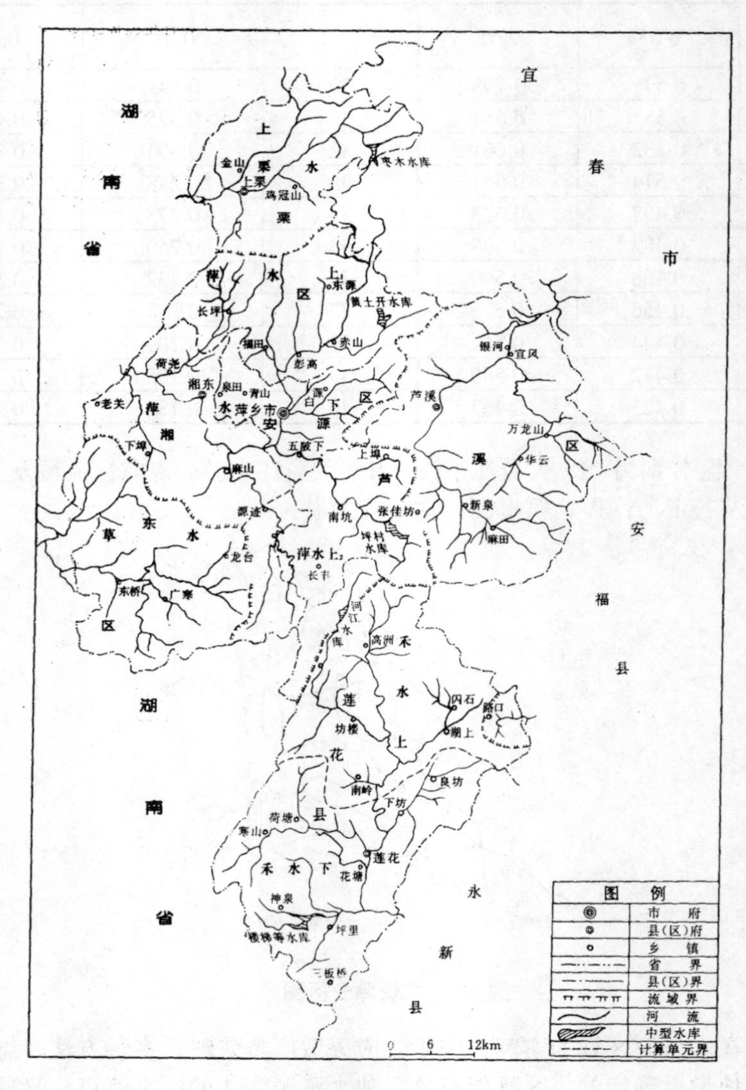

图 7-3　萍乡市水资源区划图

降水丰沛，光照充足，四季分明。春末夏初阴雨连绵，伏秋干旱少雨，年平均气温 17.4℃，平均年日照时数 1581h，全市多年平均降水量 1591.3mm，多年平均水面蒸发量 900mm（E-601）。全市河流分属湘江渌水、赣江禾卢水和袁河三个水系。行政区划为一县四区：莲花县、安源区、芦溪区、湘东区和上栗区，总人口 1 616 358 人。1990 年全市工农业总产值为 27 5815 万元，其中工业总产值 206 930 万元，农业总产值 68 885 万元。小水电较为发达，到 1990 年止，总装机容量为 2.44 万 kW，年发电量 6 175 万 kWh。现有耕地面积 809 052 亩，其中水田 712 782 亩，旱地 96 270 亩，现有灌溉面积 611 600 亩，为耕地面积的 75.6%。

水资源开发利用状况是由自然条件、经济发展、水资源特点和水利工程布局等因素所决定的。为了揭示萍乡市各地水资源利用条件与供需矛盾的差异，需将全市划分为若干个计算单元分别进行分析研究。按照全国统一分区编号，本市属长江流域片（一级区，编号为 V）的洞庭湖水系和鄱阳湖水系（二级区，编号为 V_8 和 V_9）的两个三级区（湘江、赣江）的三个四级区，即：洞庭湖水系湘江下游渌水水系（$V_{8\text{-}10\text{-}1}$）；鄱阳湖水系赣江中游禾泸水水系（$V_{9\text{-}3\text{-}3}$）；鄱阳湖水系赣江下游袁河水系（$V_{9\text{-}4\text{-}1}$）。

在保持水系完整、水资源利用条件相似、面积大小适当、兼顾行政区划的原则指导下，将全市划分为 8 个计算单元（五级区），即：栗水、草水、萍水上 1,、萍水上 2、萍水下、禾水上、禾水下和袁水计算单元，见图 7-3。

各计算单元 1990 年基本资料情况见表 7-3。

表 7-3　萍乡市计算单元基本情况

项目 \ 计算单元	栗水	草水	萍水上 1	萍水上 2	萍水下	禾水上	禾水下	袁水	全市
总面积（km^2）	364	409	367	413	558	464	524	729	3827
总人口（人）	215 481	101 960	209 454	76 533	552 525	87 987	126 049	246 369	1 616 358
非农人口（人）	30 346	9 374	19 813	16 445	222 278	4 573	15 649	58 798	377 276
总耕地（亩）	90 105	67 229	102 870	46 421	138 395	93 489	122 724	147 819	809 052
水田（亩）	78 636	58 066	84 746	40 179	119 646	84 267	114 004	133 238	712 782
灌溉面积（亩）	74 040	40 452	76 056	36 420	107 669	67 630	102 831	106 510	611 608
粮食总产（t）	59 441	40 958	66 685	23 609	94 599	39 679	56 961	86 844	468 776
农业产值（万元）	7 782	5 646	8 994	3 615	16 375	3 088	10 618	12 767	68 885
工业产值（万元）	13 532	4 505	8 764	9 220	126 299	1 695	5 651	37 262	206 829
大牲畜（头）	5 088	3 348	4 724	6 883	3 367	11 286	12 677	17 483	64 856
小牲畜（头）	67 459	42 083	104 895	28 669	120 129	32 316	52 738	82 549	530 838

7.4　习题与思考题

1．为什么要进行水资源区划工作？
2．水资源区划工作的原则和指标是什么？
3．如何进行水资源区划工作？

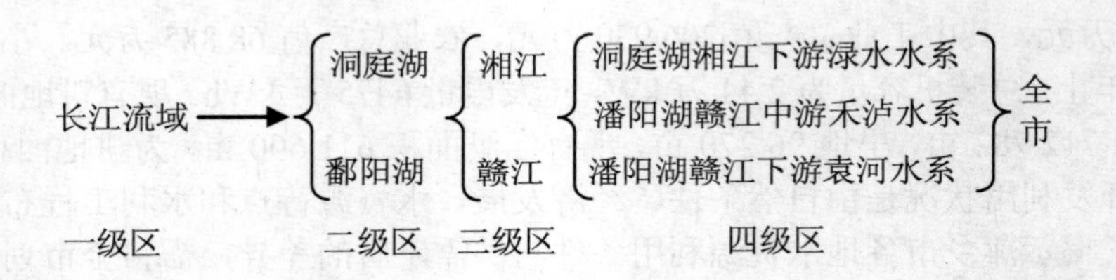
长江流域
洞庭湖
鄱阳湖
湘江
赣江
洞庭湖湘江下游渌水水系
潘阳湖赣江中游禾泸水系
潘阳湖赣江下游袁河水系
全市
一级区
二级区
三级区
四级区

第 8 章　地表水资源计算与评价

地表水体包括河流水、湖泊水、冰川水、沼泽水。地表水资源量就是地表水体的动态淡水量，即天然河川径流量，也可以说地表水资源即河川径流中除去地下水中的基流后的剩余部分。有时地表水资源用河川径流来表示，但在计算水资源总量时要扣除与地下水资源之间的重复量。大气降水是地表水体的主要补给来源，在一定程度上能反映水资源的丰枯情况。因此在地表水资源估算与评价中，除了计算分区的径流量外，还必须计算分区的降水量、蒸发量等，以便进行水文要素的平衡分析，检查分区地表水资源量成果的合理性。

目前国内外均在定义地表水资源时将本地降水所产生的地表水体定义为地表水资源，也称当地地表水资源或自产地表水资源，简称地表水资源。由于一个区域往往是非封闭的，常常和外区域发生水量交换，因此在地表水资源估算与评价中，还必须评价区域的入境、出境水量。

8.1　降　　水

降水是流域（区域）水资源的补给来源。故流域水资源特性主要取决于降水，而降水量及其时空分布取决于水汽来源、天气系统和地形条件。水汽输送的方向和地形等因素对降水量地区上的分布起着重要影响的作用。

降水量的分析与计算，通常要确定区域年降水量的特征值，绘制多年平均年降水量及年降水量变差系数等直线图，研究年降水量的年内分配、年际变化和地区分布规律等。年降水量特征值一般用年降水量的多年平均值$\overline{P}$、变差系数C_V和偏态系数C_S三个统计参数来表示，据此可推求区域不同频率的年降水量。

8.1.1　降水量资料的代表性审查

所谓样本的代表性是指样本对总体的代表性程度，更具体地说是样本的概率分布对总体概率分布的代表程度。所谓资料的代表性是指一个具体样本（容量为n）的经验分布$F_n(x)$与总体分布$F(x)$的接近程度，如两者的均值、离差系数等参数甚为接近，则认为该样本对总体具有较高的代表性；反之亦然，即样本代表性较差。分析代表性一般采用不同步长统计参数对比分析法。为了提高分析计算成果的精度和满足统计分析方法本身的要求，必须对样本的代表性做深入细致的分析。样本的代表性分析还可分解为周期特性和随机特性两个方面。

1．周期性分析。

现有实测降水量资料表明，我国各地区的降水量具有一定的丰水年和枯水年成组交替出现的周期性现象。这里所说的周期性，并非数学意义上的周期，而是指某种水文特征值经过一定的时间间隔再次重复出现的可能性较大而已，因此它是指降水量变化的准周期。周期性分析的目的是希望所选定的降水量样本能包含一个完整的周期或者能代表一个长周期的水平。

（1）平滑滤波器分析周期。

设年降水量系列为 $x(t)$（$t=1,2,\ldots,n$），平滑滤波器模型为：

$$\bar{x}\left(\frac{l-1}{2}+i\right)=\frac{1}{l}\sum_{t=i}^{i+l-1}x(t) \tag{8-1}$$

式中，l——步长，$l=1,2,\ldots,n$；

i——序号，$i=1,2,\ldots,n-l+1$；

$\bar{x}$——滑动平均值。

当逐一依次求出 $\bar{x}$ 后，绘出过程线，即滑动均值过程线。每一个步长可绘出一条滑动均值过程线，其中步长取得最合适的过程线，反映周期变化最清晰。但由于年降水量具有随机性，也可能找不到具有较明显周期的步长值。

（2）累积距平曲线法分析周期。

对系列 $x(t)$（$t=1,2,\ldots,n$），累积距平曲线法的一般模型可写为：

$$\vec{x}\,(i)=\sum_{t=1}^{i}\left[x(t)-\bar{x}\right]=\sum_{t=1}^{i}\Delta x(t) \tag{8-2}$$

式中，$\vec{x}$——累计距平值；

i——序号，$i=1,2,\ldots,n$。

累积距平曲线即差积曲线。其做法如下：设降水量系列为 $x(t)$，求出该系列的算术平均值，然后求系列中每一项与平均值之差即“距平值”$\triangle x(t)$，再计算出累计距平值 $\Delta x(t)$ 就可绘出累积过程线，通常称为差积曲线。差积曲线上任两点的连线其坡度为正，表示在这一时期的平均年降水量大于整个系列的均值，是丰水时期；如差积曲线曲线上任两点连线的坡度为负，表示这一段时期属少水期。但要注意的是，只有当实测系列相当长时，此法才能得到比较理想的结果。

2．随机特性分析。

所说随机特性分析也就是指样本的概率分布对总体概率分布代表程度的分析。如果实测系列的概率分布接近总体的概率分布，可认为这个样本的代表性较好。

目前的随机特性分析多采用长短系列统计参数对比法。设要分析的年降水量系列为 $x(t)$（$t=t_1,\ t_2,\ldots,t_n$），其随机特性分析步骤如下：首先寻找具有长系列观测资料的代表站，设有N年观测值系列，计算其统计参数$\overline{x_t}$、C_{VN}、C_{SN}；然后在N年观测期内分别取用不同起止年份的短系列年降水量观测值，得到许多不同长度、不同起止年份的短系列，计算它们的统计参数$\overline{x_{n,i}}$、$C_{Vn,\ i}$、$C_{Sn,\ i}$（i为短系列样本序号），把这许多组统计参数和长系列的统计参数对比，从中了解某种观测期的短系列的代表性，以及统计参数的偏差情况，哪个系列统计参数接近长系列的统计参数，哪个系列代表性就较好。在此基础上，以此短系列为准，通过相关分析，间接地判断本地区其他站同步系列的代表性。

8.1.2　降水量的分析计算

1．统计参数的计算。

年降水量频率分析采用矩法公式初步计算统计参数。均值$\overline{P}$为：

$$\overline{P}=\sum_{i=1}^{n}p_i/n \tag{8-3}$$

式中，$\overline{P}$——样本均值；

p_i——第i个样本值。

变差系数C_V为：

$$C_V=\sqrt{\frac{\sum_{i=1}^{n}(K_i-1)^2}{n-1}} \tag{8-4}$$

式中，C_V——变差系数；

K_i——模比系数。

偏态系数C_S一般不采用直接计算值，而采用C_S与C_V的倍比关系确定。

经验频率采用数学期望公式：

$$p=\frac{m}{n+1}\times 100\% \tag{8-5}$$

式中：p为经验频率；n为样本容量，m为样本按大小排列的序数。

理论频率曲线采用皮尔逊Ⅲ型分布。

变差系数C_V值，在矩法计算基础上，再用适线法调整确定。系列中的特大或特小值，均不作定量处理，适线时尽量照顾中、低水点据。

2．降水量的时空分布。

（1）降水量的年内分配。统计多年平均降水量月分配，对不同自然地理区域，统计各区域代表站多年平均各月降水量或多年平均各月降水量占年降水量的百分数，并绘制柱状图。

连续最大4个月降水量百分率及其出现月份的计算，选择资料质量较好，实测系列长且分布比较均匀的代表站，分析其多年平均连续最大 4 个月降水量占多年平均降水量的百分率及其出现时间，绘制连续最大 4 个月降水量占年降水量百分率分区图。

（2）代表站典型年降水量年内分配计算。选择典型年时，除了要求年降水量接近某一频率（偏丰年频率 $P=20\%$，平水年年频率 $P=50\%$，偏枯水年频率 $P=75\%$，枯水年频率 $P=95\%$等）的年降水量外，还要求年降水量的月分配对供水和径流调节等偏于不利的典型年。因此可先根据某一保证率的年降水量，挑选降水量较接近的实测年份若干个，然后分析比较其月分配，从中挑选资料较好，月分配较不利的典型年为代表。对所选典型年，其年、月降水量均不必用某一频率降水量缩放。

（3）降水量的年际变化。降水量年际变化包括年际间的变化幅度和多年变化过程。年际变幅通常用年降水变差系数 C_V 以及最大与最小年降水量比值来表示；多年变化过程主要指降水丰、平、枯及连丰、连枯的特征，其表示方法主要有均值比较法和差积曲线法。

均值比较法：用逐年降水量与多年均值的差值来反映丰枯情况。

差积曲线法：首先计算多年平均年降水量（P）及各年降水量模比系数 $K_i=P_i/P$；然后将逐年（K_i-1）从资料开始年积累到终止年，绘制逐年 $\sum(K_i-1)$ 与对应年份的关系线，即为降水量模比系数差积曲线。差积曲线上升说明为丰水期，差积曲线下降说明为枯水期。

（4）降水量的地区分布。降水量的地区分布主要受地理位置、海陆分布、地形因素影响。低纬度地区气温高，蒸发大，空气中水汽含量多，故降雨多；沿海地区因水汽含量丰富，降水量大，但越向内陆，水汽来源越少，降水量也越少。气旋和台风所经路径也导致大量降雨；地形影响气流抬升。地区分布可用等直线图表示。

3．分区降水量的分析计算。

分区降水量计算可根据分区及整个评价区雨量站分布和地形等情况，选用不同计算方法，如算术平均法、泰森多边形法、等雨量线法和网格法等。

（1）算术平均法。将流域（区域）内所有选用站（根据地形及气候的相似程度，亦可包括临近流域的测站）的同期降水量加起来，除以站数，即为流域（区域）平均降水量。此方法简便实用，适用于地形起伏不大，区域内雨量分布均匀，测站位置分布较均匀，且站网密度大的地区。

（2）泰森多边形法。此法在图上把各雨量站就近用直线连接成三角形，构成互相毗邻的三角网。然后对每个三角形的各边作垂直平分线，将这些垂直平分线互相连接若干个多边形，每一个多边形内有一个雨量站，并求出各个多边形的面积。则流域平均降水量按下式计算：

$$\overline{P}=\frac{\sum_{1}^{n} f_i P_i}{F} \tag{8-6}$$

式中，f_i 为流域界线内各多边形的面积；P_i 为各雨量站同期降水量；F 为流域总面积。

该方法比较简便，精度也比较好，而且当雨量站固定时，各站权重可一直沿用下去。

同时考虑不同站的权重，比算术平均法合理。

（3）等雨量线法。此法按下式计算流域平均降水量：

$$\overline{P}=\frac{\sum_{1}^{n}f_iP_i}{F} \tag{8-7}$$

式中，f_i为相邻两等雨量线间的面积；P_i为各相邻两等雨量线降雨深的平均值；F为流域总面积。

该方法较为繁琐，但精度高于前述两种方法。能反映出不同年（次）降水的分布情况，克服了泰森多边形法固定权重的缺点。

（4）网格法。该计算方法的主要思想是由分布在流域上的各个测站(x_i,y_i,z_i)（x,y 为坐标值，z 为雨量值）拟合出该时段降雨量在流域上的分布函数，该函数为二元二次曲面函数：

$$f(x,y)=c_1+c_2x+c_3y+c_4xy+c_5x^2+c_6y^2 \tag{8-8}$$

进而求得在该函数在区域面上的积分：

$$p=\iint f(x,y)\,\mathrm{d}A \tag{8-9}$$

则流域的面平均雨量为：

$$\overline{P}=\frac{P}{A} \tag{8-10}$$

在实际操作时，分布函数采用加权的最小二乘拟合得出，函数在区域上的积分通过将区域离散为足够小的网格，计算出在网格节点的函数值，将其平均以后作为流域的面平均雨量。由于需要将区域分割为小的网格，所以称之为网格法。具体分析应用时，选用已开发的计算程序。网格法计算雨量的主要步骤包括：分布函数的拟合，区域网格化，网格求值，拓扑分析等。

（5）分布函数的拟合。已知大量数据点（x_i, y_i, z_i）后，如果希望求点（a, b），可以由已知大量数据在最小二乘意义下确定二次多项式，从而求出点（a, b）值。为了将在最小二乘意义下尽可能好地拟合数据点，这里与通常意义不同的是要求靠近（a, b）的数据点要比远离（a, b）的数据点具有更大的权重系数，即要选取系数 c_i 使之为按距离加权的最小二乘的函数：

$$Q=\sum_{i=1}^{n}\left[(f(x_i,y_i)-z_i)\times w\right]^2 \tag{8-11}$$

达到极小，这里 w 是权函数，如取 $w(d^2)=1/d^2$，当（a, b）接近（x_i, y_i），它的比值比较大，而远离时，它的比值比较小，一般取 $w(d^2)=1/(d^2+c)$，c 为一任意小的数，以免计算溢出。要使 Q 值达到极小值，必使$\frac{\partial Q}{\partial Ci}=0$，从而由此入手来求得曲面方程。

（6）区域网格化。区域的网格化采用正方形网格，区域网格化越细，求得的值越接近积分的值，但考虑计算时间，一般的处理方法是根据雨量站的疏密，自动选取网格大小。

（7）网格求值。将网格坐标代入分布函数中，求得各个网格点雨量值。

（8）网格的空间分析。该方法所构造出来的网格为正交网格，而我们所关心的是区域的网格数量，因此，有必要将分布在区域外的网格在计算时剔除。该步骤完成各个网格节点是否落在区域边界内的判断过程。

（9）面平均雨量求值。将区域内网格上的值按下式求得面平均雨量。

$$\overline{P}=\frac{1}{n}\sum_{i=1}^{n}z_i \tag{8-12}$$

4．合理性检查。对分区降水量成果进行合理性分析时，主要考虑以下几点：从气候、地形及自然地理条件等方面检查；系列法与多年平均值等直线量算法对照检查；与以往已有成果对照检查。

8.2 蒸发与干旱指数

蒸发是流域水量支出的主要项目之一。蒸发量的分析计算通常包括水面蒸发和陆地蒸发两个方面。水面蒸发是指发生在江、河、湖、库等水体水面的蒸发，水面蒸发反映了蒸发能力。陆地蒸发又称流域蒸发，它是流域天然情况下的实际蒸发量。流域陆地蒸发量等于流域内地表水体蒸发、土壤蒸发和植物散发量的总和。陆地蒸发量的大小一般受陆地蒸发能力与供水条件（降水量）的制约。在降水量年内分配比较均匀的湿润地区，陆地蒸发量与陆地蒸发能力差别很小；但在干旱地区，陆地蒸发能力一般超过陆地蒸发量很多，陆地蒸发量的大小主要取决于降水量。蒸发能力是指充分供水条件下的陆面蒸发量，受观测资料条件限制，从全国各地试验资料得知，一般可近似用 E_{601} 型蒸发器观测的水面蒸发量代替。干旱指数是反映气候干湿程度的指标，通常以年蒸发能力与年降水量的比值来表示。

8.2.1 水面蒸发资料的审查与分析

历年水面蒸发资料中存在问题较多，如蒸发器型号不统一；有些年份一年中混有两种型号仪器观测资料，各种蒸发器缺乏充分的对比观测资料；仪器不精，观测方法不够统一，资料中常有缺测现象等。所有这些问题，均影响到资料的精度和资料的使用。针对上述问题，有必要对原始水面蒸发资料进行分析、复核、审查。

8.2.2 水面蒸发的分析计算

水面蒸发的分析计算，旨在研究陆地蒸发能力，探讨陆地蒸发量的时空分布规律，为水平衡要素分析和水资源总量的计算提供依据。

水面蒸发量可通过不同型号蒸发器的水面蒸发观测值统一折算成 E_{601} 型蒸发器值进行分析计算。折算系数的大小与蒸发器（皿）类型、安装方式、地理位置、周围环境等因素有关，需对比观测才能确定，某一蒸发皿的折算系数一般由同一测站 E_{601} 型蒸发器与该型号蒸发皿两者同步观测资料来确定。

水面蒸发分析计算的内容主要有：计算分区内各单站同步期年平均水面蒸发量以及多年平均年水面蒸发量、绘制多年平均年水面蒸发量等值线图、水面蒸发量的年内分配和年际变化。

（1）水面蒸发量的年内分配。可在各分区内选出一个代表站，分析其典型年或多年平均水面蒸发量的年内分配。由于夏季水热条件较好，因此水面蒸发量大，春秋季次之，冬季最小。

（2）水面蒸发量的年际变化。可在各分区内选出系列较长测站的年蒸发量进行变差系数的分析，由于影响水面蒸发的温度、湿度、风速和辐射等要素年际变化不大，因此水面蒸发量年际变化也较小。

8.2.3 陆面蒸发量分析计算

陆面蒸发量计算目前一般采用水量平衡法，即根据降水和径流间接推求。

对于山丘区和地下水开发利用程度较低的平原区按下式计算：

$$E_{陆}=P-R \tag{8-13}$$

式中，$E_{陆}$——陆地蒸发量；

P——降水量；

R——径流量。

平原区人类活动频繁，地下水的开采使浅层地下水的蒸发量减少，平原区浅层地下水陆地蒸发量的计算公式为：

$$E_{陆}=P-R-Q_{入耗} \tag{8-14}$$

式中，$Q_{入耗}$——降水入渗补给量中浅层地下水的开采净耗水量，采用 $Q_{入耗}=Q_{开耗}\times(P_{入}-P_{总})$公式计算，其中 $Q_{开耗}$、$P_{入}$、$P_{总}$分别为浅层地下水开采净耗水量、降水入渗补给地下水量、总补给地下水量。

陆面蒸发量的地区分布和降水、径流的地区分布密切相关，在我国总的趋势是由东南向西北递减。淮河以南、云贵以东是高值区，大兴安岭以西地区、内蒙古高原、鄂尔多斯高原、阿拉善高原以及西北广大地区为低值区。

8.2.4 干旱指数分析

干旱指数为大水体的年蒸发量（或称年蒸发能力）与年降水量之比值 $r=E_0/P$，通常采

用 $r=E_{601}/P$ 来近似表示。R 为干旱指数，E_0 为大水体年蒸发量，E_{601} 为 E_{601} 型蒸发器水面年蒸发量，P 为同一观测站年降水量。

干旱指数是一个区域地形、地貌和气候条件所决定的综合指标，其时空分布规律带有明显的气候特色，干旱指数等直线图的合理性主要取决于气候、下垫面条件之间的吻合程度。

降水大于蒸发能力的地区，干旱指数 $r<1$，说明降水超过蒸发能力而有余，气候湿润。干旱指数 $r>1$，说明气候干旱，r 值越大，气候越干旱。全国统一规定：$r<0.5$ 为十分湿润区，r 为 0.5～1.0 之间为湿润区，r 为 1.0～3.0 之间为半湿润区，r 为 3.0～7.0 之间为半干旱区，$r>7$ 为干旱区。

以上公式中各项均采用多年平均值。

8.3 地表水资源计算与评价

8.3.1 径流资料的处理和修正

单站径流是地表水资源评价的基础，凡资料质量好、观测系列长的水文站（包括国家基本站和专用站）均可作为选用站。

实测径流统计应在水文整编资料的基础上进行，20 世纪 80 年代及以前的资料可在水文年鉴上查抄，20 世纪 90 年代以后的资料均在水文局的水文数据库中查得。统计整理列出历年逐月的流量资料系列。对于少量缺测的月、年资料应进行插补，求得完整的历年分月实测径流系列。

对于实测径流已不能代表天然状况的水文站应进行还原计算，将实测径流系列还原为天然径流系列。主要控制站（包括大江大河控制站、三级区代表站和控制工程节点站）应进行分月还原计算，其他选用站只进行年还原计算。

由于人类活动改变了流域下垫面条件，而下垫面变化对产流的影响在还原计算中没有考虑。因此对选用站要进行年降水径流关系分析，检查天然年径流系列的一致性。如在同量级降水条件下近期点据明显偏离于远期点据，则表明下垫面变化对径流影响较大，应对远期天然年径流系列进行修正。

8.3.2 地表水资源时空分布特征分析

1. 地表水资源的地区分布及年际变化

地表水资源的地区分布及年际变化主要是通过多年平均年径流深及年径流变差系数等值线图来描述。

年际变化：径流年际变化包括年际间的变化幅度和多年变化过程，年际变幅通常用年

径流变差系数 C_V以及最大与最小年径流比值来表示。多年变化过程包括年径流丰、平、枯的特征及其周期，可通过较长时期的观测资料分析，发现年径流的多年变化过程普遍存在丰水段和枯水段的交替出现现象。年径流变差系数 C_V 反映一个地区年径流的相对变化程度，以冰雪融水和地下水补给为主的河流 C_V值较小，以雨水补给为主的河流 C_V值较大。

地区分布：径流受地理性因素的支配，又受非地理性因素的制约，造成径流情势既有地区相似性规律，又有地区之间诧异的非地理性规律。年径流的地区分布主要可通过年径流、年径流变差系数等值线图来反映。

（1）多年平均年径流深及年径流变差系数等值线图的绘制。

① 代表站的选择。选择集水面积为 300～5 000km^2 的水文站，在站网稀少的地区条件可适当放宽。小流域因流域不闭合等因素影响相对误差较大，只供参考；大流域的地形、地貌等变化较大，分区性差，一般也只用于校核。

② 统计参数的计算。通过频率计算求出各个代表站的多年平均年径流深 $\overline{R}$ 以及年径流变差系数 C_V值，在地形图上勾绘所选代表站及区间站的集水范围，并分别确定其面积形心。当自然地理条件较为一致且高程变化不大时，面积形心基本是径流分布的重心；当高程变化较大，径流分布不均匀，或者面积形心位于河谷平原时，径流分布重心则应根据面积形心与径流的分布综合修正确定。将计算的各代表站多年平均年径流深以及年径流变差系数分别标注在径流分布重心处，作为勾绘等值线的依据。

③ 多年平均年径流深等值线图的绘制。多年平均年径流深等值线图的绘制主要考虑以下原则。注重成因分析，径流的主要补给来源是降水，降水量的地区分布基本上可以决定径流深的分布特点。绘制年径流均值等值线之前，首先应当分析区域的主要水汽来源、地形对降水的影响等因素，以多年平均年降水量等值线作为框绘年径流均值等值线总趋势和确定高、低值区位置的依据。分析下垫面条件的影响，在相同的降水条件下，不同地形、地貌、土壤、水文地质等条件，对径流深的地区分布有较大的影响，因此，应当注意参考地形等高线绘制径流深等值线。有条件时，可建立年径流深与高程的关系，用于确定年径流均值的等值线。掌握绘图的技巧，通过综合分析最后定图。勾绘年径流均值等值线时，先给主线（如 100mm、300mm、500mm、700mm 等），框绘等值线大趋势，然后再绘其他线条。山丘区等值线梯度大，平原区则较小。径流深等值线跨大江时不斜交，跨大山时不横穿。确定径流深等值线时，要充分考虑降水、径流、蒸发三要素等值线间的对应关系，同时要注意本区等值线与邻区相应等值线的衔接与吻合，在综合分析的基础上最后定图。

④ 多年平均年径流深等值线图的合理性分析。从年径流与年降水地区分布的一致性来分析。在一般情况下，降水与径流的地区分布规律应大体一致。如果年径流深与年降水量等值线的变化总趋势和高、低值区的地区分布都比较吻合，在降水量等值线图已经进行了多方面合理论证的前提下，即可认为年径流深等值线也是基本合理的。从年径流与流域平均高程的关系来分析，一般说来，随着流域高程的增加，在同样降水条件下径流深加大。山丘区的径流深通常比平原和盆地的大。平面上的水量平衡检查，用大支流或独立水系的

主要控制站，自上游向下游进行检查，其天然情况下的多年平均径流深与用等值线量算的径流深相对误差不应超过±5%，且无系统偏差。垂直方向上的水量平衡检查，在同一地点，分别从年降水、年径流和年陆面蒸发量均值等值线图上查得它们的平均值$\overline{p}$、$\overline{R}$、$\overline{E}$，应满足$\overline{p}-\overline{R}-\overline{E}=0$，但实际上一般不可能，即有：$\overline{p}-\overline{R}-\overline{E}=\Delta\neq 0$，式中$\Delta$为闭合差，为了保证精度，要求平原区$\Delta$与当地$\overline{p}$之比不超过10%；山丘区则不超过20%。与以往绘制的多年平均年径流深等值线图相互对照检查。如果发现两种成果有明显的差异，则应从代表站的选择、资料系列的长短、还原水量的大小、分析途径和勾绘等值线方法上等找出原因，确保绘出的等值线合理、可靠。

（2）年径流变差系数等值线图的绘制及合理性分析。年径流变差系数的大小及其地区分布，与年降水量、年径流深、年径流系数和集水面积的大小紧密相关，故应把各代表站的变差系数值分别标注在各流域重心处，再参照年降水量变差系数、多年平均年径流深等值线的趋势，框绘年径流变差系数等值线，经合理性分析、修正后定图。

年径流变差系数等值线图可从以下两方面进行合理性分析：检查年径流变差系数C_V值的地区分布特点是否符合一般规律。在一般情况下，湿润地区C_V值小，干旱地区C_V大，高山冰雪补给型河流C_V值小，黄土高原及其他土层厚、地下水位低的地区C_V值大；西北高原湖群区及沼泽地区中等面积河流下游C_V值小，支流及上游C_V值大；地下水补给丰富的流域C_V值较小。在同一气候区，年径流变差系数等值线与均值等值线应当相互对应、变化相反。因为绘制年径流变差系数等值线时，除了依据实测点据外，还参考了均值等值线的走向，故年径流变差系数等值线与均值等值线的总趋势及高、低值区应当大体吻合，只是变化相反，即年径流深越大，年径流变差系数则越小；反之亦然。检查年径流、年降水、年陆地蒸发量变差系数是否合理。一般来说，年径流变差系数C_V值相对较大，年降水C_V次之，年陆地蒸发量C_V相对较小。在某些地区，由于气候与下垫面条件的改变，三要素C_V值的配合往往也会出现其他情况，还要视具体情况具体分析。

2. 地表水资源的年内分配

受气候和下垫面因素等综合影响，河川径流的年内分配差异较大。即使年径流量相差不大，其年内分配也常常有所区别。因此，需要研究区域径流的年内分配，提出多年平均或丰、平、枯等不同典型年的逐月河川径流量，为水资源的开发利用提供必要的依据。

（1）多年平均年径流的年内分配。

通常用以下三种形式来表示：多年平均的月径流过程，用月径流量多年平均值与年径流量多年平均值比值的柱状图或过程线表示；多年平均连续最大4个月径流百分率，即最大4个月的径流总量占多年平均年径流量的百分数，可以绘制百分率的等值线图，可将各代表站流域的百分率及出现月份标在流域重心处，绘出等值线；枯水期径流百分率，指枯水期径流量与年径流量的比值的百分数，根据灌溉、养殖、发电、航运等用水部门的不同要求，枯水期可分别选为 5～6 月、9～10 月或 11～翌年 4 月。

（2）不同频率年径流的年内分配。

一般采用典型年法，即从实测资料中选出某一年作为典型年，以其年内分配形式作为某一频率的年内分配形式。关于典型年的选取和某一频率的年内分配的计算见第 5 章有关内容。

8.3.3　入海及出入境水量分析

河流入海或出入境水量，主要依据各入海和出入境河流的控制站实测径流量来估算。水量分析计算分有水文控制站的河流和无水文站控制的沿海小河地区和边境地区。

对有水文控制站的河流，直接根据控制站实测年径流计算，控制站以下到河口或到国界未控制面积很小，农业及城市耗水量不大的，由控制站按控制面积比直接计算入海或出入境水量。如控制站以下到河口或到国界未控制区间耗用水量比重大，则需考虑净耗水量。

对无水文站控制的沿海小河地区和边境地区，则利用邻近代表站实测径流量按面积比计算入海水量和出入境水量。

8.3.4　地表径流量的分析计算和评价

分区年径流系列计算应根据分区的气象及下垫面条件，综合考虑气象、水文站点的分布、实测资料的年限与质量等情况，采用代表站法、等值线图法、年降雨径流相关法、水热平衡法等。

分析评价区内有水文控制站，且控制面积与分区面积相差很小时，按面积比缩放；水文站控制面积与分区面积相差较大，且控制区与未控区降水量相差较大时，综合考虑面积比和降水量权重进行折算；水文站控制面积很小或没有水文站控制时，利用水文模型或水文比拟法推求径流系列；从逐年年径流深等值线图上量算分区年径流系列；地下水开采强度大的北方平原区，可建立以地下水埋深为参数的次降雨径流关系或“四水”转化模型计算产流系列；在南方水网区，可将下垫面划分为水面、水田、旱地（包括非耕地）、城镇建设区等类型区，分时段（月或旬）用降水减蒸发的方法估算产流量。

8.4　习题与思考题

1．水文资料为什么要进行合理性分析？

2．怎样绘制多年平均径流量等值线图？

3．为什么在地表水评价时要考虑计算入海和出入境水量？

第9章　地下水资源计算与评价

9.1　概　　述

地下水一般是指埋藏在地表以下岩土孔隙、裂隙及溶隙（包括溶洞）中的各种形式的水。地下水由大气降水和地表水通过包气带下渗补给。地下水的排泄方式有河川基流、地下潜流（包括周边流出量）与潜水蒸发3种。地下水从高水位区向低水位区、从补给区向排泄区运动。

在地下水资源计算评价中，地下水概念则是指赋存于地表面以下岩土空隙中的饱和重力水。赋存在包气带中非饱和状态的重力水（即土壤水中的上层滞水）以及赋存在含水层中饱和状态的非重力水（如结合水等），都不属于地下水资源计算评价界定的地下水。本章地下水即指此概念。

在上述地下水概念下，地下水资源量即指地下水中参与水循环且可以更新的动态水量（不含井灌回归补给量）。

下面介绍地下水的一些基本知识。

9.1.1　地下水理化性质及其赋存

由于地下水在运动过程中与各种岩土介质相互作用、溶解岩土中可溶物质等原因，使地下水不是化学意义上的纯水，而是一种复杂的溶液。因此，研究地下水的物理性质和化学成分，对于了解地下水的成因与动态，确定地下水对混凝土等的侵蚀性等，都有着实际的意义。

1. 地下水的物理性质

地下水的物理性质包括温度、颜色、透明度、气味、味道、密度、导电性及放射性等。

（1）温度地下水的温度变化范围很大。有的可达到100℃以上，低的只有－5℃，甚至更低。地下水温度的差异，主要受各地区的地温条件所控制。通常随埋藏深度不同而异，埋藏越深的，水温越高。埋藏深度不同的地下水，具有不同的温度变化。埋深3m～5m，即日常温带以内的地下水，具昼夜变化规律。埋深5m～50m的地下水，即年常温带以内，具年变化规律。年常温带以下，地下水温度随深度增加而增高，其变化规律决定于地热增温率。

地热增温率是指在年常温带以下，温度每升高一摄氏度所增加的深度，单位为m/℃。整个地壳的地热增温率的平均值为30～33m/℃。

通常根据温度将地下水划分为：过冷水（低于0℃）、冷水（0～20℃）、温水（21～42℃）、热水（43～100℃）、过热水（高于100℃）。

（2）颜色。地下水一般是无色，但当水中含有某些有色离子或含有较多的悬浮物质和胶体物质时，便会带有各种颜色。如含有高铁的水为黄褐色，含腐殖质的水为淡黄色，等等。

（3）透明度。地下水的透明度取决于其中的固体与悬浮物的含量。按透明度将地下水分为透明、微浊、混浊、极浊4级。

（4）气味。地下水一般是无气味的，但当地下水中含有某些离子或某种气体时，可以散发出特殊的臭味。当水中含有硫化氢气体时，水便有臭蛋味；如含亚铁盐很多时，水有铁腥气味（墨水气味）；含氯化钠的水味咸，而含氯化镁或硫化镁的水则味苦。一般情况下，当水加热到40℃以上时气味更显著。

（5）味道。取决于地下水的化学成分。纯水无味，当溶有一些盐类或气体时，可有一定的味感；如含较多的二氧化硫时清凉爽口，含大量的有机物时，又较明显的甜味，此种水有害，不宜饮用；含硫酸镁和硫酸钠时，有苦涩味；含氯化钠时有咸味。当水中溶有的盐类多于10g/l时，则有很咸的味感。浓度愈大时味感愈强。味的明显程度与温度有关，低温时不明显，温度在20～30℃时味显著。所以地下水味的强弱，取决于水中某种离子成分与浓度、水温，同时也与人的味觉神经敏感性有关。

（6）密度。一般情况下，纯水的密度为1.0。地下水的密度决定于水中所溶盐分的含量大小。水中溶解的盐分愈多，密度愈大，有的可达1.2～1.3。

（7）导电性。地下水的导电性取决于其中所含电解质的数量和质量，即各种离子的含量与其离子价。离子含量愈多，离子价愈高，则水的导电性愈强。此外，水温对导电性也有影响。

（8）放射性。地下水的放射性决定于其中所含放射性元素的数量。地下水或强或弱都具有放射性，但一般极为微弱。储存和运动于放射性矿床及酸性火成岩分布区的地下水，其放射性一般相应增强。

2. 地下水的化学性质

地下水的化学成分比较复杂，其中溶有各种离子、分子、化合物、各种气体及生物成因的物质。到目前为止在地下水中已发现有62种化学元素，但含量不一。一般地壳中分布最广的元素如氧、钙、钠、镁等元素在地下水中也是最常见的。

（1）地下水中常见的化学成分。

地下水中含有多种气体成分，常见的有O_2、N_2、CO_2、H_2S；地下水中呈分子状态的化合物（胶体）有Fe_2O_3、Al_2O_3和H_2SiO_3等；地下水中含有数十种离子成分，常见的阳离子有H^+、Na^+、K^+、Mg^{2+}、Ca^{2+}、Fe^{2+}、Fe^{3+}、Mg^{2+}等；常见的阴离子有OH^-、Cl^-、SO_4^{2-}、

NO^{3-}、HCO^-、CO_2^{2-}、SiO_2^{2-}等。地下水中分布最广，含量最多的离子共有7种：Cl^-、SO_4^{2-}、HCO_3^-、Na^+、K^+、Ca^{2+}、Mg^{2+}。它们来源于与其相关的各种原岩的风化溶解，在地下水中占绝对优势，它们决定了地下水化学成分的基本类型和特点；地下水中有机成分主要是生物遗体分解形成的，多富集于沼泽水中，有特殊臭味。

（2）地下水的酸碱度。

水的酸碱度主要取决于水中氢离子浓度。氢离子浓度用 *pH* 值表示：$pH=\lg[H^+]$。根据 *pH* 值可将水分为强酸水、弱酸水、中性水、弱碱水、强碱水5类，见表9-3。地下水的氢离子浓度主要取决于水中HCO_3^-、CO_2^{2-}、和H_2CO_2的数量。自然界中大多数地下水的 *pH* 值在6.5～8.5之间。

（3）地下水的硬度。

水的硬度取决于水中Ca^{2+}、Mg^{2+}的含量。硬度分为：总硬度、暂时硬度、永久硬度3种。

总硬度：水中Ca^{2+}、Mg^{2+}的总含量称为总硬度。相当于水中所含Ca^{2+}、Mg^{2+}的总量。

暂时硬度：水煮沸后，水中一部分Ca^{2+}、Mg^{2+}与HCO_3^-作用生成碳酸钙（$CaCO_3$）和碳酸镁（$MgCO_3$）沉淀，致使水中Ca^{2+}、Mg^{2+}的含量减少。呈碳酸盐沉淀的这部分Ca^{2+}、Mg^{2+}的总量称为暂时硬度。

永久硬度：总硬度与暂时硬度之差称为永久硬度，相当于煮沸时未发生碳酸盐沉淀的那部分Ca^{2+}、Mg^{2+}的含量。

我国采用的硬度表示法有两种：一是德国度，每一度相当于1L水中含有10mg的氧化钙（CaO）或7.2mg的MgO；二是每升水中Ca^{2+}、Mg^{2+}的毫摩尔数，1毫摩尔硬度＝2.8德国度。地下水的硬度分为极软水、软水、微硬水、硬水、极硬水5类。

（4）总矿化度。

水中离子、分子和各种化合物的总量称为总矿化度，以每升水中所含各种化学成分的总克数（g/L）表示。为了便于比较，通常按在105～110℃温度下将水蒸干后所得干涸残余物的总含量来确定。地下水的矿化程度分为淡水、微咸水（弱矿化度）、咸水（中等矿化度）、盐水（高矿化度）、卤水5类。

3. 岩土中的空隙

在自然界中，无论是松散的沉积物还是坚硬的岩石，在地壳表层的10余公里范围内，尤其浅部1～2km范围内，均具有大小不一、多少不等、形状各异的空隙。没有空隙的岩土极为少见，但随着岩土性质和受力作用的不同，空隙的形状、多少、大小、连通程度以及分布状况都有很大的差别，通常把岩土的这些特征统称为岩土的空隙性。

岩石、土层的空隙既是地下水的储存场所，又是地下水的渗透通道，空隙的多少、大小及其分布规律，决定着地下水埋藏、分布和渗透的特点。

岩土空隙的差异，取决于空隙的成因。根据岩土空隙成因的不同，将空隙分为松散沉积物中的孔隙、坚硬岩石中的裂隙和可溶性岩石中的溶隙（溶穴）3 种类型，如图 9-1 所示。

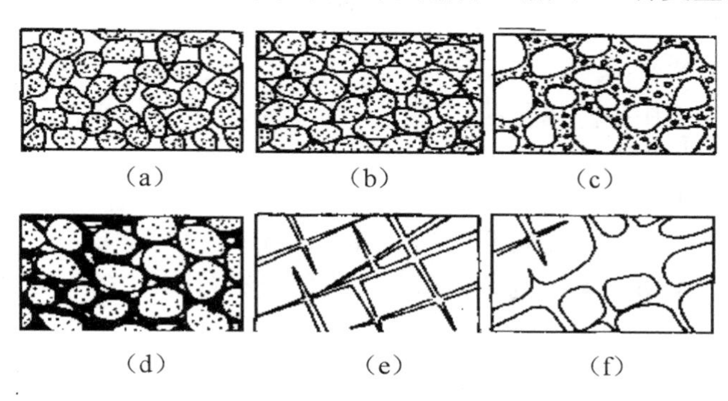

图 9-1　空隙

（a）分选良好排列疏松的砂；（b）分选良好排列紧密的砂；（c）分选不良含泥、砂的砾石；（d）部分胶结的砂岩；（e）具有裂隙的岩石；（f）具有溶隙的可熔岩

（1）孔隙。指松散沉积物（如黏土、砂土、砾石等）中颗粒或颗粒集合体之间存在的空隙，孔隙发育程度用孔隙率（n）表示。

孔隙率指孔隙体积（V_n）与包括孔隙在内的松散沉积物总体积（V）的比值，用小数或百分数表示。可用式（9-1）表示。

$$n=\frac{V_n}{V}\times 100\% \tag{9-1}$$

式中，n——孔隙率；

V_n——孔隙体积；

V——松散沉积物总体积。

孔隙率的大小主要取决于颗粒排列情况及分选性，另外颗粒形状、密实程度和胶结程度对孔隙度也有影响。

表 9-1　松散沉积物孔隙率的经验值

松散沉积物名称	砾石	砂	粉砂	黏土
孔隙率	25～40	25～50	35～50	40～70

（2）裂隙。指坚硬岩石受地壳运动及其他内外地质应力作用的影响产生的裂缝状空隙，裂隙发育程度用裂隙率（n_f）表示。

裂隙率是裂隙体积（V_f）与包括裂隙体积在内的岩石总体积（V）的比值，用小数或百分数表示。

$$n_f=\frac{V_f}{V}\times 100\% \tag{9-2}$$

式中，n_f——裂隙率；

V_f——岩石中裂隙体积；

V——岩石总体积。

（3）溶隙。指可熔岩（岩盐、石膏、石灰岩、白云岩等）在地表水和地下水长期溶蚀下而形成的空隙，溶隙的发育程度用岩溶率（n_k）表示。

岩溶率是溶隙的体积（V_k）与包括溶隙在内的岩石总体积（V）的比值，用小数或百分数表示。

$$n_k=\frac{V_k}{V}\times 100\% \tag{9-3}$$

式中，n_f——岩熔率；

V_f——岩石中的溶隙体积；

V——岩石总体积。

4. 水在岩石中的存在形式

储存于岩土空隙中的地下水，按其物理性状的不同，分为气态水、液态水（包括吸着水、薄膜水、毛细水、重力水）、固态水和矿物水等几种主要形态。它们均能在一定条件下相互转化，形成统一的动力平衡系统。

（1）气态水。是指呈水汽状态、储存和运动于未被饱和的岩土空隙中的水，与空气中的水蒸气相同，并与之相联系，可随空气运移，即使空气不流动，它也可由水汽压力（或绝对湿度）大的地方向小的地方运移。气态水在一定温度、压力条件下，与液态水相互转化，两者保持动态平衡。气态水不能直接利用，也不能被植物吸收，但可通过蒸发和凝结作用，使之对岩土中水的重新分布起着一定的作用。

（2）液态水。根据水分子受力状况又可分为 吸着水、薄膜水、毛细水、重力水。

① 吸着水。松散岩土的颗粒表面及坚硬岩石空隙壁面均带有电荷，水分子是偶极体，因此在静电引力作用下，固相表面便可吸附水分子，并形成一层极薄的水膜。

吸着水的厚度，一般认为相当于几个、几十个或近百个水分子直径，其所受引力相当于 10 000 个大气压，排列紧密而规则，平均密度为 2g/cm^3 左右，溶解盐类能力弱，无导电性，－78℃时仍不冻结。如同固体那样具有一定的抗剪强度。不能移动，只有在 105 ～ 110 ℃高温下才能汽化散失。因此，这种水不能直接利用也不能被植物吸收，属无效水。

② 薄膜水。当岩土空隙中空气的相对湿度超过 95%以后，吸着水的外围水分子逐渐增加，包围在吸着水外层，使水膜增厚，这部分水分子称薄膜水，也称弱结合水。

薄膜水的厚度相当于几百或上千个水分子直径，固体表面对它的吸引力有所减弱。密度尚较大，具抗剪强度。它能以液体状态由水膜较厚的土粒向水膜较薄的土粒移动。它溶解盐类的能力差，一般不能被利用，但外层水分子可被植物吸收。

吸着水和薄膜水统称为结合水。它的数量取决于固体表面的吸附能力，而吸附能力直接与岩石的比表面积或分散度有关。

岩土颗粒直径愈小，比表面积愈大，结合水含量愈多。例如颗粒极细的黏土中，所吸附的吸着水与薄膜水的水量，可分别达到岩土体积的18%和45%左右。而在颗粒较粗的砂中，它的含量仅为0.5%和2% 。由此可知，具有裂隙或溶隙的坚硬岩石，吸着水和薄膜水的含量是微不足道的。

③ 毛细水。岩土中的细小空隙（一般指直径小于1mm的孔隙和宽度小于0.25mm的裂隙）称毛细空隙。由于毛管力的支持而充满在岩土毛细空隙中的水称为毛细水，又称毛管水，它同时受重力和毛细力的作用。毛细水广泛存在于地下水面以上的包气带中。由于毛细力作用情况不同，毛细水有以下3种类型。

- 支持毛细水：亦称真毛细水。是指储存在饱水带地下水面以上岩石或土壤毛细管孔隙中的水，并且与饱水带的地下水直接相连，由于地下水面的支持，在地下水面上部形成毛细带。毛细带的高度随着岩性、蒸发作用以及地下水面的变化而发生变化。此种毛细水可传递静水压力，并可被植物吸收，温度低于0℃时刻冻结。
- 悬挂毛细水：指储存在地表以下包气带中呈悬挂状态的水，它与饱水带的地下水没有水力联系，故不受地下水面的影响。
- 孔角毛细水：亦称触点毛细水。在松散岩土颗粒接触处，由于构成毛细管，使一部分重力水出现弯液面而滞留在空隙角落上形成。

毛细水在地下水与地表水、大气水相互转化过程中起着重要的作用和影响。

④ 重力水。当岩土空隙全部为水饱和时，完全在重力作用下而自由运动的水，即是重力水。它与地表水的区别仅在于存在的空间不同，即埋藏于地表以下。平常从泉眼中流出的地下水，以及从井孔中抽出的水都是重力水，它们可传递静水压力，可被植物吸收，为开发利用的主要对象。

（3）固态水。当岩土的温度低于水的冰点时，其中的水便可变为固态水。在我国黑龙江、内蒙北部以及青藏高原的某些多年冻土地区，地下水终年以固态水的形式存在。

（4）矿物水。指存在于矿物结晶内部或其间的水，包括沸石水、结晶水和结构水，它们只有在岩土受热时才可从矿物中分离出来。

综上所述，岩土中存在的不同形式的水，除矿物水和吸着水不易转化外，其他各类型的水既是相互联系，又可相互转化。在剖面上可分为两个带：包气带和饱和带。地下水面以上包气带底部，有一毛细水带，蒸发时薄膜水和毛细水转化为气态水逸出，重力水一部分转化为毛细水。降水或灌溉时，重力水下渗转化为薄膜水和毛细水或渗入饱和带。如达不到饱和带，也可增加包气带土层的湿度。

5. 与水分赋、存运移有关的性质

与水分赋存和运移有关的岩土性质的称岩土的水理性质，包括溶水性、持水性、给水性和透水性。

（1）溶水性。指岩土能容纳一定水量的性能为溶水性，通常用容水度来表示。容水度指岩土中空隙所能容纳的最大的水的体积与岩土总体积之比，以小数或百分数表示。显然，由于岩土中可能存在着封闭的空隙，容水度在数值上小于等于孔隙率、裂隙率、岩溶率。另外，对于具有膨胀性的黏土来说，充水后体积扩大，容水度可以大于孔隙率。

（2）持水性。含水岩土在重力作用下释水时，岩土依靠固体颗粒表面的吸附力和毛细力的作用，在其空隙中保持一定水量的性能，称为持水性。衡量持水性的指标为持水度，即指饱水岩土在重力影响下岩土空隙中尚能保持的水体积与岩土总体积之比。

在重力作用下，岩土空隙中所保持的主要是结合水。因此，持水度实际上表明岩土中结合水的含量。岩土颗粒表面面积愈大，结合水含量愈多，持水度愈大。颗粒细小的黏土，总表面积大，持水度就大，甚至可等于容水度。砂的持水度较小，具有宽大裂隙或溶穴的岩石，持水度更小。

（3）给水性。在重力作用下，饱水岩土能自由排出一定水量的性能，称为岩土的给水性。衡量给水性的定量指标称为给水度，是指饱水岩土在重力作用下所释出的水体积与岩土总体积之比，在数值上等于容水度减去持水度。不同岩土的给水性能是有差异的。具有张开裂隙的坚硬岩石和粗粒松散岩石，持水度很小，给水度接近容水度；具有闭合裂隙的岩石及黏土，持水度接近容水度，给水度很小甚至近于零。

给水度可用野外抽水试验确定，无试验资料时，可参照有关经验确定，见表 9-2。

表 9-2 不同岩性给水度 μ 参考值

岩性	给水度	岩性	给水度
黏土	0.010～0.035	粉细砂	0.070～0.10
亚黏土	0.030～0.045	细砂	0.080～0.11
亚砂土	0.035～0.006	中细砂	0.085～0.12
黄土	0.025～0.05	中砂	0.090～0.13
黄土状亚黏土	0.020～0.05	中粗砂	0.100～0.15
黄土状亚砂土	0.030～0.06	粗砂	0.110～0.15
粉砂	0.060～0.08	砂卵砾石	0.130～0.25

（4）透水性。指岩土允许重力水渗透的性能，衡量透水性的定量指标称渗透系数。岩土透水性的好坏，首先取决于岩土空隙的大小，同时与空隙的形状、多少、连通程度有关。根据透水性将岩土分为 3 类。

① 透水岩土：包括砂石、沙、裂隙和岩溶发育的岩石。

② 半透水岩土：包括粘土质沙、黄土和泥炭等。

③ 不透水岩土：包括块状结晶岩、黏土和裂隙很不发育的沉积岩。

6. 含水层与隔水层

自然界中的岩土都有大小不等、数量不一的空隙，都有一定的含水能力。含水层是指可给出并透过相当数量水的岩层，如砂层、砂卵石层等；而不能给出或不透水的岩层则称为隔水层，如黏土、页岩等。含水层的形成，需要岩层具有蓄水的空间、储存水的地质构造和充足的补给来源这 3 个并存的条件，缺一不可。

实际上，含水层与隔水层是相对的，其间并无截然的界线和绝对的定量指标。生产实践中，在水源丰富的地区，只有供水能力强的岩层，才能作为含水层；而在缺水地区，某些岩层虽然只能提供较少的水量，也被当作含水层对待。又如黏土层，通常认为是隔水层，但一些发育有干缩裂隙的黏土层，亦可形成含水层。

9.1.2　不同埋藏条件下的地下水

地下水与地表水其他水体相比较，无论从形成、平面分布与垂向结构上讲，还是从水的理化性状、力学性质上看，均显得复杂多样。地下水的这种多样性和变化复杂性，是地下水类型划分的基础；而地下水的分类，又是揭示地下水内在的差异性，充分认识和把握地下水的特性及其动态变化规律的有效方法和手段。因而具有十分重要的理论意义和实际价值。

地下水分类通常采用两种分类方法。一是根据地下水的埋藏条件，即含水岩层在地质剖面中所处的部位以及受隔水层限制的情况，将地下水分为 3 种类型：包气带水、潜水和承压水；一是根据地下水的赋存介质将地下水也分为 3 种类型：孔隙水、裂隙水和岩溶水。

在上述两种基本类型的基础上，将它们组合在一起，便可得到如表 9-3 所示的组合类型，如孔隙潜水、承压裂隙水等。

表 9-3　地下水综合分类组合表

	孔 隙 水	裂 隙 水	岩 溶 水
包气带水	沼泽水、土壤水、沙漠及滨海沙丘水、隔水透镜体上的水	基岩风化壳中季节性存在的地下水	裸露岩层中季节性存在的水
潜水	冲积、坡积、洪积、湖积、冰积物中的水	基岩上部裂隙中的层状水、未被水充满的层间裂隙水	裸露岩层上部层状水、未被充满的层间岩溶水、未被充满溶洞的地下暗河水
承压水	松散岩层构成的向斜、单斜中的水，山前平原的深部水	向斜或单斜构造层状裂隙岩层中的水，构造破碎带、接触带中的水	构造盆地、向斜或单斜构造中的岩溶水，构造破碎带、接触带中的水

1．包气带水（含上层滞水）。

以地下水位为界限，将地表以下的岩土体划分为两个带：地表与地下水位之间的包气带和地下水位以下的饱水带。包气带水泛指储存在包气带中的水，包括通称为土壤水的吸着水、薄膜水、毛细水、气态水和过路的重力渗入水，以及由特定条件所形成的属于重力水状态的上层滞水。

包气带水亦称为非饱和带水。包气带居于大气水、地表水和地下水相互转化、交替的地带，包气带水是水转化的重要环节，它的形成及运动规律，对于剖析水的转化机制及掌握浅层地下水的补排、均衡和动态规律均具有重要意义。

当包气带中存在局部隔水层时，其上部可积聚具有自由水面的重力水，称之为上层滞水。上层滞水接近地表，补给区与分布区一致，接受当地大气降水或地表水的入渗补给，以蒸发的形式排泄。雨季获得补充并积存一定水量，旱季水量逐渐消耗，甚至干涸，其动态变化显著。由于自地表至上层滞水的补给途径很短，极易受到污染。松散沉积层、裂隙岩层及可溶性岩层中皆可埋藏有上层滞水。

2．潜水。

潜水是埋藏在地表以下第一个稳定隔水层之上、具有自由水面的地下水。一般存在于第四纪松散沉积物的孔隙中和裸露基岩的裂隙、溶隙中。潜水的自由水面称潜水面。潜水面上所受的压力为 1 个大气压。潜水面至地面的垂直距离为潜水的埋藏深度。从潜水面到隔水底板的距离是潜水含水层的厚度。潜水通常通过包气带接受大气降水、地表水、灌溉渗漏水的补给，潜水的补给区与分布区完全一致。潜水受当地气候变化的影响较大。在干旱、半干旱地区，潜水埋藏深度小时，潜水蒸发可导致土壤盐渍化；在地形低平地区，潜水位高时，可引起土壤沼泽化。潜水在重力作用影响下，从潜水位高处向潜水位较低的地段流动，静水压力表现不突出，故常称为无压水。

潜水埋藏浅，较易开发，被人们广泛应用。一般民用井多挖到潜水含水层。潜水容易被污染，应十分注意卫生防护。开发时应适量抽取，过量持续抽取会造成潜水面区域性持续下降，从而引起潜水资源枯竭。

3．承压水。

承压水是充满两个隔水层之间的含水层中的地下水。承压水由于顶部有隔水层，它的补给区小于分布区，动态变化不大，不容易受污染。它承受静水压力。在适宜的地形条件下，当钻孔打到含水层时，水便喷出地表，形成自喷水流，故又称自流水。人们利用这种自流水作为供水水源和农田灌溉。在中国，承压水的发现和利用始于距今 2 000 多年。汉朝初，中国四川省开始打自流井取卤水生产食盐，井深可达 100 多丈。

承压含水构造主要有自流盆地和自流斜地两类。含有一个或多个承压含水层的构造盆地称自流盆地。自流盆地有 3 个组成部分：补给区、承压区和排泄区。补给区在盆地边缘位置较高的地区。由于上面没有隔水层，水不具有承压性质，实际上这里的地下水是潜水。位置较低的边缘为排泄区，这里往往有泉水出露。承压含水层之上有隔水层覆盖的区段为承压区。斜含水层在下端因构造变动或岩性变化而使水流受阻，便构成自流斜地。

9.1.3　不同介质中的地下水

1．孔隙水。

孔隙水主要赋存在松散沉积物颗粒间孔隙中的地下水。在堆积平原和山间盆地内的第四纪地层中分布广泛，是工农业和生活用水的重要供水水源。孔隙水的分布、补给、径流和排泄决定于沉积物的类型、地质构造和地貌等。不同成因的沉积物中，存在着不同的孔隙水。在山前地带形成的洪积扇内，近山处的卵砾石层中有较厚的孔隙潜水含水层；到了平原或盆地内部，由于沙砾层与黏土层交互成层，形成承压孔隙水含水层。在平原河流的中、下游地区的河床相的沙砾层中，存在着宽度和厚度不大的带状孔隙水含水层。在湖泊成因的岸边缘相的粗粒沉积物中，多形成厚而稳定的层状孔隙水含水层。在冰川消融水搬运分选而形成的冰水沉积物中，有透水性较好的孔隙水含水层。深层孔隙承压水往往远离补给区。离补给区越远，补给条件越差，补给量越有限，故深层孔隙承压水的开采应有所节制。

2．裂隙水。

裂隙水是岩石裂隙中的地下水，它是丘陵和山区供水的重要水源，矿坑水的重要来源。

裂隙水的形成和分布直接受裂隙成因的控制。按裂隙成因，分为风化裂隙水、成岩裂隙水和构造裂隙水。风化裂隙水埋藏在风化壳中密集、均匀、相互连通的风化裂隙网络之中，在一定范围内有统一的水力联系和统一的水面。风化裂隙水分布广，水位埋深不大，一般为 10～50m，局部地区为 100 多 m，易于开采，但水量不大，只能作为分散的山区居民生活用水或农业用水。成岩裂隙水赋存在岩石形成过程中产生的原生裂隙之中。沉积岩和火成岩中均可形成成岩裂隙。喷发岩中的玄武岩层，一般岩性硬脆，裂隙发育，张开性强。裂隙网络中往往形成强大的潜水流，当被地形切割时，常呈泉群涌出。当具有成岩裂隙的岩层被隔水层覆盖时，成岩裂隙水就成为承压水。如中国云南阿直盆地峨眉山玄武岩成岩裂隙水的水头高出地面 17 米。构造裂隙水赋存于岩石在地质构造运动中因受力而产生的裂隙之中。构造裂隙水按产状又分层状水和脉状水。层状构造裂隙水因各组裂隙相互切割，形成统一的含水层，一般分布均匀，水量不大。脉状构造裂隙水是埋藏在断层破碎带或接触破碎带中的地下水。这种裂隙水往往汇集周围透水性较差的层状构造裂隙水，水量较大，具有局部承压性质。矿坑遇到这类裂隙水，可造成突然涌水甚至淹矿事故。裂隙水的运动在多数情况下符合达西定律；在少数大裂隙中的水不符合达西定律，甚至变为紊流运动。

3．岩溶水。

岩溶水是赋存于可溶性岩层的溶蚀裂隙和洞穴中的地下水，又称喀斯特水。其最明显特点是分布极不均匀。在可溶性岩层裸露于地表的补给区，入渗补给有两种方式：一种为灌式补给，在低洼处汇集一定量的降水，通过漏斗或落水洞灌入地下，有时，整条河流通过这类洞穴潜入地下；另一种为渗入式补给，通过地面上微小的裂隙，较缓慢地渗入地下，汇入岩溶通道和地下河系之中。在岩溶地区，往往在几百乃至上千平方千米之内，岩溶水可通过一个泉或泉群集中排泄。而补给区则成为地表水缺乏，岩溶水又埋得很深的缺水地区。呈现出岩溶水空间分布极不均一的奇特现象。岩溶水水位动态变化幅度大而且变化快。岩溶泉往往雨季流量急增，而雨后又骤减，呈现出岩溶水时间分布极不均一的奇景。岩溶水由于循环交替快速 ，一般为矿化度小于 1g/L 的重碳酸钙镁型淡水。岩溶水同时存在于由大小悬殊的孔隙、裂隙、洞穴和通道组成的同一含水系统中，无压水流与承压水流并存，层流与紊流并存。但总体上岩溶水以层流为主。岩溶含水系统一般水量丰富、水质优良，常作大中型供水源。位于岩溶水分布地区的矿坑，容易产生突然大量涌水，甚至造成淹矿事故。

9.1.4 水资源计算评价需详细调查统计的基础资料

（1）地形、地貌及水文地质资料；
（2）水文气象资料；
（3）地下水水位动态监测资料；
（4）地下水实际开采量资料（要求分别列出浅层地下水和深层承压水的各项用水量）；
（5）因开发利用地下水引发的生态环境恶化状况；
（6）引灌资料；
（7）水均衡试验场、抽水试验等成果，前人有关研究、工作成果；
（8）其他有关资料。

9.2 水文地质参数

水文地质参数是各项补给量、排泄量以及地下水蓄变量计算的重要依据。应根据有关基础资料（包括已有资料和开展观测、试验、勘查工作所取得的新成果资料），进行综合分析、计算，确定出适合于当地近期条件的参数值。

9.2.1 给水度 μ

给水度 μ 是指饱和岩土在重力作用下自由排出的重力水的体积与该饱和岩土体积的比值，是衡量岩土给水性能大小的数量指标。给水度 μ 值的大小主要与岩性及其结构特征（如岩土的颗粒级配、孔隙裂隙的发育程度及密实度等）有关；此外，第四系孔隙水在浅埋深（地下水埋深小于地下水毛细管上升高度）同一岩性时，μ 值随地下水埋深减小而减小。

确定给水度的方法很多，目前在区域地下水资源量评价工作中常用的方法有以下几种。

1. 非稳定抽水试验法

抽水试验法适用于典型地段特定岩性给水度的测定。在含水层满足均匀无限（或边界条件允许简化）的地区，可采用抽水试验测定的给水度成果。根据非稳定流理论，通过非稳定流抽水试验，可以推求给水度。一般分为两种类型：一类是标准曲线对比法（或称配线法或适线法）；另一类是直线图解法。由于地下水类型不同，推求给水度所使用的公式也是不同的。

这类试验需要花费较多的人力、物力和时间，而且还受到许多自然和人为条件的制约。一般，试验应符合下列规定：（1）抽水流量为定流量；（2）含水层等厚和无限伸展；（3）抽水井为完整井；（4）井径很小；（5）无各种补给；（6）均质含水层。实际上，要同时满足以上条件是比较困难的，这就给试验结果带来一定的误差。

2. 疏干漏斗法

在潜水含水层或浅层含水层中进行稳定抽水或非稳定流抽水，都会引起潜水位或浅层水位下降，形成下降漏斗。利用疏干的漏斗体积与其总抽水量之间的关系计算给水度的方法，称为疏干漏斗法。用下式表示：

$$\mu=\frac{W}{V} \tag{9-4}$$

式中，W——抽水过程中抽出的地下水总量，m^3；

V——疏干漏斗体积，m^3。

疏干漏斗法概念明确，方法简单，但是漏斗体积的计算精度往往不高，同时又有滞后现象，因而常会影响计算成果的精度。

3. 实际开采量法

该方法适用于地下水埋深较大（此时，潜水蒸发量可忽略不计）且受测向径流补排、河道补排和渠灌入渗补给都十分微弱、开采区的面积与地下水的分布面积相同或相近的井灌区的给水度 μ 值测定。

实际开采量法是利用无降水时段（称计算时段）内开采区浅层地下水实际开采量与因开采引起的地下水位下降幅度来推求给水度。采用下式计算给水度 μ 值：

$$\mu=\frac{W_k}{F\times\Delta H}\times10^{-6} \tag{9-5}$$

式中，W_k——计算时段内开采区的实际开采总量，m^3；

F——开采区的面积，km^2；

ΔH——计算时段内开采区的浅层地下水位平均下降幅度，m。

在选取计算时段时，应注意避开动水位的影响。为提高计算精度，可选取开采强度较大、能观测到开采前和开采后两个较稳定的地下水水位，且开采前后地下水水位降幅较大的集中开采期作为计算时段。

4. 地中渗透仪测定法和筒测法

通过均衡场地中渗透仪测定（测定的是特定岩性给水度）或利用特制的测筒进行筒测，即利用测筒（一般采用截面积为 3 000 cm^3 的圆铁筒）在野外采取原状土样，在室内充水令筒内土样达到饱和后进行一次性放水，直至重力水全部释放完毕，此时自由排出的重力水体积与该土样体积之比，即为该土样的给水度。

这两种测定方法直观、简便，特别是筒测法，可测定黏土、亚黏土、亚砂土、粉细砂、细砂等岩土的给水度 μ 值。

5. 移用法

移用法是比照不同岩土的给水度试验值或经验值，将其移用于相似岩土的区域上。例如，一些地下水文和水文地质的书籍上刊有各类岩土的给水度参考值，可以直接引用。当然，即使是属于同类的岩土，由于密实程度不一以及有否裂缝等，简单的移用也有一定的问题。因此，如果条件允许，应在当地进行给水度试验。

6. 其他方法

在浅层地下水开采强度大、地下水埋层较深或已形成地下水水位持续下降漏斗的平原区（又称超采区），可采用年水量平衡法及多元回归分析法推求给水度 μ 值。

由于岩土组成与结构的差异，给水度 μ 值在水平、垂直两个方向变化较大。目前，μ 值的试验研究与各种确定方法都还存在一些问题，影响 μ 值的测试精度。因此，应尽量采用多种方法计算，相互对比验证，并结合相邻地区确定的 μ 值进行综合分析，合理定量。

9.2.2 降雨入渗补给系数 α 的确定

降雨后，雨水下渗通过包气带到达地下水面，地下水得到补给，这部分补给量称为降雨入渗补给地下水的量，或简称为降雨入渗补给量。设P为降雨量，P_r为该次降雨对应的降雨入渗补给量，则该次降雨入渗补给系数α为：

$$\alpha=\frac{P_r}{P} \tag{9-7}$$

影响α值大小的因素很多，主要有包气带岩性、地下水埋深、降水量大小和强度、土壤前期含水量、微地形地貌、植被及地表建筑设施等。此系数按计算时段分为次降雨入渗补给系数$\alpha_{次}$、年降雨入渗补给系数$\alpha_{年}$和多年平均降雨入渗补给系数$\overline{\alpha_{年}}$。

目前，确定 α 值的方法主要有地下水水位动态资料计算法、地中渗透仪测定法和试验区水均衡观测资料分析法等。

1. 地下水水位动态资料计算法

在侧向径流较微弱、地下水埋藏较浅的平原区，根据降水后地下水水位升幅 Δh 与变幅带相应埋深段给水度 μ 值的乘积（即 $\mu\times\Delta h$），再与降水量 P 的比值来计算 α 值。计算公式：

$$\alpha_{年}=\frac{\mu\times\sum\Delta h_{次}}{P_{年}} \tag{9-8}$$

式中，$\alpha_{年}$ 为年均降水入渗补给系数（无因次）；$\sum\Delta h_{次}$ 为年内各次降水引起的地下水水位升幅的总和，mm；$P_{年}$为年降水量，mm。

该计算法是确定区域 α 值的最基本、常用的方法。为便于地区间综合比较，评价时统一采用$\alpha_{年}$，并且，在单站上取多年平均值，分区上取各站多年平均 α 值的算术平均值（站点在分区上均匀分布时）或面积加权（泰森法）平均值（站点在分区上不均匀分布时）。做出不同岩性的降水入渗补给系数 α、地下水埋深 Z 与降水量 P 之间的关系曲线（即 $P\sim\alpha\sim Z$ 曲线），并根据该关系曲线推求不同 P、Z 条件下的 α 值。

在西北干旱区，一年内仅有少数几次降水对地下水有补给作用，这几次降水称有效降水，这几次有效降水量之和称为年有效降水量（$P_{年有效}$）。$P_{年有效}$相应的α 值称为年有效降水入渗补给系数（$\alpha_{年有效}$）。$\alpha_{年有效}$为年内各次有效降水入渗补给地下水水量之和（$\mu\times\sum\Delta h_{次}$）与年内各次有效降水量之和 $P_{年有效}$的比值，即：

$$\alpha_{年有效}=\frac{\mu\times\sum\Delta h}{P_{年有效}} \tag{9-9}$$

采用 $\alpha_{年有效}$计算降水入渗补给量 P_r 时，应用统计计算的 $P_{年有效}$，不得采用 $P_{年}$。

分析 α 值应选用具有较长地下水水位动态观测系列的观测井资料，受地下水开采、灌溉、侧向径流、河渠渗漏影响较大的长观资料，不适宜作为分析计算α 值的依据。选取水位升幅 Δh 前，必须绘制地下水水位动态过程线图，在图中标出各次降水过程（包括次降水量及其发生时间）和浅层地下水实际开采过程（包括实际开采量及其发生时间），不得仅按地下水水位观测记录数字进行演算。

目前，地下水水位长观井的监测频次以 5 日为多。选用观测频次为 5 日的长观资料计算α 值，往往由于漏测地下水水位峰谷值而产生较大误差。因此，使用这样的水位监测资料计算 α 值时，需要对计算成果进行修正。修正公式如下：

$$\alpha_{1日}=K''\times\alpha_{5日} \tag{9-10}$$

式中，$\alpha_{1日}$为根据逐日地下水水位观测资料计算的 α 值，即修正后的 α 值（无因次）；$\alpha_{5日}$为根据 5 日地下水水位观测资料计算的 α 值，即需要修正的 α 值（无因次）；K''为修正系数（无因次）。

修正系数 K'' 是根据逐日观测资料，分别摘取 5 日观测数据计算 $\alpha_{5日}$ 和利用逐日观测数据计算 $\alpha_{1日}$，以 $\alpha_{1日}$ 与 $\alpha_{5日}$ 的比值确定的，即 $K''=\alpha_{1日}/\alpha_{5日}$。

2. 地中渗透仪法

采用水均衡试验场地中渗透仪测定不同地下水埋深、岩性、降水量的 α 值，直观、快捷。但是，地中渗透仪测定的 α 值是特定的地下水埋深、岩性、降水量和植被条件下的 α 值，地中渗透仪中地下水水位固定不变，与野外地下水水位随降水入渗而上升的实际情况不同。因此，当将地中渗透仪测算的 α 值移用到降水入渗补给量均衡计算区时，要结合均衡计算区实际的地下水埋深、岩性、降水量和植被条件，进行必要的修正。当地下水埋深不大于 2m 时，地中渗透仪测得的 α 值偏大较多，不宜使用。

3. 其他方法

在浅层地下水开采强度大、地下水埋藏较深且已形成地下水水位持续下降漏斗的平原区（又称超采区），可采用水量平衡法及多元回归分析法推求降水入渗补给系数 α 值。

9.2.3 灌溉入渗补给系数 β、灌溉回归系数 β' 的确定

灌溉是农业增产的重要措施，同时对地下水有补给作用。灌溉水经包气带下渗以重力水的形式补给地下水的量称为灌溉入渗补给量。当灌溉水是取自当地地下水时，则称为灌溉回归水量。

1. 灌溉入渗补给系数 β

灌溉入渗补给系数是指田间灌溉入渗补给量 h_r 与进入田间的灌水量 $h_{灌}$ 的比值，即 $\beta=h_r/h_{灌}$。影响 β 值大小的因素主要是包气带岩性、地下水埋深、灌溉定额及耕地的平整程度。确定灌溉入渗补给系数 β 值的方法有以下几种。

（1）利用公式 $\beta=h_r/h_{灌}$ 直接计算。公式中，h_r 可用灌水后地下水水位的平均升幅 Δh 与变幅带给水度 μ 的乘积（即 $h_r=\mu\times\Delta h$，h_r 与 Δh 均以深度表示）计算；$h_{灌}$ 可采用引灌水量（用深度表示）或根据次灌溉定额与年灌溉次数的乘积（即年灌水定额，用深度表示）计算。

（2）根据野外灌溉试验资料，确定不同土壤岩性、地下水埋深、次灌溉定额时的 β 值。

（3）在缺乏地下水水位动态观测资料和有关试验资料的地区，可采用降水前土壤含水量较低、次降水量大致相当于次灌溉定额情况下的次降水入渗补给系数 $\alpha_{次}$ 值，近似地代表灌溉入渗补给系数 β 值。

（4）在降水量稀少（降水入渗补给量甚微）、田间灌溉入渗补给量基本上是地下水唯一

补给来源的干旱区，选取灌区地下水埋深大于潜水蒸发极限埋深的计算时段（该时段内潜水蒸发量可忽略不计），采用下式计算灌溉入渗补给系数β值：

$$\beta=\frac{Q_{开}\pm\mu\times\Delta h}{h_{灌}} \tag{9-11}$$

式中，$Q_{开}$为计算时段内灌区平均浅层地下水实际开采量（m）；Δh 为计算时段内灌区平均地下水水位变幅（m），计算时段初地下水水位较高（或地下水埋深较小）时取负值，计算时段末地下水水位较高（或地下水埋深较小）时取正值；$h_{灌}$为计算时段内灌区平均田间灌水量（m）。

2. 灌溉回归系数 β'

在取当地的地下水灌溉时，由于灌水方式不当，如灌水定额过大，或灌水定额不大但被灌土地不平坦，在低洼处积水过多，使灌水的一部分通过下渗又以重力水的形式返回地下，这种现象称为地下水灌溉回归。下渗的重力水量称为地下水的灌溉回归量，把灌溉回归量与灌水量（即开采量）之比值，称为灌溉回归系数，其计算方法同灌溉入渗补给系数。

灌溉回归系数亦可分为两类，次灌溉回归系数和规定时段灌溉回归系数，常用的有次灌溉回归系数、年灌溉回归系数和多年平均灌溉回归系数。

9.2.4　潜水蒸发系数 C

潜水蒸发系数是指潜水蒸发量 E_g 与相应计算时段的水面蒸发量 E_0 的比值，即 $C=E_g/E_0$。水面蒸发量 E_0、包气带岩性、地下水埋深 Z 和植被状况是影响潜水蒸发系数 C 的主要因素。可利用浅层地下水水位动态观测资料通过潜水蒸发经验公式拟合分析计算。

潜水蒸发经验公式（修正后的阿维里扬诺夫公式）：

$$E_g=k\times E_0\times\left(1-\frac{Z}{Z_0}\right)^n \tag{9-12}$$

式中，Z_0 为极限埋深（单位：m），即潜水停止蒸发时的地下水埋深，黏土 $Z_0=5$m 左右，亚黏土 $Z_0=4$m 左右，亚砂土 $Z_0=3$m 左右，粉细砂 $Z_0=2.5$m 左右；n 为经验指数（无因次），一般为 1.0～2.0，应通过分析，合理选用；k 为作物修正系数（无因次），无作物时 k 取 0.9～1.0，有作物时 k 取 1.0～1.3；Z 为潜水埋深（单位：m）；E_g、E_0 分别为潜水蒸发量和水面蒸发量（单位：mm）。

还可根据水均衡试验场地中渗透仪对不同岩性、地下水埋深、植被条件下潜水蒸发量 E_g 的测试资料与相应水面蒸发量 E_0 计算潜水蒸发系数 C。分析计算潜水蒸发系数 C 时，使用的水面蒸发量 E_0 一律为 E_{601} 型蒸发器的观测值，应用其他型号的蒸发器观测资料时，应换算成 E_{601} 型蒸发器的数值（换算系数可采用本次规划中蒸发能力评价成果）。

9.2.5 渠系渗漏补给系数 m 值

渠系渗漏补给系数是指渠系渗漏补给量 $Q_{渠系}$与渠首引水量 $Q_{渠首引}$的比值，即：$m=Q_{渠系}/Q_{渠首引}$。渠系渗漏补给系数 m 值的主要影响因素是渠道衬砌程度、渠道两岸包气带和含水层岩性特征、地下水埋深、包气带含水量、水面蒸发强度以及渠系水位和过水时间。可按下列方法分析确定 m 值。

1. 根据渠系有效利用系数 η 确定 m 值

渠系有效利用系数 η（无因次）为灌溉渠系送入田间的水量与渠首引水量的比值，在数值上等于干、支、斗、农、毛各级渠道有效利用系数的连乘积。计算公式：

$$m=\gamma\times(1-\eta) \tag{9-13}$$

式中，γ 为修正系数（无因次）。

渠首引水量 $Q_{渠首引}$与进入田间的水量 $Q_{渠首引}\times\eta$ 之差为 $Q_{渠首引}\times(1-\eta)$。实际上，渠系渗漏补给量应是 $Q_{渠首引}\times(1-\eta)$减去消耗于湿润渠道两岸包气带土壤（称浸润带下同）和浸润带蒸发的水量、渠系水面蒸发量、渠系退水量和排水量。修正系数 γ 为渠系渗漏补给量与 $Q_{渠首引}\times(1-\eta)$的比值，可通过有关测试资料或调查分析确定。γ 值的影响因素较多，主要受水面蒸发强度和渠道衬砌程度控制，其次还受渠道过水时间长短、渠道两岸地下水埋深以及包气带岩性特征和含水量多少的影响。γ 值的取值范围一般在 0.3～0.9 之间，水面蒸发强度大（即水面蒸发量 E_0 值大）、渠道衬砌良好、地下水埋深小、间歇性输水时，γ 取小值；水面蒸发强度小（即水面蒸发量 E_0 值小）、渠道未衬砌、地下水埋深大、长时间连续输水时，γ 取大值。

2. 根据渠系渗漏补给量计算 m 值

当灌区引水灌溉前后渠道两岸地下水水位只受渠系渗漏补给和渠灌田间入渗补给影响时，可采用下式计算 m 值：

$$m=\frac{Q_{渠补}-Q_{渠灌}}{Q_{渠首引}} \tag{9-14}$$

其中：$Q_{渠补}=Q_{渠系}+Q_{渠灌}$（$Q_{渠补}$、$Q_{渠灌}$、$Q_{渠首}$、$Q_{渠系}$的单位均为万 m^3）

式中，$Q_{渠灌}$为渠灌田间入渗补给量；$Q_{渠补}$为渠系渗漏补给量 $Q_{渠系}$与 $Q_{渠灌}$之和。

渠系渗漏补给量 $Q_{渠系}$可根据渠道两岸渠系渗漏补给影响范围内渠系过水前后地下水水位升幅、变幅带给水度 μ 值等资料计算；$Q_{渠灌}$可根据渠系渗漏补给影响范围之外渠灌前后地下水水位升幅、变幅带给水度 μ 值等资料计算。分析计算时，渠系引水量应扣除渠系下游退水量及引出计算渠系的水量，并注意将各级渠道输水渗漏的水量按规定分别计入渠系（干、支两级）渗漏补给量及渠灌田间（斗、农、毛）入渗补给量内。

3. 利用渗流理论计算公式确定 m 值

利用渗流理论计算公式（如考斯加柯夫自由渗流、达西渗流和非稳定流等，具体公式参考有关水文地质书籍）求得渠系渗漏补给量 Q 渠系，进而用下式确定 m 值：

$$m=Q_{\text{渠系}}/Q_{\text{渠首引}} \tag{9-15}$$

在应用公式（9-14）、（9-15）计算 m 值时，需注意避免在 $Q_{\text{渠系}}$中含有田间灌溉入渗补给量。

9.2.6　渗透系数 K 值

渗透系数为水力坡度（又称水力梯度）等于 1 时的渗透速度（单位：m/d）。影响渗透系数 K 值大小的主要因素是岩性及其结构特征。确定渗透系数 K 值有抽水试验、室内仪器（吉姆仪、变水头测定管）测定、野外同心环或试坑注水试验以及颗粒分析、孔隙度计算等方法。其中，采用稳定流或非稳定流抽水试验，并在抽水井旁设有水位观测孔，确定 K 值的效果最好。上述方法的计算公式及注意事项、相关要求等可参阅有关水文地质书籍。

9.2.7　导水系数、弹性释水系数、压力传导系数及越流系数

导水系数 T 是表示含水层导水能力大小的参数，在数值上等于渗透系数 K 与含水层厚度 M 的乘积（单位：m^2/d），即 $T=K\times M$。T 值大小的主要影响因素是含水层岩性特征和厚度。

弹性释水系数 μ^*（又称弹性贮水系数，无因次）是表示当承压含水层地下水水位变化为 1m 时从单位面积（$1m^2$）含水层中释放（或储存）的水量。μ^*的主要影响因素是承压含水层的岩性及埋藏部位。μ^*的取值范围一般为 $10^{-4}\sim10^{-5}$。

压力传导系数 a（又称水位传导系数）是表示地下水的压力传播速度的参数，在数值上等于导水系数 T 与释水系数（潜水时为给水度 μ，承压水时为弹性释水系数 μ^*）的比值（单位：m^2/d），即：$a=T/\mu$ 或 $a=T/\mu^*$。a 值大小的主要影响因素是含水层的岩性特征和厚度。

越流系数 ke 是表示弱透水层在垂向上的导水性能，在数值上等于弱透水层的渗透系数 K'与该弱透水层厚度 M'的比值，即 $ke=K'/M'$（式中，ke 的单位为 m/d•m 或 1/d，K'的单位为 m/d，M'的单位为 m）。影响 ke 值大小的主要因素是弱透水层的岩性特征和厚度。

T、μ^*、a、ke 等水文地质参数均可用稳定流抽水试验或非稳定流抽水试验的相关资料分析计算，计算公式等可参阅有关水文地质书籍。

9.2.8　缺乏有关资料地区水文地质参数的确定

缺乏地下水水位动态观测资料、水均衡试验场资料和其他野外的或室内的试验资料的

地区，可根据类比法原则，移用条件相同或相似地区的有关水文地质参数。移用时，应根据移用地区与被移用地区间在水文气象、地下水埋深、水文地质条件等方面的差异，进行必要的修正。

9.3 平原区地下水资源量计算

一般要求计算地下水 III 极类型区（或均衡计算区）近期条件下各项补给量、排泄量以及地下水总补给量、地下水资源量和地下水蓄变量，并将这些成果分配到各计算分区内。

9.3.1 补给量计算

平原区地下水资源补给量一般包括降水入渗补给量、山前侧向补给量、河道与渠系渗漏补给量、田间回归补给量、水库与湖泊蓄水渗漏补给量以及越流补给量，一般要求计算各项多年平均值。

1. 降水入渗补给量

降水入渗补给量是浅层地下水最主要的补给来源。降雨初期，由于土壤干燥，下渗水量几乎全部由包气带土层吸收，当包气带土层含水量达到一定程度后，入渗的雨水在重力作用下，再由土层上部逐渐向土层下部渗透，直至地下水面。入渗补给量可用降水入渗补给系数法按下式计算：

$$P_r=10^{-5}\alpha\overline{P}F \tag{9-16}$$

式中，Pr——年降水入渗补给量，亿 m^3；

α——多年平均年降水入渗补给系数；

$\overline{P}$——多年平均年降水量，mm；

F——接受降水入渗补给量的均衡计算区面积，km^2。

当然，降水入渗补给量的计算时段，可以是次、季或年。区域平均降水入渗补给量，可取区内各计算点的补给量用算术平均法或面积加权平均法求得。

2. 山前侧向补给量

山前侧向补给量是指山区、丘陵地区的产水，通过地下水径流形式补给平原区地下水的水量。计算时首先要有沿补给边界的切割剖面，为了避免补给量之间的重复，计算剖面要尽量选在山丘区域平原区交界位置，剖面方向应与地下水流方向垂直，然后按达西公式分段选取参数进行计算：

$$V_g = 10^{-8}KIFLT \tag{9-17}$$

式中，V_g——山前侧向补给量，亿 m^3；

K——含水层的渗透系数，m/d；

I——垂直于剖面的方向的水力坡降；

F——单位长度河道垂直地下水流方向的剖面面积，m^2/m；

L——计算河道或河段长度，m；

T——计算河道或河段的渗透时间，d/年。

3. 河道渗漏补给量

当河道水位高于两岸地下水位时，河水将通过渗漏补给地下水。在计算该项补给量时，首先应对计算区内每条骨干河流的水文特性和两岸地下水位变化情况进行分析，确定年内河水补给地下水的河段，然后逐年进行年内河道渗漏补给量计算。可采用地下水动力学中的剖面法计算，计算公式为：

$$V_r = 10^{-8}KIFLT \tag{9-18}$$

式中，V_r——河道渗漏补给量，亿 m^3；其他符号含义同上式。

当河水位变化比较稳定时，对于岸边有钻孔资料的河流，可沿河岸切割渗流剖面，根据钻孔水位和河水位确定垂直于剖面的水力坡降。

计算深度应是河水渗漏补给地下水的影响带深度。当剖面为多层岩性结构时，渗透系数 K 值应取计算深度各层渗透系数的加权平均值。

4. 渠系渗漏补给量

渠系渗漏补给量是指灌区的干、支、斗、农、毛各级灌溉渠道，在输水过程中对地下水的渗漏补给量。一般情况下，灌区的渠系水位高于地下水位，计算时可采用，其计算公式为：

$$V_c = mW_c = \gamma(1-\eta)W_c \tag{9-19}$$

式中，V_c——渠系渗漏补给量，亿 m^3；

m——渠系渗漏系数；

W_c——渠首引水量，亿 m^3；

γ——渠系渗漏修正系数；

η——渠系有效利用系数。

渠首引水量应根据灌区实际供水情况，进行调查统计后确定。渠系得有效利用系数 η、修正系数 γ 和渠系渗漏系数 m 可参照表 9-4。

表 9-4　不同渠床衬砌、岩性和地下水埋深情况的η、γ、m值

分区	衬砌	渠床下岩性	地下水埋深（m）	渠系有效利用系数η	修正系数γ	渠系渗漏补给系数γ
长江以南地区和内陆河流域农业灌溉区	未衬砌	亚粘土、亚砂土	＜4	0.30～0.60	0.50～0.90	0.22～0.60
	部分衬砌			0.45～0.80	0.35～0.85	0.19～0.50
			＞4	0.40～0.70	0.30～0.80	0.18～0.45
	衬砌		＜4	0.50～0.80	0.35～0.85	0.17～0.45
			＞4	0.45～0.80	0.35～0.80	0.16～0.45
半干旱半湿润地区	未衬砌	亚粘土	＜4	0.55	0.32	0.144
		亚砂土		0.40～0.50	0.35～0.50	0.18～0.30
		亚粘、亚砂互层		0.40～0.55	0.32	0.14～0.30
	部分衬砌	亚粘土		0.55～0.73	0.32	0.09～0.14
			＞4	0.55～0.70	0.30	0.09～0.135
		亚粘土	＜4	0.55～0.68	0.37	0.12～0.17
			＞4	0.52～0.73	0.35	0.10～0.17
		亚粘、亚砂互层	＜4	0.55～0.73	0.32～0.40	0.09～0.17
	衬砌	亚粘土		0.65～0.88	0.32	0.04～0.112
		亚砂土		0.57～0.73	0.37	0.10～0.16

5. 田间回归补给量

田间回归补给量是指灌溉水进入田间以后，经包气带渗漏补给地下的水量。田间回归补给量可采用回归系数法计算，公式为：

$$V_f = \beta W_f \tag{9-20}$$

式中，V_f——田间回归补给量，亿 m³；

β——田间回归补给系数；

W_f——进入田间的灌溉水量，亿 m³；

田间回归补给系数β是指田间灌溉水入渗补给地下水的水量与灌溉水量的比值。β值随灌水定额、田间土质和地下水埋深而有所不同，一般为 0.10～0.25，见表 9-5。

表 9-5　不同岩性、地下水埋深、灌水定额的渠灌田间回归补给系数β值

地下水埋深（m）	灌水定额（m^3/hm^2）	岩性		
		亚粘土	亚砂土	粉细砂
＞4	0～70	0.10～0.17	0.10～0.20	
	70～100	0.10～0.20	0.15～0.25	0.20～0.35
	＞100	0.10～0.25	0.20～0.30	0.25～0.40
4～8	40～70	0.05～0.10	0.05～0.15	
	70～100	0.05～0.15	0.05～0.20	0.05～0.25
	＞100	0.10～0.20	0.10～0.25	0.10～0.30

（续表）

地下水埋深（m）	灌水定额（m^3/hm^2）	岩性		
		亚粘土	亚砂土	粉细砂
＞8	40～70	0.05	0.05	0.05～0.10
	70～100	0.05～0.10	0.05～0.10	0.05～0.20
	＞100	0.05～0.15	0.10～0.20	0.05～0.20

6. 水库、湖泊蓄水渗漏补给量

水库及湖泊蓄水量较大、蓄水时间较长，在水位差作用下，也会对地下水产生渗漏补给，计算公式为：

$$V_d = W_1 + P_d - E_W - W_2 + \Delta W \tag{9-21}$$

式中，V_d——水库、湖泊蓄水渗漏补给量，亿 m^3；

W_1——进入水库、湖泊的水量，亿 m^3；

P_d——水库、湖泊水面上的降水量，亿 m^3；

E_W——水库、湖泊水面上的蒸发量，亿 m^3；

W_2——水库、湖泊的出库水量，含溢流、灌溉、坝体渗漏等水量、亿 m^3；

ΔW——水库、湖泊的蓄水变量，亿 m^3；

7. 越流补给量

越流补给量又称为越层补给量，它是指上下含水层有足够水头差，且隔水层是弱透水层的，此时水头高的含水层的地下水可以通过弱透水层补给水头较低的含水层，其补给量通常用下式计算：

$$V_0 = 10^{-8} \triangle HFtk_0 \tag{9-22}$$

式中，V_0——越流补给量，亿 m^3；

$\triangle H$——深、浅含水层的压力水头差，m；

t——计算越流时段，一般取 365d；

k_0——越流系数，即 $k_0=K'/M'$（其中 K' 为弱透水层渗透系数，m/d；M' 为弱透水层厚度，m）；

F——单位长度垂直于地下水流方向的剖面面积，m^2。

8. 地下水总补给量

计算时段期间各项多年平均补给量之和为多年平均地下水总补给量。

9.3.2　地下水资源量

多年平均地下水总补给量减去多年平均井灌回归补给量，其差值即为多年平均地下水

资源量。

9.3.3 排泄量计算

根据地下水的排泄形式，可将平原区排泄量分为潜水蒸发、人工开采净消耗、河道排泄、侧向流出和越流排泄量等项，一般要求计算其多年平均值。

1. 人工开采量

在我国北方地区，由于地表水资源匮乏，人工开采地下水量呈逐年上升趋势，用以解决工业、农业和生活用水所需，这是开发利用程度较高地区的一项主要排泄量，包括农业灌溉用水开采净消耗量和工业、城市生活用水开采净消耗量。目前，采用开采量调查统计方法或实测开采量方法确定。工业和城镇生活用水管理比较规范，一般都装有水表计量，而农业机井数量多且十分分散，实际工作中只能通过农业和水利部门的调查统计来估算。在缺乏调查统计资料时，可分别采用下列两种方法确定。

（1）单井实测流量法。

$$W=10^{-8}(n_1w_1+n_2w_2+\cdots+n_iw_i)\eta \tag{9-23}$$

式中，W——每年井水总开采量，亿 $\mathrm{m^3}$；

n_1，n_2，…，n_i——年内不同泵型配套井个数；

w_1，w_2，…，w_i——不同泵型单井年开采水量；

η ——机井有效利用率。

（2）井灌定额估算法。

$$W=10^{-8}(f_1m_1+f_2m_2+\cdots+f_im_i)\eta \tag{9-24}$$

式中，W—— 每年井水总开采量，亿 $\mathrm{m^3}$；

f_1，f_2，…，f_i——不同作物种植面积，$\mathrm{hm^2}$；

m_1，m_2，…，m_i——不同作物的井灌定额 $\mathrm{m^3/hm^2}$。

m 值一般可通过农业和水利部门收集当地不同农作物的井灌定额而确定。实际操作时，可用单井实测流量法与井灌定额估算法的两种结果互相验证，使提供的最终结果更加准确合理。

2. 潜水蒸发量

由于受土壤毛细管的作用，浅层地下水不断沿毛细管上升，一部分湿润土壤供植物吸收，一部分收阳光辐射影响变成水蒸气升到空中。潜水蒸发量的大小主要取决于气候条件、潜水埋深和包气带岩性以及有无作物生长等。

计算方法有以下两种。

（1）由均衡试验场地中渗透仪实测潜水蒸发资料计算。

（2）由潜水蒸发系数计算，其计算公式为：

$$E_g=10^{-5}E_wFC \quad (9\text{-}25)$$

式中，E_g——潜水蒸发量，亿 m^3；

E_w——水面蒸发量，可采用蒸发器观测资料，mm；

F——蒸发面积，km^2；

C——潜水蒸发系数，可根据当地土壤类型和地下水埋深采用经验数据。

南方平原区属于湿润地区，包气带含水较多，在同样条件下，南方的潜水蒸发小于北方潜水蒸发。

3．河道排泄量

当河道内河水水位低于岸边地下水位时，平原区地下水向河道排泄的水量称为河道排泄量。

采用地下水动力学计算，为河道渗漏补给量的反计算，计算公式同前。

4．侧向流出量

当区外地下水位低于区内地下水位时，通过均衡计算区的地下水下游界面流出本计算区的地下水量称为侧向流出量。计算公式同山前侧向补给量。

5．越流排泄量

当浅层地下水位高于当地深层时，浅层地下水向深层地下水排泄称为越流排泄。

6．总排泄量的计算方法

均衡计算区内各项多年平均排泄量之和为该均衡计算区的多年平均总排泄量。

9.3.4　浅层地下水蓄变量的计算方法

浅层地下水蓄变量是指均衡计算区计算时段初浅层地下水储存量与计算时段末浅层地下水储存量的差值。通常采用下式计算：

$$\Delta W=10^2\times(h_1-h_2)\times\mu\times F/t \quad (9\text{-}26)$$

式中，ΔW 为年浅层地下水蓄变量（万 m^3）；h_1 为计算时段初地下水水位（m）；h_2 为计算时段末地下水水位（m）；μ 为地下水水位变幅带给水度（无因次）；F 为计算面积（km^2）；t 为计算时段长度（a）。

利用公式（9-26）计算多年平均浅层地下水蓄变量时，h_1、h_2 应分别采用 1980—2000 年期间起、迄年份的年均值。当 $h_1>h_2$（或 $Z_1<Z_2$）时，ΔW 为“＋”；当 $h_1<h_2$（或 $Z_1>Z_2$）时，ΔW 为“－”；当 $h_1=h_2$（或 $Z_1=Z_2$）时，$\Delta W=0$。

9.3.5 总补给量与总排泄量的平衡分析

总补给量与总排泄量的平衡分析（即水均衡分析）是指均衡计算区或计算分区内多年平均地下水总补给量（$Q_{总补}$）与总排泄量（$Q_{总排}$）的均衡关系，即 $Q_{总补}=Q_{总排}$。

在人类活动影响和均衡期间代表多年的年数并非足够多的情况下，水均衡还与均衡期间的浅层地下水蓄变量（ΔW）有关。因此，在实际应用水均衡理论时，一般指均衡期间多年平均地下水总补给量、总排泄量和浅层地下水蓄变量三者之间的均衡关系，即：

$$Q_{总补}-Q_{总排}\pm\Delta W=X \tag{9-27}$$

及

$$\frac{X}{Q_{总补}}\times 100\%=\delta \tag{9-28}$$

$|X|$值或$|\delta|$值较小（一般认为$|\delta|\leqslant 20\%$）时，可近似判断为 $Q_{总补}$、$Q_{总排}$、ΔW 三项计算结果误差较小，亦即计算精确程度较高；$|X|$值或$|\delta|$值较大（一般认为$|\delta|>20\%$）时，可近似判断为 $Q_{总补}$、$Q_{总排}$、ΔW 三项计算结果误差较大，亦即计算精确程度较低，这时应对该计算分区的各项补给量、排泄量和浅层地下水蓄变量进行核算，必要时，对某个或某些计算参数做合理调整，直至其$|\delta|\leqslant 20\%$为止。

9.4 山丘区地下水资源量计算

一般山丘区的构造、岩性、地貌、水文地质条件等都比平原区复杂，而且用来计算山丘区地下水资源补给量的资料又十分缺乏，常常无法直接计算各种补给量，而只好采用地下水排泄量的方法近似地计算补给量。

排泄量包括河川基流量、山前泉水出流量、山前侧向流出量、河床潜流量、浅层地下水实际开采量和潜水蒸发量。

9.4.1 河川基流量计算

山丘区河流坡度陡，河床切割较深，水文站测得的逐日平均流量过程线既包括地表径流，又包括河川基流，加上山丘区下垫面的不透水层相对较浅，河川基流量基本是通过与河流无水力联系的基岩裂隙水补给的。因此，河川基流量可以用分割流量过程线的方法来推求。

我国北方河流封冻期较长，10 月以后降水很少，河川径流基本上由地下水补给，其变化较为稳定。因此，稳定封冻河流期的河川基流量，可以近似地用实测河川径流量来代替。

在冬春季降水量较小的情况下，凌汛水量主要是冬春季被拦蓄在河槽里的地下径流因气温升高而急剧释放形成的，故可将凌汛水量近似作为河川基流量。

1. 分析代表站的选择

河川基流量由分割区域内代表站的实测流量过程线计算得来。选择代表站时应满足以下条件。

（1）代表站控制的流域为闭合流域。

（2）选定的代表站在地形、地貌、植被和水文地质条件上，应具有足够的代表性。

（3）代表站河流面积一般在 200～5 000km^2。水文站稀少的区域，超出这一面积界限的水文站也可适当选用。所选站点应力求分布均匀。

（4）代表站实测流量系列较长，至少应包括丰、平、枯典型年内的 10 年以上实测流量资料。

（5）代表站以上流域不受人类活动影响，或影响较小。

2. 常用的几种水文分割法

（1）直线平割法。

将枯季（畅流期）最小平均（最小日平均、最小月平均、连续几个月最小平均等）流量视作基流，平行分割全年流量过程线，直线以下部分即为河川基流量。

直线平割法的精确度取决于所选最小流量是否合适。在降水比较集中的情况下，枯水期持续时间一般较长，河川径流往往降低到最小值，用最小日平均流量分割得出的河川基流量偏小，可作为河川基流量的下限值；在降水年内分配比较均匀的情况下，河川径流始终较大，用最小月平均流量分割得出的基流量也往往较大，可作为河川基流量的上限值。

直线平割法是一种简化方法，工作量较小，精确度不高，尤其是面积较大的区域，宜与其他比较精确的方法比较后采用。

（2）直线斜割法。

在逐日平均流量过程线上，自起涨点至峰后无雨情况下退水段的转折点（又称拐点）处作直线，直线以下即为河川基流量。

退水转折点可用综合退水曲线法确定。绘制历年或包括丰、平、枯水年的逐日平均流量过程线、降水量过程线（流量过程线纵、横坐标比例尺要历年一致）。选择峰后无雨、退水时间较长的退水段若干条，将各退水段在水平方向上移动，使其尾部重合，作出外包线，即为综合退水曲线。把综合退水曲线绘在透明纸上，再在欲分割的流量过程线上水平移动，使其与实测流量过程线退水段尾部相重合，两条曲线的分叉处即为退水转折点。

（3）经验关系法。

我国北方地区年降水量相对较小，年内分配比较集中，流量过程线多为单峰型，退水段比较规则，容易绘制流域综合退水曲线，进而确定退水转折点。但在南方湿润地区，降水量和降水日数均较多，峰后无降水的时段不长，流量过程线多呈复式峰，很难用上述方法分析、确定综合退水曲线和退水转折点。在这种情况下，可采用经验公式确定退水转折点。例如，山东省北部可用下式计算：

$$T=F^{0.02} \tag{9-29}$$

$$Q_b=0.003R_0F^{0.75} \tag{9-30}$$

上两式中，T——洪峰起涨点至退水转折点的天数，d；

F——集水面积，km^2；

Q_b——退水转折点处流量，m^3/s；

R_0——次洪水径流深，mm。

用经验公式法确定转折点时，应当充分考虑本区域的实际情况，合理选配公式的参数。

3. 多年平均年河川基流量

多年平均年河川基流量计算可按下列步骤进行。

（1）根据若干分割基流年份的河川基流量与相应年份河川基流量绘制相关图，发现河川基流量随着河川径流量的增大而增大，但当河川径流量增大到一定程度后，河川基流量增加甚微，并逐渐趋近于常数。

（2）根据逐年河川径流量，由相关图查得未分割基流年份的河川基流量，并计算多年平均值。

若对所有年份河川径流量进行了基流分割，则可直接计算多年平均河川基流量。

9.4.2 山前泉水出流量计算

在地下水资源比较丰富的山丘区（尤其是岩溶区），地下水常以泉水的形式在山前排泄出来，它是山丘区地下水的重要组成部分。山前泉水出流量是指出露于山丘区与平原区交界线附近，且未计入河川径流量的诸泉水水量之和。用调查分析和统计的方法计算山前泉水出露总量时，应当注意以下几点。

（1）选择流量较大、水文地质边界清楚、有代表性的泉进行调查分析。若某泉代表性较好，但缺乏实测流量资料，则应进行泉水流量观测，以取得分析区域内完整的泉水出露量资料。

（2）若泉水受多年降水补给的影响，分析计算泉水流量与降水量关系时，应当以当年和以前若干年的降水资料作为分析依据。

（3）对已经开发利用的泉水，除应调查现状泉水流量外，还应调查开采量，并将其还原计入现状泉水流量中，以取得天然情况下的泉水流量。

（4）若所调查的泉水流量已包括在河川径流量中，则应在分析计算重复量时加以说明，并将重复部分的泉水流量单独列出。

9.4.3 山前侧向流出量计算

山前侧向流出量是指山丘区地下水以地下潜流形式向平原区排泄的水量，该量即为平原区山前侧向补给量。计算公式同平原区山前侧向补给量。

9.4.4　河床潜流量计算

当河床中有松散沉积物时，松散沉积物中的径流量称为河床潜流量。河床潜流量未被水文站所测得，即未包括在河川径流量或河川基流量之中，故应单独计算。计算式为：

$$V_{潜}=KIAT \tag{9-31}$$

式中，$V_{潜}$——河床潜流量，m^3；

K——渗透系数，m/d；

I——水力坡度，一般用河底比降代替；

A——垂直于地下水流向的河床潜流过水断面面积，m^3；

T——河道或河段过水时间，d。

9.4.5　浅层地下水实际开采量

浅层地下水实际开采量是指发生在一般山丘区、岩溶山区（包括未单独划分为山间平原区的小型山间河谷平原）的浅层地下水实际开采量（含矿坑排水量），从该量中扣除在用水过程中回归补给地下水部分的剩余量，称为浅层地下水实际开采净消耗量。

采用调查统计方法估算山丘区浅层地下水实际开采量及开采净消耗量。

调查统计各计算分区尽可能多的年份的浅层地下水实际开采量，并根据用于农田灌溉的水量和井灌定额等资料，估算井灌回归补给量，以浅层地下水实际开采量与该年井灌回归补给量之差作为相应年份的浅层地下水实际开采净消耗量。具有较大规模地下水开发利用期间，缺乏统计资料年份的浅层地下水实际开采量和开采净消耗量，可根据邻近年份的年浅层地下水实际开采量和开采净消耗量采用趋势法进行插补；具有较大规模地下水开发利用期间以前逐年的浅层地下水实际开采量和开采净消耗量近似按“零”处理。

9.4.6　潜水蒸发量计算

潜水蒸发量是指发生在未单独划分为山间平原区的小型山间河谷平原的浅层地下水，在毛细管作用下通过包气带岩土向上运动造成的蒸发量。

各分区年潜水蒸发量的计算方法同平原区潜水蒸发量相同。

9.4.7　山丘区地下水资源量计算

山丘区河川基流量、山前泉水出流量、山前侧向流出量、河床潜流量、浅层地下水实际开采量和潜水蒸发量之和为山丘区总排泄量。从山丘区总排泄量中扣除回归补给地下水部分为山丘区地下水资源量。

9.5 北方地区多年平均地下水资源量的计算方法

北方（指松花江区、辽河区、海河区、淮河区、黄河区和西北诸河区等6个水资源一级区）由山丘区和平原区构成的各计算分区多年平均地下水资源量采用下式计算：

$$Q_{资}=P_{r山}+Q_{平资}-Q_{侧补}-Q_{基补} \tag{9-32}$$

式中，$Q_{资}$为计算分区近期多年平均地下水资源量；$P_{r山}$为山丘区计算时段期间多年平均降水入渗补给量，亦即山丘区计算时段期间多年平均地下水资源量；$Q_{平资}$为平原区计算时段期间多年平均地下水资源量；$Q_{侧补}$为平原计算时段期间多年平均山前侧向补给量；$Q_{基补}$为平原区计算时段期间本水资源一级区河川基流量形成的多年平均地表水体补给量。

9.6 南方地区地下水资源量的计算方法

9.6.1 平原区多年平均地下水资源量及潜水蒸发量的计算方法

在南方（指长江区、东南诸河区、珠江区和西南诸河区等4个水资源一级区），分布面积较大的一般平原区有长江中下游平原区、杭嘉湖平原区、长江三角洲平原区、珠江三角洲平原区、韩江三角洲平原区、琼北平原区和浙闽台沿海平原区等；分布面积较大的山间平原区有成都平原区、江汉平原区、洞庭湖平原区、鄱阳湖平原区、南阳盆地平原区和汉中盆地平原区等。这些平原区，大多缺乏连续的浅层地下水水位动态观测资料和水文地质资料，难以按北方的要求全面进行各项补给量、排泄量计算。目前，在南方，除个别平原区外，大多数平原区浅层地下水的开发利用程度很低。因此，一般进行简化计算，其计算方法有以下几种。

（1）确定平原区的地域分布，量算各平原区分属的各水资源三级区套地级行政区（即计算分区）的面积；确定各计算分区中水稻田和旱地的地域分布，量算水稻田和旱地的面积。

（2）分别计算水稻田水稻生长期（含泡田期，下同）的近期多年平均地下水补给量，水稻田旱作期及旱地的近期多年平均降水入渗补给量、灌溉入渗补给量和潜水蒸发量。其中，灌溉入渗补给量为地表水体补给量，应将水资源一级区引水中河川基流量形成的灌溉入渗补给量单独计算出来。计算工作中，除收集降水量、水面蒸发量、引灌水量等水文气象资料外，还应尽量收集当地零散的浅层地下水水位（或埋深）资料、包气带岩性资料以及水稻田水稻生长期渗透率试验资料，分别采用下列方法进行粗略的估算。

① 水稻田水稻生长期的近期多年平均地下水补给量的计算方法。

采用下式计算：

$$Q_{水生}=10^{-1}\times\varphi\times F_{水}\times t' \qquad (9\text{-}33)$$

式中，$Q_{水生}$为水稻田水稻生长期地下水补给量，水稻田水稻生长期（包括泡田期）难以区分降水、灌溉水分别对地下水的补给，这里的地下水补给量是指降水入渗补给量及灌溉入渗补给量之和（万 m^3）；φ 为渗透率（mm/d）；$F_{水}$为水稻田面积（km^2）；t'为水稻田水稻生长期的天数（d）。

利用公式（9-33）计算近期多年平均地下水补给量时，φ 采用灌溉试验站 1980～2000 年期间多年平均或平水年资料。

水稻田水稻生长期潜水蒸发量近似按“零”处理。

② 水稻田旱作期及旱地的近期多年平均降水入渗补给量、灌溉入渗补给量和潜水蒸发量的计算方法。

根据当地降水量、引灌水量和水面蒸发量资料，以及当地的浅层地下水水位（或埋深）、包气带岩性资料，引用条件相近的北方地区有关水文地质参数，参照本细则对北方平原区的相关计算方法，分别估算水稻田旱作期和旱地的近期多年平均降水入渗补给量、灌溉入渗补给量和潜水蒸发量。

（3）平原区内计算区多年平均地下水资源量的计算方法。

计算分区内水稻田水稻生长期多年平均地下水补给量与水稻田旱作期及旱地的多年平均降水入渗补给量和灌溉入渗补给量之和，近似作为平原区内计算分区的多年平均地下水资源量。

9.6.2　山丘区地下水资源量的计算方法

南方的山丘区，由于缺乏有关地质资料，一般要求划分出一般山丘区和岩溶山区的地域分布和计算逐年的河川基流量，并以计算时段河川基流量系列近似作为山丘区地下水资源量（亦即降水入渗补给量）系列。以计算时段期间河川基流量的多年平均值，作为山丘区近期多年平均地下水资源量。

南方山丘区各年河川基流量系列的计算方法和技术要求同北方。

各计算分区多年平均地下水资源量的计算方法各计算分区内，平原区近期多年平均地下水资源量与山丘区计算时段期间多年平均河川基流量之和，再扣除平原区水稻田旱作期及旱地中由本水资源一级区引水中河川基流量形成的灌溉入渗补给量，近似作为相应计算分区的多年平均地下水资源量。

各计算分区地下水资源量与地表水资源量间的重复计算量的计算方法要求采用下式计算：

$$Q_{重}=Q_{山}+Q_{水生}+\frac{P_{r水旱}}{Q_{水旱}}\times E_{水旱}-Q_{基补} \tag{9-34}$$

式中（单位均为万 m^3），$Q_{重}$为计算分区多年平均地下水资源量与地表水资源量间的重复计算量；$Q_{山}$为计算分区中山丘区多年平均地下水资源量（即河川基流量）；$Q_{水生}$为计算分区中平原区水稻田水稻生长期多年平均地下水补给量；$Q_{水旱}$为计算分区中平原区水稻田旱作期及旱地多年平均地下水资源量（即降水入渗补给量与灌溉入渗补给量之和）；$P_{r水旱}$为计算分区中平原区水稻田旱作期及旱地多年平均降水入渗补给量；$E_{水旱}$为计算分区中平原区水稻田旱作期及旱地多年平均潜水蒸发量；$Q_{基补}$为计算分区中平原区水稻田旱作期及旱地由本水资源一级区河川基流量形成的多年平均灌溉入渗补给量。

9.7 地下水可开采量的计算

地下水可开采量是指经济合理、技术可行和不造成地下水位持续下降、水质恶化及其他不良后果条件下，可供开采的水量。地下水可开采量是开发利用地下水资源的重要依据。

地下水开采后，引起天然状态下补排关系的变化，补给量增加，人工排泄量（即开采量）增加，而天然排泄量（包括蒸发量、地下径流量）减少。因此，天然条件下的平衡被破坏，形成了开采条件下新的平衡。地下水均衡式为：

$$W=V_p-W_d-V$$

式中：W——地下水可开采量，亿 m^3；

V_p——地下水开采状态下的补给量，亿 m^3；

W_d——地下水开采状态下的排泄量，亿 m^3；

V——地下水储存量，亿 m^3；

地下水可开采量的计算方法很多，一般按平原区和山丘区分别考虑。

9.7.1 平原区浅层地下水可开采量的计算方法

（1）实际开采量调查法。

实际开采量调查法适用于浅层地下水开发利用程度较高、浅层地下水实际开采量统计资料较准确、完整且潜水蒸发量不大的地区。若某地区，在 1980—2000 年期间，1980 年年初、2000 年年末的地下水水位基本相等，则可以将该期间多年平均浅层地下水实际开采量近似确定为该地区多年平均浅层地下水可开采量。

（2）可开采系数法。

可开采系数法适用于含水层水文地质条件研究程度较高的地区。这些地区，浅层地下水含水层的岩性组成、厚度、渗透性能及单井涌水量、单井影响半径等开采条件掌握得比较清楚。

所谓可开采系数（ρ，无因次）是指某地区的地下水可开采量（$Q_{可开}$）与同一地区的地下水总补给量（$Q_{总补}$）的比值，即 $\rho = Q_{可开}/Q_{总补}$，ρ 应不大于 1。确定了可开采系数 ρ，就可以根据地下水总补给量 $Q_{总补}$，确定出相应的可开采量 $Q_{可开}$，即 $Q_{可开} = \rho \times Q_{总补}$。可开采系数 ρ 是以含水层的开采条件为定量依据，ρ 值越接近 1，说明含水层的开采条件越好；ρ 值越小，说明含水层的开采条件越差。

确定可开采系数 ρ 时，应遵循以下基本原则。

① 由于浅层地下水总补给量中，可能有一部分要消耗于水平排泄和潜水蒸发，故可开采系数 ρ 应不大于 1；

② 对于开采条件良好，特别是地下水埋藏较深、已造成水位持续下降的超采区，应选用较大的可开采系数，参考取值范围为 0.8～1.0；

③ 对于开采条件一般的地区，宜选用中等的可开采系数，参考取值范围为 0.6～0.8；

④ 对于开采条件较差的地区，宜选用较小的可开采系数，参考取值范围为不大于 0.6。

（3）多年调节计算法。

多年调节计算法适用于已求得不同岩性、地下水埋深的各个水文地质参数，且具有为水利规划或农业区划制订的井、渠灌区的划分以及农作物组成和复种指数、灌溉定额和灌溉制度、连续多年降水过程等资料的地区。

地下水的调节计算，是将历史资料系列作为一个循环重复出现的周期看待，并在多年总补给量与多年总排泄量相平衡原则的基础上进行的。所谓调节计算，是根据一定的开采水平、用水要求和地下水的补给量，分析地下水的补给与消耗的平衡关系。通过调节计算，既可以探求在连续枯水年份地下水可能降到的最低水位，又可以探求在连续丰水年份地下水最高水位的持续时间，还可以探求丰、枯交替年份在以丰补枯的模式下开发利用地下水的保证程度，从而确定调节计算期（可近似代表多年）适宜的开采模式、允许地下水水位降深及多年平均可开采量。

多年调节计算法有长系列和代表周期两种。前者选取长系列（如 1980—2000 年系列）作为调节计算期，以年为调节时段，并以调节计算期间的多年平均总补给量与多年平均总废弃水量之差作为多年平均地下水可开采量；后者选取包括丰、平、枯在内的 8～10 年一个代表性降水周期作为调节计算期，以补给时段和排泄时段为调节时段，并以调节计算期间的多年平均总补给量与难以夺取的多年平均总潜水蒸发量之差作为多年平均地下水可开采量。具体调节计算方法可参见有关专著。

（4）类比法。

缺乏资料地区，可根据水文及水文地质条件类似地区可开采量计算成果，采用类比法估算可开采量。

此外，在生态环境比较脆弱的地区，应用上述各种方法（特别是应用多年调节计算法）

计算平原区可开采量时，必须注意控制地下水水位。例如，为防止荒漠化，应以林草生长所需的极限地下水埋深作为约束条件；为预防海水入侵（或咸水入侵），应始终保持地下淡水水位与海水水位（或地下咸水水位）间的平衡关系。

9.7.2 部分山丘区多年平均地下水可开采量的计算方法

（1）泉水多年平均流量不小于 1.0m³/s 的岩溶山区。

计算时段期间泉水实测流量均值不小于 1.0m³/s 的岩溶山区，可采用下列方法计算地下水可开采量。

① 对于在计算时段期间以凿井方式开采岩溶水量较小（可忽略不计）的岩溶山区，可以计算时段期间多年平均泉水实测流量与本次规划确定的该泉水被纳入地下水可利用量之差，作为该岩溶山区的多年平均地下水可开采量。

② 对于以凿井方式开发利用地下水程度较高，近期泉水实测流量逐年减少的岩溶山区，可以计算时段期间地下水水位动态相对稳定时段（时段长度：不少于 2 个平水年或不少于包括丰、平、枯水文年 5 年）所对应的年均实际开采量，作为该岩溶山区的多年平均地下水可开采量。其中，因修复生态需要，必须恢复泉水流量的岩溶山区，应在确定恢复泉水流量目标的基础上，确定该岩溶山区多年平均地下水可开采量。

③ 对于以凿井方式开采岩溶水程度不太高的岩溶山区，可以计算时段期间多年平均泉水实测流量与实际开采量之和，再扣除该泉水被纳入地表水可利用量，作为该岩溶山区多年平均地下水可开采量。

（2）一般山丘区及泉水多年平均流量小于 1.0m³/s 的岩溶山区。

① 以凿井方式开发利用地下水程度较高的地区，可根据计算时段期间地下水实际开采量，并结合相应时段地下水水位动态分析，确定多年平均地下水可开采量，即以计算时段期间地下水水位动态过程线中地下水水位相对稳定时段（时段长度：不少于 2 个平水年或不少于包括丰、平、枯水文年 5 年）所对应的多年平均实际开采量，作为该一般山丘区或岩溶山区的多年平均地下水可开采量。

② 以凿井方式开发利用地下水的程度较低，但具有以凿井方式开发利用地下水前景，且具有较完整水文地质资料的地区，可采用水文地质比拟法，估算一般山丘区或岩溶山区的多年平均地下水可开采量。

（3）山丘区地下水可开采量与地表水可利用量间的重复计算量的确定。

一般山丘区和岩溶山区地下水可开采量中，凡已纳入评价的地表水资源量的部分，均属于与地表水可利用量间的重复计算量。可近似地以评价的多年平均地下水可开采量与近期条件下多年平均地下水实际开采量之差，作为多年平均地下水可开采量与多年平均地表水可利用量间的重复计算量。

9.8　习题与思考题

1．山丘区与平原区计算地下水补给量的途径有何不同？
2．地下水资源总量包括哪几项？
3．地下水计算参数有哪些？如何进行计算？
4．开采条件下地下水资源循环有什么特点？
5．什么叫地下水可开采量？

第10章　水资源总量计算及供需平衡分析

10.1　水资源总量概述

地表水、土壤水、地下水是陆地上普遍存在的3种水体。

地表水主要有河流水和湖泊水，由大气降水、高山冰川融水和地下水补给，以河川径流、水面蒸发、土壤入渗的形式排泄。土壤水为存在于包气带的水量，上面承受降水和地表水的补给，主要消耗于土壤蒸发和植物散发，一般是在土壤含水量超过田间持水量的情况下才下渗补给地下水或形成壤中流汇入河川，所以它具有供给植物水分并连通地表水和地下水的作用。由此可见，江水、地表水、土壤水、地下水之间存在一定的转化关系。

在一个区域内，如果把地表水、土壤水、地下水作为一个整体来看，则天然情况下的总补给量为降水量，总排泄量为河川径流量、总蒸散发量、地下潜流量之和。总补给量和总排泄量之差为区域内地表、土壤、地下的蓄水变量。一定时段内的区域水量平衡公式为：

$$P=R+E+U_g+\triangle U \tag{10-1}$$

式中，P——为降水量；

R——为河川径流量；

E——为总蒸散发量；

U_g——地下潜流量；

$\triangle U$——为地表、土壤、地下的蓄水变量。

在多年均衡情况下蓄变量可以忽略不计，式（10-1）可简化为：

$$P=R+E+U_g \tag{10-2}$$

可将河川径流量划分为地表径流量 R_s 和河川基流量 R_g，将总蒸散发量划分为地表蒸散发量 E_s 和潜水蒸散发量 E_g。于是式（10-2）可改写为：

$$P=R_s+R_g+E_s+E_g+U_g \tag{10-3}$$

根据地下水的多年平均补给量与多年平均排泄量相等的原理，在没有外区来水的情况下，区域内地下水的降水入渗补给量应为河川基流量、潜水蒸发量、地下潜流量等3项之和，即

$$U_p=R_s+E_g+U_g \tag{10-4}$$

式中，U_p——为降水入渗补给量；其他符号意义同前。

将（10-4）代入式（10-3），得区域内降水与地表径流、地下径流、地表蒸散发的平

衡关系，即：

$$P=R_s+U_p+E_s \tag{10-5}$$

以 W 代表区域水资源总量，它应等于当地降水形成的地表、地下的产水量之和，即：

$$W=P-E_s=R_s+U_p \tag{10-6}$$

或

$$W=R+E_g+U_g \tag{10-7}$$

式（10-6）和式（10-7）是将地表水和地下水统一考虑的区域水资源总量计算公式，前者把河川基流量归并入地下水补给量中，后者把河川基流量归并入河川径流量中，可以避免水量的重复计算。潜水蒸发可以由地下水开采而夺取，故把它作为水资源量的组成部分。

在实际工作中，由于资料条件的限制，直接采用式（10-6）和式（10-7）计算区域水资源总量比较复杂，而是将地表水和地下水分别计算，再扣除两者的重复计算量来计算水资源总量。

地表水和地下水是水资源的两种表现形式，他们之间相互联系而又相互转化。由于河川径流量中包括一部分地下水排泄量，而地下水补给量中又包括了一部分地表水的入渗量，因此将河川径流量与地下水补给量两者简单地相加作为水资源总量，成果必然偏大，只有扣除两者之间相互转化的重复水量才等于真正的水资源总量。据此，一定区域多年平均水资源总量计算公式为：

$$W=R+Q-D \tag{10-8}$$

式中，W——多年平均水资源总量，亿 m^3；

R——地表水资源量（多年平均河川径流量），亿 m^3；

Q——地下水资源量（多年平均地下水补给量），亿 m^3；

D——地表水和地下水相互转化的重复水量（多年平均河川径流量与多年平均地下水补给量之间的重复水量），亿 m^3。

若区域内的地貌条件包括平原区，在计算区域多年平均水资源总量时，应首先将计算区域划分为山丘区和平原区两大地貌单元，分别计算式（10-8）中各项。

大多数情况下，水资源总量计算包括多年平均水资源总量计算和不同代表年水资源总量计算，有时还包括地下水开采条件下的水资源总量计算。

10.2　多年平均及不同代表年的水资源总量计算

10.2.1　多年平均水资源总量计算

1. 多年平均河川径流量计算

设计区域河川径流量计算就是区域地表水资源计算。地表水资源是指设计区域内降水形成的地表面上的动态水量，其数量用天然河川径流量表示。区域地表水资源不包括过境水量。

根据区域的气候及下垫面条件，综合考虑气象、水文测站的分布，实测资料年限以及资料质量等情况，区域河川径流量计算常用方法有：代表站法、等值线法和年降水径流关系法。

（1）代表站法。

在设计流域内，选择一个或几个基本能够控制全区域，且实测径流资料系列较长并具有足够精度的代表站，从径流形成条件的相似性出发，根据代表站逐年天然径流量，按面积比或综合修正的方法移用到设计区域范围内，推求出区域多年平均年径流量。这种方法称为代表站法，该方法适用于有实测资料的区域。

代表站法依据所选代表站个数和区域下垫面条件，又分为单个代表站和多个代表站两种方法。

① 单个代表站。

区域内选择一个代表站，该站控制流域面积与设计区域相差不大，产流条件基本相同，计算公式为：

$$W_{\text{区}}=\frac{F_{\text{区}}}{F_{\text{代}}}W_{\text{代}} \tag{10-9}$$

式中，$W_{\text{区}}$——设计区域年径流量或多年平均径流量，m^3；

$W_{\text{代}}$——代表站控制范围的年径流量或多年平均径流量，m^3；

$F_{\text{区}}$、$F_{\text{代}}$——设计区域和代表站的面积，km^2。

② 多个代表站。

多个代表站方法是指区域内可选择两个或两个以上代表站，将设计区域按气候、地形、地貌等条件划分为若干个分区，一个分区对应着一个代表站，先计算各分区多年平均径流量，然后相加，得出全设计区域的多年平均径流量。计算公式如下：

$$W_{\text{区}}=\frac{F_{\text{区}1}}{F_{\text{代}1}}W_{\text{代}1}+\frac{F_{\text{区}2}}{F_{\text{代}2}}W_{\text{代}2}+\cdots+\frac{F_{\text{区}n}}{F_{\text{代}n}}W_{\text{代}n} \tag{10-10}$$

式中，n 表示有多少个代表站，其他符号同前。

（2）等值线法。

等值线法适用于设计区域面积不大，并且缺乏实测年径流资料，但在包括本区在内的较大面积上，具有多个长期实测径流系列控制站资料的情况，据此计算各站的统计参数：多年平均径流深 R、变差系数 C_V，并绘制出相应的等值线图。将多年平均径流深乘以设计区域面积，即得到设计区域的多年平均径流量。

应当指出，等值线图用于面积不同的区域，其精度是不相同的。因此，应结合实地调查资料，根据具体条件对推求结果加以修正，使之更切合实际。

（3）年降水径流关系法。

年降水径流关系法适用于设计区域内具有长期平均年降水量资料，但缺乏实测年径流资料的情况。此法推求年径流的过程如下。

① 在设计区域所在的气候一致区内，选择与设计区域的下垫面条件比较接近的代表流域。代表流域具有充分实测资料和径流资料。

② 分析计算代表流域的逐年面均年降水量 P 和逐年径流深 R。

③ 建立代表流域年降水径流关系图。

④ 分析计算设计区域的逐年面均年降水量。

⑤ 依据设计区域逐年面均年降水量在代表流域的年降水径流关系图上查得逐年径流深。

⑥ 用查得的逐年流深乘以设计区域面积得该区的逐年年径流量。

⑦ 通过频率分析计算可求得设计区域的多年平均年径流量和不同代表年的年径流量。

在年降水径流关系点据比较散乱时，可选择适当参数加以改善。如在干旱、半干旱地区，建立以汛期雨量集中程度为参数的年降水径流关系图。

2. 多年平均地下水补给量计算

山丘区和平原区地下水的补给方式不同，其估算方法也不同，须分别计算。

（1）山丘区地下水补给量。

由于受到资料条件限制，目前难以直接计算山丘区地下水补给量，故一般可根据多年平均总补给量等于总排泄量的原理，以山丘区地下水的输出量近似作为输入量，计算公式为：

$$V_{pm}=R_{gm}+V_{潜}+V_{gl}+V_s+E_g+W_{开} \tag{10-11}$$

式中，V_{pm}——山丘区多年平均地下水补给量，亿 m^3；

R_{gm}——多年平均河川基流量，亿 m^3；

$V_{潜}$——多年平均河川潜流量，亿 m^3；

V_{gl}——多年平均山前侧向流出量，亿 m^3；

V_s——未计入河川径流的多年平均山前泉水出露量，亿 m^3；

E_g——多年平均潜水蒸发量，亿 m^3；

$W_{开}$——多年平均实际开采的净消耗量，亿 m^3。

据统计资料分析，$V_{潜}$、V_{gl}、V_s、E_g、$W_{开}$一般较小，如我国北方山丘地区，以上5项之和仅占山丘区地下水总补给量的8.5%，而 R_{gm} 则占91.5%。

（2）平原区地下水补给量。

计算公式为：

$$V_{pf}=P_R+V_r+V_{g2}+V_c+V_d+V_f+V_0+V_{人工} \tag{10-12}$$

式中，V_{pf}——平原区多年平均地下水补给量，亿 m^3；

P_R——多年平均降水入渗补给量，亿 m^3；

V_r——多年平均河道渗漏补给量，亿 m^3；

V_{g2}——多年平均山前侧向流入补给量，亿 m^3；
V_c——多年平均渠系渗漏补给量，亿 m^3；
V_d——多年平均水库（湖泊、闸坝）蓄水渗漏补给量，亿 m^3；
V_f——多年平均渠灌田间入渗补给量，亿 m^3；
V_0——多年平均越流补给量，亿 m^3；
$V_{人工}$——多年平均人工回灌补给量，亿 m^3。

降水入渗补给量 P_R 是平原区地下水的重要来源，主要取决于降水量、包气带岩性和地下水埋深等因素。

V_r、V_{g2}、V_c、V_d、V_f、$V_{人工}$分别为山丘区河川径流流经平原时（有时也包括平原区河川径流本身）的入渗补给量和人工回灌补给量。V_{g2} 也为山丘区山前侧向流出量（$V_{g1}=V_{g2}$）。V_0 为深层地下水的越流补给量。

据分析，我国北方平原区降水入渗补给量 P_R 占平原区地下水总补给量的 53%，山丘区河川径流流经平原时的补给量 V_r、V_c、V_d、V_f、$V_{人工}$占 43%，山前侧向流入补给量 V_{g2} 占 4%，V_0 可忽略不计。

3. 重复水量计算

对既有山丘区又有平原区两种地貌单元的区域，如果分别计算山丘区和平原区的河川径流量与地下水补给量，在计算全区域（山丘区和平原区）的水资源总量，将有一部分水量被重复计算。重复水量包括以下几项：

（1）山丘区河川径流量与地下水补给量之间的重复量，其值为山丘区河川基流量 R_{gm}。

（2）平原区河川径流量与地下水补给量之间的重复量，即平原区河川基流量 R_{gf}，有时还包括来自平原区河川径流量的 V_r、V_c、V_d、V_f和 $V_{人工}$。

（3）山丘区河川径流量与平原区地下水补给量之间的重复量，即山丘区河川径流流经平原时对地下水的补给量，包括 V_r、V_c、V_d、V_f和 $V_{人工}$。

（4）山前侧向补给量 V_{g2}，是山丘区流入平原区的地下径流，属于山丘区、平原区地下水本身的重复量。

4. 多年平均水资源总量计算

若计算区域包括山丘区和平原区两大地貌单元，则有

$$W=(R_m+R_f)+(V_{Pm}+V_{Pf})-D \quad (10\text{-}13)$$

式中，D——重复水量，亿 m^3；其他符号意义同前。

重复水量 D 等于 R_{gm}、R_{gf}、V_r、V_c、V_d 、V_f、$V_{人工}$与 V_{g2} 各项之和，将其带入式(10-13)，并整理得：

$$W=R_m+R_f+V_{潜}+V_{g1}+V_s+E_g+W_{开}+P_R+V_0-R_{gf} \quad (10\text{-}14)$$

式中，符号意义同前。

在山丘区、平原区多年平均年河川径流量及地下水补给量各项分量算得的基础上，根据（10-14）式即可推求全区域多年平均水资源总量。由式（10-11）得：

$$V_{Pm}-R_{gm}=V_{潜}+V_{gl}+V_s+E_g+W_{开} \quad (10\text{-}15)$$

将式（10-15）代入（10-14）并整理得：

$$W=R_{sm}+R_{sf}+V_{Pm}+P_R+V_0 \quad (10\text{-}16)$$

式中，R_{sm}——山丘区多年平均年地表径流量，亿 m^3；

R_{sf}——平原区多年平均年地表径流量，亿 m^3；

其他符号意义同前。

式（10-16）表明：区域多年平均水资源总量也等于山丘区、平原区多年平均地表径流量与山丘区地下水补给量、平原区降水入渗补给量、平原区地下水越流补给量之和。

10.2.2　不同代表年水资源总量计算

不同代表年的水资源总量，不能用典型年法或同频率相加法进行计算，必须首先求得区域内的水资源总量系列，然后通过频率计算加以确定。例如，南京水文研究所根据淮北五道沟试验区的观测资料，经过分析计算，逐一给出了试验区年地表径流量 $W_{表}$、年地下水降水入渗补给量 P_R 和水资源总量 $W_{总}$的资料系列，分别作出频率曲线，即可求得该试验区不同代表年的水资源总量。

有些地区受资料限制，组成水资源总量的某些分量难以逐年求得。在这种情况下，作为近似估算，可在多年平均水资源总量的基础上，借助于河川径流量和降水入渗补给量系列近似推求水资源总量系列。山丘区可将逐年河川径流量乘以水资源总量均值与河川年径流均值之比值后得出的系列，作为水资源总量系列。平原区则以各年的河川径流量与降水入渗补给量之和，乘以水资源总量均值与上述两项之和的均值之比值后得出的系列，作为水资源总量系列。将山丘区和平原区水资源总量系列对应项逐年相加，即可求得全区域的水资源总量系列。

10.2.3　地下水开采条件下的水资源总量计算

地下水开采之后，必然会引起地下水位下降，从而地下水的降水入渗补给量$\triangle P_R$增加（在一定的地下水埋深范围内），包气带土壤水的蒸发量$\triangle E_s$增加，而地表径流量、河川基流量和潜水蒸发量则分别减少$\triangle R_s$、$\triangle R_g$、$\triangle E_g$。可以证明：

$$\triangle W_{开}=\triangle R_s+\triangle R_g+\triangle E_g-\triangle E_s \quad (10\text{-}17)$$

$$\triangle P_R=\triangle R_s-\triangle E_s \quad (10\text{-}18)$$

式中，$\triangle W_{开}$——地下水开采的净消耗量；其他符号意义同前。

以上两式表明：在开采条件下，地表水、土壤水和地下水的相互关系发生了变化。地下水的开采，“夺取”消耗了部分地表径流量$\triangle R_s$、地下径流排泄量$\triangle R_g$和潜水蒸发量$\triangle E_g$，增加了部分土壤水$\triangle E_s$；而降水入渗增加量$\triangle P_R$，又恰好等于地表径流的减少量$\triangle R_s$和土壤水增量$\triangle E_s$之差，因此地下水开采条件下水资源总量的计算方法可以归纳如下。

（1）若统一采用地下水开采条件下相应的河川径流量和地下水补给量资料，仍可按式（10-16）计算水资源总量。

（2）若采用地下水开采前的河川径流量资料和开采后的地下水补给量资料，按式（10-16）计算水资源总量时，还要推算并扣除地下水开采后地表径流的减少量$\triangle Rs$（可选用地下水开采前、后不同径流资料系列推求）。

10.3 水资源可利用量

10.3.1 地表水资源可利用量

1. 概述

地表水资源可利用量是指在可预见的时期内，统筹考虑生活、生产和生态环境用水，协调河道内与河道外用水的基础上，通过经济合理，技术可行的措施可供河道外一次性利用的最大水量（不包括回归水重复利用量）。

地表水资源可利用量应按流域水系进行分析计算，以反映流域上下游、干支流、左右岸之间的联系以及整体性。省（自治区、直辖市）按独立流域或控制节点进行计算，流域机构按一级区协调汇总。

2. 影响地表水资源可利用量的主要因素

（1）自然条件。自然条件发展包括水文气象条件和地形地貌、植被、包气带和含水层岩性特征、地下水埋深、地质构造等下垫面条件。这些条件的优劣，直接影响地表水资源量和地表水资源可利用量的大小。

（2）水资源特性。地表水资源数量、质量及其时空分布、变化特性以及由于开发利用方式等因素的变化而导致的未来变化趋势等，直接影响地表水资源可利用量的定量分析。

（3）经济社会发展及水资源开发利用技术水平。经济社会的发展水平既决定水资源需求量的大小及其开发利用方式，也是水资源开发利用资金保障和技术支撑的重要条件。随着科学技术的进步和创新，各种水资源开发利用措施的技术经济性质也会发生变化。显然，经济社会及科学技术发展水平对地表水资源可利用量的定量也是至关重要的。

（4）生态环境保护要求。地表水资源可利用量受生态环境保护的约束，为维护生态环境不再恶化或为逐渐改善生态环境状况都需要保证生态用水，在水资源紧缺和生态环境脆弱的地区应优先考虑生态环境的用水要求。可见，生态环境状况也是确定地表水资源可利用量的重要约束条件。此外，地表水体的水质状况以及为了维护地表水体具有一定的环境容量均需保留一定的河道内水量，从而影响地表水资源可利用量的定量。

3. 地表水资源可利用量的估算原则

在估算地表水资源可利用量时，应根据流域水系的特点和水资源条件，遵守下列原则。

（1）在水资源紧缺及生态环境脆弱的地区，应优先考虑最小生态环境需水要求，可采用从地表水资源量中扣除维护生态环境的最小需水量和不能控制利用而下泄的水量的方法估算地表水资源可利用量。

（2）在水资源较丰沛的地区，上游及支流重点考虑工程技术经济因素可行条件下的供水能力，下游及干流主要考虑满足较低标准的河道内用水。

沿海地区独流入海的河流，可在考虑技术可行、经济合理措施和防洪要求的基础上，估算地表水资源可利用量。

（3）国际河流应根据有关国际协议及国际通用的规则，结合近期水资源开发利用的实际情况估算地表水资源可利用量。

可以看出，在估算地表水资源可利用量时，应先确定并扣除河道内生态环境用水（包括湿地湖泊生态环境用水等），因此，地表水资源可利用量的估算与生态环境需水量的确定密切相关，要与需水预测等有关成果相互协调和相互反馈。

4. 地表水资源可利用量的估算

在估算地表水资源可利用量时，应从以下 3 个方面加以分析。

（1）必须考虑地表水资源的合理开发。所谓合理开发是指要保证地表水资源在自然界的水文循环中能够继续得到再生和补充，不致显著地影响到生态环境。地表水资源可利用量的大小受生态环境用水量多少的制约，在生态环境脆弱的地区，这种影响尤为突出。将地表水资源的开发利用程度控制在适度的可利用量之内，即做到合理开发，既会对经济社会的发展起促进和保障作用，又不至于破坏生态环境；无节制、超可利用量的开发利用，在促进了一时的经济社会发展的同时，会给生态环境带来不可避免的破坏，甚至会带来灾难性的后果。

（2）必须考虑地表水资源可利用量是一次性的，回归水、废污水等二次性水源的水量都不能计入地表水资源可利用量内。

（3）必须考虑确定的地表水资源可利用量是最大可利用水量。所谓最大可利用水量是指根据水资源条件、工程和非工程措施以及生态环境条件，可被一次性合理开发利用的最大水量。然而，由于河川径流的年内和年际变化都很大，难以建设足够大的调蓄工程将河川径流全部调蓄起来，因此，实际上不可能把河川径流量都通过工程措施全部利用。此外，还需考虑河道内用水需求以及国际界河的国际分水协议等，所以，地表水资源可利用量应小于河川径流量。

伴随着经济社会的发展和科学技术水平的提高，人类开发利用地表水资源的手段和措施会不断增多，河道内用水需求以及生态环境对地表水资源开发利用的要求也会不断变化。显然，地表水资源可利用量在不同时期将会有所变化。

10.3.2 水资源可利用总量

水资源可利用总量是指在可预见的时期内，在统筹考虑生活、生产和生态环境用水的基础上，通过经济合理、技术可行的措施在当地水资源中可资一次性利用的最大水量。

水资源可利用总量的计算，一般可采取地表水资源可利用量与浅层地下水资源可开采量相加，再扣除地表水资源可利用量与地下水资源可开采量两者之间重复计算量的方法估算。两者之间的重复计算量主要是平原区浅层地下水的渠系渗漏和渠灌田间入渗补给量的开采利用部分，可采用下式估算：

$$Q_{总}=Q_{地表}+Q_{地下}-Q_{重} \quad (10\text{-}19)$$

其中，

$$Q_{重}=\rho(Q_{渠}+Q_{田}) \quad (10\text{-}20)$$

式中，$Q_{总}$——为水资源可利用总量；

$Q_{地表}$——地表水资源可利用量；

$Q_{地下}$——浅层地下水资源可开采量；

$Q_{重}$——重复计算量；

$Q_{渠}$——渠系渗漏补给量；

$Q_{田}$——田间地表水灌溉入渗补给量；

ρ——可开采系数，是地下水资源可开采量与地下水资源量的比值。

10.4 供需平衡分析概述

10.4.1 概述

水资源供需平衡分析就是综合考虑社会、经济、环境和水资源的相互关系，研究、分析不同发展时期、各种规划方案的水资源的可供水量与社会的需水量的对比关系，两者相近为平衡，两者数量相差则为不平衡；相差愈大，说明供、需矛盾愈尖锐，供大于需的部分称余水量，供小于需的部分称缺水量。在研究供需两者对比关系时，一般是按水量平衡原理进行对比，因此把供需对比分析称为供需平衡分析，即采取各种措施使水资源供水量和需求量处于平衡状态。

水资源供需平衡的基本思想是通过“开源节流”。开源就是增加水源，包括开辟新的水源，海水利用、非常规水资源的开发利用、虚拟水等；而节流就是通过各种手段抑制需求，包括通过技术手段提高水资源利用率和利用效率，如通过挖潜减少水资源的需求、调整产业结构、改革管理机制等。

10.4.2　供需平衡分析所需统一的分析背景

1. 系列与代表年

区域水资源供需平衡分析总是根据一定的雨情、水情、旱情来进行分析计算的。目前有两种方法，一种是系列法，另一种为代表年法（或称典型年法）。系列法是说区域水资源供需水账，是按雨情、水情、旱情的历史系列逐年来分析计算的；代表年法是说区域水资源供需水账，仅分析计算有代表性的雨情、水情、旱情的几个年份，不必逐年分析计算。

用系列法来进行区域水资源供需分析，一般来说，比较容易为人们所理解，在这里不加以阐述说明。下面就代表年法进行必要的说明。

（1）选用代表年法主要是为了简化分析计算工作量。

如果一个区域在各种丰枯年份的供需水账，都需按历史长系列或有代表性的短系列逐年进行分析计算，则往往分析计算工作量太大，而且在系列资料难以取得时，这种分析计算还难以进行。所以，在一般的区域水资源供需分析时，都采用选代表年的方法来简化计算工作量和克服资料不全的难题。这也为小区汇总计算提供方便，避免同频率相加而产生不必要的误差。

（2）区域供需分析要选择面上的代表年。

与单项工程选择代表年不同的地方是，区域供需分析中所需要选择的代表年是面上的代表年，其范围包括整个区域或区域的一部分。于不同地区不同年份的不同季节的降雨、径流及用水情况差异很大，即使同一年，区域内各分区的保证率也不相同，这样给代表年选择带来了一定的困难。所以，在选择一个流域或一个区域的代表年时应考虑河流上、中、下游的协调与衔接，并从面上分析旱情的特点及其分布规律，找出有代表性的年份。

面上在一般情况下。以农业用水为主，农业用水计算准确与否，直接关系到区域水资源供需分析精度。因此，面上所选择代表年更注意和农业用水丰枯情况相吻合（有的用农田受旱面积来衡量）。

由于各分区水资源丰枯特性不尽一致，所以研究区域中各分区水资源供需问题时，各大、小分区都应选出各自分区丰枯特点的代表年。

（3）根据需要选择代表年的保证率。

我国规范规定：平水年保证率 $p=50\%$，枯水年保证率 $p=75\%$，特枯水年保证率 $p=90\%$或 95%。在进行区域水资源供需分析时，北方干旱缺水地区一般要分析 $p=50\%$和 $p=75\%$两种代表年供需情况，南方湿润富水地区一般要分析 $p=50\%$、$p=75\%$和 $p=90\%$（或

p=95%）3 种代表年供需情况。具体一个区域进行水资源供需分析时，选几种保证率的代表年来分析，要根据分析的目的来定。比如北方干旱缺水地区，如想通过分析提出特枯年份的对策措施，则分析 p=90%或 p=95%代表年供需情况是必不可少的；又比如南方湿润富水地区，已经觉得平水年的供需分析在决策中不能说明多大问题，在分析时，就不必进行 p=50%代表年的供需分析。

（4）按实际丰枯情况进行代表年的选择。

用代表年来分析区域水资源的供需情况，必须要求所选代表年具有比较好的代表，衡量的原则是，所选代表年必须和区域内实际发生丰枯情况一致。为此，代表年选择过程必须把握住年总水量和年水量分配两个环节。

① 代表年年总水量的选择。

代表年年总水量的选择一般过程是：首先，根据分区具体情况选择主要控制站（水文上称参证站）；然后，以控制站的实际来水或用水系列进行频率计算，选择符合某一频率的实际典型年份，求出典型年的总水量；最后，通过主要控制站控制面积与分区控制面积比例计算，换算出整个区域的年总水量。

实际典型年选择依据排频的系列有以下几种。

- 全年天然径流系列。
- 全年降雨量系列。
- 主要农作物灌溉期的天然径流系列。
- 主要农作物灌溉期的降雨量系列。
- 主要农作物灌溉定额系列。
- 某一主要控制工程实际供水系列。
- 按自然情况下，地面缺水量系列。

按来、用水性质分，第一种是按来水系列选，后五种是按用水系列选，最后一种既考虑了来水又考虑了用水情况排频。对一个地区来说，降雨、径流和需用水等诸多因素都与缺水程度有一定的相关性，但来水量的保证率并不等同于用水量的保证率。因此，具体按哪种系列选择，往往要做多种方法比较，最终是以哪一种方法选出的代表年和实际丰枯特性相吻合来判别，用的比较多判别方法是以实际受旱情况来分辨。一般采用情况是：北方干旱缺水地区，降雨较少，供水主要靠径流调节，加上水库调蓄能力强，就常用年径流系列选择代表年；南方湿润地区，降雨较多，缺水既与降雨有关，又与用水季节径流调节分配有关，所以选用系列是多种的，往往要进行比较来定。例如：西北内陆地区，农业灌溉取决于径流调节，因此多用年径流系列代表年；珠江流域和福建省，一年三熟，全年灌溉、全年降雨对灌溉用水影响很大，故常用年降雨系列选择代表年；湖南、湖北等省则需用多种系列进行比较来进行选择，等等。

② 代表年年水量分配。

一般常采用下面两种方法。

第一种，用实际典型年份时空分配为模型。这种方法直观，易被人们接受，但地区内降雨、径流的时空分配受所选择实际典型年所支配，有一定的偶然性。为了克服这种偶然性，通常要选用相近保证率的几个实际年份的时空分配来进行分析计算，并从总水量、时空分布对农业受旱情况来进行比较，从中选出对区域供需平衡偏于不利的时空分布的那种分配模式。

第二种，组合频率法。这种方法从区域内各分区地理条件和实际供需情况出发，使主要控制分区来水与整个区域同频率，其余分区来水与整个分区相应。以海河流域水资源供需分析为例，根据海河流域四个二级区（滦河、海河北系、海河南系、徒骇马颊地区）水资源量联系较少，山区径流量约占 75%，其可供水量约占 90%的特点，采用了以二级区保证率为标准，二级区的山区与二级区同频率平原相应的计算原则，并采用二级区水量为控制，再按逐级水量同频率倍比对三级区和计算单元进行修正，从而计算出各三级区和计算单元不同频率的水资源量，各三级区和计算单元的水量年内分配采用各三级区和计算单元相应频率实际典型年年内分配。

【例 10-1】松花江 $p=75\%$的典型年选择。

候选的典型年：

按佳木斯控制站年水量频率曲线上查与 $W_p=75\%$的附近年份计有 1974 年、1968 年、1970 年、1967 年、1977 年、1976 年 6 个年份，除 1976 年水量与 $W_p=75\%$水量 514 亿 m^3 相差 20%外，其余差值均在 6%以下。

径流地区分布情况比较：

6 个年份以 1967 年、1968 年、1977 年 3 年分布较为均匀。但从松花江流域两个主要来水去嫩江和二松来看，1967 年、1968 年嫩江大赉站年水量与其 $W_p=75\%$分别差＋20%和－21%，而二松扶余站年水量与其 $W_p=75\%$分别差－1%和－2%，这显然不太适宜。而 1977 年则大赉与扶余 W 与其 $W_p=75\%$则分别差 4%和 7%，在径流地区分布上较均匀，所以可选择 1977 年作为典型年。

③ 径流年内分配情况比较。

佳木斯站 5、6 月份水量为按　5、6 月份水量排频的 76%，而主要来水区的嫩江大赉和二松扶余 5、6 月份水量分别为其本身排频的 88%和 52%。由于大流域一方面有大型水库调节使天然径流过程发生变化，同时需水量也不完全是水田需水一项，所以应把年来水量作为主要项考虑，而 5、6 月份水量 就相对处于参考位置。因此，选择 1977 年作为也是可以的。

④ 旱灾情况分析。

由于松花江流域包括了不少涝洼地，旱灾年受旱地区虽然可能减产，而涝洼地有却可能增产，所以从总产量难以衡量。1977 年旱灾灾情达 92%，从定性方面还是可以的。

（5）日历年、水文年、水利年（灌溉年）。

径流系列按起讫时段不同有日历年、水文年、水利年之分。日历年是从元月 1 日至 12

月31日止，国家统计年鉴，水电部水文局领导组织的全国水资源调查和评价24年同步系列都是按日历年统计计算的。但从区域水资源供需分析来说，按日历年来进行分析研究不尽合理。从供水来说，年调节水库，一年蓄满一次，放空一次，最好计算系列用水文年，因为水文年起讫时间从一年的汛初到到第二年的汛初。但从用水来说，最好是按全年的农作物灌溉期来计算起讫时间，而按日历年、水文年系列计算都人为地把灌溉期拆开，有的可能把小麦灌溉期一拆为二，有的可能把水稻灌溉期一拆为二。由于我国地域辽阔，东西南北自然地理条件差异很大，水文年和日历年起讫时间比较难以统一，所以选择水文年和日历年的起讫时间必须因地制宜。为了方便比较和汇总，整个区域的各分区应采用统一起讫时间的系列资料。

从选择代表年来说，日历年与水利年可能相差不大，因为水利年除去的那几个月恰好都是干旱少水的月份；而日历年和水文年则可能相差很大，按同样保证率，日历年系列和水文年系列可能选出一个完全不同的实际典型年。

区域水资源供需分析，着重分析供水和用水之间的矛盾，所以一般都采用水利年系列或水文年系列进行分析计算。这就需要把单纯的日历年系列通过必要的处理转化为水利年系列或水文年系列，才好应用。

2. 水平年

区域水资源供需分析涉及到区域现状和将来的供用水情况，是规划工作的一部分，因此，其研究目标应与区域的国民经济和社会发展计划总目标协调。一般来说，为了较好地保证这种协调关系，需要研究4个阶段的供需情况，即现状情况、近期情况、远景情况、远景设想情况，这也就是人们通常说的四个水平年情况。现状水平年又称基准年，是指现状情况以某一年为标准，近期水平年为基准年以后的5～10年，远景水平年一般为从基准年以后的15～20年，远景设想水平年一般为基准年以后的30～50年。

具体一个区域要分析哪几个水平年水资源供需情况，要根据分析的目的和分析条件来定。区域水资源供需分析侧重于对未来情况的预测，为未来水资源供需指出方向和提出对策，所以，一般都应进行前三个水平年的供需情况分析；当资料许可而又确有必要时，一般也进行远景设想水平年的供需情况分析。像长江，黄河等七大江河流域，为配合国家中长期国民经济和社会发展规划的制定，原则上都要求进行上述四种水平年供需情况的分析。

3. 计算时段

区域水资源供需分析的计算时段应取得比较适中，不能过大，也不能过小。划得过大，往往会掩盖供需之间的矛盾，因为一个地区的缺水往往只是关键时期，甚至是很短的一段时间，所以只有把计算时段划小，才能把供需之间的矛盾暴露出来；但划得太小，则分析计算工作量太大，有时还要受资料的限制。所以，计算时段的划分应以能客观反映本区供需矛盾为准则。一般来说，北方供需矛盾突出的地区按月进行分析可能满足要求，南方供需矛盾突出的地区在作物灌溉期甚至要按旬或按周进行分析才可能满足要求；对一些供需矛盾不突出的地区则按主要作物灌溉期和非灌溉期进行分析，甚至可能按年进行分析等。但这样做并不是千篇一律的，还要看当地工程控制程度，对一个以多年调节水库的地区供需分析研究，由于水量基本都控制住了，所以计算时段可能取得较大，以节俭计算分析工作量。

10.4.3　水资源供需平衡分析的主要内容及程序

1. 水资源供需平衡分析的主要内容

水资源供需平衡分析的主要内容包括以下几个方面。

（1）水资源（量、质）评价，已有该项成果的地区可以收集使用，否则应进行这一工作。

（2）水资源工程及规划工程的调查研究，借以提供供水条件。

（3）可供水量调查及预测，包括不同水平年、不同保证率的可供水量。

（4）需（用）水量调查及预测，包括不同水平年、不同保证率的可供水量。

（5）供需平衡分析，分析应采取与可供水量、需水量相统一的标准。

（6）解决余缺水量的对策研究，应与供需平衡对应。

2. 水资源供需平衡分析的程序

水资源供需平衡分析的程序如下。

（1）选择计算年，包括基准年、现状条件下的各典型年以及不同水平年（指生产水平）。

（2）进行水资源分区，并对各分区水资源进行评价。

（3）计算各分区、各年型的可供水量和国民经济各用水部门的需水量（包括现状和预测值）。

（4）进行平衡分析，确定计算区的不同情况下的余缺水量。

（5）对策研究。

根据计算年的选择，供需平衡分析可有现状条件下供需平衡分析以及不同水平年条件下供需平衡分析。另外水资源供需分析是在流域和省级行政区范围内以计算分区进行，对城镇和农村须单独划分，并对建制市城市单独进行计算。现状年的城市范围为城市建成区，规划水平年的城市范围为城市规划区。流域与行政区的方案和成果应相互协调，提出统一的供需分析结果和推荐方案，然后再进行全国汇总、分析和平衡。

水资源供需分析计算一般采用长系列月调节计算方法，以反映流域或区域的水资源供需的特点和规律。一般规定七大流域应采用长系列方法，主要水利工程、控制节点、计算分区的月流量系列应根据水资源调查评价和供水预测部分的结果进行分析计算。无资料或资料缺乏的区域，可采用不同来水频率的典型年法。

10.5 水资源开发利用情况调查评价

水资源开发利用情况调查评价即供需水调查分析。

10.5.1 供水现状调查分析

供水是对一定的工程措施而言的。为了满足国民经济各部门用水的要求，有必要通过工程措施对天然水资源进行时空再分配。

供水工程包括蓄水、引水、提水、调水等各项工程措施，它们改变了天然水资源的时间、地区分布。可供水量是指在不同水平年、不同保证率情况下，考虑需水要求、供水工程设施可能提供的水量。

1. 水库可供水量

（1）大中型水库可供水量。如水库具有坝下实测供水量记录，可将逐年的供水量由大到小依次排列，经频率计算后推求不同频率的水库可供水量。

如水库无坝下测流记录，其来水量则可通过参证站或等值线图方法来推求，进行水库调节计算后，即可求得水库的可供水量、供水过程和可能弃水量。

（2）小型水库及塘坝可供水量。小型水库为数众多，一般缺乏实测资料及设计数据，其可供水量占水库总供水量的比重相对较小，故可根据部分典型小型水库长系列调节演算的成果，建立各种地区性的经验公式或供水量线图近似估算。

塘坝是浅山丘陵区灌溉和生活用水的主要来源。塘坝的可供水量不仅取决于有效容积的大小，而且与复蓄次数密切相关。

塘坝可供水量一般按下式计算：

$$W_{\text{塘坝}}=nV \tag{10-21}$$

式中，$W_{\text{塘坝}}$——可供水量，万 m^3；

N——复蓄次数；

V——塘坝效容积，万 m^3。

对丰、平、枯水不同代表年分别调查塘坝的有效面积及复蓄次数，即可求得不同代表年的塘坝可供水量。

2. 引水、提水工程可供水量

引水工程可供水量是指通过引水工程直接从江河、湖泊中自流引用的水量；提水工程则指通过动力机械设备提取的水量。

如分区单元内有多处引、提水工程时，可相加后视作一处考虑，计算公式为：

$$W_{\text{工程}}=Q_{\text{引提}}Tt \tag{10-22}$$

式中，$W_{工程}$——引水、提水工程供水能力，m^3；

$Q_{引提}$——引、提水流量，m^3/s；

T——个月内引、提水时间，d；

t——1d 引、提水时间（s），引水取 86 400s，提水工程 1 天开机时间一般为 15～22h。

将由式（10-22）求得的工程供水能力作为最大灌溉用水月份的供水能力。灌溉期其他月份的供水能力应根据灌溉用水月份分配的比例缩小，这样求得的工程供水能力可以近似地反映灌溉用水过程的变化。

3. 地下水可供水量

地下水的用水部门一般包括农业、牧业草场、林业苗圃以及部分工业、城镇生活用水等。在特定区域内，根据地下水的补给来源，通过对上述各部门地下水实际开采量的调查，分析不同地区单井出水量、井灌面积与定额、渠系有效利用系数等，进而确定地下水的开采量和实际开采量。

地下水开采量的计算，见本章 10.3 节。地下水实际开采量为各用水部门开采地下水数量。

在浅层地下水开发利用程度不高地区，通常直接以农业、工业、生活用水量作为可供水量；而在下水开发利用达到一定水平及利用程度较高的地区，则需要考虑补给量与用水量之间的平衡关系，计算有一定补给保障的开采量，以此作为该地区的地下水可供水量。

10.5.2　需（用）水现状调查分析

1. 地表水用水现状

地表水用水部门可分为河道外用水和河道内用水两类。

（1）河道外用水调查分析。

河道外用水主要指农业、牧业灌溉、林业苗圃、工业及城市生活用水、农村人畜用水等。它消耗部分水量，是用水调查的主要对象。

① 农业用水量。

农业用水量包括农业、牧业、林业、渔业和农村人畜用水以及干旱地区的非耕地灌溉用水。

目前计算农业用水量主要计算农业灌溉用水量。农业灌溉用水量应对不同类型灌区划分单元，分别由灌溉定额、灌溉面积计算并确定毛灌溉水量、净耗水量和回归水量。

② 工业用水量。

工业用水量一般指工矿企业在生产过程中，用于冷却、空调、制造、加工、净化和洗涤方面的用水。工业生产用水量标准应根据生产工艺过程的要求确定，一般以万元产值用水量表示，也可以按单位用水量计算，或按每台每天设备用水量计算。

生产用水因工艺过程、工艺条件的改革、产品结构的优化等都可使用水量指标有所降低。生产用水量通常由企业提供。在缺乏资料时，可参考同类企业的技术经济指标确定。

在进行现状工业用水量估算时，应按近期当地各行业的产品单位产值（或产品产量）耗水标准进行。

③ 城市生活用水。

城市生活用水一般用于居民生活、商业、医疗卫生、文化娱乐、旅游、环境保护及消防等部门。城市生活用水标准通常以每人每天用水量来表示。国外大城市用水标准一般为300L/(日・人)。目前我国城市生活用水标准不高，根据各地初步调查资料分析，大城市一般为100～150L/(日・人)，最高200～250L/(日・人)，最低约70～100L/(日・人)；中小城市约 50～70L/(日・人)。随着城镇建设发展、人口增长和人民生活水平的不断改善，今后城市生活用水标准将会不断提高。

现状城市生活用水可以根据城市人口总数与人均用水定额推求。

（2）河道内用水量调查分析。

河道内用水指水力发电、航运、放木、河道旅游及维持生态环境用水等。河道内用水基本不消耗水量。

生态环境用水量是维持正常获自然的生态环境而需要的水量，主要包括湿地用水、森林用水、必要的入海流量等。在水资源利用程度相对较低时，由于未被利用的水资源远远大于生态环境用水的需求，未能引起人类对其占用水资源的足够认识。随着国民经济的发展，水资源日趋紧张，生态环境由于缺水而遭到破坏的现象日显突出，如由于河道断流、地下水位下降和过度引水而造成海水倒灌、湿地面积减少、森林面积减少、土地沙漠化与盐碱化等，已严重影响了社会经济的可持续发展。因此在对水资源调度分配时，保证必要的生态环境用水量是十分必要的。

2. 地下水用水现状

地下水用水部门主要有农业、工业、城镇生活用水等，其需（用）水现状调查同地表水用水现状调查。

10.6 需（用）水预测

水资源分类可以分为生活用水（城镇生活用水、农村生活用水和生态环境用水）、工业用水（电力用水、一般工业用水和乡镇用水）、农业用水（农田灌溉用水、林牧渔业用水）。

10.6.1　生活用水的预测方法

生活用水的预测方法有定额分析法、趋势分析法和分类分析权重法。但现在一般选用定额分析法。

所谓的定额分析法就是根据人口的数量和人均用水量（定额）来确定用水量的方法。其基本公式为：

$$W_{生}=P\times K \tag{10-23}$$

式中，$W_{生}$为某一水平年生活需水量；P 为某一水平年的人口数量；K 为某一水平年拟订的城镇生活需水综合定额。

某一水平年的人口数量是预测值，一般根据人口年增长率来加以确定，基本的公式为：

$$P=P_0\times(1+v)^n \tag{10-24}$$

式中，P_0 为某一基准年的人口数据；v 为人口年增长率；n 为预测年数。

K 的拟订以现状为基础，综合考虑多年的变化情况，并参考国内外先进国家的实际情况进行综合推定。

由于城镇生活用水和农村生活用水存在差异，因此，在预测时应分别进行预测。

生态环境用水指为生态环境美化、修复与建设或维持其质量不至于下降所需要的最小需水量。在预测时，要考虑对河道内和河道外两类生态环境需水口径分别进行预测。河道内生态环境用水分为维持河道基本功能和河口生态环境的用水。河道外生态环境用水分为湖泊湿地生态环境与建设用水、城市景观用水等，城镇绿化用水、防护林草用水等以植被需水为主体的生态环境需水量属河通外用水，可以用灌溉定额的预测方法。

10.6.2　工业用水的预测方法

预测工业用水的方法很多，包括定额法、趋势法、重复利用率提高法、分行业预测法和系统动力学法等。

定额法的基本公式同生活用水基本相似，可以用下公式来表示：

$$W_{工}=V\times K \tag{10-25}$$

式中，$W_{工}$为某一水平年工业用水需水量；V 为某一水平年工业产值（万元），K 为某一水平年万元产值需水量。

重复利用率法预测工业用水基本公式如下：

$$W_{工}=Xq_2 \tag{10-26}$$

$$q_2=q_1(1-\alpha)(1-\eta_2)/(1-\eta_1) \tag{10-27}$$

式中，$W_{工}$为某一水平年工业用水需水量；X 为某一水平年工业产值（万元）；η_1、η_2 分别为预测始末年份的水的重复利率；q_1、q_2 分别为预测始末年万元产值需水量；n 为预测年数；α 为工业进步系数，一般为 0.02～0.05。

工业产值也为预测值，预测方法可以采用趋势等多种方法。

10.6.3 农业需水量预测

1. 农业灌溉需水量预测

农业灌溉需水量预测可以采用定额法，其基本公式为：

$$W_{灌}=\sum A_{ij}\varpi_{ij}/\lambda_{i}$$

式中，$W_{灌}$为某一水平年总灌溉需水量；A_{ij}为某一分区某一水平年某种作物的灌溉面积；ϖ_{ij}为某一分区某一水平年某种作物的灌溉定额；λ_i为分区灌溉水利用系数。

灌溉面积的预测很复杂，合理地确定灌溉规模是灌溉用水量的基础。灌溉定额的确定也非常重要，目前通常是在试验研究并考虑国内外情况的基础上加以确定。

2. 林牧渔业需水量预测

林业用水主要是经济林和果园用水，牧业用水主要为牲畜的饮用水和灌溉草场用水，渔业用水为鱼塘的补水，均采用定额的方法进行预测。

10.7 水资源供给预测

水资源供给预测就是对不同时段供水量进行判断。供水量是指在不同的来水条件下，供水设施可提供的水量。

根据供水的来源，供水水源由地表水源、地下水源、跨流域调水、污水处理回用、非常规水资源（微咸水利用、雨水利用、洪水资源化）和海水利用等构成，见图 10-2。其中地表水资源供水量包括蓄水工程供水量和引提水工程量。

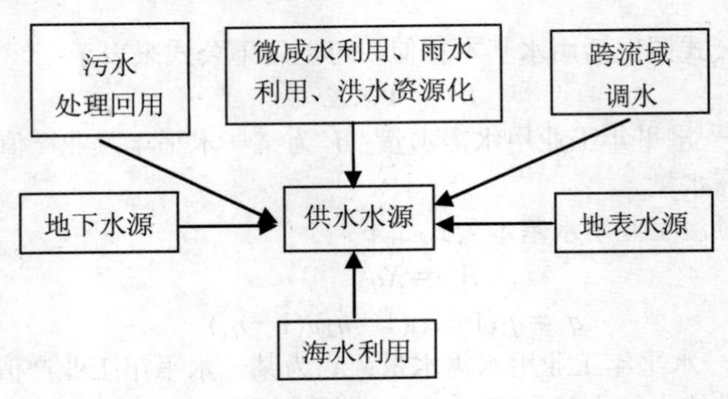

图 10-2 水资源供水构成

区域供水量是在原有的供水系统量再加上新增工程能力所组成。

对于地表蓄水工程的计算，根据来水条件、工程规模进行调节计算。小型蓄水工程及塘坝采用复蓄系数法进行计算，也就是对工程情况进行分类，采用典型调查法，分析不同地区各类工程的复蓄系数。

对于地表引提工程的供水量用以下公式进行计算。

$$W_{供引提}=\sum_{i=1}^{t}\min(Q_i,H_i,X_i)$$

式中，Q_i、H_i、X_i 分别为 i 时段取水口的可引流量、工程的引提能力及需水量；i 为计算时段数。

$$W_{供地下}=\sum_{i=1}^{t}\min(Q_i,W_i,X_i)$$

式中，Q_i、W_i、X_i 分别为 i 时段机井提水量、当地地下水可开采量及需水量。

值得说明的是，供水量预测是在考虑供水现状的基础上，要考虑不同保证率的可供水量，要预计不同规划水平年工程变化情况以及考虑现有工程更新改造和续建配套后新增的供水能力，要考虑工程老化、水库淤积和因上游用水增加造成的来水量减少等对工程供水能力的影响。

10.8　现状条件下供需平衡分析

现状条件下供需分析的目的是摸清水资源开发利用在现状条件下存在的主要问题，分析水资源供需结构、利用效率和工程布局的合理性，提出水资源供需分析中的供水满足程度、余缺水量、缺水程度、缺水性质、缺水原因及其影响、水环境状况等指标。缺水程度可用缺水率（指缺水量与需水量的比值，用百分比表示，以反映供水不足时缺水的严重程度）表示。通过分析计算分区内挖潜增供、治污、节水和外调水边际成本的关系，明确缺水性质（资源性、工程性和污染性缺水）和缺水原因，确定解决缺水措施的顺序，为水资源配置方案生成提供基础信息。例如，当计算分区内的挖潜增供边际成本、治污边际成本、节水边际成本三者之一或均小于外调水边际成本时，其供需缺口应首先通过节水治污和内部挖潜来解决。

供需分析是在现状（2000 年）的基础上，扣除现状供水中不合理开发的水量部分（如地下水超采量、未处理污水直接利用量和不符合水质要求的供水量以及超过分水指标的引水量等），并按不同频率的来水和需水进行供需分析。所以，基准年供需分析不等同于简单描述已发生的供需现状，其最主要的特征是现状供水中不合理的部分要扣除以及对应不同频率计算来水和需水。现状条件下不同频率的需水过程可以根据现状年（2000 年）的社会经济发展状况和工农业生产规模，采用现状相应于不同降雨频率的需水定额加以计算确定。

计算分区的来水系列主要采用近期下垫面条件下的河川径流还原和一致性修正后的系列；无长系列的计算分区，其所选择的丰、平、枯典型年来水过程应具有代表性。

按现有水利工程格局和水资源调配方式分析统计计算分区供水能力，包括地表水（含外流域调水）、地下水及其他水源（如污水处理再利用、微咸水、海水等）等不同水源各项工程措施的供水能力。

现状供需平衡计算应针对不同代表年（一般为 $P=75\%$和 $P=50\%$两种），以月为计算时段，按分区平衡单元，从上游到下游、先支流后干流依次进行，然后进行大区单元的汇总，直至河口或区域出口控制点。

各分区单元的余缺水量不能相互平衡，不能正负抵消。上游可供水量的余水可供下游区间利用，故在进行全区域可供水量及余缺水量进行统计汇总时，必须注意各单元可供水量之间可能被重复利用。各单元缺水量的总和为全区域的总缺水量，而全区域的余水量则为接近区域出口最下游单元的余水量。

地表水与地下水两种水源应分别平衡，然后汇总。

河道外用水与河道内用水也要分别平衡。一般先考虑河道外用水，在支流单元汇总后，检查河道内用水。如果河道内用水得不到满足，则须调整供水工程和用水量，使河道内外协调平衡。

供需平衡计算后，如果发现工程可供水量不能满足枯水年份的需水要求，一般要立足于本单元、本流域（或区域）开源节流，自行调整和解决供需矛盾，在技术可行和经济合理的情况下，还要增设新工程，开辟新水源。另外，也要分析各部门提出的需水量是否合理，提出调整用水意见，采取节水措施。供需平衡计算一般要经过几次反复调整，才能提出比较合理的成果。

供需平衡计算后，应将各单元的水资源量、各类水利工程可供水量、国民经济各部门的用水量、余缺水分析等主要成果进行区域汇总，按要求填制相应的表格，计算水资源利用率。

通过供需分析，要从水资源合理利用的角度出发，读区域水资源开发利用现状的供需关系进行评价，对解决缺水地区供需矛盾的途径、措施以及区域农业规划、水利规划和工农业合理布局提出必要的建议，进行水资源规划。

区域水资源供需平衡，应当注意入境水量的处理。区域地表来水量包括当地水量和入境水量。当地水量与入境经本区利用后，流出境外的部分为出境水量。出境水量也是下游区域的入境水量。

10.9 习题与思考题

1. 对有山区、平原区的地貌单元区，在分别计算地表水和地下水量时，有哪些重复项应予扣除？

2．天然状态和地下水开采条件下水资源总量估算有什么不同？

3．可供水量的概念是什么？

4．蓄水工程、引提水工程可供水量的概念是什么？

5．试述供需平衡分析的基本思路。

第 11 章　建设项目水资源论证

11.1　概　述

加强水资源管理，建立和健全水资源管理制度是促进水资源可持续利用的重要保障手段。《建设项目水资源论证管理办法》（水利部、国家发展计划委员会令第 15 号）的颁布，标志着建设项目水资源论证制度在我国正式建立和施行。其目的是保证建设项目合理用水，提高用水效率和效益，减少建设项目取水和退水对周边产生的不利影响，从而为取水许可的科学审批提供技术依据。

水资源论证的定位是为取水许可审批提供技术支撑和服务，属水资源管理工作中的前瞻性的事前行政管理范畴，是水资源管理向纵深发展的重要标志，是实现水资源条件与经济布局相适应、水资源承载能力与经济规模相协调、促进水资源的合理开发和优化配置的重要保证。

开展水资源论证工作，应遵循以下几项原则：（1）合理开发、节约使用和有效保护水资源；（2）符合国家法律、法规和相关政策的规定；（3）符合国家标准和行业标准；（4）符合流域或区域的综合规划及相关专业规划；（5）遵守经批准的水量分配方案或协议。

依据《建设项目水资源论证管理办法》，水资源论证制度的主要规定有以下几条。

（1）适用范围的规定。对于直接从江河、湖泊或地下水取水并需申请取水许可证的建设项目，业主单位应按照本办法的规定进行建设项目水资源论证，编制建设项目水资源论证报告书；建设项目取水较少、且对周边影响较小的，可不编制建设项目水资源论证报告书，具体要求由省、自治区、直辖市人民政府水行政主管部门规定。

（2）从业单位资质规定。从事建设项目水资源论证工作的单位，必须取得相应的建设项目水资源论证资质，并在资质等级许可的范围内开展工作。业主单位应当委托有建设项目水资源论证资质的单位，开展水资源论证工作。

（3）审查权限规定。水利部或流域管理机构负责以下两项水资源论证报告书审查工作，① 水利部授权流域管理机构审批取水许可（预）申请的建设项目；② 兴建大型地下水集中供水水源地（日取水量 5 万 t 以上）的建设项目。其他建设项目水资源论证报告书的分级审查权限，由省、自治区、直辖市人民政府水行政主管部门确定。

（4）报告书审查规定。建设项目水资源论证报告书，由具有审查权限的水行政主管部门或流域管理机构组织有关专家和单位进行审查，并根据取水的急需程度适时提出审查意见。建设项目水资源论证报告书及其审查意见是取水许可（预）申请的技术依据。

（5）取水许可受理与项目可行性报告批准的规定。业主单位应当在办理取水许可预申请时，向受理机关提交建设项目水资源论证报告书，不需要办理取水许可预申请的建设项目，业主单位应当在办理取水许可申请时向受理机关提交建设项目水资源论证报告书，否则，不得受理取水许可（预）申请；业主单位在向计划管理部门报送建设项目可行性研究报告时，应当提交水行政主管部门或流域管理机构对其取水许可（预）申请提出的书面审查意见，并附注经审定的建设项目水资源论证报告书，否则，建设项目不予批准。

（6）论证主要内容。共有 10 个部分，突出反映四个方面论证内容：① 建设项目所在区域水资源及其开发利用状况分析；② 建设项目取用水合理性分析；③ 建设项目取水水源论证；④ 建设项目取退水影响分析及相应补救或补偿方案。

11.2　水资源论证的基本方法和步骤

水资源论证工作步骤包括准备阶段、工作大纲阶段、报告书编制，见图 11-1。

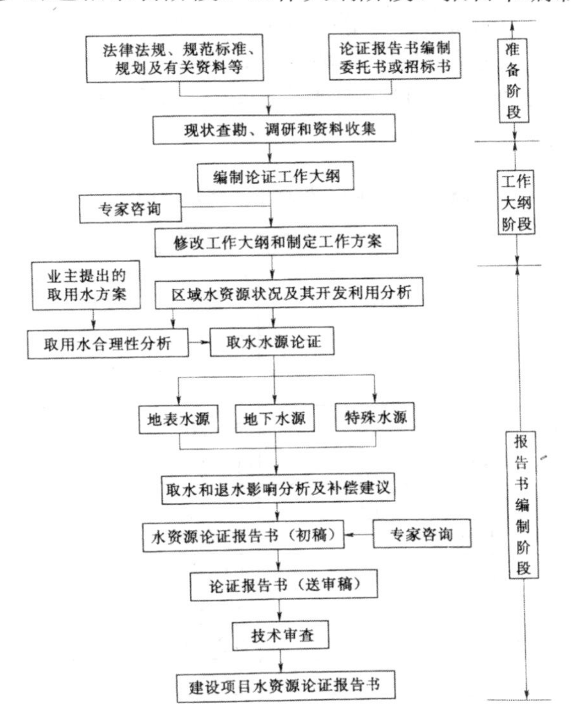

图 11-1　水资源论证工作程序图

11.2.1 准备阶段

实行审批的项目，业主单位在计划部门批复项目建议书（立项）之后，就要组织人员依据有关法律法规、规范标准、规划资料编制建设项目水资源论证报告书。对于核准制和备案制项目，在项目核准、备案前，要组织邀请有资源的单位参加投标并签定编制建设项目水资源论证报告书的合同书。

11.2.2 工作大纲编制

业主单位与具有资质证书单位初步议定协议，由资质证书持有单位编制报告书工作大纲，由资质单位邀请水行政主管部门和部分专家进行咨询，确定工作重点。工作大纲是建设项目水资源论证的重要环节，工作大纲阶段需要确定分析评价区域水资源状况及其开发利用的分析范围、取水水源论证和取退水影响分析的论证范围，编制的工作大纲需要明确论证的思路、取水水源论证方案、主要工作内容、论证的工作等级和论证重点、人员组织与进度、经费预算以及提交成果等事项，因此，工作大纲既是保证水资源论证报告书质量的手段，又是确定论证工作经费的重要依据。

根据《建设项目水资源论证导则》的要求，水资源论证工作等级为一级、二级的（建设项目水资源论证分级方法见表 11-1），调整取水用途（节水或水权转换）作为水源的，利用调水水源和混合取水水源的建设项目水资源论证，应编制工作大纲。工作大纲的内容一般需包括以下几个方面。

表 11-1 水资源论证分类分级指标

分类	分类指标	等级		
		一级	二级	三级
地表取水	水资源状况	紧缺	一般	丰沛
	开发利用程度[a]（%）	≥30	5～30	≤5
	农业用水水量（m^3/s）	≥20	3～20	≤3
	工业取水量（万 m^3/d）	≥2.5	1～2.5	≤1
	生活取水量（万 m^3/d）	≥15	5～15	≤5
	灌区（万亩）	大型（≥50）	中型（3～50）	小型（≤3）
	水库、水闸	大型	中型	小型
	水电站（万 kw）	≥30	5～30	≤5
地下取水	工业取水（万 m^3/d）	≥1	0.3～1	≤0.3
	生活取水（万 m^3/d）	≥5	1～5	≤1
	地质条件[b]	复杂	中等	简单
	开发利用程度（%）	≥70（或超采区）	50～70（或平衡区）	≤50（或有潜力区）

（续表）

分类	分类指标	等级		
		一级	二级	三级
取水和退水影响	水资源利用	对流域或区域水资源利用产生影响	对第三者取用水影响显著	对第三者取用水影响轻微
	生态	1．现状生态问题敏感 2．取水对水文情势和生态水量产生明显影响 3．退水有水温或水体富营养化影响问题	1．现状生态问题较为敏感 2．取水可能对水文情势和生态水量产生一般影响 3．退水有潜在水体富营养化影响	1．现状无敏感生态问题 2．取水和退水对生态影响轻微
	水域管理要求	1．涉及保护区、保留区、省际缓冲区及饮用水水源区等区域 2．涉及两个以上水功能二级区	1．涉及过渡区、省级以下多个行政区的水功能区等区域 2．涉及两个水功能二级区	涉及单个水功能二级区
	退水污染类型	含有毒有机物、重金属或多种化学污染物	含有多种可降解化学污染物	含有少量可降解的污染物
	退水量（缺水地区）(m^3/s)	≥0.1	0.05～0.1	≤0.05

a：指地表水源供水量占地表水资源量的百分比。

b：依据《供水水文地质勘察规范》（GB50027-2001）。

（1）项目来源。说明项目的委托单位，委托的项目名称和有关事项。

（2）建设项目概况。建设项目的性质和任务，建设项目地点、规模、取用水方案和退水方案等。取水方案包括取水水源、取水规模和设计保证率要求、取水口设置方案以及对取水水质的要求等；用水方案包括主要用水工艺与过程、用水量的年内变化、年用水总量、水量平衡图等；退水方案包括退水系统的组成、退水总量和退水中污染物的浓度、退水的排放方式、排入水体和入河排污口（退水口）位置等。

（3）工作思路与论证方案。根据建设项目业主提出的取水、用水和退水方案，结合区域的水资源条件和水功能区划，说明论证原则、依据和采取的技术路线，确定采用的论证方案。

（4）主要工作内容。工作大纲阶段需要确定的工作内容包括：水资源论证的分析范围与论证范围、水平年、工作等级、深度以及论证的重点；建设项目所在区域水资源状况及开发利用分析；建设项目取水和用水合理性分析；建设项目取水水源论证；建没项目取水和退水方案及其影响分析，包括建设项目开发利用水资源对水资源状况、水功能区及其他取水户的影响，人河排污口（退水口）设置合理性论证；水资源保护措施；影响其他用水权益的补救措施、补偿方案或措施的建议等。

（5）资料收集。论证单位接受项目业主委托以后，首先要进行现场查勘和收集有关资料，工作大纲编制时要对已经收集的资料做初步分析，针对论证工作的需要，明确需要补充收集的资料清单、资料收集的范围和重点，尤其要调查与收集有关限制条件的资料，如分水方案或协议对取水、供水的限制，取水和退水所处的水功能区功能及其对退水水质的要求，取水水源所在区域水资源开发利用程度对取水、供水的限制，区域节水标准、用水定额以及产业政策等。对于缺乏资料，需要进行补充监测的，要编制监测方案，需要补充调查或现场查勘的，要提出详细的调查提纲或查勘方案和计划。

（6）论证进度安排。论证的进度安排，既要考虑建设项目前期整体工作推进和立项的时间要求，又要根据建设项目水资源论证的工作内容和实际需要的时间，提出科学的工作计划。对各阶段的任务、工作内容和需要提交的成果安排合理的时间表，并给出明确的进度和质量要求。

（7）工作组织和人员安排。为使论证工作保质按期完成，需要成立水资源论证的项目组，包括工作组、咨询专家组和管理人员。要明确项目总负责人，按照论证的主要内容，明确各内容的技术负责人和参加人员，需要进行专题分析的，还要明确专题负责人。为便于管理，必要时列表给出主要论证技术人员的任务、分工与进度要求等。

（8）论证经费。建设项目水资源论证经费一般包括：现场查勘、资料收集费、补充监测或测试分析、专题委托费、人员工资（包括内业分析与计算、水资源论证工作大纲、水资源论证报告书和专题报告的编写等）、大纲与报告的印刷费、制图费、专家咨询费，工作大纲及报告书和专题报告的审查费（含会议费、专家审查费等）、税收和其他不可预见费等。

（9）应注意的问题。水资源论证工作大纲的质量直接关系到报告书的质量，在一定程度上还反映论证资质单位的技术力量，一份高质量的工作大纲，容易取得项目委托单位的信任，有利于合同的签订和获得合理的工作时间与论证经费。一般来说，编制的工作大纲经审查通过后作为签订合同的依据，建设项目业主单位和论证单位都要严格执行。因此，编制工作大纲时一定要切合实际，制定的工作计划和规定的工作内容要切实可行，不要贪多求全和要求过高。

对于需要调整取水方案或退水方案的，在工作大纲编制阶段，要与业主方充分沟通与协调，调整后的方案要取得业主方认可，并力求与水行政主管部门沟通。对于需要进行补充监测或有专题分析内容的，应在大纲中明确相应的经费和开展工作的条件。如果建设项目取水有限制条件的，如分水方案或协议、取水水源所在区域水资源开发利用程度、区域节水标准对用水定额的限制以及产业政策的限制等，在大纲中应交代清楚，向业主说明取水的限制条件或替代方案，以利于论证工作的顺利进行。

11.2.3 报告书编制

由业主单位与资质证书持有单位正式签订合同书，开展水资源论证报告书编制工作。

水资源论证报告书是贯彻执行水资源论证制度的具体形式。包括以下几项主要内容：建设项目所在区域水资源及开发利用状况分析；建设项目取用水合理性分析；建设项目取水水源论证；建设项目取水和退水影响论证。

1．水源论证等级与论证范围

水资源论证工作等级由分类等级的最高级别确定，分类等级由地表取水、地下取水、取水和退水影响分类指标的最高级别确定，详见表 11-1。

水资源论证范围应按照水资源论证的主要内容分别确定。即建设项目所在区域水资源状况及其开发利用分析范围，地表取水和地下取水应确定取水水源论证范围，取水和退水影响应确定其影响论证范围。

2．区域水资源及其开发利用状况分析

建设项目所在区域水资源状况及其开发利用分析，主要阐述区域社会经济发展状况、水资源量和时空分布特点、水质和变化情况以及现状水资源开发利用分析等，是建设项目水资源论证取用水合理性、取水和退水影响以及取水可行性分析的基础，可为确定取水水源的论证方案、建设项目的取水和退水方案提供依据。

区域水资源及其开发利用状况分析方法应以 SL/T238－1999《水资源评价导则》和全国水资源综合规划大纲及技术细则为指导。区域用水水平分析是根据区域内水资源及其开发利用状况分析结果，结合社会经济和供用水调查统计资料，针对建设项目性质和所属行业，选择评价指标（一般有综合、农业、工业和生活等用水指标），评价其用水水平和用水效率及其变化情况，见表 11-2。对区域用水水平进行不同时期和不同地区的比较，特别是与国内外先进水平、有关部门制定的用水与节水标准的比较，综合给出不同分区和整个区域的用水水平。

表 11-2　区域用水水平分析的主要指标

类别		用水指标
综合指标		万元国内生产总值取水量、人均用水量、计划用水率
工业用水	火电	间接冷却水循环率、蒸汽冷凝水回用率、重复利用率、每万千瓦时取水量、每百万千瓦装机取水量和耗水量
	一般工业	万元工业增加值取水量、重复利用率、单位产品取水量、单位产品耗水量、一般工业用水增长率、间接冷却水循环率、工业废水排放达标率
农业用水		不同作物灌溉定额、渠系水利用系数、灌溉水利用系数
自来水		供水管网失率、人均生活用水量、居民生活用水装表率、公共生活用水重复利用率、城市污水集中处理率以及工业用水有关指标
其他		水力发电、生态、水土保持、林业等用水指标根据具体情况确定

3. 取用水合理性分析

建设项目取用水合理性应从取水和用水两个方面进行分析。取水合理性分析应根据建设项目所在区域的现状水资源开发利用背景，包括水资源条件（包括水资源量、水资源质量）、开发利用程度、区域用水水平等进行分析，并应符合国家产业政策，满足所在区域水资源分配方案、规划和管理要求，符合国家和所在区域用水管理方面的有关规定。用水合理性分析主要是通过建设项目用水过程、水平衡和用水指标分析，对建设项目用水水平进行评判，分析建设项目的节水潜力，提出有针对性和可操作性的节水措施和建议。

在水资源论证中，建设项目所属行业不同，用水合理性分析的方法也有所差别。比较常见的主要是生活、工业或农业用水的建设项目，其用水合理性分析内容比较成熟，称之为普通类建设项目。特殊类建设项目，主要指水土保持、林业生态建设项目，这类项目的取水属河道外取水以及水电站建设等项目。

建设项目取用水合理性分析，应根据业主提供的取用水方案，在建设项目所在区域水资源状况及其开发利用分析的基础上进行。其中，取水方案包括水源及取水地点、取水方式、年取水总量、取水保证率、取水的年内分配以及取水水质要求等；用水方案包括用途、用水组成（生产、生活）、用水流程（工艺）和水量平衡图、用水量和保证率要求、节水措施与节水量等；另外，业主还应提供建设项目的退水方案，包括退水量和主要污染物浓度，退水受纳水域，退水口位置和退水方式等。

4. 地表取水水源论证

地表取水是指建设项目利用取水工程或设施直接从江河、湖泊取用水资源。取水工程或设施是指闸、坝、水电站、渠道、人工河道、虹吸管和泵站等各类水工程，以及污水再生利用水源、通过节水或调整原取水用途等特殊水源。

地表取水水源论证主要解决建设项目拟定的地表取水水源有没有水、给不给用和可靠程度如何等问题。因此，地表取水水源论证应在建设项目所在区域水资源状况、开发利用现状以及取水用水合理性分析的基础上进行，应遵循水资源的合理配置、高效利用和有效保护的原则，分析现状与规划水平年取水水源不同保证率的来水量、供水量和论证范围内用水量以及水资源供需平衡情况，分析评价取水水源的水质，分析取用水和退水对区域水资源状况以及其他用户的影响，论证取水口设置的合理性以及取水可靠性和可行性分析等内容。具体论证技术要求见表 11-3。

针对建设项目业主提出的取用水方案，取水水源论证是在区域水资源状况和开发利用现状评价的基础上进行的，需要充分利用已有成果和现有的资料，并注意与已有规划的协调。对于地表水源丰沛地区或建设项目所在地区水资源开发利用程度不高且取水量占所在区域可利用地下水量的比例很小的情况，可以适当简化来水量、用水量和可供水量的分析计算；对于水资源贫乏或水资源开发利用程度已经很高的地区，需要在已有成果的基础上，从多种途径、采用不同的方法，深入分析论证取水水源的来水量、论证范围内的用水量和可供建设项目利用的水量与可靠性。

表 11-3　地表取水分级论证技术要求

类别	等级		
	一级	二级	三级
现场查勘及资料收集	应进行现场查勘，水文资料系列要求 30 年以上，并全面分析资料的一致性、代表性和可靠性。用水量资料 5～10 年	应进行现场查勘，水文资料系列一般要求 30 年以上，最低不应少于 15 年，分析论证资料的一致性、代表性和可靠性。用水量资料不应少于 3 年	宜进行现场查勘，收集实测水文资料、已有成果、用水量资料或相似流域（地区）的有关资料
来水量分析	依据实测资料分析计算，确定不同水平年来水量	依据实测资料分析计算，或在已有水资源评价成果基础上，采用简化方法处理，确定不同水平年来水量	依据实测资料或类比法分析计算，或引用已有的成果，确定不同水平年来水量
可供水量计算	应充分考虑现有工程和规划工程条件，对不同的工程条件和需水水平进行多方案调节计算，对于具有多年调节功能的蓄水工程，在典型年调节计算的基础上，应进行多年调节计算。对于保证率要求较高的建设项目，应对连续枯水年进行调节计算	应充分考虑现有工程和规划工程条件，对不同的工程条件和需水水平进行典型年多方案调节计算，有条件时可进行多年调节计算	可供水量的计算要说明计算依据和考虑的工程条件，宜进行典型年调节计算
供水可靠性分析	应进行供水可靠性分析，要求对各种影响可供水量的因素进行全面评估，并进行风险分析，定量给出规划水平年不同保证率可供水量的可靠程度	应进行供水可靠性分析，要求对各种影响可供水量的因素进行全面评估，适当考虑供水风险，定量或定性给出规划水平年可供水量的可靠程度	论述供水可靠性，定性给出规划水平年可供水量的可靠程度

注：实测资料系列须具有一致性，对于受人类活动影响较大的，应进行一致性修正。

（1）论证工作深度。地表取水水源论证的工作深度应综合考虑建设项目的重要性、取用水规模、取水水源地的水资源条件与开发利用程度等多方面因素，根据论证分类等级确定。

（2）论证范围。论证范围的确定是地表取水水源论证的基础，确定论证范围时一定要充分考虑以下因素：便于水量平衡分析，易于与现有成果与资料配套，突出重点、兼顾一般的原则。还要充分考虑水量平衡计算的边界条件、来水量分析的集水范围和资料条件、现有工程和供水情况、水资源开发利用程度、水文站网、建设项目取水和退水可能影响水源条件的范围等因素。考虑到不同地区建设项目取水规模和保证率要求的不同以及水源条件、资料条件的千差万别，论证范围的大小难以制定一个通用的准则。一般来说，地表取水水源论证范围应在区域水资源及其开发利用现状的分析范围以内，其大小与分类等级成正比，分类等级高的，论证范围大；分类等级低的，其论证范围相对要小一些。

5. 地下取水水源论证

地下取水是指建设项目利用取水建筑物直接从地下取用水资源（含地热水、矿泉水、矿坑水）。常用的取水建筑物包括：管井、筒井、水平集水工程、斜井、大池等。矿井建设项目的正常排水应纳入取水许可管理。

地下取水水源论证是针对建设项目业主提出的取用水方案（包括取水水源，取水方式和取用水量等），在建设项目取用水合理性分析的基础上进行。合理确定建设项目地下取水水源论证分类等级及论证范围，分析区域水文地质条件、含水层特征、地下水的补给和径流、排泄条件和地下水开发利用状况；对论证范围内地下水数量与质量进行计算和评价；计算确定水源地地下水的可开采量和分析取水水源的可靠性，取水量及取水层位对周边水资源状况和生态环境的影响，以及取水井布设的合理性及可能受到的影响等。

地下取水水源论证是在区域水资源状况及其开发利用现状分析的基础上，遵循水资源合理配置的原则，避免取水水源工程的重复建设，相互袭夺。其目标明确，针对性强，有别于区域地下水资源评价和水源地供水水文地质勘察。因此，地下取水水源论证应充分利用已有成果和资料，并注意与已有规划的协调，内容上视情况作必要的简化。如对于建设项目所在地区地下水资源开发利用程度不高，且取水量占所在区域地下水可开采量的比例很小的情况下，论证内容可以简化，对工作深度的要求相对要低一些；而对于地下水资源贫乏或其开发利用程度已经很高，这种情况下的地下取水水源论证的内容、采用的方法和工作深度都要求较高。

（1）地下取水水源论证的思路与程序。建设项目地下取水水源论证最终要对建设项目地下取水的可靠性与可行性作出评价。

（2）分类等级与论证范围。我国幅员辽阔，自然条件复杂，各地的地质及水文地质条件、地下水开发利用程度和地下水研究程度差别很大，同时各建设项目用水要求也不尽相同，所有这些因素都直接影响着地下取水水源论证的分类等级和论证范围。

（3）分类等级。确定分类等级的主要因素：首先要考虑建设项日取用地下水对水量要求；其次要考虑建设项目取用地下水对水质的要求、水文地质条件的复杂程度、地下水开发利用程度等。综合考虑上述主要因素，将地下取水水源论证的分为三类等级，按照其重要性分为：一级（很重要）、二级（重要）、三级（一般），见表 11-1，其对应的论证技术要求见表 11-4。

表 11-4　地下取水分级论证技术要求

类别	等级		
	一级	二级	三级
水文地质条件分析	查明含水层特征，地下水的补给、径流、排泄等情况	基本查明含水层特征，地下水的补给、径流、排泄等情况	概略分析含水层特征、地下水的补给、径流、排泄等情况
水文地质参数	通过现场勘探和试验确定，满足建立地下水资源评价模型要求	通过室内试验和现场简易试验确定	通过现场简易试验，或利用类比资料、经验资料确定，并以经验值为主
地下水资源评价	详细评价，提交 C 级或 D 级可开采量	初步评价，提交 D 级可开采量	初步估算，提交 D 级可开采量
开采建议	开采方案建议	水源地方案比较	开采建议

注：可开采量精度要求依据 GB50027-2001

（4）论证深度。一级为大型、特大型水源地地区或区域地下水开发利用程度高的地区。该类地区往往水文地质特征复杂、水文地质勘察程度高，应在水源地详细勘察的基础上，进行地下取水水源论证工作。

在区域地下水开发利用程度高的地区，以分析多年（现状年及以前 5～10 年）开采动态及开采后引发的主要环境地质问题为重点，评定区域地下水开采程度，论证地下水有无扩大开采的可行性，在区域水资源合理配置的基础上，提出地下水取水调整分配意见，并确定水源地地下水可开采量。

二级为中型水源地地区。应在水源地详查的基础上开展水资源论证工作。

三级为小型水源地地区或水文地质条件简单的地区。可降低水源论证工作的要求，在区域地下水资源评价或水源地普查基础上进行。

6. 取水和退水影响论证

（1）取水和退水影响概述。

取水影响主要是指建设项目通过取水工程取用地表水或地下水后，改变水资源数量、质量和时空分布条件等所产生的影响；退水影响主要是指建设项目通过已有或新建入河排污口等排污水至地表水域，改变水功能及水资源和水环境状况所产生的影响。

根据建设项目取水和退水的影响性质，可以分为有利与不利、显见与潜在影响；根据其影响方式，可分为直接与间接影响；根据影响程度，可分为短期与长期、可逆与不可逆影响；根据其影响范围，可分为区域与局部影响等。取水和退水可能产生的不利影响是论证的重点。

取水不利影响主要包括取水造成水域水量和水能减少、水资源时空分布条件改变、纳污能力减小等而产生的水功能降低、水域生态失衡及对第三者的影响等；退水影响包括退水所含化学、物理和生物污染等物质排入水域后，增加水体纳污负荷、改变水文情势及水功能区的资源和环境承载状况、降低水资源利用功能，并由此对受纳水域水功能、水资源质量状况和水生态产生的影响。

① 取水和退水影响论证的内容与程序。建设项目取水和退水影响论证，是在建设项目取用水合理性分析和取水水源论证基础上进行的，论证应根据有关法律、法规和政策等规定以及水功能区划要求，按照水资源规划和社会经济发展等有关规划原则要求，分析论证取水和退水对区域或流域水资源、水生态和第三者的影响。主要内容包括：根据建设项目所在区域的水资源条件、取水量和取水规模、方案（取水方式和保证要求，退水量及污染物组成、主要污染物排放及入河情况、入河排污口设置等）、受纳水域水资源管理和水功能保护要求，识别筛出主要的影响对象并确定论证工作等级和范围，在现状调查基础上，分析预测取水和退水对水资源条件、水域纳污能力使用、水功能和水生态保护及第三者的影响，并针对性地提出建设项目应采取的工程与非工程对策措施，以消除或减缓其不利影响，对难以消除和可定量计算的直接影响，应提出补偿方案建议；而对于难以定量的影响则应定性说明影响的程度与范围，并提出相应的补偿措施建议。论证报告应在综合分析建没项目取水和退水可行性基础上，明确给出建设项目取水和退水影响的评判结论。

② 取水和退水影响论证的基本要求。以国家和地方法律法规为论证依据，建设项目取水和退水行为要满足水资源合理开发、优化配置、高效利用和有效保护的要求，并同流域与区域水资源可持续利用的目标相一致，建设项目取水和退水必须符合流域与区域相关规划及水功能区管理的要求；应全面分析、突出重点的开展工作，要以国家水资源管理的原则为依据，针对建设项目的取水和退水特点，分析对论证范围内水资源、水功能、水生态及第三者的影响；在项目论证中，应考虑论证范围内已建、在建和已通过取水审查建设项目可能产生的叠加与累积影响；应满足《建设项目水资源论证导则》的要求，针对建设项目取水和退水特点及论证范围内水域的实际情况，确定影响论证范围和工作等级，并按要求开展论证工作；论证时应充分搜集和利用已有资料开展论证工作，资料不足时应根据论证需要实施必要的现场调查工作，所采用的方法和技术应成熟和可靠，提出的论证结论应具体明确；提出的对策措施与建议应合理可行，针对影响问题提出的对策措施和补偿建议应有针对性，便于实施和落实；应针对建设项目取水和退水影响分析结果，提出为消除或减缓建设项目取水和退水产生的不利影响而需落实的水资源保护对策措施，并根据影响的性质和程度提出必要的影响补偿建议，所提出的各项对策措施与建议必须符合经济可行、技术合理的原则。

（2）论证的分类等级与论证范围。

① 确定分类等级应考虑的主要因素。建设项目取水和退水的规模与特点；建设项目所在区域的水资源条件、状况，取水和退水水域规模；地下水及地表水功能的管理和保护要求；流域和论证范围水资源和水生态问题的敏感程度；与其他取用水户权益和区域已建取

水、退水设施的关系；退水主要污染影响因素；论证范围水域及取水许可的管理权限。根据上述确定分类等级应考虑的主要因素，将建设项目取水和退水影响论证的分类等级划分为三级，不同分类等级的划分指标见表 11-1。

② 分类等级设定的原则。一般是建设项目取水和退水越复杂、涉及水域的水功能目标和管理要求越高，取水和退水水域问题越敏感、影响的范围和程度越大，则划定的论证级别就越高。在等级划分时，以符合影响指标中最高等级指标的要素作为定级判定的依据。如在某建设项目的取水影响论证中，分析取水对生态水量影响明显，属于“取水对河流生态水量构成明显影响”的范畴，应执行一级论证工作，而其他取水和退水影响问题较为简单，仅要求开展二、三级的论证即可。根据论证级别划分的定级要求，确定该项目的取水和退水影响论证分类等级为一级。对于高耗水，重污染的取水和退水项目，应在满足规定分类等级的论证要求基础上，根据所影响水域水资源和水生态问题的敏感性与保护要求，针对该类项目的特点强化相关论证工作，全面深入地分析取水和退水的影响。

③ 论证范围的确定。取水和退水影响论证范围应根据其影响的范围、程度和影响要点确定。确定论证范围时，应综合考虑建设项目所在的水资源分区和受影响水域的水功能区，应考虑区域水资源问题的敏感性与取水和退水状况，建设项目取水规模与保证率要求、取水和退水方式，退水规模、类型、性质、污染物组成及对水域的影响程度，取水和退水影响的水功能区现状与规划管理要求、水生态保护目标及分布情况，取水和退水对第三者的影响等主要因素。

建设项目取水和退水影响的相关水域和其影响范围内的第三者，应纳入取水和退水影响论证范围，论证的重点区域应为取水和退水口所在水域和可能导致不利影响的相关水功能区。一般来讲，取水和退水影响要素越多，对论证范围内水域的影响程度越大，而需论证的范围也越大。

地下水文地质单元和依法划定的地表水二级功能区，是开展建设项目取水和退水影响论证的基础工作单元，即论证范围的最小区域。论证工作中，应重点分析和论证取水与退水对所在分析单元和相邻工作单元的影响。

建设项目取用地下水造成地下水水位下降区域或因地下水开采而产生的漏斗区域，地表取水的论证范围（主要指取水口所在水域和受影响的上、下游水功能区），建设项目退水造成水域纳污能力减少、水功能降低和水质影响、水生态受损的水域，均应列入影响论证的基本范围。对于初步确定的论证范围，如经分析计算后受影响的水域超出已确定的论证范围时，应调整论证范围。对于具有高耗水、重污染的大中型制浆造纸、印染、酿造发酵、有机和无机化学、石油化工工业等类型的建设项目，往往存在退水量大或影响因素复杂，退水对影响水域影响程度显著等问题，一般需要结合水域的实际情况和管理要求适当扩大论证范围。

影响论证范围的确定是建设项目取水和退水影响论证的基础，合理的论证范围能科学合理地把握工作重点和按要求完成工作任务，提高论证工作效率和成果质量。因此，在确定取水和退水影响论证范围时，应充分体现突出重点和兼顾一般的原则，要考虑影响论证与取水水源论证范围的协调性，充分考虑取水水源及影响范围内水资源开发利用情况、受影响水域水功能区划、水功能和水生态现状与保护目标、已有的取水和入河排污设施、现有水文和水质资料条件等因素；论证范围的确定要体现补充调查与现有成果的资料互补性，便于开展水资源平衡分析和水域纳污能力计算。应绘制建设项目取水和退水影响范围示意图，并在图中标注影响水域的水功能区划、项目取水和退水口位置、主要水文和水质监测断面，以及区域的重要水功能与水生态保护目标等。

（3）论证深度要求。取水和退水影响论证的工作深度应综合考虑建设项目取水和退水影响的范围、程度和影响要素等多方面因素，根据论证分类等级确定。按照《建设项目水资源论证导则》的规定，不同分类等级的主要技术要求见表11-5。

表11-5　取水和退水影响分级论证技术要求

类别		等级		
		一级	二级	三级
取水影响	地表水	1．应详细分析水量过程、分布和配置的时空变化，全面调查和分析对河流生态基流的影响； 2．应定量分析对水域纳污能力的影响； 3．应论证水资源特性改变对重要湿地和敏感水生物生境的影响	1．应分析水量分布和配置的时空变化，分析对河流生态基流的影响； 2．应定量分析对水域纳污能力的影响； 3．应对取水产生的一般性水生态影响进行分析	1．分析说明对河流生态基流的影响； 2．分析说明对水域纳污能力的影响
取水影响	地下水	应分析地下水位下降、漏斗范围扩展情况，以及对区域地下水利用条件和生态环境的影响	应分析区域地下水水位下降及由此产生的地表污染物迁移条件	一般可不开展论证分析工作
退水影响		1．应论证和定量分析对退水口所在水域和相邻水功能一级与二级区的水利用功能、水域纳污能力、水质、水温和水生态的影响； 2．应对影响水功能区内的水源地和其他利益相关者水资源利用权益情况进行分析； 3．应论证水资源特性改变对水体富营养化、重要湿地和其他保护性生境，以及农业生态的影响； 4．应论证可能对地下水质量影响； 5．论证项目入河排污口（退水口）设置的可行性	1．应论证对退水口所在水功能一级与二级区使用功能、水域纳污能力、水质、水温和水生态等方面的影响； 2．应分析对相关水域水源地和第三者取用水户水资源利用权益的影响； 3．应分析水资源特性改变可能产生的生态影响； 4．应对可能产生的地下水质量影响进行分析； 5．论证项目入河排污口（退水口）设置的可行性	1．分析说明对退水口所在二级水功能区的影响； 2．分析说明退水对影响水功能区内水源地和其他利益相关者水资源利用权益的影响； 3．分析项目退水对生态的影响； 4．论证项目入河排污口（退水口）设置的可行性

（续表）

类别	等　级		
	一级	二级	三级
水资源保护措施与影响补偿建议	1. 应提出建设项目进一步采取的节水减污综合控制措施和污水资源化的对策方案，以及进一步改善相关区域水资源条件的建议； 2. 应对取水和退水造成第三者用水权益的损失进行计算，并提出具体的工程补偿或经济补偿方案建议	1. 应提出建设项目采取的节水减污综合控制措施和污水资源化的对策方案，提出改善相关区域水资源条件的建议； 2. 应对取水和退水造成第三者用水权益的损失进行分析，提出具体的工程补偿或经济补偿方案建议	1. 应分析提出建设项目采取的节水减污控制措施和污水资源化的对策方案，提出改善相关区域水资源条件的建议； 2. 分析取水和退水造成第三者用水权益的损失，并提出补偿方案建议

基本要求是：掌握建设项目拟选取水和退水口位置，掌握取水和退水的方式和特点，以及退水污染特征（包括污废水及污染物量、污染物类型、主要污染物的浓度、污废水的物理化学特征，退水时间、方式、去向和排污入河折减情况等）；掌握论证范围水功能区汛期、非汛期和全年水文要素（如流速、水位、流量，含沙量等）变化规律，掌握相关水资源分区或水功能区近年水资源质量变化趋势，掌握建设项目取水和退水口所在水域及周边水功能区水质资料，掌握论证范围内取水和退水的详细资料；熟悉项目所在流域和论证范围内的水资源利用与保护规划，掌握水行政主管部门对项目取、退水论证范围水功能区的管理要求，了解相关水功能区纳污能力计算与核定情况、入河污染物总量控制规划和阶段控制目标，了解河流和论证河段允许取水指标，以及论证范围内水功能区已建、在建和规划建设项目的取水许可审批情况，了解和掌握所涉及论证范围内重要敏感保护目标分布和主要的取水、用水需求（如生活取水、生态需水、省界水质控制要求等）。

（4）地表取水影响论证。地表取水影响论证主要是分析取水改变地表水资源数量、质量及其时空分布后对论证范围内水资源状况、水功能和水生态的影响。建设项目取水可能会对水量、水位和流速等水资源特性产生影响，严重时可能会进一步产生水功能的改变问题，并对公共利益和第三者构成影响。在建设项目地表取水影响论证中，应根据水功能保护的原则和要求，对取水可能产生的各类影响问题进行针对性的分析。开展建设项目地表取水论证时，应注意考虑论证范围内已建或已批规划建设取水项目的叠加和累积影响问题。

（5）地下取水影响论证。地下取水在一定范围内可能造成水位降低的情况，因取水论证范围水文地质情况的差异，有可能产生继发性的环境影响问题。原则上，地下取水若发生环境地质的明显影响时，应评判为该取水项目建设不可行，在地下取水水源论证中应予以否定。一般单个地下取水项目的影响是局部和较小的，在论证时要注意论证项目与区域已建或已批规划建设地下取水项目的叠加影响问题，并在论证中予以分层次的进行阐述。

（6）退水影响论证。退水对水功能区的主要影响，是退水对相关水功能区水资源污染影响所产生的水功能降低和水生态失衡问题。

建设项目在取用水的同时，必须对所产生的污废水实施有效处理，在满足建设项目污染物达标排放和排污目标总量控制的前提下，退入地表水域时还需满足地表水功能保护及水功能区管理的规定，设置的入河排污口应符合有关规定要求。在建设项目退水影响论证工作中，要在满足用水合理和可行基础上，论证建设项目退水对相关水域水功能区的影响，分析退水经入河排污口进入地表水体后，对水资源功能、水域纳污能力、地表水质、地表水温和水生态，以及区域地下水的影响，论证建设项目入河排污口设置的合理性，并针对影响问题提出可行的措施与必要的补偿建议。

（7）水资源保护措施。建设项目取水和退水产生显著影响问题时，应根据水资源开发、利用和保护要求，以项目建设预防、控制和影响减量化为原则，确定业主应采取的工程和非工程预防与补救措施，消除或减缓项目取水和退水所产生的不利影响。要注意论证报告所提出的水资源保护措施内容应有针对性，并具备技术上合理、经济上可行、便于操作和实施，并能够有效落实。

① 工程措施。

实行更为有效的节水减污控制，当建设项目退水中入河污染物总量不能满足水功能管理和保护的控制要求时，应在比选的基础上进一步论证提出建设项目的节水措施和入河污染物的减量方案，实施更为有效的项目末端治理和排污控制。根据建设项目退水影响区水功能保护要求和入河排污总量控制意见，分析改进和提高项目污染末端技术或处理效率的可行性，实现排入河道污染物的减量控制。

提出建设项目进一步实施节水减污的措施。在对项目设计排污总量和用水合理性论证基础上，分析项目各主要生产环节可采取的节水减污潜力条件，论证进一步实施项目节水减污措施的可行性。

制定入河污染物的综合削减措施和污水资源化途径。在实施有效的污染源治理基础上，论证建设项目污染物在入河前实施进一步生态处理的可行性，最大限度地减少污染物入河量。农业灌溉项目要根据灌区取用水的实际情况，提出控制农业污染的综合性措施。根据水资源优化配置原则和分质供水的要求，论证项目污废水资源化的途径，并对实现污废水最优化的可行性和保障程度进行分析。

优化调整项目的取水和退水工程布局。提出建设项目取水和退水设施布局、建设和运行方案优化调整意见，有效减缓或消除取水和退水对论证范围环境地质、生态目标及其他第三者可能产生的不利影响，提出项目建设应采取的防止次生盐渍化、防范水体富营养化和控制漏斗区地下水污染的工程对策措施。

提出地下水质保护的措施。根据区域水文底质特性和降水、地表产流特点，针对地下水影响问题提出建设项目具体的地下水保护措施。

建立生态水量工程保障体系。针对建设项目取水和引水可能对生态水量等造成的影响问题，建设影响区重要生态的工程保障体系，确保河流等水域基本生态用水指标的落实。

水功能和水生态的修复与重建工程。针对建设项目取水和退水对水功能和水生态的影响，提出恢复项目影响水域水功能和水生态的修复与重建工程建议，主要包括水能利用、水资源保护、纳污能力优化和水生态修复的措施方案。

针对开采地下水可能产生的水位下降、地质影响、地表生态变化和对其他第三者水资源利用权益的影响，制定可进一步减缓或消除影响的措施方案。

对于灌区节水改造及水权转换工程对地下水和生态可能产生的影响，也应提出必要的保护和修复措施。

② 非工程措施。建立健全建设项目水务管理体制，以节水和优化用水为目的，提出建立项目水务管理体制的建议意见。

提出取水和退水方案的监督管理要求。制定项目业主应遵循的取水和退水管理计划，提出水行政主管部门对项目取水和退水设施的监督管理计划与建议。

提出项目退水控制的管理方案建议。针对取水项目的取水和退水影响情况，根据建设项目取水和退水影响的可承受程度，确定建设项目为减少控制退水影响而应制定的管理方案建议。涉及工程调度可能产生的影响问题，应结合引水和水量调度工程的建设及运用影响情况，优化工程调度运行方案。

制定必要的水质监控计划。根据水功能区和入河排污口监督管理的有关规定，对有风险影响的建设项目，应制定专项的取水和退水监控计划，并列出相应的投资费用。

提出保护地下水的措施。针对地下取水可能产生的地下水位降低、地质灾害影响和地下水污染问题，制定相应的预防和控制监控计划。

（8）影响的补偿。建设项目在采取必要的措施后，取水和退水仍对其他第三者构成影响和损害时，应定量估算造成的损失，并提出补偿方案建议。建设项目补偿方案的制定应建立在取水和退水影响论证工作基础之上。

建设项目取水、退水对第三者用水权益与公共利益影响的主要形式包括：由于地下水位下降、河势变化等取不到水或影响取水量；因水质变差，需要另找用水水源；需要加大取水预处理费用，增加成本；影响身体健康；造成产品质量下降；影响渔业、养殖业等；影响景观娱乐等。

① 补偿的目的与意义。建设项目取水、用水和退水必然带来周边地区水资源供需关系和条件的变化，建设项目应据此采取相应的预防补救与补偿措施。制定建设项目的补偿方案，有利于贯彻和坚持科学发展观的精神，实现水资源的可持续利用和入口、资源与环境的协调发展。新建和扩建、改建项目水资源需求论证应以“维护良好生态系统，以水资源的可持续利用，支持经济社会的可持续发展”为指导思想，通过水资源优化配置和利用利益的调整，协调好生活、生产和生态用水。

建设项目影响的补偿应以水资源可持续利用为主线，高效利用为基础，依法规范各用水目标间的水资源供需关系，制定合理可行的项目补救措施和经济补偿方案。

② 补偿的主要任务与目标。《建设项目水资源论证管理办法》明确规定，建设项目水资源论证报告书应包括“对其他用水户权益的影响分析”的内容，具体要求应反映周边地区及有关单位对建设项目取水和退水的意见，制定影响其他用水户权益的补救和补偿方案。这也是实行水资源统一管理、优化配置、综合调度和确保供水安全的一项重要举措。通过发放取水许可证，明晰取水权，统筹兼顾上下游、左右岸和地区间、部门间的用水需求，保证区域（流域）水资源的供求平衡，保护各用水产的合法权益，是充分发挥水资源综合效益的重要举措。

11.3 建设项目水资源论证举例

下面讲解安徽省淮北市第二发电厂二期扩建项目2×600MW工程水资源论证报告。

11.3.1 论证报告的主要内容

1 总论
1.1 论证目的
1.2 编制依据
1.2.1 法律法规
1.2.2 标准及规范
1.2.3 参考资料
1.3 厂址情况
1.4 取水水源与取水地点
1.5 论证水源与水平年
1.5.1 论证范围
1.5.2 水平年
1.6 委托单位与承担单位
2 建设项目概况
2.1 概述
2.2 项目名称与性质
2.3 建设项目土地利用情况
2.4 建设规模，投资及分期实施意见
2.5 主要配套工程
2.6 主要产品

2.7 建设项目取用水要求
2.8 建设项目废水排放
2.8.1 污废水排放
2.8.2 排污口设置
3 区域水资源及开发利用现状
3.1 论证区域
3.2 区域概况
3.2.1 淮北市概况
3.2.2 萧县概况
3.2.3 论证区域概况
3.2.4 区域地质情况
3.2.5 淮水北调工程概况
3.3 区域水资源条件
3.3.1 选用水文资料
3.3.2 降水量
3.3.3 蒸发量
3.3.4 区域地表水资源量
3.3.5 论证区域出入境水量
3.3.6 论证区域地下水资源量
3.4 淮水北调工程的水资源概况
3.4.1 淮河干流过境水量
3.4.2 淮水北调区间水量
3.5 地表水水环境现状分析
3.5.1 水质现状评价方法、标准及资料来源
3.5.2 污染源
3.5.3 水环境评价现状
3.6 区域地下水水环境现状评价
3.7 区域水资源开发利用现状分析
3.7.1 水利工程现状分析
3.7.2 用水现状分析
3.7.3 水资源开发利用存在的问题
3.7.4 区域水资源开发利用现状评价结论
4 建设项目取水水源论证
4.1 论证原则
4.2 论证范围

4.2.1 地表水论证范围
4.2.2 地下水论证范围
4.3 设计水平年与保证率
4.3.1 设计水平年
4.3.2 保证率要求
4.4 论证区域主要河流及水利工程概况
4.4.1 萧濉新河黄桥闸上水利工程
4.4.2 淮水北调水利工程
4.5 水源条件分析
4.5.1 萧濉新河黄桥闸上地表水水源
4.5.2 淮水北调水源
4.5.3 青谷、时村、穆浅孜地下水水源
4.5.4 中水
4.6 水资源论证
4.6.1 资料选用
4.6.2 论证区域区间产水量计算
4.6.3 论证区域来水量调节计算
4.6.4 河槽损失量
4.6.5 论证区域需水量计算
4.6.6 典型枯水年的确定
4.6.7 论证区域水资源供需分析
4.6.8 调节计算成果分析
4.6.9 规划水平年其他不同用水需求供水保证率分析
4.7 淮水北调水资源论证
4.7.1 淮水北调工程调水水源分析
4.7.2 沱河四铺闸上供水能力分析
4.7.3 侯王沟过水能力分析
4.8 地下水资源论证
4.8.1 水源选择
4.8.2 水文地质条件
4.8.3 地下水资源分布及特点
4.8.4 深层地下水可开采量
4.8.5 开发建议
4.9 建设项目用水水质分析
4.9.1 取用水水质现状

4.9.2 电厂水质要求
4.9.3 取用水预处理
4.10 取水口设置合理性分析
4.10.1 取水口河段地层岩性概况
4.10.2 河道及冲淤特性
4.10.3 取水口位置合理性
5 建设项目取水水源论证
5.1 水源论证方案
5.2 地表取水水源论证
5.2.1 依据的资料与方法
5.2.2 来水量分析
5.2.3 用水量分析
5.2.4 可供水量计算
5.2.5 水资源质量评价
5.2.6 取水口位置合理性分析
5.2.7 取水可靠性与可行性分析
5.3 地下取水水源论证
5.3.1 地质、水文地质条件分析
5.3.2 地下水资源量分析
5.3.3 地下水可开采量计算
5.3.4 开采后的地下水水位预测
5.3.5 地下水水质分析
5.3.6 取水可靠性与可行性分析
附：论证范围内水文地质图、地下水水位等值线田、地下水动态变化曲线等图件
6 取水的影响分析
6.1 对区域水资源的影响
6.2 对其他用户的影响
6.3 结论（综合评价）
7 退水的影响分析
7.1 退水系统及组成
7.2 退水总量，主要污染物排放浓度和排放规律
7.3 退水处理方案和达标情况
7.4 退水对水功能区（使用功能、水环境和生态）和第三者的影响
7.5 入河排污口（退水口）设置的合理性分析
附：建设项目退水系统组成和入河排污口（退水口）位置图

8 水资源保护措施

8.1 工程措施

8.2 非工程措施

9 建设项目水资源论证影响补偿建议

9.1 补偿原则

9.2 补偿方案（措施）建议

9.3 受影响方意见

10 建设项目水资源论证结论

10.1 取用水的合理性

10.2 取水水源的可靠性与可行性

10.3 取退水的影响及补偿

10.4 入河排污口（退水口）设置合理性

10.5 取水方案及允许取水量

10.6 建议

11.3.2 论证报告部分内容节选

1 总论

淮北二厂二期 2×600MW 机组属扩建工程，建设周期短，投产快、投资省，可以在最短的时间里为缓解华东电网的用电紧张局面发挥作用。受淮北国安电力有限公司委托，安徽省水文局承担《淮北第二发电厂二期扩建项目 2×600MW 工程水资源论证报告书》的编制（以下简称论证报告）。

根据中华人民共和国水利部和国家发展计划委员会 2002 年联合颁布的 15 号令《建设项目水资源论证管理办法》及其附件《建设项目水资源论证报告书编制基本技术要求》的条款内容，安徽省水文局于 2004 年 8 月 21～25 日组织有关技术人员，对淮北第二发电厂二期扩建工程主要水源地取水口位置、取水路径以及退水口和退水路径进行了实地查勘，收集了该项目有关技术报告和论证区域水资源及其开发利用现状评价等成果，并应用历史水文水资源、水环境等资料，本着合理开发、优化配置、高效利用、有效保护水资源的原则，分析论证该建设项目取水水源的可靠性、取水保证程度及其对区域水资源和水环境的影响，为水行政主管部门审批取水许可提供科学依据。

1.1 论证目的

淮北第二发电厂二期扩建项目是适应华东地区电力市场的需求，充分发挥淮北煤炭资源优势，优化煤炭生产与利用的布局，加快区域经济发展的重要举措。水资源是否满足电厂用水需求是电厂建设必备条件之一。电厂水资源论证旨在深入研究该项目用水的可行性和合理性，论证取水水源的可靠性，分析项目取水对区域水资源功能及其他用水户可能产生的影响，以水资源的优化配置和可持续利用支撑区域经济社会的可持续发展。

淮北第二发电厂二期扩建规模 2×600mw，设计取水流量为 0.78m^3/s。本项目属扩建项目，用水需求较大，根据《建设项目水资源论证管理办法》，需要编制建设项目水资源论证报告书。

1.2 编制依据

1.2.1 法律法规

（1）《中华人民共和国水法》，2002

（2）《中华人民共和国水污染防治法》，1996

（3）《中华人民共和国环境保护法》

（4）《中华人民共和国河道管理条例》，1988

（5）《淮河流域水污染防治暂行条例》，1998

（6）《取水许可制度实施办法》，国务院 119 号令，1993

（7）《建设项目水资源论证管理办法》，水利部、国家计委第 15 号令，2002

（8）《建设项目水资源论证法规及有关文件汇编》，水利部水资源司，2003

（9）《安徽省取水许可申请暂行规定》

1.2.2 标准及规范

（1）《水资源评价导则》，SL/T 238－1999

（2）《生活饮用水源水质标准》，CJ3020－93

（3）《地表水环境质量标准》，GB3838－2002

（4）《地下水环境质量标准》，GB/T14848－93

（5）《火力发电厂节水导则》（DL/T783－2001）

（6）《农田灌溉水质标准》，GB5084－92

（7）《废水综合排放标准》，GB8978－1996

（8）《中华人民共和国水污染防治法实施细则》，2000

（9）《建设项目水资源论证技术标准汇编》，水利部水资源司，2003 年;

（10）《关于做好建设项目水资源论证工作的通知》，水利部水资保[2002]145 号。

1.2.3 参考资料

（1）《建设项目水资源论证培训教材（试用）》，水利部水资源司，2003

（2）《安徽省水功能区划报告》，安徽省水利厅、安徽省环境保护局，2003

（3）《安徽省水资源开发利用现状分析》，安徽省水利厅，1998

（4）《淮河流域（含山东沿海诸河）水资源评价》，水电部治淮委员会，1986

（5）《淮河片水中长期供求计划报告》，水利部淮河水利委员会，1996

（6）《淮河流域片水资源保护规划报告》，淮河流域水资源保护局，2002

（7）《淮北市统计年鉴》，2001

（8）《淮北市水利志》

（9）《淮北市城市供水水资源规划》，淮北市水利局，2001
（10）《中国城市节水2010年技术进步发展规划》候捷主编，文汇出版社出版，1999
（12）《开展节水型社会建设试点工作指导意见》，水利部，2002
（13）《安徽省淮北地区地下水水资源开发利用规划》，安徽省淮委水利科学研究院、安徽省水利厅水政水资源处，1999
（14）《安徽省淮水北调工程初步规划报告》，安徽省水利学会，2004
（15）《安徽省淮北平山电厂4×600mw建设项目水资源论证报告》，安徽省水文局，2003
（16）甲方提供的有关资料。

报告采用高程系统如无特别说明为黄海基面。

…… 略。

10 水资源论证结论

10.1 建设项目取水的合理性

淮北市二电厂二期工程建设，是充分发挥我省煤炭资源优势，优化电力生产与利用的布局，合理开发利用水资源，加快区域经济和社会发展的重要工程，符合流域和区域水资源可持续发展战略。

该项目采用循环供水系统，并采用有效的节水措施，水的重复利用率高。项目设计单位装机耗水率（装机单耗率）为0.65$m^3/s\cdot gw$，符合《火力发电厂设计技术规程》（DL5000－2000）中“单位容量300 MW及以上的发电厂，每1 000MW机组容量的设计耗水指标不超过0.8m^3/s的规定。

10.2 建设项目取水水源可靠性

建设项目取水口设在萧濉新河黄桥闸上河段，项目以黄桥闸上蓄水和淮北市污水处理后的中水为主要水源，淮水北调水为补充水源。根据萧濉新河黄桥闸、沱河四铺闸及淮水北调水源地的水资源分析，规划水平年97%保证率条件下，电厂用水基本上能够保证。虽然从黄桥闸上的取水对其他用水户产生一定的影响，但通过补偿措施可以很好的解决。

因此，淮北市二电厂二期工程建设项目水源是可靠的，水质也能基本满足工程项目用水要求。

10.3 建设项目取水口合理

建设项目取水口设于萧濉新河黄桥闸上游0.5～1 km处左岸河段，萧濉新河属平原性河流，河底平缓，平均坡降1/15 000～1/20 000，河岸为防洪堤。根据黄桥闸上的大断面资料分析，闸上河段自1986年疏浚后，近 20年河道断面基本保持稳定，河底、河岸冲淤变化甚微。

因此建议本建设项目取水口设置的高程拟选在26.8m～27.3m之间，以保证当黄桥闸上出现死水位时，取水口头部还有0.5～1.0m水深，满足电厂稳定取水。

取水口河段水深条件、深槽宽度、岸滩稳定性和抗冲刷能力等诸方面都能满足建设项目取水要求，拟定的取水口位置基本合理。

10.4 建设项目的退水

依据淮北二电厂二期工程的用水工艺流程，本工程实施废污水的零排放，对区域水环境基本无影响。但灰场冲灰水有可能会对当地地下水产生一定影响；另外，当电厂系统出现异常情况时，所产生的废水经过处理后可能仍需要零星向外排放。因此，建议：

1、业主方加强灰水渗漏和当地地表水、地下水的水质检测，做好灰场的防渗处理，消除对水环境的不利影响。

2、设立污水回收池。在事故情况下，将经过处理后的污废水引入污水回收池，待进一步处理后再进行重复利用，不对外进行排放。

3、设置备用退水口。业主应抓紧对备用退水口的设置和退水对水环境的影响进行论证分析，废污水必须按《污水综合排放标准》规定的标准达标排放，退水口设置须征得有管辖权的水行政主管部门同意。

10.5 建设项目取水量方案

根据取水水源的论证，淮北市二电厂二期工程建设项目取水口设计取水流量为 0.78m^3/s，年取水总量为 1 544 万 m^3（5 500 小时计）。其中萧濉新河黄桥闸上设计年取水量 1 086 万 m^3。具体供水方案为：

当地地表水量　　612 万 m^3（97%保证率）；
中水量　　458 万 m^3；
外调水量　　474 万 m^3（97%保证率）。

11.4　习题与思考题

1．简述建设项目水资源论证的重要意义。
2．建设项目水资源论证制度主要法律依据有哪些？
3．简述水资源论证制度的主要内容。
4．水资源论证工作的具体步骤有哪些？

第 12 章　水资源管理概述

12.1　水资源管理的重要性

水资源是基础性的自然资源，是生态环境的控制性因素之一；同时，又是战略性经济资源，是一个国家综合国力的有机组成部分。展望未来，水资源正日益影响全球的环境和发展，甚至可能导致国家间冲突。管理好水资源是 21 世纪全球共同关注的重要议题。

12.1.1　水资源管理的重要性

（1）水的资源观念。水资源对一个国家和地区的生存和发展，有着极为重要的作用。“加强世界环境与发展大会”提出：“水资源是基础性的自然资源，是生态环境的控制性因素之一；同时，又是战略性经济资源，是一个国家综合国力的有机组成部分”。加强对水资源的管理，首先应提高以下几个层面的认识。

① 水与地下的矿藏和地上的森林一样，同属国家有限的宝贵资源。

② 水资源是可以再生的，但从我国幅员和人口来看，我国是水资源短缺的国家，年人均占有量只有 2 200m3，仅是世界年人均水资源占有量的 1/4，我国华北、西北地区严重缺水，人均占有量仅为世界人均水资源占有量的 1/10 和 1/20。

过去常说“水是农业的命脉”，随着现代国民经济发展的实践，人们逐渐认识到“水是整个国民经济的命脉”。对这样有限的宝贵资源，我们必须加强管理和精心保护。

（2）水的系统观念。水资源整个系统应包括天然降水形成的地表水和入渗所形成的地下水，天然河流、湖泊和人工水库所流动和蓄存的水，是人类可以调节利用的水量，以供给农业、工业和居民生活使用。工业、居民生活排放的废水、污水含有有害物质，应严格控制流入供水水域；应严格控制超量开采地下水，不应以短期行为或用以邻为壑的办法取水、排水，而必须从水的系统观念来保证水量和水质。

（3）水的经济观念。由于社会和经济的不断发展，对水的需求量不断增加，用传统的简单方法从天然状况取水已不可能。采用现代的工程措施修建水库、引水渠道以及抽水站、自来水厂等，都需投入大量的人力劳动和物化劳动，这样使水就具有了商品属性。取水用水就要交纳水资源费和水费，管理水的部门就要讲求经济效益。建国 50 余年来，我国水利建设的社会效益与经济效益是巨大的，但长期以来无偿或低价供水，特别是农业供水，水的价格与价值长期背离，水利工程管理单位的水费收入不能维持其运行维修和更新改造，导致工程效益衰减，缺乏必要的资金来源，导致工程老化失修，以致不能抗御意外灾害。

（4）水的法制观念。为合理开发利用和有效保护水资源，兴修水利，防治水害，以充分发挥水资源的综合效益，适应国民经济发展和人民生活需要，必须制定水的法律和各种规章制度，由政府颁布并严格执行，才能达到上述各种目的。

12.1.2　水资源面临的诸多问题，要求加强水资源管理

1. “水多、水少、水脏”的问题，迫切需要加强管理、合理配置水资源

20 世纪 80 年代以来，几乎年年可见黄河河床干裂，多的每年近 1/3～2/3 的时间已成了一条干枯的巨龙。干旱缺水，威胁着黄河中下游在大片的土地，激起了中华民族的水危机意识。全国 600 多座城市，半数缺水，严重缺水的有 100 多座。北京市地下蓄水层，在过去的 43 年中下降了 45m，出现了 2 100 km^2 的漏斗区。因缺水造成的经济损失约占全国 GDP 的 1.8%。

在大江大河的下游地区，人口密集、城市密集、财富密集，全国约 1/2 的人口、1/3 的耕地，创造出 70%的工农业产值的企业，都处在洪水水位以下几米、甚至几十米。几大江河多数只能防御 10～20 年一遇的洪水。中国每年因洪水灾害造成的经济损失约占全国 GDP 的 1%。

触目惊心的水体污染，使有限的水资源变得更加短缺。在过去 20 年中，淮河及其支流曾发生大小百余起污染事故，上游一半支流的河水，几乎完全失去利用价值。目前，全国日排污水超亿吨，其中 80%以上未经任何处理。

2. 水的消费观念落后和浪费现象严重，需要加强管理

传统观念认为水与阳光、空气一样是“取之不尽、用之不竭”的自然资源。我国用水总量与美国相当，但国民生产总值仅为美国的 1/8，全国农业灌溉水的利用系数约为 0.45，发达国家为 0.7～0.8；工业用水效率低，万元产值用水约为 140m^3，是发达国家的 5～10 倍；重复利用率仅 20%～40%，发达国家为 75%～80%；农业用水方式落后，习惯大水漫灌，经济结构调整缓慢，每立方米水产粮食约为 1kg，城市人口节约用水的意识不强，设备不配套，自来水管网的浪费损失大约在 20%以上。

3. 水的使用背离价值规律

水价严重偏离价值。水的自然属性容易理解，而水的商品属性往往不被理解，商品水—水资源经过人类的开发利用，即水利工程的拦蓄、调节和提引而提供的水，它改变了水的时空分布，变成了具有使用价值和交换价值的商品水。实际水价往往低于成本，导致出

现1吨黄河水的水价买不来一瓶矿泉水。

4. 水资源分管的弊端

（1）不利于江河防洪的统一规划、统一调度、统一指挥。按照水资源的自身规律，改革水资源管理体制，在贯彻实施《水法》时，首先暴露出的矛盾就是推行水资源统一管理十分艰难，影响了水资源的合理配置和高效利用。由于分割管理造成防汛时上下游、左右岸各保一方，各自为政，只保局部，不顾整体，造成了全局的被动。

（2）不利于水资源统一调度，统筹解决缺水问题。一些地区在枯水期争相抢水，上游地区常常大量引水，造成下游地区无水可用，甚至使得江河断流。

（3）不利于地表水、地下水统一调蓄，加剧了地下水的过量开发。由于分割管理，城区供水往往优先开采地下水，无法调配地表水来补充，造成地下水位急剧下降，漏斗面积不断扩大。有的地下水超采严重，造成水源枯竭、地面沉降、海水入侵等一系列生态环境问题。

（4）不利于解决城市缺水问题。城市是用水高度集中的地区，城区地下水不可能满足城市用水的需求。目前城市水资源规划、农村灌溉和供水、城市水源建设由水利部门负责；供水规划由城市规划部门负责；供水设施建设由城建部门负责；供水企业由城管部门管理。多个部门管水，规划难协调，工程布局和资源配置难以合理，水源工程和供水设施建设难同步，水源调度和供水调度难统一，严重地影响了城市水问题的解决，影响了城市经济社会的发展。

（5）不利于水资源综合效益发挥。各部门在开发利用水资源时往往只追求自身效益，忽视综合效益，重发电轻防洪，重经济效益轻环境效益。

（6）不利于统筹解决水污染问题。由于水的流动性，目前我国跨地界的水污染问题日益突出，水污染的防治必须上下游统一行动、统一治理，才能取得成效。同时，水资源的水量和水质是不可分割的，而居民生活、生产经营和生态环境等水资源的各种使用对水质要求是不同的。因此，要保证水资源综合利用，必须既保证必需的水量，也要满足水质功能的要求。

12.2 水资源管理体制

12.2.1 水资源管理体制

长期以来我国水资源管理呈现“多龙治水”的局面，致使水资源开发和利用各行其是。客观上，大气降水、地表水、地下水、土壤水以及废水、污水都不是孤立的，而是一个有机联系的、统一而相互转化的整体。简单地以水体存在的方式或利用途径人为地分权管理，必然使水资源的评价计算难以准确，开发利用难以合理。

对水资源进行科学合理的管理，应从资源系统的观点出发，对水资源的合理开发与利用、规划布局与调配，以及在水源保护等方面，建立统一的、系统的、综合的管理体制，按照《水法》和有关规定，由水行政主管部门实施管理，主要应体现在以下几个方面。

（1）规划管理。对于大江大河的综合规划，应以流域为单位进行，应与国民经济发展目标相适应，并充分考虑国民经济各部门和各地区发展需求，进行综合平衡，统筹安排。根据国民经济发展规划和水资源可供水能力，安排国家和地区的经济和社会的发展布局。

水资源综合规划，应是江河流域宏观控制管理和合理开发利用的基础，经国家批准后具有法律约束力。

（2）开发管理。开发管理是实现流域综合规划对水资源进行合理开发和宏观控制的重要手段，也是水行政部门对国家水资源行使管理和监督权的具体体现。各部门，各地区的水资源开发工程，都必须与流域的综合规划相协调。

以前兴建水利工程开发资源，只需按照基建程序进行，不需办理用水许可申请。现在我国《水法》规定，凡需开发利用新水源修建工程的部门，都必须向水行政主管部门申请取水许可证，发证后方可开发。实行取水许可证制度，限制批准用水量，并必须根据许可证规定的方式和范围用水，否则吊销其用水权。这种制度是世界上许多发达国家的通行作法。这一制度在我国刚开始实行，有待今后在实践中积累经验。

（3）用水管理。在我国水资源日益紧缺情况下，实行计划用水和节约用水是缓解水资源危机的重要对策。水行政主管部门应对社会用水进行监督管理，各地区管水部门应制订水的中长期供求计划，优化分配各部门用水。为达到此目的，应制订各地区宏观用水定额和微观用水定额，限额计划供水；还应制订特殊干旱年份用水压缩政策和分配原则；提倡和鼓励节约用水，制订节水政策，推广节水新技术、新工艺、新材料，倡导建设节水型社会。对于使用水工程如水库供应的水，应按规定向供水单位缴纳水费；对直接从江河和湖泊取水和在城市中开采地下水的，应收取水资源费。这是运用经济手段保护水资源和保证供水工程运行维修，促进合理用水和节约用水行之有效的办法。

（4）水环境管理。人类对稀缺而不可替代的水资源应精心保护，避免滥排污水造成水质污染，因为水源污染不仅使可用水量减少，而且危害人类赖以生存的生态环境。为了解决保护水资源的问题，许多国家都成立了国家一级的专门机构，把水资源合理开发利用和解决水质污染问题有机地结合起来，大力开展水质监测、水质调查与评价、水质管理、规划和预报等工作。为了进行水环境管理工作，应制定江河、湖泊、水库不同水体功能的排污标准。排放污水的单位应经水行政主管部门批准后，才能向环保部门申请排污许可证，超过标准者处以经济罚款。水行政主管部门与环境保护部门应共同制定出水源保护区规划。

世界各国水资源管理体制主要有：① 以国家和地方两级行政机构为基础的管理体制；② 独立性较强的流域（区域）管理体制；③ 其他的或介于上述两种之间的管理体制。对于水的主管机关，有的国家设立了国家级水资源委员会，其性质有的是权力机构，有的是协调机构，也有的国家如日本，没有设立这种统一机构，分别由几个部门协调管理水资源工作。

我国国务院设有全国水资源与水土保护领导小组，其日常办事机构设在水利部，负责领导全国水资源工作。根据我国《水法》规定，国务院的水行政主管部门是水利部，负责全国水资源的统一管理工作，其主要任务为：① 负责水资源统一管理与保护等有关工作；② 负责实施取水许可制度；③ 促进水资源的多目标开发和综合利用；④ 协调部门之间和省、自治区、直辖市之间的水资源工作和水事矛盾；⑤ 会同有关部门制订跨省水分配方案和水的长期供求计划；⑥ 加强节水的监督管理和合理利用水资源等。

我国目前对水资源实施统一管理与分级、分部门管理相结合的制度，除中央统一管理水资源的部门以外，各省、自治区、直辖市也建立了水资源办公室。许多省的市、县也建立了水资源办公室或水资源局，开展了水资源管理工作。与此同时，在全国七大江河流域委员会中建立健全了水资源管理机构，积极推进流域管理与区域管理相结合的制度。

12.2.2 强化水资源的统一管理

1. 水资源的统一管理体制

2002 年修改的《中华人民共和国水法》（以下简称《水法》）对我国水资源的管理体制作出了以下几方面规定。

（1）实行流域管理与行政区域管理相结合的管理体制。

国务院水行政主管部门负责全国水资源的统一管理和监督工作。国务院水行政主管部门在国家确定的重要江河、湖泊设立的流域管理机构，在所管辖的范围内行使法律、行政法规规定的和国务院水行政主管部门授予的水资源管理和监督职责。县级以上地方人民政府水行政主管部门按照规定的权限，负责本行政区域内水资源的统一管理和监督工作。

（2）国务院和地方政府对水资源的管理权。

有关部门按照职责分工，负责水资源开发、利用、节约和保护的有关工作。县级以上地方人民政府有关部门按照职责分工，负责本行政区域内水资源开发、利用、节约和保护的有关工作。上述规定是在总结我国《水法》实施经验的基础上归纳出来的，是适应我国目前水资源管理实际的情况。

2. 水务管理体制

水务管理，即涉水事务的统一管理。我国近些年在积极探索涉水事务管理体制和城市水务体制改革方面取得了一定的进展。城市是用水和排污高度集中、洪灾损失严重的地区，水问题最为突出。长期以来，城市的水源、供水、用水、排水、污水处理、废水回用、防洪等水事活动按条块分割管理，权力分散，职责交叉，管水质的不管供水，管供水的不管节水和排水，管排水的不管治污和污水回用。这种分割的管理体制造成了取用水的无序和混乱，进一步加剧了城市水资源供需矛盾，是造成城市水问题日益严重的重要因素之一。

20世纪90年代以来，深圳、上海等一些城市率先打破条块分割界限，建立了城市水务局，对城乡防洪、排涝、供水、用水、节水、污水处理及回用等涉水事务实行统一管理。这一水管理体制的改革受到各级政府的重视，发展很快，到2003年，全国成立水务局或实施水务管理的市、县共804个。虽然2002年修订水法时未对此作出规定，但实践证明，水务管理体制代表了水管理体制改革的发展方向。

3. 水资源管理权的法律规定

2002年《水法》从水资源的自身特性和我国的政治体制出发，按照资源管理与开发利用管理分开的原则，建立流域管理与区域管理相结合、统一管理与分级管理相结合的水资源管理体制。《水法》对水资源管理体制主要作了以下规定。

（1）国家水资源管理权的规定。

水资源所有权是水资源管理工作的重要组成部分，国家对水资源拥有所有权是一种世界趋势。《水法》第三条规定："水资源属于国家所有。水资源的所有权由国务院代表国家行使。"这一规定明确了统一管理水资源的机构是国务院水行政主管部门。为了进一步完善对水资源的统一管理，《水法》第十二条第一款和第二款又规定："国家对水资源实行流域管理与行政区域管理相结合的管理体制。""国务院水行政主管部门负责全国水资源的统一管理和监督工作。"《水法》第十三条规定："国务院有关部门按照职责分工，负责水资源开发、利用、节约和保护的有关工作。"

国务院水行政主管部门负责全国水资源的统一管理和监督工作，即在全国范围内，水利部作为国务院的水行政主管部门，是全国水资源的统一管理机构，也就是国家统一用水管理机构。

国务院水行政主管部门在国家确定的重要江河、湖泊设立的流域管理机构，在所管辖的范围内行使法律、行政法规规定的和国务院水行政主管部门授予的水资源管理和监督职责。七大江河湖泊的流域机构依照法律、行政法规的规定和水利部的授权在所管辖的范围内对水资源进行管理和监督。

（2）地方水资源管理权的规定。

《水法》第十二条第三款规定："县级以上地方人民政府水行政主管部门按照规定的权限，负责本行政区域内水资源的统一管理和监督工作。"地方水资源的管理和监督工作按照职责分工由县级以上各级地方人民政府的水利厅（局）负责。

《水法》第十二条第四款规定："县级以上地方人民政府水行政主管部门和其他有关部门，按照同级人民政府规定的职责分工，负责有关的水资源管理工作。"第十三条第二款规定："县级以上地方人民政府有关部门按照职责分工，负责本行政区域内水资源开发、利用、节约和保护的有关工作。"在地方，除依照法律规定按职责分工由其他部门承担一部分用水管理工作外，一般情况下，各级政府的水利厅（局）是地方的用水管理机构，依法单独行使或者会同其他有关部门行使用水管理权。

4. 黄河水资源统一管理的实践

1988 年《水法》实施以来，我国流域水资源统一管理、统一调度取得了突出的进展。1999 年，经过有关部门的通力合作，成功地实施了黄河流域调水，黑河、塔里木河向下游输水和引黄济津应急调水，取得了流域统一管理和水资源科学调度、优化配置的初步胜利。1999 年，水利部黄河水利委员会（以下简称黄委）开始对黄河水资源实行统一调度，在基本保证沿黄省（区）城乡和工农业用水的情况下，黄河仅断流 8 天，而来水相近的 1996 年，同期断流时间为 106 天。2000 年，黄委进一步加强黄河水资源的统一调度，在北方大部分地区出现持续干旱的情况下，黄河没有断流。为了保护和恢复塔里木河下游生态，自 2001 年以来已多次通过博斯腾湖向下游输水，取得了明显的成效。

12.2.3 水资源的流域管理

1. 流域管理的概念

流域管理，就是遵循水的自然规律，将流域视为封闭、稳定的水的自然管理区，在国家利益的基础上以流域的整体利益为目标，在流域内统一开发、利用、保护和管理水、水域和水工程，并统一防治水害。

水作为自然资源有一种不可忽视的流动特性，这一特性增加了水在管理上的难度。首先，水的流动特性及其利害双重性，使得用水活动把社会上广泛的利害关系紧密联系在一起，以致人类在开发、利用、节约、保护水资源的过程中所产生的社会关系远比因开发其他自然资源所产生的社会关系复杂得多。其次，水的流动特性使得因自然地理等自然因素形成的流域不能与由社会因素形成的行政区域相统一，国家对水难以按现存的行政区划进行管理。而将流域作为水的自然管辖区，对水进行管理被公认为是最符合客观规律的管理方式。

2. 流域机构

流域机构，是国家为了对水实行流域管理而设置的水管理机构。为了使用水管理与水资源的自然运动规律及用水活动客观要求相适应，许多国家都把按行政区划定的范围改为按流域范围作为基本管理单元，并设立相应的流域管理机构。我国已按七大流域设立了流域管理机构，如长江水利委员会、黄河水利委员会、海河水利委员会、淮河水利委员会，等等。

设置流域机构的目的是强化国家对水资源的管理，根据国家法律和流域的实际情况制定流域水事活动的法律规定，协调处理有关行政区及行业间因水事引起的矛盾，维护整个流域的水事秩序，兴利除害，促进整个流域的经济发展和团结协作。

1988年颁布的《水法》对流域管理和流域机构的法律地位缺乏规定，地方分割管理造成的弊端和实施统一管理解决黄河、塔里木河、黑河断流的成功经验，从正反两方面说明了加强流域管理是水资源实现可持续利用必不可少的环节，十分重要和紧迫。因此，明确流域机构在水资源管理中的地位，建立和完善流域管理的法律制度是2002年《水法》修改的一个重点。

由于兴修水利、防治水害在我国有特殊重要性，是一项重要的政府职能，我国各级地方政府在水资源管理中具有重要的职责和完整的管理体系，多年来在水资源开发、利用、节约和保护中发挥了重要的作用。而在许多国家，江河水资源主要由流域机构管理，地方政府没有设立专门的机构。所以，2002年《水法》第十二条第三款根据我国的实际，规定水资源实行流域管理与行政区域管理相结合的管理体制。规定流域管理机构“在所管辖范围内行使法律、行政法规规定的和国务院水行政主管部门授予的水资源管理和监督职责”。

3. 流域机构在水资源管理和监督方面主要职责

《水法》授权流域管理机构在水资源管理和监督方面主要职责有以下几个方面。

（1）负责《水法》等有关法律法规的实施和监督检查，拟订流域性水利政策法规，负责职权范围的水行政执法和查处水事违法案件，负责调处省际间水事纠纷。

（2）组织编制流域综合规划及有关的专业的专项规划并负责监督实施。

（3）统一管理流域水资源。负责组织流域水资源调查评价；组织拟订流域内省际水量分配方案和年度调度计划以及旱情紧急情况下水量调度预案，实施水量统一调度。组织指导流域内有关重大建设项目的水资源论证工作；在授权范围内组织实施取水许可制度，组织指导流域的水管工作，发布流域水资源公报。

（4）组织流域水功能区域，审定水域纳污能力，提出限制排污总量的意见，负责对省界和重要水域的水质水量监测。

（5）组织指导流域内江河、湖泊水域和岸线的开发、利用、管理和保护。

流域管理与行政区域管理相结合总的原则是按照2002年《水法》及其他水法律、法规的规定和国务院水行政主管部门的授权各负其责、相互配合、相互支持，共同把流域的水资源管好。流域机构重点抓好流域内带全局性、涉及省际间以及地方难以办到的事，并为流域内各省、自治区、直辖市做好服务。但是，具体操作还需要进行不断的探索。要统一认识，提高全社会对流域管理重要性的认识，支持流域管理；要继续完善流域管理法律、法规，建立、完善流域管理制度，使其具体化和可操作化；要积极探索地方、部门共同参与的流域管理新机制，把流域管理提高到新水平。

4. 我国在流域管理中存在的问题

流域内水事矛盾增多，其原因是多方面的。其一，近些年由于地方自主权的增加，在从事水事活动时往往考虑对方利益较少，经常采取单方面行动，使许多矛盾尖锐化和复杂化；其二，地区之间因经济等各方面发展不平衡，财力强弱不一，对水利的重视程度也不同，在水事活动中多干与少干、先干与后干，都会产生和激化矛盾；其三，经济的发展，人口的增多，生活的改善等对水的需求也大为增加，发展带来的水污染问题、有关水的开发建设不能统一等也常常产生水事矛盾。

5. 发展与完善流域管理

流域管理是一种行之有效的水管理方式，这在国内外的实践中均已得到肯定，因此要大力发展和积极完善流域管理。具体要从以下几个方面考虑。

（1）要加强和巩固流域水管理机构的法律地位，流域机构是国务院水行政主管部门中相对独立的水行政管理机构，在其流域范围内是一个具有行政管理职能的国务院水行政主管部门的组成部分。

（2）流域机构在流域内具有制定发布水行政管理规章的职权，其所发布的规章的效力应高于流域内有关地方政府制定发布的规章。流域机构可依据《水法》制定流域法规，经部审查并报国务院批准后执行。

（3）流域机构对流域内省际间发生的水事纠纷应具有调处权。

（4）流域机构对本流域内水资源的调查、评价、开发、利用、保护、水害防治和管理等应具有检查监督权，流域机构在其流域内要发挥统一调查评价、统一规划开发、统一防治水害、统一综合利用、统一综合管理的主导作用。

12.3 我国水资源开发利用的思路

12.3.1 水资源的数量

根据1979年以来的“水资源的综合评价和合理利用的研究”并反映为《中国水资源初步评价》和《中国水资源评价》等成果的资料，中国水资源总量为281 24亿m^3。在全世界近200个国家和地区中，中国的水资源总量排在第6位，居巴西、俄罗斯、加拿大、美国、印度尼西亚之后。

由于土壤的大量侵蚀，中国水流的含沙量一般较大。黄河在干流龙门附近，每立方米水中含沙量可达30kg以上，支流的一些地方，甚至高达300～500 kg。泥沙运动造成河道变迁、水库和湖泊的淤积，磨损水力机械和过水建筑物，也形成河口三角洲广阔的冲积平原。

中国河水的矿化度一般在100～1 000 mg/L之间，最高在黄河支流祖厉河，可达6 000mg/L，中国河水的pH值大致在6.5～8.5之间。

中国河流的水能资源十分丰富，据20世纪70年代末普查统计（未统计台湾地区水能资源），全国水能理论蕴藏量为6.76亿kw • h，相应年发电量为59 222亿kw • h，其中技术可开发的部分为 3.7853 亿 kW，相应年发电量为 19 233 亿 kw・h，均为世界各国之冠。其中，长江流域技术可开发电量占全国的 53.4%。据原能源部综合计划司 1988 年统计，中国已开发水能资源容量已占 8.6%，发电量占 5.7%。

中国的河流、湖泊、水库、近海等各种水域提供了巨大的水运能力。通航河流有 5 600 多条，1985 年总通航里程达 10.9 万 km（其中，全年通航的为 8.8 万 km），货运总量达 5.2 亿 t，货运周转量达 979.7 亿 t・km。中国海岸线曲折漫长，大陆岸线长 1.8 万 km，若包括沿海 6 500 多年岛屿，岸线共长 3.2 万 km，有大小港湾 100 多个，有总长度达 400 多 km 的深水岸段，大部分无泥沙淤积和封冻问题，具备建港条件。

中国是内陆水域最多的国家，其中淡水水域达 1 730 多万 hm^2，1988 年淡水水产品产量已占水产总量的 43%。中国的浅海滩涂共有 133 万多 hm^2，在围垦工程内的滩涂达 66 万多 hm^2，这里是发展水产养殖的优良场所。

水域及其所在的环境有独特的风貌，空气清新，气候湿润，山明水秀，风光宜人，是不可多得的资源，为休憩、旅游提供了宝贵的条件。

12.3.2　我国水资源面临的主要问题

（1）频繁的洪涝灾害威胁着经济社会的发展。受季风气候影响，我国是一个洪涝灾害严重的国家。1998 年长江流域发生大洪水以后，我国加大了对防洪的投入，目前七大江河的防洪设施质量有了较大的提高，防洪工程体系已具较大规模，防洪形势得到了一定程度上的改观，但是洪涝灾害对我国的威胁依然很大。1990 年以来，由于洪涝灾害所导致的损失全国年均在 1 100 亿元左右。洪涝灾害对我国的威胁主要表现在：一是大部分江河的防洪工程系统还没有达到规划标准，尤其是蓄滞洪区建设严重滞后，尚未形成完善的防洪减灾体系；二是河流众多，流域面积在 100km^2 以上的有 5 万多条，大量中小河流防洪标准低；三是已建成的水库中有 3 万多座为病险水库，防洪危险极大；四是局部性的山洪、泥石流、滑坡灾害点多面广，防御难度大，台风所造成的灾害难以防御。

（2）水资源紧缺已经成为经济社会发展的主要制约因素。在解决饮用水方面，新中国成立以来，全国已累计解决农村 2.82 亿人饮水的困难，4 亿多农村人口喝上自来水，城市自来水基本上已经普及。在粮食用水方面，我国的有效灌溉耕地面积达到 8.4 亿亩。在工业供水方面，我国工业用水从 1980 年的 417 亿 m^3 增加到目前的 1 200 m^3。我国水资源短缺的状况仍相当严重。目前我国约有 3 亿农村人口喝不上符合标准的饮用水。农田受旱面积年均达 3 亿亩，年均减产粮食 280 多亿 kg。工业和城市用水的紧张状况不断突出，已经成为一些城市发展的主要制约因素之一。

（3）水土流失、生态恶化的趋势没有得到有效遏制。目前我国水土流失面积 356 万 km^2，占国土面积的 37%，每年流失的土壤总量达 50 亿 T。严重的水土流失，不仅导致土地退化、生态恶化，而且造成河道、湖泊泥沙淤积，加剧了江河下游地区的洪涝灾害。牧区草原沙化严重，全国牧区 33.8 亿亩可利用草原中有 90%的牧区草地退化问题突出。地下水超采严重，大量湖泊萎缩，滩涂消失，天然湿地干涸，水源涵养能力和调节能力下降，水生态平衡呈加重趋势。

（4）水污染严重。我国工业和城镇生活污水的年排放总量从 1980 年的 239 亿 m^3 增加到 2003 年的 680 亿 m^3，大量未经处理的污水直接排入水体，江河湖海遭受严重污染。2003 年，据对 13.46 万 km 河流水质进行评价，五类或劣五类河长占 26.5%，与 2002 年相比有所增加。

12.3.3　解决我国水资源问题的主要思路

（1）给洪水以出路，这是解决我国洪涝灾害问题的要点。在处理人与洪水的关系上，我们有很多经验教训，最重要的一条就是要给洪水以出路。2003 年淮河流域发生大洪水，在抗洪救灾中，坚持以人为本、科学防控、提早部署、充分准备，利用各种先进的预测预报技术和手段，科学调度，充分发挥水利工程的作用；及时运用行蓄洪区和分洪河道，做到了“拦、分、蓄、滞、排”合理安排；严密防守、科学抢险，实现了对洪水的科学有效防控。尽管淮河洪水量级大于 1991 年，汛情重于 1991 年，但灾情、抗灾投入和灾害损失均小于 1991 年。

给洪水以出路，不仅体现在抗洪期间，而且要把它作为整个防洪工作的指导思想，在经济社会建设中予以高度重视。比如在城市规划中，不能侵占行洪河道，要注意给河道让出一定的宽度来，防止人为约束河道；在堤防建设上，要统一规划、因地制宜；在防汛工作中，要加强分蓄洪区建设，科学合理地运用分蓄洪区；在处理江湖关系、雨洪资源利用等一切工作中，都要按照给洪水以出路这个思路来展开。只有这样，才能真正落实天人和谐的理念。比如，在建设长江三峡水利枢纽工程的同时，从 1998 年开始，我国政府累计投资数百亿元开展了大规模的长江综合防洪体系建设。在重点加强堤防和控制性工程建设的同时，积极退田还湖（河）、退耕还林、疏浚还湖、移民建镇。经过努力，长江中下游数千公里干流堤防已基本达标，形成一道坚固的“水上长城”。退田还湖就近移民 242 万人，恢复水面 2 900km^2，增加蓄洪容积 130m^3。这是我国历史上第一次从围湖造地、人水争地转变为主动的大规模退田还湖，给洪水以出路。2002 年，长江流域中游及洞庭湖区发生较大洪水，江湖安然无恙，这是人与水和谐相处的重要成果。

（2）建设节水型社会，提高水资源的利用效率和效益，这是解决我国干旱缺水问题的要点。我国水资源短缺，水资源时空分布极不均衡。整个北方地区，尤其是西北地区干旱缺水十分严重。应对干旱缺水，有多种措施。按照常规做法，解决时间分布不均，主要靠修水库蓄水；解决空间不均，主要靠调水。

建调水工程，不能从根本上解决问题，建设节水型社会才是解决我国干旱缺水问题最根本、最有效的战略举措。

建设节水型社会，不是简单地用行政的办法去节水，而是建立以水权、水市场理论为基础的水资源管理体制，形成以经济手段为主的节水机制，从而使资源利用效率得到提高，可持续发展能力得到增强。近年来，甘肃张掖、四川绵阳等不少地区在建设节水型社会方面进行了探索。

（3）充分依靠大自然的自我修复能力，这是解决水土流失问题的要点。大自然生态是自我平衡的。人为对其干预，往往适得其反，造成破坏。如果人不去伤害它，给它提供休养生息的机会，大自然就会自我修复。生态治理中所采取的退耕还林、封山禁牧、禁柴等措施，就是创造条件，使大自然依靠自身的力量实现生态的自我修复。在解决水土的问题上，必须把充分依靠大自然的自我修复能力作为核心的指导思想。即使搞人工治理，其目的也是为了更好地发挥大自然的自我修复能力。淤地坝、牧区水利、小水电代燃料生态保护工程等，都是按照这个思路进行的。如在黄土高原地区开展以淤地坝建设为重点的水土流失综合防治，可以有效搞拦截泥沙、淤地种粮，为封育保护、生态修复工程的实施创条件；小水电代燃生态建设工程可解决农用能源问题，减少对森林、植被的砍伐，巩固退耕还林成果。

（4）发展绿色经济，严格排污权管理，这是解决水污染问题要点。在整个经济结构的布局和经济发展的过程中，国家在宏观管理上要强调发展绿色经济。只有发展绿色经济，才能从根本上解决我国的水污染问题。水环境承载能力集中体现在排污权的管理上。正如节水型社会是以水权、水市场理论为基础建立起一整套制度，排污权的管理也应以水权、水市场理论为基础，建立起宏观控制、微观定额两套指标，按照排污权的上市交易规则，采取一系列市场经济的做法，以此来提高水环境的承载能力。

12.4　水法与水行政

12.4.1　水法制体系

以《中华人民共和国水法》的颁布实施为标志，我国进入了依法治水的新阶段。先后出台了《水土保护法》、《水污染防治法》、《河道管理条例》和《防洪法》等一批水法规，建立了各级水政水资源机构，组建了水利执法队伍，开展了取水许可证管理，查处水事违法案件，调处水事纠纷，水事秩序明显好转。

水法制体系包括水行政立法、水行政执法、水行政司法和水行政保障等方面的内容。

12.4.2　水法规体系

法规体系在法理学上也称为立法体系，是指国家制定并以国家强制力保障实施的规范性文件系统，是法的外在形式所构成的整体。

水法规体系是水法制体系的主要内容之一。水法规体系包括全国人大、人大常委会颁布的水法律，国务院制定的水行政法规，地方性水法规、规章和部门规章。按其调整内容分为水资源开发利用和保护；水土保护；防汛、抗旱；工程管理与保护；水利经营管理；执法监督管理以及其他等八类。

12.4.3 有关水法律简介

《水法》于 1988 年 1 月 21 日第六届全国人民代表大会常务委员会二十四次会议通过，于 2002 年 8 月 29 日第九届全国人民代表大会常务委员会第二十九次会议进行修订，是我国第一部水的根本大法。

《水法》用法律形式来协调和规范水资源综合开发利用和保护、江河治理、防治水实等各项活动，是调整与水的各项社会经济活动和关系方面的基本法。《水法》为制定有关水的各种专项法律、法规提供了基本依据。

《水法》条例包括总则，水资源规划，水资源开发利用，水资源、水域和水工程的保护，水资源配置和节约使用，水事纠纷处理与执法监督检查，法律责任，附则等共 8 章 82 条。

《水法》的立法宗旨是：合理开发、利用、节约和保护水资源，防治水害，实现水资源的可持续利用，适应经济和社会发展的需要。

《水法》的指导原则是：开发、利用、节约、保护水资源和防治水害，应当全面规划、统筹兼顾、标本兼治、综合利用、讲求效益，发挥水资源的多种功能，协调好生活、生产经营、生态环境用水。

《水法》设施的法律制度和重要原则有：水权制度（水资源属于国家所有，即全民所有）；水资源管理制度；水资源科学和调查评价制度；水资源统一规划制度；水工程建设的审批和管理制度；计划用水、节约用水制度；制定水长期供求计划制度；取水许可制度；有偿用水制度（计收水费和征收水资源费），以及解决水事纠纷的原则和程序等。

12.4.4 《中华人民共和国水土保持法》

该法于 1991 年 6 月 29 日第七届全国人民代表大会常务委员会第二十次会议通过，并予公布施行。

《中华人民共和国水土保持法》包括总则、预防、治理、监督、法律责任、附则等共 6 章 42 条。其主要内容：第一，确定了“预防为主”的水土保持工作新方针；第二，明确了各级人民政府对水土保持工作的责任；第三，明确了各级人民政府要将水土保持规划确定的任务纳入国民经济和社会发展规划；第四，明确了水土流失的防治责任；第五，明确了水土保持工作要依靠科学技术和培养人才；第六，明确行政主管部门或者水土保持监督机构对水土保持方案的审批权；第七，规定了国家对农业集体经济组织和农民治理水土流失实行扶持政策；第八，规定了对水土流治理实行谁承包、谁治理、谁受益的原则；第九，规定了开发建设单位、个人对其造成的土流失承担防治责任；第十，明确了水土保持监督管理机构职能。

12.4.5　《中华人民共和国水土保持法实施条例》（以下简称《条例》）

1993年8月1日，国务院第120号令《中华人民共和国水土保持法实施条例》发布施行。

该条《条例》是根据《中华人民共和国水土保持法》（以下简称《水土保持法》）的规定制定的。《条例》共6章35条，包括总则、预防、治理、监督、法律责任、附则。

《条例》规定：一切单位和个人都有权对破坏水土资源、造成水土流失的行为的单位和个人，向县级以上人民政府水行政主管部门进行检举。水的地方人民政府应当实行水土流失防治目标责任制。地方人民政府根据当地实际情况设立的水土保持机构，可以行使《水土保持法》和《条例》规定的行政主管部门对水土保持工作的职权，县级以上人民政府应当将批准的水土保持规划确定的任务，纳入国民经济和社会发展计划，安排专项资金组织实施，并可以按照有关规定，安排水土流失地区的部分扶贫资金、以工代赈资金、农业发展基金等资金用于水土保持。水土流失重点防治区按国家、省、县划分。水土流失重点防治区可以分为重点预防保护区、重点监督区和重点治理区。

《条例》对按水土保持规划治理、水土保持方案审查、水土保持设施竣工验收、损坏水土保持设施的补偿、水土保监督以及违反《水土保持法》所负法律责任等作了具体规定。

12.3.6　《中华人民共和国水污染防治法》

原《中华人民共和国水污染防治法》于1984年5月21日第六届全国人民代表大会常务委员会第五次会议通过，同年11月开始施行。现行的《中华人民共和国水污染防治法》（以下简称《水污染防治法》）是根据1996年5月15日第八届全国人民代表大会常务委员会第十九次会议通过的《关于修改〈中华人民共和国水污染防治法〉决定》修订并重新公布的。

现行《水污染防治法》包括总则、水环境质量标准和污染的排入标准的制定、水污染防治的监督管理、防止地表水污染、防止地下水污染、法律责任、附则，共7章62条。修改重点集中体现在“三突出、二加强、一补充”，即突出了流域管理、集中控制和清洁生产，加强了对饮用水源的保护和监督管理，补充了控制面源污染的规定。

首先，突出了水污染防治要按流域进行管理。《水污染防治法》从流域水污染防治规划的制定、省界水质的监测及跨行政区水污染纠纷的处理等几个方面做出了法律规定。第二，突出了城市污水应集中控制。第三，明确了工业水污染防治要突出“清洁生产”。第四，进一步加强了对饮用水源的保护。第五，进一步强化了监督管理。第六，补充了对农业面源污染的控制要求。

12.4.7 《中华人民共和国防洪法》（以下简称《防洪法》）

《防洪法》于 1997 年 8 月 29 日第八届全国人民代表大会常务委员会第二次会议通过，1998 年 1 月 1 日起施行。

《防洪法》是我国第一部规范防自然灾害的法律，填补了我国社会主义市场经济法律体系框架中的一个空白，也是继《水法》、《水土保持法》等法律之后的又一部重要的水事法律。《防洪法》的颁布实施，标志着我国防洪事业进入了一个新的阶段，防洪工作将进一步纳入法律化管理的轨道。

《防洪法》包括总则、防洪规划、治理与规划、治理与防护、防洪区和防洪工程设施的管理、防汛抗洪、保障措施、法律责任、附则等 8 章 66 条。《防洪法》的主要内容：第一，规定了防洪工作的原则，明确了单位和个人保护防洪设施和依法参加防汛抗洪的义务，各级政府在防汛抗洪和洪涝灾害后恢复与救济的职责；第二，规定了防洪规划的编制及其实施；第三，规定了河道、湖泊的治理与防护；第四，规定了防洪区管理；第五，规定了防汛抗洪管理体制；第六，规定了防洪工作的保障措施。

12.4.8 《取水许可制度实施办法》（以下简称《办法》）

1993 年 8 月 1 日国务院第 119 号令发布，自 1993 年 9 月 1 日起施行。该《办法》是为加强水资源管理，节约用水，促进水资源合理开发利用，根据《中华人民共和国水法》而制定的，共 38 条。

《办法》规定：凡利用水工程或者机械提水设施直接从江河、湖泊或者地下取水的单位和个人，除《办法》规定的为家庭生活、畜禽饮用等少量取水和为农业抗旱应急必须取水、为保障矿井等地下工程施工安全和生产安全必须取水、为防御和消除对公共安全或者公共利益的危害必须取水等情形外，都应当依照本办法申请取水许可证，并依照规定取水。取水许可应当首先保证城乡居民生活用水，统筹兼顾农业、工业用水和航运、环境保护需要。取水许可必须符合江河流域的综合规划、全国和地方的水长期供求计划，遵守经批准的水量分配方案。在地下水超采区，应当严格控制开采地下水，不得扩大取水。禁止在没有回灌措施的地下水严重超采区取水。国务院水行政主管部门负责全国取水许可制度的组织实施和监督管理。

《办法》对取水许可的申请、取水许可证的使用以及违反取水许可制度的处罚等作了具体规定。

12.4.9 《水利产业政策》

为了促进水资源的合理开发和可持续利用，有效防治水旱灾害，缓解水利对国民经济发展的制约，1997 年 10 月 28 日国务院以“国发[1997]35 号”文颁布了由国家计委会同水利部制定的《水利产业政策》。

《水利产业政策》（以下简称《政策》）包括：总则，项目分类和资金筹集，价格、收费和管理，节水、水资源保护和水利技术，实施等 5 章。该政策自发布之日起施行，到 2010 年止。

《政策》再一次明确提出，水利是国民经济的基础设施和基础产业。强调：① 国家加强水资源的管理，对水利建设实行全面规划、合理开发、综合利用、保护生态的方针，坚持除害与兴利相结合，治标与治本相结合，新建与改造相结合，开源与节流相结合；② 国家实行优先发展水利产业的政策，鼓励社会各界及境外投资者通过多渠道、多方式投资兴办水利项目，积极探索水利产业化的有效途径，重视水环境保护和多种经营；③ 国民经济的总体规划、城市规划及重大建设项目的布局，必须考虑防洪安全与水资源条件，必须有防洪除涝、供水、水资源保护、水土保持、水污染防治、节约用水等方面的专项规划或论证。

《政策》规定实施期内的水利建设重点是：江河湖泊的防洪控制性治理工程，城市防洪，蓄滞洪区安全建设，海堤防维护和建设，现有水利设施的更新改造，特别是病险水库和堤防的除险加固，干旱地区的人畜饮水，跨地区引水和水资源短缺地区的水源工程，供水、节水和水资源保护，农田灌排，水土保持，水资源综合利用，水力发电，水利技术的研究开发项目。

《政策》的目标是：明确项目性质，理顺投资渠道，扩大资金来源，合理确定价格，规范各项收费，推进水利产业化；促进节约用水，保护水资源，实现可持续发展；在本政策实施期限内，使我国防洪抗灾能力明显提高，供水矛盾有效缓解。

12.4.10 水行政

行政是指行政机关为实现管理的目的和任务而行使执行、指挥、组织、监督等职能活动，即政府依法管理国家的活动。行政行为包括行政主法、行政执法、行政司法及行政保障 4 个方面。

1. 水行政立法

依法治水首先要有法，要有一整套水法规体系。水行政立法就是按照立法权限和立法程序制定有关水行政管理的法规和规章。在水行业中，到目前为止我国已经制定了《水法》、《水污染防治法》、《水土保持法》、《防洪法》、《河道管理条例》、《航道管理条例》等一些较高层次的法律法规和规章，但作为水法规体系在内容上还不完备，因此不同层次的立法工作仍是当前水行政管理工作的一项目重要的任务。立法是一项科学而细致的工作，2000

年3月15日第九届全国人民代表大会第三次会议通过了《中华人民共和国立法法》（简称《立法法》），为我国各行各业的立法工作提供了依据，使立法更加规范化、系统化。《立法法》严格规定了不同层次法律规范的制定原则和程序。

（1）立法的基本原则。

① 合法性原则。合法性原则，是指水行政立法在内容上、程序上和形式上必须合法。水行政立法与宪法和法律之间是从属与补充的关系。

内容合法是指水行政立法必须以宪法和法律为依据，应与国家的基本政策和基本方针相统一，而绝不能同宪法和法律相抵触，这是制定地方性水法规的前提。水法规体系应以《水法》为基础，以国家颁布的水法规、规章和地方性法规、规章、规范性文件为补充。维护法律的统一是我国宪法的一项重要原则。因此，在制定水法规、规章和规范性文件时，一定要用宪法、法律、行政法规指导立法。

程序合法是指立法工作必须依据定权限并遵循法定程序进行。

形式合法是指必须采取规定的特别规范性文件的形式，法律规范有固定的格式和要求。

② 实践性原则。《立法法》第六条规定："立法应当从实际出发，科学合理地规定公民、法人和其他组织的权利与义务，国家机关的权力与责任。"制定地方性法规、规章和规范性文件必须从本地的实际情况出发，依据法律和行政法规进一步具体化，避免一般化、原则化和类同化，不能完全重复法律、行政法规或地方性法规的条文。要多收集案例，作广泛、深入、细致的调查，进行具体的分析研究，制定的水法规能切实解决本地区在水管理方面的实际问题，要坚持既积极又慎重的方针。

③ 民主性原则。水管理的立法直接关系到广大群众的切身利益和权利，直接影响着水利建设事业的进程，所以制定的水法规要切合实际，要真实地反映广大群众的意志和利益，要有利于合理开发、利用和保护水资源，防治水害，充分发挥水资源的综合效益；要适应国民经济的发展和满足人民生活的需要；要有利于水利工程的管理和保护，发挥最大效益、采取最佳方案等。因此，《立法法》第五条规定："立法应当体现人民的意志，发扬社会主义民主，保障人民通过多种途径参与立法活动。"第五十八条又规定："行政法规在起草过程中，应当广泛听取有关机关、组织和公民的意见。听取意见可以采取座谈会、论证会、听证会等多种形式"。

坚持民主性原则，在立法的内容上应当客观、全面地反映群众意志和要求，在程序上应当广泛吸取群众和社会团体的意见，还要与水管理有关的部门协商；在形式上尽量由试行性文件或暂行性办法付诸实践，逐渐发展为稳定的水法规。

④ 科学性原则。科学性原则是指要以对水行政管理的客观调查、科学预测为基础，既要反映水行业这一特定业务管理活动中应遵循的客观规律，也要符合水利法规、水利规章调整和控制的立法技术要求。

⑤ 稳定性原则。稳定是相对的，一部法律只能在社会的某一个时期内适用。但在这个时期内，法律要保持相对稳定，避免朝令夕改。同时法律又要适应社会发展变化的需要，

避免因脱离社会现实无法执行。因此，在立法时要根据不同时期社会发展的规律，对今后一段时间所出现的情况进行准确预测，使所制定的法律可以满足社会发展的需要。

⑥ 系统性原则。立法要具有系统性，是指所制定的法规内部以及本法规与其他法规之间，应保持规则间的协调而不能相互矛盾，避免不同层次的规范相抵触。整个法律规范体系在内容和效力上系统地结合成为协调一致的整体。

2. 水行政执法

水行政执法是指水行政机关依照法定程序执行或适用法律、法规，从而直接强制地影响水事活动。水行政管理包括对水资源进行调查评价、规划、管理、开发、利用，保护水域和水利工程，防汛抗洪等，也包括对违反水法规的处理。

（1）水行政执法的原则。

水行政执法要遵循以下原则。

① 合法原则。合法原则主要是指行政执法主体、权限、执法的构成要件、内容、程序、责任的确定等要合法。合法原则主要从以下几个方面体现。

- 执法主体要合法，它要求执法机关必须是法律、法规规定的行政执法主体，并在其法定的权限内执法。
- 执法依据要合法，法律、行政法规、规章是行政执法的依据，“法无明文规定不罚”。
- 执法程序要合法，不遵守法定程序的行政处罚无效。

② 公开原则。公开原则主要表现在：一是指水行政执法的规定要公开公布，使公民事先了解和熟悉有关要求。《中华人民共和国行政处罚法》第四条规定“未经公布的，不得作为行政处罚的依据”，凡是要公民遵守的，就要事先公布；二是指对违法者依法给予的行政处罚要公开。

行政处罚程序公开非常重要，处罚程序公开对水行政主管部门或其工作人员提出的要求，不仅是程序上的，而且是实体上的，即要求水行政主管部门或其工作人员依法处罚。

程序公开主要体现在以下几个方面。

- 水行政处罚机关在作出行政处罚决定之前，应当告知当事人作出水行政处罚决定的事实、理由及依据，并告知当事人依法享有的权利。
- 当事人有权陈述和申辩，处罚机关必须充分听取当事人的意见。拒绝听取当事人的陈述或者申辩，水行政处罚决定不能成立。
- 水行政处罚机关作出较大数额罚款、吊销许可证等重大水行政处罚决定之前，应当告知当事人有要求举行听证的权利。当事人要求听证的，水行证处罚机关应当组织听证。

（3）公正原则。

公正原则，是指实施水行政处罚、调查、认定事实、收集证据、适用法律法规及规章，都必须公正办事，符合客观情况。水利部制定《水行政处罚实施办法》中规定了回避制度，即调查人员与其所调查的案件有直接利害关系的，应当回避。被调查人也可以向水行政处罚的裁量过程中强调公正办事。处罚公正，还应做到罚与事相当，即处罚应与违法行为的情节、后果相适应，避免事轻罚重或者事重罚轻现象。近年来推行的“罚缴分离”、“收支两条线”等制度，就是为有利于客观、公正执法采取的重要措施。

（4）保障当事人权利原则。

在水行政执法中既要提高行政效率，同时也要十分重视保障公民的合法权益。国家除了在行政立法全面系统体现这一原则外，制定的《中华人民共和国行政处罚法》、《中华人民共和国行政复议法》、《中华人民共和国行政诉讼法》、《中华人民共和国国家赔偿法》，水利系统制定的《中华人民共和国水行政处罚实施办法》等，都规定了行政管理相对人享有陈述权、申辩权、听证权、申请行政复议、行政诉讼、要求行政赔偿的权利，切实维护公民在行政活动中的合法权益。

3. 《水法》对水行政执法的主要规定

为进一步强化执法监督工作，2002 年《水法》增加了“水事纠纷处理与执法监督检查”一章，规定了水行政执法内容，明确了水行政执法的职责、权力和层级监督；同时，增加了对违反《水法》应处罚的行为，处罚种类及幅度等内容，加大了处罚力度。

（1）水行政执法主体。

1988 年《水法》规定，行使水行政处罚权的主体是县级以上地方人民政府水行政主管部门或有关主管部门。在实施过程中，许多水事活动是由国务院水行政主管部门和流域管理机构进行管理，由于没有赋予其行政处罚权，使监督检查、查处违法行为遇到很大困难，而恰恰国务院水行政主管部门和流域管理机构管理的河流（河段）、水事活动都是重要的事务。因此，2002 年《中华人民共和国水法》规定，水行政执法主权（包括监督检查和行政处罚）为县级以上人民政府水行政主管部门或者流域管理机构，将流域机构的水行政处罚权以法律的形式予以确认。

（2）水政监督检查机构及人员的权力和职责。

《水法》规定水行政主管部门对违反《水法》的行为进行监督并依法进行查处，赋予水行政主管部门、流域管理机构及其水政监督检查人员在监督检查时的现场进入权、询问权、索取资料权和处置权，并要求执法人员忠于职守，秉公执法，被检查单位应当配合执法人员执行职务。

同时，《水法》第六十三条规定了水行政执法的层级监督权，即：“县级以上人民政府或者上级水行政主管部门发现本级或者下级水行政主管部门在监督检查工作中有违法或者失职行为的，应当责令其限期改正”。

（3）加大处罚力度，明确处罚。

1988 年《水法》规定的违法行为应承担的法律责任主要有行政责任、民事责任和刑事责任，但是规定过于原则，处罚种类、违法行为不全，处罚幅度没有规定，与此后国家相继颁布实施的行政执法的各项法律（如《行政处罚法》等）的要求不相适应。2002年《水法》增加了应受行政处罚的违法行为，如违反取水许可、水资源费征收、水资源保护、节水管理以及在水事纠纷处理过程中的违法行为等。同时，增加了行政处罚的种类，如责令停止生产、销售或使用国家明令淘汰的耗水量高的工艺、设备和产品；责令停止使用节水设施没有建成和没有达到国家规定要求，即擅自投入使用的建设项目；吊取水许可证；加收滞纳金等。加大了处罚力度并对罚款的上下限作了明确规定，使2002年《水法》的规定更便于操作。

在水行政执法活动中，其行政执法行为是具体行政行为，水行政执法行为一般为11种。

4. 水行政司法

水行政司法是指水行政主管部门依照规定的程序，进行水行政调解、水行政裁决和水行政复议，以解决水事纠纷和水行政争议的活动。

水行政调解是指由水行政机关依照有关水法规、水政策，通过说服教育的方法，促使双方当事人友好协商、互让互谅解决水事纠纷的活动。

水行政裁决是指水行政机关依照有关水法规规定，对水事纠纷中的民事纠纷进行裁决处理的活动。

水行政复议是指在当事人不服水行政机关所作出的具体行政行为时，依法向该机关的上一级水行政机关申请复查并作出新的行政决定的制度。

水行政复议与解决水事纠纷（调解与裁决）有性质上的区别：① 复议案件是由行政争议引起的，其中一方必须是下一级水行政主管部门，而且争议的起因是由于行政管理的作为与不作为，当事人认为违法而发生的；而水事纠纷属于民事法律性质，水行政主管部门不一定作为纠纷的一方（如政府之间发生的纠纷），即使是，也不是基于水行政管理而产生的，而是基于平等地位产生的矛盾；② 复议案件必须由上一级水行政主管机关做出裁决；而水事纠纷则不然，可能由水行政主管机关调解，也可能是由人民政府调处或人民法院来裁决；③ 复议案件最终是要做出裁决的，不适用调解；而水事纠纷则可用调解，也可用裁决方式解决。

5. 水行政保障

水行政保障，就是为了确保水行政行为，特别是保证水行政执法行为的合法性、合理性、有效性而采取的措施或创造的条件。这些措施和条件既包括物质方面的、思想方面的，也包括制度方面的和组织方面的，由此构成有机的水行政保障体系。

水行政保障的主要形式有3种：一是水行政法制监督；二是水行政法律意识培养；三是水行政法制监督的特殊形式——水行政诉讼。

水行政法制监督是以国家机关、社会组织和公民为主体，对水行政机关及其工作人员是否依法行政的监督。水行政法制监督的种类主要有：党的监督、国家权力机关的监督、司法监督、人民群众及社会组织的监督、舆论工具的监督、上级水行政机关对下级水行政机关的监督、有关机构的专门监督等。

法律意识是人们对法和法律现象的思想认识、观点和心理的通称，也就是人们对法律的态度和看法，以及知法、守法、执法的自觉程度。具体包括3个方面，即法律知识、法制观念和法律观点。水的法律意识培养，主要包括向全社会宣传普及水法规、加强对水行政机关工作人员以及各级水行政执法人员的教育和训练、开展水行政法制方面的理论研究等。

水行政诉讼，是指当事人对行政机关做出的具体行政行为不服起诉到人民法院，在人民法院主持下进行的诉讼活动。水行政诉讼是司法机关依法行政的有效监督形式。水行政诉讼的作用主要表现在：保护公民、法人和其他组织的合法权益；保障水行政机关依法行使职权；监督水行政机关正确行使职权。水行政机关在水行政诉讼中处于被告地位，但既有法律规定的诉讼权利，又有相应的诉讼义务。水行政机关在水行政诉讼中的主要工作是：应诉和答辩、出庭、上诉、执行。

12.5 习题与思考题

1．如何认识水资源管理的重要性？
2．我国水资源管理体制中存在的问题及改革方向是什么？
3．水法制体系的基本内容是什么？
4．《水法》的宗旨与指导原则是什么？

附　　录

附表 1　皮尔逊III型曲线的离均系数 Φ_p 值表

P(%) / C_s	0.01	0.1	0.2	0.33	0.5	1	2	5	10	20	50	75	90	95	99	P(%) / C_s
0.0	3.72	3.09	2.88	2.71	2.58	2.33	2.05	1.64	1.28	0.84	0.00	-0.67	-1.28	-1.64	-2.33	0.0
0.1	3.94	3.23	3.00	2.82	2.67	2.40	2.11	1.67	1.29	0.84	-0.02	-0.68	-1.27	-1.62	-2.25	0.1
0.2	4.16	3.38	3.12	2.92	2.76	2.47	2.16	1.70	1.30	0.83	-0.03	-0.69	-1.26	-1.59	-2.18	0.2
0.3	4.38	3.52	3.24	3.03	2.86	0.54	2.21	1.73	1.31	0.82	-0.05	-0.70	-1.24	-1.55	-2.10	0.3
0.4	4.61	3.67	3.36	3.14	2.95	2.62	2.26	1.75	1.32	0.82	-0.07	-0.71	-1.23	-1.52	-2.03	0.4
0.5	4.83	3.81	3.48	3.25	3.04	2.68	2.31	1.77	1.32	0.81	-0.08	-0.71	-1.22	-1.49	-1.96	0.5
0.6	5.05	3.96	3.60	3.35	3.13	2.75	2.35	1.80	1.33	0.80	-0.10	-0.72	-1.20	-1.45	-1.88	0.6
0.7	5.28	4.10	3.72	3.45	3.22	2.82	2.40	1.82	1.33	0.79	-0.12	-0.72	-1.18	-1.42	-1.81	0.7
0.8	5.50	4.24	3.85	3.55	3.31	2.89	2.45	1.84	1.34	0.78	-0.13	-0.73	-1.17	-1.38	-1.74	0.8
0.9	5.73	4.39	3.97	3.65	3.40	2.96	2.50	1.86	1.34	0.77	-0.15	-0.73	-1.15	-1.35	-1.66	0.9
1.0	5.96	4.53	4.09	3.76	3.49	3.02	2.54	1.88	1.34	0.76	-0.16	-0.73	-1.13	-1.32	-1.59	1.0
1.1	6.18	4.67	4.20	3.86	3.58	3.09	2.58	1.89	1.34	0.74	-0.18	-0.74	-1.10	-1.28	-1.52	1.1
1.2	6.41	4.81	4.32	3.95	3.66	3.15	2.62	1.91	1.34	0.73	-0.19	-0.74	-1.08	-1.24	-1.45	1.2
1.3	6.64	4.95	4.44	4.05	3.74	3.21	2.67	1.92	1.34	0.72	-0.21	-0.74	-1.06	-1.20	-1.38	1.3
1.4	6.87	5.09	4.56	4.15	3.83	3.27	2.71	1.94	1.33	0.71	-0.22	-0.73	-1.04	-1.17	-1.32	1.4
1.5	7.09	5.23	4.68	4.24	3.91	3.33	2.74	1.95	1.33	0.69	-0.24	-0.73	-1.02	-1.13	-1.26	1.5
1.6	7.31	5.37	4.80	4.34	3.99	3.39	2.78	1.96	1.33	0.68	-0.25	-0.73	-0.99	-1.10	-1.20	1.6
1.7	7.54	5.50	4.91	4.43	4.07	3.44	2.82	1.97	1.32	0.68	-0.27	-0.72	-0.97	-1.06	-1.14	1.7
1.8	7.76	5.64	5.01	4.52	4.15	3.50	2.85	1.98	1.32	0.64	-0.28	-0.72	-0.94	-1.02	-1.09	1.8
1.9	7.98	5.77	5.12	4.61	4.23	3.55	2.88	1.99	1.31	0.63	-0.29	-0.72	-0.92	-0.98	-1.04	1.9
2.0	8.21	5.91	5.22	4.70	4.30	3.61	2.91	2.00	1.30	0.61	-0.31	-0.71	-0.895	-0.949	-0.989	2.0
2.1	8.43	6.04	5.33	4.79	4.37	3.66	2.93	2.00	1.29	0.59	-0.32	-0.71	-0.869	-0.914	-0.945	2.1
2.2	8.65	6.17	5.43	4.88	4.44	3.71	2.96	2.00	1.28	0.57	-0.33	-0.70	-0.844	-0.879	-0.905	2.2
2.3	8.87	6.30	5.53	4.97	4.51	3.76	2.99	2.00	1.27	0.55	-0.34	-0.69	-0.820	-0.849	-0.867	2.3
2.4	9.08	6.42	5.63	5.05	4.58	3.81	3.02	2.01	1.26	0.54	-0.35	-0.68	-0.795	-0.820	-0.831	2.4
2.5	9.30	6.55	5.73	5.13	4.65	3.85	3.04	2.01	1.25	0.52	-0.36	-0.67	-0.772	-0.791	-0.800	2.5
2.6	9.51	6.67	5.82	5.20	4.72	3.89	3.06	2.01	1.23	0.50	-0.37	-0.66	-0.748	-0.764	-0.769	2.6

（续表）

C_s \ P(%)	0.01	0.1	0.2	0.33	0.5	1	2	5	10	20	50	75	90	95	99	P(%) / C_s
2.7	9.72	6.79	5.92	5.28	4.78	3.93	3.09	2.01	1.22	0.48	-0.37	-0.65	-0.726	-0.736	-0.740	2.7
2.8	9.93	6.91	6.01	5.36	4.84	3.97	3.11	2.01	1.21	0.46	-0.38	-0.64	-0.702	-0.710	-0.714	2.8
2.9	10.14	7.03	6.10	5.44	4.90	4.01	3.13	2.01	1.20	0.44	-0.39	-0.63	-0.680	-0.687	-0.690	2.9
3.0	10.35	7.15	6.20	5.51	4.96	4.05	3.15	2.00	1.18	0.42	-0.39	-0.62	-0.658	-0.665	-0.667	3.0
3.1	10.56	7.26	6.30	5.59	5.02	4.08	3.17	2.00	1.16	0.40	-0.40	-0.60	-0.639	-0.644	-0.645	3.1
3.2	10.77	7.38	6.39	5.66	5.08	4.12	3.19	2.00	1.14	0.38	-0.40	-0.59	-0.621	-0.624	-0.625	3.2
3.3	10.97	7.49	6.48	5.74	5.14	4.15	3.21	1.99	1.12	0.36	-0.40	-0.58	-0.604	-0.606	-0.606	3.3
3.4	11.17	7.60	6.56	5.80	5.20	4.18	3.22	1.98	1.11	0.34	-0.41	-0.57	-0.587	-0.588	-0.588	3.4
3.5	11.37	7.72	6.65	5.86	5.25	4.22	3.23	1.97	1.09	0.32	-0.41	-0.55	-0.570	-0.571	-0.571	3.5
3.6	11.57	7.83	6.73	5.93	5.30	4.25	3.24	1.96	1.08	0.30	-0.41	-0.54	-0.555	-0.556	-0.556	3.6
3.7	11.77	7.94	6.81	5.99	5.35	4.28	3.25	1.95	1.06	0.28	-0.42	-0.53	-0.540	-0.541	-0.541	3.7
3.8	11.97	8.05	6.89	6.05	5.40	4.31	3.26	1.94	1.04	0.26	-0.42	-0.52	-0.526	-0.526	-0.526	3.8
3.9	12.16	8.15	6.97	6.11	5.45	4.34	3.27	1.93	1.02	0.24	-0.41	-0.506	-0.513	-0.513	-0.513	3.9
4.0	12.36	8.25	7.05	6.18	5.50	4.37	3.27	1.92	1.00	0.23	-0.41	-0.495	-0.500	-0.500	-0.500	4.0
4.1	12.55	8.35	7.13	6.24	5.54	4.39	3.28	1.91	0.98	0.21	-0.41	-0.484	-0.488	-0.488	-0.488	4.1
4.2	12.74	8.45	7.21	6.30	5.59	4.41	3.29	1.90	0.96	0.19	-0.41	-0.473	-0.476	-0.476	-0.476	4.2
4.3	12.93	8.55	7.29	6.36	5.63	4.44	3.29	1.88	0.94	0.17	-0.41	-0.462	-0.465	-0.465	-0.465	4.3
4.4	13.12	8.65	7.36	6.41	5.68	4.46	3.30	1.87	0.92	0.16	-0.40	-0.453	-0.455	-0.455	-0.455	4.4
4.5	13.30	8.75	7.43	6.46	5.72	4.48	3.30	1.85	0.90	0.14	-0.40	-0.444	-0.444	-0.444	-0.444	4.5
4.6	13.49	8.85	7.50	6.52	5.76	4.50	3.30	1.84	0.88	0.13	-0.40	-0.435	-0.435	-0.435	-0.435	4.6
4.7	13.67	8.95	7.57	6.57	5.80	4.52	3.30	1.82	0.86	0.11	-0.39	-0.426	-0.426	-0.426	-0.426	4.7
4.8	13.85	9.04	7.64	6.63	5.84	4.54	3.30	1.80	0.84	0.09	-0.39	-0.417	-0.417	-0.417	-0.417	4.8
4.9	14.04	9.13	7.70	6.68	5.88	4.55	3.30	1.78	0.82	0.08	-0.38	-0.408	-0.408	-0.408	-0.408	4.9
5.0	14.22	9.22	7.77	6.73	5.92	4.57	3.30	1.77	0.80	0.06	-0.379	-0.400	-0.400	-0.400	-0.400	5.0
5.1	14.40	9.31	7.84	6.78	5.95	4.58	3.30	1.75	0.78	0.05	-0.374	-0.392	-0.392	-0.392	-0.392	5.1
5.2	14.57	9.40	7.90	6.83	5.99	4.59	3.30	1.73	0.76	0.03	-0.369	-0.385	-0.385	-0.385	-0.385	5.2
5.3	14.75	9.49	7.96	6.87	6.02	4.60	3.30	1.72	0.74	0.02	-0.363	-0.377	-0.377	-0.377	-0.377	5.3
5.4	14.92	9.57	8.02	6.91	6.05	4.62	3.29	1.70	0.72	0.00	-0.358	-0.370	-0.370	-0.370	-0.370	5.4
5.5	15.10	9.66	8.08	6.96	6.08	4.63	3.28	1.68	0.70	-0.01	-0.353	-0.364	-0.364	-0.364	-0.364	5.5

（续表）

C_s \ P(%)	0.01	0.1	0.2	0.33	0.5	1	2	5	10	20	50	75	90	95	99	P(%) / C_s
5.6	15.27	9.71	8.14	7.00	6.11	4.64	3.28	1.66	0.67	-0.03	-0.349	-0.357	-0.357	-0.357	-0.357	5.6
5.7	15.45	9.82	8.21	7.04	6.14	4.65	3.27	1.65	0.65	-0.04	-0.344	-0.351	-0.351	-0.351	-0.351	5.7
5.8	15.62	9.91	8.27	7.08	6.17	4.67	3.27	1.63	0.63	-0.05	-0.339	-0.345	-0.345	-0.345	-0.345	5.8
5.9	15.78	9.99	8.32	7.12	6.20	4.68	3.26	1.61	0.61	-0.06	-0.334	-0.339	-0.339	-0.339	-0.339	5.9
6.0	15.94	10.07	8.38	7.15	6.23	4.68	3.25	1.59	0.59	-0.07	-0.329	-0.333	-0.333	-0.333	-0.333	6.0
6.1	16.11	10.15	8.43	7.19	6.26	4.69	3.24	1.57	0.57	-0.08	-0.325	-0.328	-0.328	-0.328	-0.328	6.1
6.2	16.28	10.22	8.49	7.23	6.28	4.70	3.23	1.55	0.55	-0.09	-0.323	-0.323	-0.323	-0.323	-0.323	6.2
6.3	16.45	10.30	8.54	7.26	6.30	4.70	3.22	1.53	0.53	-0.10	-0.315	-0.317	-0.317	-0.317	-0.317	6.3
6.4	16.61	10.38	8.60	7.30	6.32	4.71	3.21	1.51	0.51	-0.11	-0.311	-0.313	-0.313	-0.313	-0.313	6.4

附表 2　皮尔逊III型曲线模比系数 Kp 值表

（1）$C_s=C_v$

C_s \ P(%)	0.01	0.1	0.2	0.33	0.5	1	2	5	10	20	50	75	90	95	99	P(%) / C_s
0.05	1.19	1.16	1.15	1.14	1.13	1.12	1.11	1.09	1.07	1.04	1.00	0.97	0.94	0.92	0.89	0.05
0.10	1.39	1.32	1.30	1.28	1.27	1.24	1.21	1.17	1.13	1.08	1.00	0.93	0.87	0.84	0.78	0.10
0.15	1.61	1.50	1.46	1.43	1.41	1.37	1.32	1.26	1.20	1.13	1.00	0.90	0.81	0.77	0.67	0.15
0.20	1.83	1.68	1.62	1.58	1.55	1.49	1.43	1.34	1.26	1.17	0.99	0.86	0.75	0.68	0.56	0.20
0.25	2.07	1.86	1.80	1.74	1.70	1.63	1.55	1.43	1.33	1.21	0.99	0.83	0.69	0.61	0.47	0.25
0.30	2.31	2.06	1.97	1.91	1.86	1.76	1.66	1.52	1.39	1.25	0.98	0.79	0.63	0.54	0.37	0.30
0.35	2.57	2.26	2.16	2.08	2.02	1.91	1.78	1.61	1.46	1.29	0.98	0.76	0.57	0.47	0.28	0.35
0.40	2.84	2.47	2.34	2.26	2.18	2.05	1.90	1.70	1.53	1.33	0.97	0.72	0.51	0.39	0.19	0.40
0.45	3.13	2.69	2.54	2.44	2.35	2.19	2.03	1.79	1.60	1.37	0.97	0.69	0.45	0.33	0.10	0.45
0.50	3.42	2.91	2.74	2.63	2.52	2.34	2.16	1.89	1.66	1.40	0.96	0.65	0.39	0.26	0.02	0.50
0.55	3.72	3.14	2.95	2.82	2.70	2.49	2.29	1.98	1.73	1.44	0.95	0.61	0.34	0.20	-0.06	0.55
0.60	4.03	3.38	3.16	3.01	2.88	2.65	2.41	2.08	1.80	1.48	0.94	0.57	0.28	0.13	-0.13	0.60
0.65	4.36	3.62	3.38	3.21	3.07	2.81	2.55	2.18	1.87	1.52	0.93	0.53	0.23	0.07	-0.20	0.65
0.70	4.70	3.87	3.60	3.42	3.25	2.97	2.68	2.27	1.93	1.55	0.92	0.50	0.17	0.01	-0.27	0.70
0.75	5.05	4.13	3.84	3.63	3.45	3.14	2.82	2.37	2.00	1.59	0.91	0.46	0.12	-0.05	-0.33	0.75
0.80	5.40	4.39	4.08	3.84	3.65	3.31	2.96	2.47	2.07	1.62	0.90	0.42	0.06	-0.10	-0.39	0.80

（续表）

C_s \ P（%）	0.01	0.1	0.2	0.33	0.5	1	2	5	10	20	50	75	90	95	99	P（%） / C_s
0.85	5.78	4.67	4.33	4.07	3.86	3.49	3.11	2.57	2.14	1.66	0.88	0.37	0.01	-0.16	-0.44	0.85
0.90	6.16	4.95	4.57	4.29	4.06	3.66	3.25	2.67	2.21	1.69	0.86	0.34	-0.04	-0.22	-0.49	0.90
0.95	6.56	5.24	4.83	4.53	4.28	3.84	3.40	2.78	2.28	1.73	0.85	0.31	-0.09	-0.27	-0.55	0.95
1.00	6.96	5.53	5.09	4.76	4.49	4.02	3.54	2.88	2.34	1.76	0.84	0.27	-0.13	-0.32	-0.59	1.00

附表 2　皮尔逊Ⅲ型曲线模比系数 Kp 值表

（2）$C_s=2C_v$

C_s \ P（%）	0.01	0.1	0.2	0.33	0.5	1	2	5	10	20	50	75	90	95	99	P（%） / C_s
0.05	1.20	1.16	1.15	1.14	1.13	1.12	1.11	1.08	1.06	1.04	1.00	0.97	0.94	0.92	0.89	0.10
0.10	1.42	1.34	1.31	1.29	1.27	1.25	1.21	1.17	1.13	1.08	1.00	0.93	0.87	0.84	0.78	0.20
0.15	1.67	1.54	1.48	1.46	1.43	1.38	1.33	1.26	1.20	1.12	0.99	0.90	0.81	0.77	0.69	0.30
0.20	1.92	1.73	1.67	1.63	1.59	1.52	1.45	1.35	1.26	1.16	0.99	0.86	0.75	0.70	0.59	0.40
0.22	2.04	1.82	1.75	1.70	1.66	1.58	1.50	1.39	1.29	1.18	0.98	0.84	0.73	0.67	0.56	0.44
0.24	2.16	1.91	1.83	1.77	1.73	1.64	1.55	1.43	1.32	1.19	0.98	0.83	0.71	0.64	0.53	0.48
0.25	2.22	1.96	1.87	1.81	1.77	1.67	1.58	1.45	1.33	1.20	0.98	0.82	0.70	0.63	0.52	0.50
0.26	2.28	2.01	1.91	1.85	1.80	1.70	1.60	1.46	1.34	1.21	0.98	0.82	0.69	0.62	0.50	0.52
0.28	2.40	2.10	2.00	1.93	1.87	1.76	1.66	1.50	1.37	1.22	0.97	0.79	0.66	0.59	0.47	0.56
0.30	2.52	2.19	2.08	2.01	1.94	1.83	1.71	1.54	1.40	1.24	0.97	0.78	0.64	0.56	0.44	0.60
0.35	2.86	2.44	2.31	2.22	2.13	2.00	1.84	1.64	1.47	1.28	0.96	0.75	0.59	0.51	0.37	0.70
0.40	3.20	2.70	2.54	2.42	2.32	2.16	1.98	1.74	1.54	1.31	0.95	0.71	0.53	0.45	0.30	0.80
0.45	3.59	2.98	2.80	2.65	2.53	2.33	2.13	1.84	1.60	1.35	0.93	0.67	0.48	0.40	0.26	0.90
0.50	3.98	3.27	3.05	2.88	2.74	2.51	2.27	1.94	1.67	1.38	0.92	0.64	0.44	0.34	0.21	1.00
0.55	4.42	3.58	3.32	3.12	2.97	2.70	2.42	2.04	1.74	1.41	0.90	0.59	0.40	0.30	0.16	1.10
0.60	4.85	3.89	3.59	3.37	3.20	2.89	2.57	2.15	1.80	1.44	0.89	0.56	0.35	0.26	0.13	1.20
0.65	5.33	4.22	3.89	3.64	3.44	3.09	2.74	2.25	1.87	1.47	0.87	0.52	0.31	0.22	0.10	1.30
0.70	5.81	4.56	4.19	3.91	3.68	3.29	2.90	2.36	1.94	1.50	0.85	0.49	0.27	0.18	0.08	1.40
0.75	6.33	4.93	4.52	4.19	3.93	3.50	3.06	2.46	2.00	1.52	0.82	0.45	0.24	0.15	0.06	1.50
0.80	6.85	5.30	4.84	4.47	4.19	3.71	3.22	2.57	2.06	1.54	0.80	0.42	0.21	0.12	0.04	1.60
0.90	7.98	6.08	5.51	5.07	4.74	4.15	3.56	2.78	2.19	1.58	0.75	0..35	0.15	0.08	0.02	1.80

附表2 皮尔逊III型曲线模比系数 Kp 值表

（3）$C_s=3C_v$

P（%）/ C_s	0.01	0.1	0.2	0.33	0.5	1	2	5	10	20	50	75	90	95	99	P（%）/ C_s
0.20	2.02	1.79	1.72	1.67	1.63	1.55	1.47	1.36	1.27	1.16	0.98	0.86	0.76	0.71	0.62	0.60
0.25	2.35	2.05	1.95	1.88	1.82	1.72	1.61	1.46	1.34	1.20	0.97	0.82	0.71	0.65	0.56	0.75
0.30	2.72	2.32	2.19	2.10	2.02	1.89	1.75	1.56	1.40	1.23	0.96	0.78	0.66	0.60	0.50	0.90
0.35	3.12	2.61	2.46	2.33	2.24	2.07	1.90	1.66	1.47	1.26	0.94	0.74	0.61	0.55	0.46	1.05
0.40	3.56	2.92	2.73	2.58	2.46	2.26	2.05	1.76	1.54	1.29	0.92	0.70	0.57	0.50	0.42	1.20
0.42	3.75	3.06	2.85	2.69	2.56	2.34	2.11	1.81	1.56	1.31	0.91	0.69	0.55	0.49	0.41	1.26
0.44	3.94	3.19	2.97	2.80	2.65	2.42	2.17	1.85	1.59	1.32	0.91	0.67	0.54	0.47	0.40	1.32
0.45	4.04	3.26	3.03	2.85	2.70	2.46	2.21	1.87	1.60	1.32	0.90	0.67	0.53	0.47	0.39	1.35
0.46	4.14	3.33	3.09	2.90	2.75	2.50	2.24	1.89	1.61	1.33	0.90	0.66	0.52	0.46	0.39	1.38
0.48	4.34	3.47	3.21	3.01	2.85	2.58	2.31	1.93	1.65	1.34	0.89	0.65	0.51	0.45	0.38	1.44
0.50	4.55	3.62	3.34	3.12	2.96	2.67	2.37	1.98	1.67	1..35	0.88	0.64	0.49	0.44	0.37	1.50
0.52	4.76	3.76	3.46	3.24	3.06	2.75	2.44	2.02	1.69	1.36	0.87	0.62	0.48	0.42	0.36	1.56
0.54	4.98	3.91	3.60	3.36	3.16	2.84	2.51	2.06	1.72	1.36	0.86	0.61	0.47	0.41	0.36	1.62
0.55	5.09	3.99	3.66	3.42	3.21	2.88	2.54	2.08	1.73	1.36	0.86	0.60	0.46	0.41	0.36	1.65
0.56	5.20	4.07	3.73	3.48	3.27	2.93	2.57	2.10	1.74	1.37	0.85	0.59	0.46	0.40	0.35	1.68
0.58	5.43	4.23	3.86	3.59	3.38	3.01	2.64	2.14	1.77	1.38	0.84	0.58	0.45	0.40	0.35	1.74
0.60	5.66	4.38	4.01	3.71	3.49	3.10	2.71	2.19	1.79	1.38	0.83	0.57	0.44	0.39	0.35	1.80
0.65	6.26	4.81	4.36	4.03	3.77	3.33	2.88	2.29	1.85	1.40	0.80	0.53	0.41	0.37	0.34	1.95
0.70	6.90	5.23	4.73	4.35	4.06	3.56	3.05	2.40	1.90	1.41	0.78	0.50	0.39	0.36	0.34	2.10
0.75	7.57	5.68	5.12	4.69	4.36	3.80	3.24	2.50	1.96	1.42	0.76	0.48	0.38	0.35	0.34	2.25
0.80	8.26	6.14	5.50	5.04	4.66	4.05	3.42	2.61	2.01	1.43	0.72	0.46	0.36	0.34	0.34	2.40

附表2 皮尔逊III型曲线模比系数 Kp 值表

（4）C_s=3.5C_v

P（%）/ C_s	0.01	0.1	0.2	0.33	0.5	1	2	5	10	20	50	75	90	95	99	P（%）/ C_s
0.20	2.06	1.82	1.74	1.69	1.64	1.56	1.48	1.36	1.27	1.16	0.98	0.86	0.76	0.72	0.64	0.70
0.25	2.42	2.09	1.99	1.91	1.85	1.74	1.62	1.46	1.34	1.19	0.96	0.82	0.71	0.66	0.58	0.88
0.30	2.82	2.38	2.24	2.14	2.06	1.92	1.77	1.57	1.40	1.22	0.95	0.78	0.67	0.61	0.53	1.05

（续表）

P（%）/ C_s	0.01	0.1	0.2	0.33	0.5	1	2	5	10	20	50	75	90	95	99	P（%）/ C_s
0.35	3.26	2.70	2.52	2.39	2.29	2.11	1.92	1.67	1.47	1.26	0.93	0.74	0.62	0.57	0.50	1.22
0.40	3.75	3.04	2.82	2.66	2.53	2.31	2.08	1.78	1.53	1.28	0.91	0.71	0.58	0.53	0.47	1.40
0.42	3.95	3.18	2.95	2.77	2.63	2.39	2.15	1.82	1.56	1.29	0.90	0.69	0.57	0.52	0.46	1.47
0.44	4.16	3.33	3.08	2.88	2.73	2.48	2.21	1.86	1.59	1.30	0.89	0.68	0.56	0.51	0.46	1.54
0.45	4.27	3.40	3.14	2.94	2.79	2.52	2.25	1.88	1.60	1.31	0.89	0.67	0.55	0.50	0.45	1.58
0.46	4.37	3.48	3.21	3.00	2.84	2.56	2.28	1.90	1.61	1.31	0.88	0.66	0.54	0.50	0.45	1.61
0.48	4.60	3.63	3.35	3.12	2.94	2.65	2.35	1.95	1.64	1.32	0.87	0.65	0.53	0.49	0.45	1.68
0.50	4.82	3.78	3.48	3.24	3.06	2.74	2.42	1.99	1.66	1.32	0.86	0.64	0.52	0.48	0.44	1.75
0.52	5.06	3.95	3.62	3.36	3.16	2.83	2.48	2.03	1.69	1.33	0.85	0.63	0.51	0.47	0.44	1.82
0.54	5.30	4.11	3.76	3.48	3.28	2.91	2.55	2.07	1.71	1.34	0.84	0.61	0.50	0.47	0.44	1.89
0.55	5.41	4.20	3.83	3.55	3.34	2.96	2.58	2.10	1.72	1.34	0.84	0.60	0.50	0.46	0.44	1.92
0.56	5.55	4.28	3.91	3.61	3.39	3.01	2.62	2.12	1.73	1.35	0.83	0.60	0.49	0.46	0.43	1.96
0.58	5.80	4.45	4.05	3.74	3.51	3.10	2.69	1.16	1.75	1.35	0.82	0.58	0.48	0.46	0.43	2.03
0.60	6.06	4.62	4.20	3.87	3.62	3.20	2.76	2.20	1.77	1.35	0.81	0.57	0.48	0.45	0.43	2.10
0.65	6.73	5.08	4.58	4.22	3.92	3.44	2.94	2.30	1.83	1.36	0.78	0.55	0.46	0.44	0.43	2.28
0.70	7.43	5.54	4.98	4.56	4.23	3.68	3.12	2.41	1.88	1.37	0.75	0.53	0.45	0.44	0.43	2.45
0.75	8.16	6.02	5.38	4.92	4.55	3.92	3.30	2.51	1.92	1.37	0.72	0.50	0.44	0.43	0.43	2.62
0.80	8.94	6.53	5.81	5.29	4.87	4.18	3.49	2.61	1.97	1.37	0.70	0.49	0.44	0.43	0.43	2.80

附表 2 皮尔逊III型曲线模比系数 K_p 值表

（5）$C_s=4C_v$

P（%）/ C_s	0.01	0.1	0.2	0.33	0.5	1	2	5	10	20	50	75	90	95	99	P（%）/ C_s
0.20	2.10	1.85	1.77	1.71	1.66	0.58	1.49	1.37	1.27	1.16	0.97	0.85	0.77	0.72	0.65	0.80
0.25	2.49	2.13	2.02	1.94	1.87	1.76	1.64	1.47	1.34	1.19	0.96	0.82	0.72	0.67	0.60	1.00
0.30	2.92	2.44	2.30	2.18	2.10	1.94	1.79	1.57	1.40	1.22	0.94	0.78	0.68	0.63	0.56	1.20
0.35	3.40	2.78	2.60	2.45	2.34	2.14	1.95	1.68	1.47	1.25	0.92	0.74	0.64	0.59	0.54	1.40
0.40	3.92	3.15	2.92	2.74	2.60	2.36	2.11	1.78	1.53	1.27	0.90	0.71	0.60	0.56	0.52	1.60
0.42	4.15	3.30	3.05	2.86	2.70	2.44	2.18	1.83	1.56	1.28	0.89	0.70	0.59	0.55	0.52	1.68

（续表）

C_s \ P（%）	0.01	0.1	0.2	0.33	0.5	1	2	5	10	20	50	75	90	95	99	P（%）/ C_s
0.44	4.38	3.46	3.19	2.98	2.81	2.53	2.25	1.87	1.58	1.29	0.88	0.68	0.58	0.55	0.51	1.76
0.45	4.49	3.54	3.25	3.03	2.87	2.58	2.28	1.89	2.59	1.29	0.87	0.68	0.58	0.54	0.51	1.80
0.46	4.62	3.62	3.32	3.10	2.92	2.62	2.32	1.91	1.61	1.29	0.87	0.67	0.57	0.54	0.51	1.84
0.48	4.86	3.79	3.47	3.22	3.04	2.71	2.39	1.96	1.63	1.30	0.86	0.66	0.56	0.53	0.51	1.92
0.50	5.10	3.96	3.61	3.35	3.15	2.80	2.45	2.00	1.65	1.31	0.84	0.64	0.55	0.53	0.50	2.00
0.52	5.36	4.12	3.76	3.48	3.27	2.90	2.52	2.04	1.67	1.31	0.83	0.63	0.55	0.52	0.50	2.08
0.54	5.62	4.30	3.91	3.61	3.38	2.99	2.59	2.08	1.69	1.31	0.82	0.62	0.54	0.52	0.50	2.16
0.55	5.76	4.39	3.99	3.68	3.44	3.03	2.63	2.10	1.70	1.31	0.82	0.62	0.54	0.52	0.50	2.20
0.56	5.90	4.48	4.06	3.75	3.50	3.09	2.66	2.12	1.71	1.31	0.81	0.61	0.53	0.51	0.50	2.24
0.58	6.18	4.67	4.22	3.89	3.62	3.19	2.74	2.16	1.74	1.32	0.80	0.60	0.53	0.51	0.50	2.32
0.60	6.45	4.85	4.38	4.03	3.75	3.29	2.81	2.21	1.76	1.32	0.79	0.59	0.52	0.51	0.50	2.40
0.65	7.18	5.34	4.78	4.38	4.07	3.53	2.99	2.31	1.80	1.32	0.76	0.57	0.51	0.50	0.50	2.60
0.70	7.95	5.84	5.21	4.75	4.39	3.78	3.18	2.41	1.85	1.32	0.73	0.55	0.51	0.50	0.50	2.80
0.75	8.76	6.36	5.65	5.13	4.72	4.03	3.36	2.50	1.88	1.32	0.71	0.54	0.51	0.50	0.50	3.00
0.80	9.62	6.90	6.11	5.53	5.06	4.30	3.55	2.60	1.91	1.30	0.68	0.53	0.50	0.50	0.50	3.20

附表 3　三点法用表——S 与 C_s 关系表

（1）P=1%—50%—99%

S	0	1	2	3	4	5	6	7	8	9
0.0	0.00	0.03	0.05	0.07	0.10	0.12	0.15	0.17	0.20	0.23
0.1	0.26	0.28	0.31	0.34	0.36	0.39	0.41	0.44	0.47	0.49
0.2	0.52	0.54	0.57	0.59	0.62	0.65	0.67	0.70	0.73	0.76
0.3	0.78	0.81	0.84	0.86	0.89	0.92	0.94	0.97	1.00	1.02
0.4	1.05	1.08	1.10	1.13	1.16	1.18	1.21	1.24	1.27	1.30
0.5	1.32	1.36	1.39	1.42	1.45	1.48	1.51	1.55	1.58	1.61
0.6	1.64	1.68	1.71	1.74	1.78	1.81	1.84	1.88	1.92	1.95
0.7	1.99	2.03	2.07	2.11	2.16	2.20	2.25	2.30	2.34	2.39
0.8	2.44	2.50	2.55	2.61	2.67	2.74	2.81	2.89	2.97	3.05
0.9	3.14	3.22	3.33	3.46	3.59	3.73	3.92	4.14	4.44	4.90

附表 3　三点法用表——S 与 C_s 关系表

（2）P=3%—50%—97%

S	0	1	2	3	4	5	6	7	8	9
0.0	0.00	0.04	0.08	0.11	0.14	0.17	0.20	0.23	0.26	0.29
0.1	0.32	0.35	0.38	0.42	0.45	0.48	0.51	0.54	0.57	0.60

（续表）

S	0	1	2	3	4	5	6	7	8	9
0.2	0.63	0.66	0.70	0.73	0.76	0.79	0.82	0.86	0.89	0.92
0.3	0.95	0.98	1.01	1.04	1.08	1.11	1.14	1.17	1.20	1.24
0.4	1.27	1.30	1.33	1.36	1.40	1.43	1.46	1.49	1.52	1.56
0.5	1.59	1.63	1.66	1.70	1.73	1.76	1.80	1.83	1.87	1.90
0.6	1.94	1.97	2.00	2.04	2.08	2.12	2.16	2.20	2.23	2.27
0.7	2.31	2.36	2.40	2.44	2.49	2.54	2.58	2.63	2.68	2.74
0.8	2.79	2.85	2.90	2.96	3.02	3.09	3.15	3.22	3.29	3.37
0.9	3.46	3.55	3.67	3.79	3.92	4.08	4.26	4.50	4.75	5.21

附表 3　三点法用表——S 与 C_s 关系表

（3）P=5%—50%—95%

S	0	1	2	3	4	5	6	7	8	9
0.0	0.00	0.04	0.08	0.12	0.16	0.20	0.24	0.27	0.31	0.35
0.1	0.38	0.41	0.45	0.48	0.52	0.55	0.59	0.63	0.66	0.70
0.2	0.73	0.76	0.80	0.84	0.87	0.90	0.94	0.98	1.01	1.04
0.3	1.08	1.11	1.14	1.18	1.21	1.25	1.28	1.31	1.35	1.38
0.4	1.42	1.46	1.49	1.52	1.56	1.59	1.63	1.66	1.70	1.74
0.5	1.78	1.81	1.85	1.88	1.92	1.95	1.99	2.03	2.06	2.10
0.6	2.13	2.17	2.20	2.24	2.28	2.32	2.36	2.40	2.44	2.48
0.7	2.53	2.57	2.62	2.66	2.70	2.76	2.81	2.86	2.91	2.97
0.8	3.02	3.07	3.13	3.19	3.25	3.32	3.38	3.46	3.52	3.60
0.9	3.70	3.80	3.91	4.03	4.17	4.32	4.49	4.72	4.94	5.43

附表 3　三点法用表——S 与 C_s 关系表

（4）P=10%—50%—0%

S	0	1	2	3	4	5	6	7	8	9
0.0	0.00	0.05	0.10	0.15	0.20	0.24	0.29	0.34	0.38	0.43
0.1	0.47	0.52	0.56	0.60	0.65	0.69	0.74	0.78	0.83	0.87
0.2	0.92	0.96	1.00	1.04	1.08	1.13	1.17	1.22	1.26	1.30
0.3	1.34	1.38	1.43	1.47	1.51	1.55	1.59	1.63	1.67	1.71
0.4	1.75	1.79	1.83	1.87	1.91	1.95	1.99	2.02	2.06	2.10
0.5	2.14	2.18	2.22	2.26	2.30	2.34	2.38	2.42	2.46	2.50
0.6	2.54	2.58	2.62	2.66	2.70	2.74	2.78	2.82	2.86	2.90
0.7	2.95	3.00	3.04	3.08	3.13	3.18	3.24	3.28	3.33	3.38
0.8	3.44	3.50	3.55	3.61	3.67	3.74	3.80	3.87	3.94	4.02
0.9	4.11	4.20	4.32	4.45	4.59	4.75	4.96	5.20	5.56	—

附表 4　三点法用表——C_s 与有关 Φ 值的关系表

C_s	$\Phi_{50\%}$	$\Phi_{1\%}-\Phi_{99\%}$	$\Phi_{3\%}-\Phi_{97\%}$	$\Phi_{5\%}-\Phi_{95\%}$	$\Phi_{10\%}-\Phi_{90\%}$
0.0	0.000	4.652	3.762	3.290	2.564
0.1	−0.017	4.648	3.756	3.287	2.560
0.2	−0.033	4.645	3.750	3.284	2.557
0.3	−0.052	4.641	3.743	3.278	2.550
0.4	−0.068	4.637	3.736	3.273	2.543
0.5	−0.084	4.633	3.732	3.266	2.532
0.6	−0.100	4.629	3.727	3.259	2.522
0.7	−0.116	4.624	3.718	3.246	2.510
0.8	−0.132	4.620	3.709	3.233	2.498
0.9	−0.148	4.615	3.692	3.218	2.483
1.0	−0.164	4.611	3.674	3.204	2.468
1.1	−0.179	4.606	3.656	3.185	2.448
1.2	−0.194	4.601	3.638	3.167	2.427
1.3	−0.208	4.595	3.620	3.144	2.404
1.4	−0.223	4.590	3.601	3.120	2.380
1.5	−0.238	4.586	3.582	3.090	2.353
1.6	−0.253	4.586	3.562	3.062	2.326
1.7	−0.267	4.587	3.541	3.032	2.296
1.8	−0282	4.588	3.520	3.002	2.265
1.9	−0.294	4.591	3.499	2.974	2.232
2.0	−0.307	4.594	3.477	2.945	2.198
2.1	−0.319	4.603	3.469	2.918	2.164
2.2	−0.330	4.613	3.440	2.890	2.130
2.3	−0.340	4.625	3.421	2.862	2.095
2.4	−0.350	4.636	3.403	2.833	2.060
2.5	−0.359	4.648	3.385	2.806	2.024
2.6	−0.367	4.660	3.367	2.778	1.987
2.7	−0.376	4.674	3.350	2.749	1.949
2.8	−0.383	4.687	3.333	2.720	1.911
2.9	−0.389	4.701	3.318	2.695	1.876
3.0	−0.395	4.716	3.303	2.670	1.840

（续表）

C_s	$\Phi_{50\%}$	$\Phi_{1\%}-\Phi_{99\%}$	$\Phi_{3\%}-\Phi_{97\%}$	$\Phi_{5\%}-\Phi_{95\%}$	$\Phi_{10\%}-\Phi_{90\%}$
3.1	−0.399	4.732	3.288	2.645	1.806
3.2	−0.404	4.748	3.273	2.619	1.772
3.3	−0.407	4.765	3.259	2.594	1.738
3.4	−0.410	4.781	3.245	2.568	1.705
3.5	−0.412	4.796	3.225	2.543	1.670
3.6	−0.414	4.810	3.216	2.518	1.635
3.7	−0.415	4.824	3.203	2.494	1.600
3.8	−0.416	4.837	3.189	2.470	1.570
3.9	−0.415	4.850	3.175	2.446	1.536
4.0	−0.414	4.863	3.160	2.422	1.502
4.1	−0.412	4.876	3.145	2.396	1.471
4.2	−0.410	4.888	3.130	2.372	1.440
4.3	−0.407	4.901	3.115	2.348	1.408
4.4	−0.404	4.914	3.100	2.325	1.376
4.5	−0.400	4.924	3.084	2.300	1.345
4.6	−0.396	4.934	3.067	2.276	1.315
4.7	−0.392	4.942	3.050	2.251	1.286
4.8	−0.388	4.949	3.034	2.226	1.257
4.9	−0.384	4.955	3.016	2.200	1.229
5.0	−0.379	4.961	2.997	2.174	1.200
5.1	−0.374		2.978	2.148	1.173
5.2	−0.370		2.960	2.123	1.145
5.3	−0.365			2.098	1.118
5.4	−0.360			2.072	1.090
5.6	−0.356			2.047	1.063
5.6	−0.350			2.021	1.035

附表 5 瞬时单位线 S 曲线查用表（1）

t/K \ n	1.0	1.1	1.2	1.3	1.4	1.5	1.6	1.7	1.8	1.9	2.0	2.1	2.2	2.3	2.4	2.5	2.6	2.7	2.8	2.9	3.0
0	0	0	0	0	0	0	0	0	0	0	0	0	0	0	0	0	0	0	0	0	0
0.1	0.095	0.072	0.054	0.041	0.030	0.022	0.017	0.012	0.009	0.007	0.005	0.003	0.002	0.002	0.001	0.001	0.001	0	0	0	0
0.2	0.181	0.147	0.118	0.095	0.075	0.060	0.047	0.036	0.029	0.022	0.018	0.014	0.010	0.008	0.006	0.004	0.003	0.002	0.002	0.001	0.001
0.3	0.259	0.218	0.182	0.152	0.126	0.104	0.086	0.069	0.057	0.045	0.037	0.030	0.024	0.019	0.015	0.012	0.010	0.007	0.006	0.005	0.004
0.4	0.330	0.285	0.244	0.209	0.178	0.150	0.127	0.107	0.089	0.074	0.061	0.051	0.042	0.034	0.028	0.023	0.019	0.015	0.012	0.010	0.008

（续表）

t/K \ n	1.0	1.1	1.2	1.3	1.4	1.5	1.6	1.7	1.8	1.9	2.0	2.1	2.2	2.3	2.4	2.5	2.6	2.7	2.8	2.9	3.0
0.5	0.393	0.346	0.305	0.266	0.230	0.198	0.171	0.146	0.126	0.106	0.090	0.076	0.065	0.054	0.045	0.037	0.031	0.025	0.022	0.018	0.014
0.6	0.451	0.403	0.360	0.318	0.281	0.237	0.216	0.188	0.164	0.142	0.122	0.104	0.090	0.076	0.065	0.055	0.046	0.039	0.033	0.028	0.023
0.7	0.503	0.456	0.411	0.369	0.331	0.294	0.261	0.231	0.200	0.178	0.156	0.136	0.117	0.101	0.088	0.075	0.065	0.056	0.044	0.039	0.034
0.8	0.551	0.505	0.461	0.418	0.378	0.340	0.306	0.273	0.243	0.216	0.191	0.169	0.149	0.130	0.113	0.098	0.086	0.074	0.064	0.056	0.047
0.9	0.593	0.549	0.505	0.464	0.423	0.385	0.349	0.315	0.285	0.255	0.228	0.202	0.180	0.160	0.141	0.124	0.109	0.096	0.084	0.073	0.063
1.0	0.632	0.589	0.547	0.506	0.466	0.428	0.392	0.356	0.324	0.293	0.264	0.238	0.213	0.190	0.170	0.151	0.134	0.118	0.104	0.092	0.080
1.1	0.667	0.626	0.585	0.545	0.506	0.468	0.431	0.396	0.363	0.331	0.301	0.273	0.247	0.222	0.200	0.179	0.160	0.143	0.127	0.113	0.100
1.2	0.699	0.660	0.621	0.582	0.544	0.506	0.470	0.436	0.400	0.368	0.337	0.308	0.281	0.255	0.231	0.219	0.188	0.169	0.151	0.135	0.121
1.3	0.728	0.691	0.654	0.616	0.579	0.543	0.506	0.471	0.447	0.405	0.373	0.343	0.315	0.288	0.262	0.239	0.216	0.196	0.171	0.159	0.143
1.4	0.753	0.719	0.684	0.648	0.612	0.577	0.541	0.507	0.473	0.440	0.408	0.378	0.348	0.321	0.294	0.269	0.246	0.224	0.203	0.184	0.167
1.5	0.777	0.744	0.711	0.677	0.643	0.608	0.574	0.540	0.507	0.474	0.442	0.411	0.382	0.353	0.326	0.300	0.275	0.252	0.231	0.210	0.191
1.6	0.798	0.768	0.736	0.704	0.671	0.638	0.605	0.572	0.539	0.507	0.475	0.444	0.414	0.385	0.357	0.331	0.305	0.281	0.258	0.237	0.217
1.7	0.817	0.789	0.759	0.729	0.698	0.666	0.634	0.602	0.570	0.538	0.507	0.476	0.446	0.417	0.389	0.361	0.335	0.310	0.287	0.264	0.243
1.8	0.835	0.808	0.781	0.752	0.722	0.692	0.661	0.630	0.599	0.568	0.537	0.507	0.477	0.448	0.419	0.392	0.365	0.330	0.315	0.292	0.269
1.9	0.850	0.826	0.800	0.773	0.745	0.716	0.687	0.657	0.627	0.596	0.566	0.536	0.507	0.478	0.449	0.421	0.395	0.368	0.343	0.319	0.296
2.0	0.865	0.842	0.818	0.792	0.766	0.739	0.710	0.682	0.653	0.623	0.594	0.565	0.536	0.507	0.478	0.451	0.423	0.397	0.372	0.347	0.323
2.1	0.878	0.856	0.834	0.810	0.785	0.759	0.733	0.706	0.679	0.649	0.620	0.592	0.565	0.535	0.507	0.479	0.452	0.425	0.400	0.375	0.350
2.2	0.890	0.870	0.849	0.826	0.803	0.778	0.753	0.727	0.700	0.673	0.645	0.618	0.590	0.562	0.534	0.507	0.480	0.453	0.527	0.402	0.377
2.3	0.900	0.882	0.862	0.841	0.819	0.796	0.772	0.748	0.722	0.696	0.669	0.642	0.615	0.588	0.560	0.533	0.507	0.480	0.454	0.429	0.404
2.4	0.909	0.895	0.875	0.855	0.835	0.813	0.790	0.767	0.742	0.717	0.692	0.665	0.639	0.613	0.586	0.559	0.533	0.507	0.481	0.455	0.430
2.5	0.918	0.902	0.886	0.868	0.849	0.828	0.807	0.784	0.761	0.737	0.713	0.688	0.662	0.636	0.610	0.584	0.558	0.532	0.506	0.481	0.456
2.6	0.926	0.912	0.896	0.879	0.861	0.842	0.822	0.801	0.779	0.756	0.733	0.708	0.684	0.659	0.634	0.608	0.582	0.557	0.532	0.506	0.482
2.7	0.933	0.920	0.905	0.890	0.873	0.855	0.836	0.816	0.796	0.774	0.751	0.728	0.704	0.680	0.656	0.631	0.606	0.581	0.556	0.531	0.506
2.8	0.939	0.928	0.914	0.899	0.884	0.867	0.849	0.831	0.811	0.790	0.769	0.747	0.724	0.701	0.677	0.653	0.629	0.604	0.579	0.555	0.531
2.9	0.945	0.934	0.922	0.908	0.894	0.878	0.862	0.844	0.825	0.806	0.785	0.764	0.742	0.720	0.697	0.674	0.650	0.626	0.602	0.578	0.554
3.0	0.950	0.940	0.929	0.916	0.903	0.888	0.873	0.856	0.839	0.820	0.801	0.781	0.760	0.738	0.716	0.694	0.671	0.648	0.624	0.600	0.577
3.1	0.955	0.946	0.935	0.924	0.911	0.898	0.883	0.868	0.851	0.834	0.815	0.796	0.776	0.756	0.734	0.713	0.691	0.668	0.645	0.622	0.599
3.2	0.959	0.951	0.941	0.930	0.919	0.906	0.893	0.878	0.863	0.846	0.829	0.811	0.792	0.772	0.752	0.731	0.709	0.688	0.665	0.643	0.620
3.3	0.963	0.955	0.946	0.936	0.926	0.914	0.902	0.888	0.873	0.858	0.841	0.824	0.806	0.787	0.768	0.748	0.727	0.706	0.685	0.663	0.641
3.4	0.967	0.959	0.951	0.942	0.932	0.921	0.910	0.897	0.883	0.869	0.853	0.837	0.820	0.802	0.783	0.764	0.744	0.724	0.703	0.682	0.660

（续表）

t/K \ n	1.0	1.1	1.2	1.3	1.4	1.5	1.6	1.7	1.8	1.9	2.0	2.1	2.2	2.3	2.4	2.5	2.6	2.7	2.8	2.9	3.0
3.5	0.970	0.963	0.956	0.947	0.938	0.928	0.917	0.905	0.892	0.879	0.864	0.849	0.832	0.815	0.798	0.779	0.760	0.741	0.721	0.700	0.679
3.6	0.973	0.967	0.960	0.952	0.944	0.934	0.924	0.913	0.901	0.888	0.874	0.860	0.844	0.828	0.811	0.794	0.776	0.757	0.738	0.718	0.697
3.7	0.975	0.970	0.963	0.956	0.948	0.940	0.930	0.920	0.909	0.897	0.884	0.870	0.856	0.840	0.824	0.807	0.790	0.772	0.753	0.734	0.715
3.8	0.978	0.973	0.967	0.960	0.953	0.945	0.936	0.926	0.916	0.905	0.893	0.880	0.866	0.851	0.846	0.820	0.804	0.786	0.768	0.750	0.731
3.9	0.980	0.975	0.970	0.964	0.957	0.950	0.941	0.932	0.923	0.912	0.901	0.889	0.876	0.862	0.848	0.834	0.817	0.800	0.783	0.765	0.747.
4.0	0.982	0.977	0.973	0.967	0.961	0.954	0.946	0.938	0.929	0.919	0.908	0.897	0.885	0.872	0.858	0.844	0.829	0.813	0.796	0.779	0.762
4.2	0.985	0.981	0.977	0.973	0.967	0.962	0.955	0.948	0.940	0.931	0.922	0.912	0.901	0.890	0.877	0.864	0.851	0.837	0.822	0.806	0.790
4.4	0.988	0.985	0.981	0.977	0.973	0.968	0.962	0.956	0.949	0.942	0.934	0.925	0.915	0.905	0.894	0.883	0.870	0.857	0.844	0.830	0.815
4.6	0.990	0.987	0.985	0.981	0.975	0.973	0.963	0.963	0.957	0.951	0.944	0.936	0.928	0.919	0.909	0.899	0.888	0.876	0.864	0.851	0.837
4.8	0.992	0.990	0.987	0.985	0.981	0.978	0.974	0.969	0.964	0.958	0.952	0.946	0.938	0.930	0.922	0.913	0.903	0.892	0.881	0.870	0.857
5.0	0.993	0.992	0.990	0.987	0.984	0.981	0.978	0.974	0.970	0.965	0.960	0.954	0.947	0.940	0.933	0.925	0.916	0.907	0.897	0.886	0.875
5.5	0.996	0.995	0.994	0.992	0.990	0.988	0.986	0.983	0.980	0.977	0.973	0.969	0.965	0.960	0.955	0.949	0.942	0.935	0.928	0.920	0.912
6.0	0.998	0.997	0.996	0.995	0.994	0.993	0.991	0.989	0.987	0.985	0.983	0.980	0.977	0.973	0.969	0.965	0.961	0.956	0.950	0.944	0.938
7.0	0.999	0.999	0.998	0.998	0.998	0.997	0.996	0.996	0.996	0.994	0.993	0.991	0.990	0.988	0.986	0.984	0.982	0.980	0.977	0.974	0.970
8.0			0.999	0.999	0.999	0.999	0.999	0.998	0.998	0.997	0.997	0.996	0.996	0.995	0.994	0.993	0.992	0.991	0.989	0.988	0.986
9.0								0.999	0.999	0.999	0.999	0.999	0.998	0.998	0.997	0.997	0.997	0.996	0.995	0.995	0.994

附表 5　瞬时单位线 S 曲线查用表（2）

t/K \ n	3.0	3.1	3.2	3.3	3.4	3.5	3.6	3.7	3.8	3.9	4.0	4.1	4.2	4.3	4.4	4.5	4.6	4.7	4.8	4.9	5.0
0	0	0	0	0	0	0	0	0	0	0	0	0	0	0	0	0	0	0	0	0	0
0.5	0.014	0.012	0.010	0.008	0.006	0.005	0.004	0.003	0.003	0.002	0.002	0.001	0.001	0.001	0.001	0.001	0	0	0	0	0
1.0	0.080	0.070	0.061	0.053	0.046	0.040	0.035	0.030	0.026	0.022	0.019	0.016	0.014	0.012	0.010	0.009	0.007	0.006	0.005	0.004	0.004
1.1	0.100	0.088	0.077	0.068	0.060	0.052	0.045	0.040	0.034	0.030	0.026	0.022	0.019	0.016	0.014	0.012	0.010	0.009	0.008	0.006	0.005
1.2	0.121	0.107	0.095	0.084	0.074	0.066	0.058	0.051	0.044	0.039	0.034	0.029	0.026	0.022	0.019	0.017	0.014	0.012	0.011	0.009	0.008
1.3	0.143	0.128	0.114	0.102	0.091	0.081	0.071	0.063	0.056	0.049	0.043	0.038	0.033	0.029	0.025	0.022	0.019	0.017	0.014	0.012	0.011
1.4	0.167	0.150	0.135	0.121	0.109	0.097	0.087	0.077	0.069	0.061	0.054	0.047	0.042	0.037	0.032	0.028	0.025	0.022	0.019	0.016	0.014
1.5	0.191	0.173	0.157	0.142	0.128	0.115	0.103	0.092	0.083	0.074	0.066	0.058	0.052	0.046	0.040	0.036	0.031	0.028	0.024	0.021	0.019
1.6	0.217	0.198	0.180	0.164	0.148	0.134	0.121	0.109	0.098	0.088	0.079	0.070	0.063	0.056	0.050	0.044	0.039	0.035	0.031	0.027	0.024
1.7	0.243	0.223	0.204	0.186	0.170	0.154	0.140	0.127	0.115	0.103	0.093	0.084	0.075	0.067	0.060	0.054	0.048	0.043	0.038	0.033	0.030
1.8	0.269	0.248	0.228	0.210	0.192	0.175	0.160	0.146	0.132	0.120	0.109	0.098	0.089	0.080	0.072	0.064	0.058	0.051	0.046	0.041	0.036

（续表）

n t/K	3.0	3.1	3.2	3.3	3.4	3.5	3.6	3.7	3.8	3.9	4.0	4.1	4.2	4.3	4.4	4.5	4.6	4.7	4.8	4.9	5.0
1.9	0.296	0.274	0.253	0.234	0.215	0.197	0.181	0.166	0.151	0.138	0.125	0.114	0.103	0.093	0.084	0.076	0.068	0.061	0.055	0.049	0.044
2.0	0.323	0.301	0.279	0.258	0.239	0.220	0.203	0.186	0.171	0.156	0.143	0.130	0.119	0.108	0.098	0.089	0.080	0.072	0.065	0.059	0.053
2.1	0.350	0.327	0.305	0.283	0.263	0.244	0.225	0.208	0.191	0.176	0.161	0.148	0.135	0.123	0.112	0.102	0.093	0.084	0.076	0.069	0.062
2.2	0.377	0.354	0.331	0.309	0.287	0.267	0.248	0.230	0.212	0.196	0.181	0.166	0.153	0.140	0.128	0.117	0.107	0.097	0.088	0.080	0.072
2.3	0.404	0.380	0.356	0.334	0.312	0.291	0.271	0.252	0.234	0.217	0.201	0.185	0.171	0.157	0.144	0.132	0.121	0.111	0.101	0.092	0.084
2.4	0.430	0.406	0.382	0.359	0.337	0.316	0.295	0.275	0.256	0.238	0.221	0.205	0.190	0.175	0.161	0.149	0.137	0.125	0.115	0.105	0.096
2.5	0.456	0.432	0.408	0.385	0.362	0.340	0.319	0.299	0.279	0.260	0.242	0.225	0.209	0.194	0.179	0.166	0.153	0.141	0.129	0.119	0.109
2.6	0.482	0.457	0.433	0.410	0.387	0.364	0.343	0.322	0.302	0.283	0.264	0.246	0.229	0.213	0.198	0.183	0.170	0.157	0.145	0.133	0.123
2.7	0.506	0.482	0.458	0.434	0.411	0.389	0.367	0.346	0.325	0.305	0.286	0.268	0.250	0.233	0.217	0.202	0.187	0.174	0.161	0.149	0.137
2.8	0.531	0.506	0.482	0.459	0.436	0.413	0.391	0.369	0.348	0.328	0.308	0.289	0.271	0.253	0.237	0.221	0.206	0.191	0.178	0.165	0.152
2.9	0.554	0.530	0.506	0.483	0.460	0.437	0.414	0.392	0.371	0.350	0.330	0.311	0.292	0.274	0.257	0.240	0.224	0.209	0.195	0.181	0.168
3.0	0.577	0.553	0.530	0.506	0.483	0.460	0.438	0.416	0.394	0.373	0.353	0.333	0.314	0.295	0.277	0.260	0.244	0.228	0.213	0.198	0.185
3.1	0.599	0.576	0.552	0.529	0.506	0.483	0.461	0.439	0.417	0.396	0.375	0.355	0.335	0.316	0.298	0.280	0.263	0.246	0.231	0.216	0.202
3.2	0.620	0.603	0.574	0.552	0.528	0.506	0.484	0.462	0.440	0.418	0.397	0.377	0.357	0.338	0.319	0.301	0.283	0.266	0.250	0.234	0.219
3.3	0.641	0.618	0.596	0.573	0.551	0.528	0.506	0.484	0.462	0.441	0.420	0.399	0.379	0.359	0.340	0.321	0.304	0.286	0.269	0.253	0.237
3.4	0.660	0.638	0.616	0.594	0.572	0.550	0.528	0.506	0.484	0.463	0.442	0.421	0.400	0.380	0.361	0.342	0.324	0.306	0.289	0.272	0.256
3.5	0.679	0.658	0.636	0.615	0.593	0.571	0.549	0.528	0.506	0.485	0.462	0.442	0.442	0.404	0.382	0.363	0.344	0.326	0.308	0.291	0.275
3.6	0.697	0.677	0.656	0.634	0.613	0.592	0.570	0.549	0.527	0.506	0.484	0.464	0.443	0.423	0.403	0.384	0.365	0.346	0.328	0.311	0.293
3.7	0.715	0.695	0.674	0.653	0.633	0.612	0.590	0.569	0.548	0.527	0.506	0.485	0.464	0.444	0.424	0.404	0.385	0.366	0.348	0.330	0.313
3.8	0.731	0.712	0.692	0.672	0.651	0.631	0.610	0.589	0.568	0.547	0.527	0.506	0.485	0.465	0.445	0.425	0.406	0.387	0.368	0.350	0.332
3.9	0.747	0.728	0.709	0.689	0.670	0.649	0.629	0.609	0.588	0.567	0.548	0.526	0.506	0.485	0.465	0.446	0.426	0.407	0.388	0.370	0.352
4.0	0.762	0.744	0.725	0.706	0.687	0.667	0.647	0.627	0.607	0.587	0.567	0.546	0.526	0.506	0.486	0.466	0.446	0.427	0.403	0.389	0.371
4.2	0.790	0.773	0.756	0.738	0.720	0.701	0.682	0.663	0.644	0.624	0.605	0.585	0.565	0.545	0.525	0.506	0.486	0.467	0.448	0.429	0.410
4.4	0.815	0.799	0.783	0.767	0.750	0.733	0.715	0.697	0.678	0.660	0.641	0.621	0.602	0.582	0.563	0.544	0.525	0.506	0.486	0.468	0.449
4.6	0.837	0.823	0.809	0.793	0.778	0.761	0.745	0.728	0.710	0.692	0.674	0.656	0.637	0.619	0.600	0.581	0.562	0.543	0.524	0.505	0.487
4.8	0.857	0.845	0.831	0.817	0.803	0.788	0.772	0.756	0.740	0.723	0.706	0.688	0.671	0.653	0.634	0.616	0.598	0.579	0.560	0.542	0.524
5.0	0.875	0.864	0.851	0.838	0.825	0.811	0.797	0.782	0.767	0.751	0.735	0.718	0.702	0.683	0.667	0.650	0.632	0.614	0.596	0.578	0.560
5.2	0.891	0.881	0.870	0.858	0.846	0.833	0.820	0.806	0.792	0.777	0.762	0.746	0.731	0.714	0.698	0.681	0.664	0.647	0.629	0.612	0.594
5.4	0.905	0.896	0.886	0.875	0.864	0.852	0.840	0.828	0.814	0.801	0.787	0.772	0.757	0.742	0.726	0.710	0.694	0.678	0.661	0.644	0.627
5.6	0.918	0.909	0.900	0.891	0.880	0.870	0.859	0.847	0.835	0.822	0.809	0.796	0.782	0.768	0.753	0.738	0.722	0.707	0.691	0.674	0.658
5.8	0.928	0.921	0.913	0.904	0.895	0.885	0.875	0.865	0.854	0.842	0.830	0.818	0.805	0.791	0.777	0.763	0.749	0.734	0.719	0.703	0.687
6.0	0.938	0.930	0.924	0.916	0.908	0.899	0.890	0.881	0.870	0.860	0.849	0.837	0.825	0.813	0.800	0.787	0.773	0.759	0.748	0.730	0.715
6.5	0.957	0.952	0.947	0.941	0.935	0.927	0.921	0.913	0.905	0.897	0.888	0.879	0.869	0.859	0.848	0.837	0.826	0.814	0.802	0.789	0.776
7.0	0.980	0.977	0.974	0.971	0.968	0.964	0.960	0.956	0.951	0.946	0.941	0.935	0.929	0.923	0.916	0.911	0.602	0.894	0.886	0.877	0.868

（续表）

t/K \ n	3.0	3.1	32	3.3	3.4	3.5	3.6	3.7	3.8	3.9	4.0	4.1	42	4.3	4.4	4.5	4.6	4.7	4.8	4.9	5.0
7.5	0.980	0.977	0.974	0.971	0.968	0.964	0.960	0.956	0.951	0.946	0.941	0.935	0.929	0.923	0.916	0.911	0.602	0.894	0.886	0.877	0.868
8.0	0.986	0.984	0.982	0.980	0.978	0.975	0.972	0.969	0.965	0.962	0.958	0.953	0.949	0.944	0.939	0.933	0.927	0.921	0.915	0.908	0.900
9.0	0.994	0.993	0.991	0.990	0.989	0.988	0.986	0.985	0.983	0.981	0.979	0.976	0.974	0.971	0.968	0.968	0.961	0.958	0.954	0.950	0.945
10.0	0.997	0.997	0.996	0.996	0.996	0.994	0.994	0.993	0.992	0.991	0.990	0.988	0.987	0.985	0.984	0.982	0.980	0.978	0.976	0.973	0.971
11.0	0.999	0.999	0.998	0.998	0.998	0.997	0.997	0.997	0.996	0.996	0.995	0.994	0.994	0.993	0.992	0.991	0.990	0.989	0.988	0.986	0.985
12.0			0.999	0.999	0.999	0.999	0.999	0.998	0.998	0.998	0.998	0.997	0.997	0.997	0.996	0.996	0.995	0.994	0.984	0.993	0.992

附表 5　瞬时单位线 S 曲线查用表（3）

t/K \ n	5.0	5.1	52	5.3	5.4	5.5	5.6	5.7	5.8	5.9	6.0	6.1	6.2	6.3	6.4	6.5	6.6	6.7	6.8	6.9	7.0
0	0	0	0	0	0	0	0	0	0	0	0	0	0	0	0	0	0	0	0	0	0
0.5	0	0	0	0	0	0	0	0	0	0	0	0	0	0	0	0	0	0	0	0	0
1.0	0.004	0.003	0.003	0.002	0.002	0.002	0.001	0.001	0.001	0.001	0.001	0	0	0	0	0	0	0	0	0	0
1.5	0.019	0.016	0.014	0.012	0.011	0.009	0.008	0.007	0.006	0.005	0.004	0.004	0.003	0.003	0.002	0.002	0.002	0.001	0.001	0.001	0.001
2.0	0.053	0.047	0.042	0.038	0.034	0.030	0.027	0.024	0.021	0.019	0.017	0.015	0.013	0.011	0.010	0.009	0.008	0.007	0.006	0.005	0.004
2.5	0.109	0.100	0.091	0.083	0.076	0.069	0.063	0.057	0.051	0.047	0.042	0.038	0.034	0.031	0.028	0.025	0.022	0.020	0.018	0.016	0.014
3.0	0.185	0.172	0.160	0.148	0.137	0.127	0.117	0.108	0.099	0.091	0.084	0.077	0.071	0.065	0.059	0.054	0.049	0.045	0.041	0.037	0.034
32	0.219	0.205	0.192	0.179	0.166	0.155	0.144	0.133	0.123	0.114	0.105	0.098	0.090	0.083	0.076	0.070	0.064	0.059	0.053	0.049	0.045
3.4	0.256	0.540	0.226	0.211	0.198	0.185	0.173	0.161	0.150	0.139	0.129	0.120	0.111	0.103	0.095	0.088	0.081	0.075	0.069	0.063	0.058
3.6	0.294	0.217	0.261	0.246	0.231	0.217	0.204	0.191	0.179	0.167	0.156	0.146	0.135	0.126	0.117	0.109	0.100	0.093	0.086	0.080	0.073
3.8	0.332	0.315	0.298	0.282	0.266	0.251	0.237	0.223	0.210	0.197	0.184	0.173	0.162	0.151	0.141	0.132	0.122	0.114	0.106	0.098	0.091
4.0	0.371	0.353	0.336	0.319	0.303	0.287	0.271	0.256	0.242	0.228	0.215	0.202	0.190	0.178	0.167	0.157	0.146	0.137	0.128	0.119	0.111
4.1	0.391	0.373	0.355	0.338	0.321	0.305	0.289	0.274	0.259	0.244	0.231	0.218	0.205	0.193	0.181	0.170	0.159	0.149	0.139	0.130	0.121
42	0.410	0.392	0.374	0.357	0.340	0.323	0.307	0.291	0.276	0.261	0.247	0.233	0.220	0.208	0.195	0.184	0.172	0.162	0.151	0.142	0.133
4.3	0.430	0.411	0.393	0.375	0.358	0.341	0.325	0.309	0.293	0.278	0.263	0.249	0.236	0.223	0.210	0.198	0.186	0.175	0.164	0.154	0.144
4.4	0.449	0.430	0.412	0.394	0.377	0.360	0.343	0.327	0.311	0.295	0.280	0.266	0.251	0.238	0.225	0.212	0.200	0.189	0.177	0.167	0.156
4.5	0.468	0.449	0.431	0.413	0.395	0.378	0.361	0.345	0.328	0.312	0.297	0.282	0.268	0.254	0.240	0.227	0.214	0.203	0.191	0.180	0.169
4.6	0.487	0.469	0.450	0.432	0.414	0.397	0379	0.363	0.346	0.330	0.314	0.299	0.284	0.270	0.256	0.243	0.229	0.217	0.205	0.193	0.182
4.7	0.505	0.487	0.469	0.451	0.433	0.415	0.398	0.381	0.364	0.348	0.332	0.316	0.301	0.286	0.272	0.258	0.244	0.232	0.219	0.207	0.195
4.8	0.524	0.505	0.487	0.469	0.451	0.433	0.416	0.399	0.382	0.365	0.349	0.333	0.318	0.303	0.288	0.274	0.260	0.247	0.234	0.221	0.209
4.9	0.542	0.524	0.505	0.487	0.469	0.452	0.434	0.417	0.400	0.383	0.366	0.350	0.335	0.320	0.304	0.290	0.276	0.262	0.249	0.236	0.223
5.0	0.560	0.541	0.523	0.505	0.487	0.470	0.452	0.435	0.418	0.401	0.384	0.368	0.352	0.336	0.321	0.306	0.292	0.278	0.264	0.251	0.238
5.1	0.577	0.559	0.541	0.523	0.505	0.488	0.470	0.453	0.435	0.418	0.402	0.385	0.369	0.353	0.338	0.323	0.308	0.294	0.279	0.266	0.253
52	0.594	0.576	0.558	0.541	0.523	0.505	0.488	0.470	0.453	0.436	0.419	0.403	0.386	0.370	0.354	0.339	0.324	0.310	0.395	0.281	0.268
5.3	0.610	0.593	0.575	0.558	0.540	0.523	0.505	0.488	0.471	0.453	0.437	0.420	0.403	0.387	0.371	0.356	0.340	0.326	0.311	0.297	0.283

（续表）

n t/K	5.0	5.1	5.2	5.3	5.4	5.5	5.6	5.7	5.8	5.9	6.0	6.1	6.2	6.3	6.4	6.5	6.6	6.7	6.8	6.9	7.0
5.4	0.627	0.609	0.592	0.575	0.557	0.540	0.522	0.505	0.488	0.471	0.454	0.437	0.421	0.404	0.388	0.373	0.357	0.342	0.327	0.313	0.298
5.5	0.642	0.626	0.608	0.591	0.574	0.557	0.539	0.522	0.505	0.488	0.471	0.454	0.438	0.421	0.405	0.389	0.374	0.358	0.343	0.328	0.314
5.6	0.658	0.641	0.624	0.607	0.590	0.573	0.556	0.539	0.522	0.505	0.488	0.471	0.455	0.438	0.422	0.406	0.390	0.375	0.359	0.345	0.330
5.7	0.673	0.656	0.640	0.623	0.606	0.590	0.573	0.556	0.539	0.522	0.505	0.488	0.472	0.455	0.439	0.423	0.407	0.391	0.376	0.361	0.346
5.8	0.687	0.671	0.655	0.639	0.622	0.606	0.589	0.572	0.555	0.538	0.522	0.505	0.488	0.472	0.456	0.439	0.423	0.408	0.392	0.377	0.362
5.9	0.701	0.686	0.670	0.654	0.638	0.621	0.605	0.588	0.571	0.555	0.538	0.522	0.505	0.489	0.472	0.456	0.440	0.424	0.408	0.393	0.378
6.0	0.715	0.700	0.684	0.668	0.652	0.636	0.620	0.604	0.587	0.571	0.554	0.538	0.521	0.505	0.489	0.472	0.456	0.440	0.425	0.409	0.394
6.2	0.741	0.726	0.712	0.696	0.681	0.666	0.650	0.634	0.618	0.602	0.586	0.570	0.553	0.537	0.521	0.505	0.489	0.473	0.457	0.441	0.426
6.4	0.765	0.751	0.737	0.723	0.708	0.693	0.678	0.663	0.648	0.632	0.616	0.600	0.585	0.568	0.553	0.537	0.521	0.505	0.489	0.473	0.458
6.6	0.787	0.774	0.761	0.748	0.734	0.720	0.705	0.690	0.676	0.661	0.645	0.630	0.614	0.597	0.583	0.568	0.552	0.536	0.520	0.505	0.489
6.8	0.808	0.796	0.783	0.771	0.758	0.744	0.730	0.716	0.702	0.688	0.673	0.658	0.643	0.628	0.613	0.597	0.582	0.566	0.551	0.536	0.520
7.0	0.827	0.816	0.804	0.792	0.780	0.767	0.754	0.741	0.727	0.713	0.699	0.685	0.671	0.656	0.641	0.626	0.611	0.596	0.581	0.566	0.550
7.2	0.844	0.834	0.823	0.812	0.800	0.788	0.776	0.764	0.751	0.738	0.724	0.710	0.697	0.682	0.668	0.654	0.639	0.624	0.610	0.595	0.580
7.4	0.860	0.851	0.841	0.830	0.819	0.808	0.797	0.785	0.773	0.760	0.747	0.734	0.721	0.708	0.694	0.680	0.666	0.652	0.637	0.623	0.608
7.6	0.875	0.866	0.857	0.845	0.837	0.826	0.816	0.805	0.793	0.781	0.769	0.757	0.744	0.732	0.718	0.705	0.691	0.678	0.664	0.650	0.635
7.8	0.888	0.880	0.871	0.862	0.853	0.843	0.833	0.823	0.812	0.801	0.790	0.788	0.766	0.754	0.741	0.729	0.716	0.702	0.689	0.675	0.662
8.0	0.900	0.893	0.885	0.877	0.868	0.859	0.850	0.840	0.830	0.819	0.809	0.798	0.786	0.775	0.763	0.751	0.738	0.725	0.713	0.700	0.637
8.5	0.926	0.920	0.913	0.907	0.899	0.892	0.884	0.876	0.868	0.859	0.850	0.841	0.831	0.821	0.811	0.800	0.790	0.778	0.767	0.755	0.744
9.0	0.945	0.940	0.935	0.930	0.924	0.918	0.912	0.906	0.899	0.892	0.884	0.876	0.869	0.860	0.851	0.842	0.833	0.823	0.814	0.804	0.793
9.5	0.960	0.956	0.952	0.948	0.943	0.938	0.933	0.928	0.923	0.917	0.911	0.905	0.898	0.891	0.884	0.877	0.869	0.861	0.853	0.844	0.835
10.0	0.971	0.968	0.965	0.962	0.958	0.955	0.951	0.946	0.942	0.938	0.933	0.928	0.922	0.917	0.911	0.905	0.898	0.892	0.885	0.877	0.870
11.0	0.985	0.983	0.982	0.979	0.978	0.975	0.973	0.971	0.968	0.965	0.962	0.959	0.956	0.952	0.949	0.945	0.940	0.936	0.931	0.926	0.921
12.0	0.992	0.992	0.991	0.990	0.988	0.981	0.986	0.985	0.983	0.981	0.980	0.978	0.976	0.974	0.971	0.969	0.966	0.963	0.961	0.957	0.954
13.0	0.996	0.995	0.995	0.995	0.994	0.993	0.993	0.992	0.991	0.990	0.989	0.988	0.987	0.986	0.984	0.983	0.981	0.980	0.978	0.976	0.974
14.0	0.998	0.998	0.998	0.997	0.997	0.997	0.996	0.996	0.996	0.995	0.994	0.994	0.993	0.993	0.992	0.991	0.990	0.989	0.988	0.987	0.986
15.0	0.999	0.999	0.999	0.999	0.999	0.998	0.998	0.998	0.998	0.997	0.997	0.997	0.997	0.996	0.996	0.995	0.995	0.994	0.994	0.993	0.992

参 考 文 献

［1］ 朱歧武，拜存有．水文与水利水电规划［M］．郑州：黄河水利出版社，2003.

［2］ 詹道江，叶守泽．工程水文学（第三版）［M］．北京：中国水利水电出版社.

［3］ 刘昌明，何希吾．中国21世纪水问题方略［M］．北京：科学出版社，1998.

［4］ 芮孝芳．水文学原理［M］．北京：中国水利水电出版社，2004.

［5］ 高桂霞．水资源评价与管理［M］．北京：中国水利水电出版社，2004.

［6］ 崔振才．水文水资源分析计算主编［M］．北京：中国水利水电出版社，2004.

［7］ 中华人民共和国水利部．GB50201—94防洪标准［M］．北京：中国计划出版社，1994.

［8］ 水利部水资源司，水利部水资源管理中心．建设项目水资源论证培训教材［M］．北京：中国水利水电出版社，2005.

［9］ 张立中．水资源管理［M］．北京：中央广播电视大学出版社，2001.

［10］ 吴之诚主编．工程水文学（第二版）［M］．北京：中国水利水电出版社，1986.

［11］ 高建峰主编．水利水电工程建设监理手册（光盘版）［M］．北京：中国水利水电出版社，2004.

［12］ 张后鑫主编．水文测验学（第三版）［M］．北京：中国水利水电出版社，1986.

［13］ 赵宝璋主编．水资源管理［M］．北京：中国水利水电出版社，1997.

［14］ 贾泽民等．水资源管理概论［M］．太原：山西人民出版社，1990.